大学计算机分类教学系列教材

国家精品课程主干教材

大学文科计算机基础

董卫军　邢为民　索　琦　编著

耿国华　主审

科学出版社

北　京

内 容 简 介

本书是国家精品课程"计算机基础"的主干教材，教材以教育部计算机基础教学指导委员会《关于高等学校计算机基础教育基本要求》为指导，立足于"以理论为基础，以应用为目的"，采用"基础理论+知识提升+实践应用"内容组织模式编写。

本书以理解计算机基本理论、强化动手能力培养为主线，从基本理论、实践应用两个层面逐层展开。全书共分为10章，基本理论部分包括计算机概述、计算机系统组成、计算机中的信息表示、网络技术等内容；实践应用部分包括 Windows 7 操作系统、Word 2007 文字处理、Excel 2007 电子表格处理、PowerPoint 2007 演示文稿、Adobe Photoshop 图像编辑、Adobe Premiere 视频处理等内容。

本书可作为高等学校"计算机基础"课程的教材，也可作为全国计算机应用技术证书考试的培训教材或计算机爱好者的自学教材。

图书在版编目(CIP)数据

大学文科计算机基础/董卫军，邢为民，索琦编著. —北京：科学出版社，2012
(大学计算机分类教学系列教材·国家精品课程主干教材)

ISBN 978-7-03-035448-8

Ⅰ. ①大… Ⅱ. ①董… ②邢… ③索… Ⅲ. ①电子计算机-高等学校-教材
Ⅳ. ①TP3

中国版本图书馆 CIP 数据核字 (2012) 第 199619 号

责任编辑：潘斯斯 张丽花 / 责任校对：刘亚琦
责任印制：闫 磊 / 封面设计：陈 敬

科学出版社出版
北京东黄城根北街16号
邮政编码：100717
http://www.sciencep.com

三河市骏杰印刷有限公司印刷

科学出版社发行 各地新华书店经销

*

2012年8月第 一 版 开本：787×1092 1/16
2014年12月第五次印刷 印张：20
字数：505 000

定价：38.00 元

(如有印装质量问题，我社负责调换)

前言

计算机基础教学面向文、理、工科学生，学科专业众多，要求各不相同。随着时间的推移，今天的计算机基础已经不是传统意义上的计算机基础，其深度和广度都已发生了很大的变化。基于目前《计算机基础》课程教学中的现状，依托国家级精品课程《计算机基础》，遵循教育部计算机基础教学指导委员会最新的高等学校计算机基础教育基本要求，构建“以学生为中心，以专业为基础”的“计算机导论+专业结合后继课程”的计算机基础分类培养课程体系。

本书是国家精品课程“计算机基础”的主干教材，也是分类培养课程体系中“计算机导论”的配套教材。教材针对文科的学科特点和学生兴趣，采用“理论+提升+实践”的内容组织方式，以理解计算机理论为基础，以知识扩展为提升，以常用软件为实践，因材施教，体现计算机基础课程教学的实效性和针对性，全面提高计算机公共课程的教学质量。

全书共分为10章，**从基本理论、实践应用两个层面展开**。

基本理论部分包括计算机概述、计算机系统组成、计算机中的信息表示、网络技术等内容，涵盖了计算机基础知识的核心内容，每章都由基本模块和扩展模块组成。基本模块强调对基础知识的理解和掌握，扩展模块则通过内容的深化进一步加深学生对计算机新技术的了解。实践应用部分包括 Windows 7 操作系统、Word 2007 文字处理、Excel 2007 电子表格处理、PowerPoint 2007 演示文稿、Adobe Photoshop 图像编辑、Adobe Premiere 视频处理等内容，在强调掌握传统办公软件的基础上，引入了文科学生特别感兴趣的图像处理和非线性编辑技术，突出实践，满足实际的应用需求。

教材突出技术性、应用性与示范性，优先注重内容在应用上的层次性，适当兼顾整体在理论上的系统性，可作为高等学校“计算机基础”课程的教材，也可作为全国计算机应用技术证书考试的培训教材或计算机爱好者的自学教材。

本书由多年从事计算机教学的一线教师编写，其中，董卫军编写第1~4章、第10章和附录，邢为民编写第6~8章，索琦编写第5章和第9章。本书由董卫军统稿，由西北大学耿国华教授主审。在成书之际，感谢教学团队成员的帮助。由于水平有限，书中难免有不妥之处，恳请指正。

编　者

2012年7月于西北大学

目　录

第 1 章　计算机概述

计算机是一种能够按照事先存储的程序，自动、高速地进行大量数值计算和信息处理的现代化智能电子设备。具有自动执行、运算速度快、运算精度高，具有记忆和逻辑判断能力、可靠性高等特点。

1.1　计算机的产生与发展

1.1.1　计算机的产生

在人类发展的历史长河中，人们一直在研究一种高效的计算工具来满足实际的计算需求。远在商代，中国人就创造了十进制计数方法。到了周代，发明了当时最先进的计算工具——算筹。大约出现于汉朝的珠算是中国人的又一独创，也是计算工具发展史上的一项重大发明，珠算不仅对古代中国经济的发展起着有益的作用，而且远传日本、朝鲜、东南亚等国家和地区。随着近现代文明和西方科技的发展，人们对计算工具的研究进入了一个新的阶段。

1. 阿塔纳索夫-贝利计算机

1847 年，计算机先驱、英国数学家 Charles Babbages 开始设计机械式差分机，总体设计耗时 2 年，这台机器可以完成 31 位精度的运算，并能将结果打印到纸上，因此被普遍认为是世界上第一台机械式计算机。

20 世纪 30 年代，保加利亚裔的阿塔纳索夫在美国爱荷华州立大学物理系任副教授，为了进行求解线性偏微分方程组的繁杂计算，他从 1935 年开始探索运用数字电子技术进行计算工作。经过反复的研究试验，他和他的研究生助手克利福德 · 贝利终于在 1939 年造出一台完整的样机，证明了他们的概念是正确的并且可以实现。人们把这台样机称为阿塔纳索夫-贝利计算机(Atanasoff-Berry Computer，ABC)。

阿塔纳索夫-贝利计算机是电子与电器的结合，电路系统装有 300 个电子真空管，用于执行数字计算与逻辑运算，机器采用二进制计数方法，使用电容器进行数值存储，数据输入采用打孔读卡方法。可以看出，阿塔纳索夫-贝利计算机已经包含了现代计算机中 4 个最重要的基本概念，从这个角度来说，它具备了现代电子计算机的基本特征。客观地说，阿塔纳索夫-贝利计算机正好处于模拟计算向数字计算的过渡阶段。

2. 阿塔纳索夫-贝利计算机的特点

阿塔纳索夫-贝利计算机的产生具有划时代的意义。与以前的计算机相比，阿塔纳索夫-贝利计算机具有以下特点：

- 采用电能与电子元件——当时为电子真空管；

- 采用二进制计数，而非通常的十进制计数；
- 采用电容器作为存储器，可再生而且避免错误；
- 进行直接的逻辑运算，而非通过算术运算模拟。

1.1.2　计算机的发展

现代计算机问世之前，计算机的发展经历了机械式计算机、机电式计算机和萌芽期的电子计算机 3 个阶段。

1946 年 2 月，美国宾夕法尼亚大学研制的大型电子数字积分计算机埃尼阿克(ENIAC)最初专门用于火炮弹道计算，埃尼阿克完全采用电子线路执行算术运算、逻辑运算和信息存储，运算速度比继电器计算机快 1000 倍。通常，说到世界公认的第一台电子数字计算机时，大多数人都认为是埃尼阿克。事实上，根据 1973 年美国法院的裁定，最早的电子数字计算机是阿塔纳索夫于 1939 年制造的阿塔纳索夫-贝利计算机。之所以会有这样的误会，是因为埃尼阿克研究小组中的一个叫莫克利的人于 1941 年剽窃了阿塔纳索夫的研究成果，并在 1946 年申请了专利，但美国法院于 1973 年裁定该专利无效。

埃尼阿克不能存储程序，需要用线路连接的方法来编排程序，每次解题时都要靠人工改接连线，其准备时间大大超过实际计算时间。科学家冯·诺依曼领导的设计小组在 1945 年制定了一个全新的存储程序式通用电子计算机方案——电子离散变量自动计算机(EDVAC)，使计算机的发展产生新的重大突破。英国剑桥大学数学实验室在 1949 年率先研制成功基于该方案的现代计算机——电子离散时序自动计算机(EDSAC)，至此，电子计算机发展的萌芽时期遂告结束，开始进入现代计算机的发展时期。

计算机器件从电子管到晶体管，再从分立元件到集成电路乃至微处理器，促使计算机的发展出现了 3 次飞跃。计算机发展基本阶段特点比较如表 1.1 所示。

表 1.1　计算机发展基本阶段特点比较

器件＼年代	第一代 (1946~1957 年)	第二代 (1958~1964 年)	第三代 (1965~1969 年)	第四代 (1970 年至今)
电子器件	电子管	晶体管	中小规模集成电路	大规模和超大规模集成电路
主存储器	阴极射线管或汞延迟线	磁芯	磁芯、半导体存储器	半导体存储器
外部辅助存储器	纸带、卡片	磁带、磁鼓	磁带、磁鼓、磁盘	磁带、磁盘、光盘
处理方式	机器语言 汇编语言	监控程序 连续处理作业 高级语言编译	多道程序、实时处理	实时、分时处理 网络操作系统
运算速度	5000~30000 次/秒	几十万至上百万次/秒	一百万至几百万次/秒	几百万至上千亿次/秒

1. 电子管计算机

在电子管计算机时期(1946~1957 年)，计算机主要用于科学计算，主存储器是决定计算机技术水平的主要因素。当时，主存储器有汞延迟线存储器、阴极射线管静电存储器，通常按此对计算机进行分类。

2. 晶体管计算机

晶体管计算机时期(1958~1964 年)，主存储器均采用磁芯存储器，磁鼓和磁盘开始作为主要的辅助存储器。不仅科学计算用计算机继续发展，而且中、小型计算机，特别是廉价的小型数据处理用计算机开始大量生产。

3. 集成电路计算机

1964 年以后，在集成电路计算机发展的同时，计算机也进入了产品系列化的发展时期。半导体存储器逐步取代了磁芯存储器的主存储器地位，磁盘成了不可缺少的辅助存储器，并且开始普遍采用虚拟存储技术。随着各种半导体只读存储器和可改写只读存储器的迅速发展，以及微程序技术的发展和应用，计算机系统中开始出现固件子系统。

4. 大规模集成电路计算机

20 世纪 70 年代以后，计算机用集成电路的集成度迅速从中小规模发展到大规模、超大规模的水平，微处理器和微型计算机应运而生，各类计算机的性能迅速提高。进入集成电路计算机发展时期以后，在计算机中形成了相当规模的软件子系统，高级语言的种类进一步增加，操作系统日趋完善，具备批量处理、分时处理、实时处理等多种功能。数据库管理系统、通信处理程序、网络软件等也不断增添到软件子系统中。

1.2　冯 · 诺依曼体系结构

20 世纪 30 年代中期，美籍匈牙利裔科学家冯 · 诺依曼提出，采用二进制作为数字计算机的数制基础。同时，他还提出应预先编制计算程序，然后由计算机按照程序进行数值计算。1945 年，他又提出在数字计算机的存储器中存放程序的概念，这些是所有现代电子计算机共同遵守的基本规则，被称为“冯 · 诺依曼体系结构”。按照这一结构制造的计算机就是存储程序计算机，又称为通用计算机。

1.2.1　基本原理

冯 · 诺依曼提出的现代计算机的基本原理如下：

① 计算机由运算器、存储器、控制器和输入设备、输出设备 5 大部件组成；

② 指令和数据都用二进制代码表示；

③ 指令和数据都以同等地位存放于存储器内，并可按地址寻访；

④ 指令在存储器内顺序存放，指令由操作码和地址码组成，操作码用来表示操作的性质，地址码用来表示操作数在存储器中的位置；

⑤ 机器以运算器为核心，输入/输出设备与存储器的数据传送要通过运算器。

从 EDSAC 到当前最先进的通用计算机，采用的都是冯 · 诺依曼体系结构。

1.2.2　基本组成

典型的冯 · 诺依曼计算机是以运算器为中心的，如图1.1所示。

现代的计算机组成已转化为以存储器为中心，如图1.2所示。

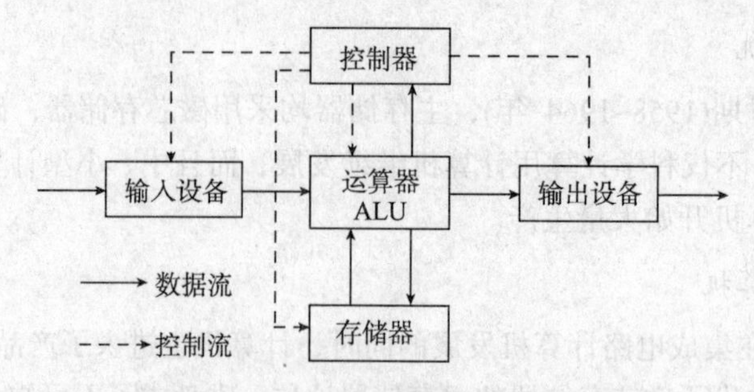

图 1.1　典型的冯·诺依曼计算机组成

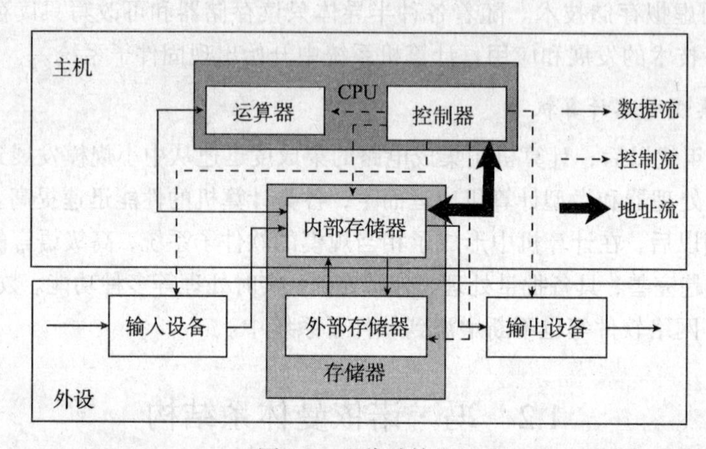

图 1.2　现代计算机组成

图 1.2 中各部件的功能如下：

① 运算器用来完成算术运算和逻辑运算，并将运算的中间结果暂存在运算器内；

② 存储器用来存放数据和程序；

③ 控制器用来控制、指挥程序和数据的输入、运行及处理运算结果；

④ 输入设备用来将人们熟悉的信息形式转换为机器能识别的信息形式；

⑤ 输出设备可将机器运算结果转换为人们熟悉的信息形式。

计算机的 5 大部件在控制器的统一指挥下，有条不紊地自动工作。由于运算器和控制器在逻辑关系和电路结构上联系紧密，尤其是在大规模集成电路出现后，这两大部件往往制作在同一芯片上，因此，通常将它们合起来，统称为中央处理器(Central Processing Unit，CPU)。存储器分为主存储器和辅助存储器。主存可直接与 CPU 交换信息，CPU 与内存合起来称为主机。把输入设备与输出设备统称为 I/O 设备，I/O 设备和外存统称为外部设备，简称为外设。因此，现代计算机可认为由两大部分组成：主机和外设。

1.3　计算机的分类

20 世纪中期以来，计算机一直处于高速发展时期，计算机种类也不断分化。计算机的分类有多种方法：按其内部逻辑结构进行分类，可分为单处理机与多处理机(并行机)，16 位机、32 位和 64 位计算机等；按计算机的规模来分类，通常把计算机分为 5 大类：超级计算机、大型机、中小型机、工作站、微型机。

1.3.1 超级计算机

1. 超级计算机的概念

超级计算机又称巨型机，通常是指由成百上千甚至更多的处理器(机)组成的、能计算求解大型复杂问题的计算机。它采用大规模并行处理的体系结构，运算速度快，存储容量大，处理能力强，是价格最高、功能最强、速度最快的一类计算机，其浮点运算速度已达每秒千万亿次。目前，超级计算机主要用于战略武器设计、空间技术、石油勘探、航空航天、长期天气预报及社会模拟等领域。世界上只有少数国家能生产超级计算机，它是一个国家科技发展水平和综合国力的重要标志。

2. 超级计算机的特点

新一代的超级计算机采用涡轮式设计，每个刀片就是一个服务器，能实现协同工作，并可根据应用需要随时增减。通过先进的架构和设计实现了存储和运算的分离，确保用户数据、资料在软件系统更新或 CPU 升级时不受任何影响，保障了存储信息的安全，真正实现了保持长时、高效、可靠的运算并易于升级和维护的优势。目前(截至 2010 年 10 月)，由中国国防科学技术大学研制，国家超级计算天津中心安装部署的中国“天河一号”二期系统(天河-1A)以峰值速度 4700 万亿次每秒、持续速度 2566 万亿次每秒浮点运算的优异性能位居世界第一，美国橡树岭国家实验室的“美洲虎”超级计算机排名第二，中国曙光公司研制的“星云”高性能计算机位居第三。

1.3.2 大型机

1. 大型机的概念

大型机一般用在尖端科研领域，主机非常庞大，有许多中央处理器协同工作，有超大的内存和海量存储器，并且使用专用操作系统和应用软件。目前，大型主机在 MIPS(每秒百万指令数)方面不及高性能微型计算机，但是它的 I/O 能力、非数值计算能力、稳定性、安全性是微型计算机所不可比拟的。

2. 大型计算机和超级计算机的区别

大型计算机和超级计算机的区别主要有：

① 大型计算机使用专用指令系统和操作系统；超级计算机使用通用处理器及 UNIX 或类 UNIX 操作系统(如 Linux)。

② 大型计算机主要用在非数值计算(数据处理)领域；超级计算机长于数值计算(科学计算)。

③ 大型计算机主要用于商业领域，如银行和电信；而超级计算机主要用于尖端科学领域，特别是国防领域。

④ 大型计算机大量使用冗余等技术，以确保其安全性及稳定性，所以内部结构通常有两套；而超级计算机使用大量处理器，通常由多个机柜组成。

⑤ 为了确保兼容性，大型计算机的部分技术较为保守。

1.3.3　中小型机

1. 中小型机的概念

中小型机是指采用 8～32 个处理器，性能和价格介于 PC 服务器和大型计算机之间的一种高性能 64 位计算机。

2. 中小型机的特点

中小型机具有区别于 PC 及其服务器的特有体系结构，并且具有各制造厂商自己的专利技术，有的还采用小型机专用处理器，此外，中小型机使用的操作系统一般是基于 UNIX 的。从某种意义上讲，中小型机就是低价格、小规模的大型计算机，它们比大型机价格低，却有着几乎同样的处理能力。

1.3.4　工作站

工作站(Workstation)是一种以个人计算机和分布式网络计算为基础，主要面向专业应用领域，具备强大数据运算与图形、图像处理能力，为满足工程设计、动画制作、科学研究、软件开发、金融管理、信息服务、模拟仿真等专业领域而设计开发的高性能计算机。

1. 基本配置

工作站具备强大的数据处理能力，具有便于人机交换信息的用户接口。工作站在编程、计算、文件书写、存档、通信等各方面给专业工作者以综合的帮助。常见的工作站有计算机辅助设计(CAD)工作站、办公自动化(OA)工作站、图像处理工作站等。不同任务的工作站有不同的硬件和软件配置。

一个小型 CAD 工作站的典型硬件配置为高档微型计算机、带有功能键的 CRT 终端、光笔、平面绘图仪、数字化仪、打印机等。软件配置为操作系统、编译程序、相应的数据库和数据库管理系统、二维和三维的绘图软件，以及成套的计算、分析软件包。

OA 工作站的主要硬件配置为微型计算机、办公用终端设备(如电传打字机、交互式终端、传真机、激光打印机、智能复印机等)、通信设施(如局域网、程控交换机、公用数据网、综合业务数字网等)。软件配置为操作系统、编译程序、各种服务程序、通信软件、数据库管理系统、电子邮件、文字处理软件、表格处理软件、各种编辑软件及专门业务活动的软件包，并配备相应的数据库。

图像处理工作站的主要硬件配置为计算机、图像数字化设备(包括电子的、光学的或机电的扫描设备及数字化仪)、图像输出设备、交互式图像终端。软件配置除了一般的系统软件外，还要有成套的图像处理软件包。

2. 常见分类

工作站根据软、硬件平台的不同，一般分为基于 RISC(精简指令系统)架构的 UNIX 系统工作站和基于 Windows、Intel 的 PC 工作站。

UNIX 工作站是一种高性能的专业工作站，具有强大的处理器(以前多采用 RISC 芯片)和优化的内存、I/O、图形子系统。其使用专有处理器(Alpha、MIPS、Power 等)、内存及图形等硬件系统，专有 UNIX 操作系统及针对特定硬件平台的应用软件。

PC 工作站基于高性能的 x86 处理器之上，使用稳定的 Linux、Mac OS、Windows NT 及

Windows 2000、Windows XP 等操作系统，采用符合专业图形标准(OpenGL)的图形系统，再加上高性能的存储、I/O、网络等子系统，可满足专业软件运行的要求。

1.3.5　微型机

微型计算机简称微型机、PC，是由大规模集成电路组成的、体积较小的电子计算机。它以微处理器为基础，配以内存储器及输入/输出接口电路和相应的辅助电路。如果把微型计算机集成在一个芯片上，即构成单片微型计算机(简称单片机)。

1. PC 的产生

1981 年 IBM 公司正式推出了全球第一台个人计算机——IBM PC，该机采用主频 4.77MHz 的 Intel 8088 微处理器，运行微软公司开发的 MS-DOS 操作系统。IBM PC 的产生具有划时代的意义，它首创了个人计算机的概念，为 PC 制定了全球通用的工业标准。而且 IBM 对所有厂商开放 PC 工业标准，从而使得这一产业迅速发展成为 20 世纪 80 年代的主导性产业，并造就了一大批 IBM PC 兼容机制造厂商。

2. PC 的发展

从第一台 PC 产生到现在，PC 得到了长足的发展，其使用范围已经渗透到了人们生活的各个领域。

(1) 第一代 PC。

20 世纪 80 年代初推出 IBM PC，使用 Intel 8088 CPU，时钟频率 4.77 MHz，内部总线 16 位，外部总线 8 位，地址总线 20 位，寻址空间 1 MB。

(2) 第二代 PC。

1984 年推出 PC/AT，使用 80286 CPU，时钟频率 6 ~ 12 MHz，数据总线 16 位，采用工业标准体系结构总线，地址总线 24 位，寻址空间 16 MB。

(3) 第三代 PC。

1986 年推出 386 机，使用 80386 CPU，采用扩展工业标准体系结构 EISA 总线。1987 年 IBM 推出 PS/2 微机，采用微通道体系结构 MCA 总线。时钟频率 16 ~ 25 MHz，数据总线和地址总线均为 32 位，寻址空间 4 GB。

(4) 第四代 PC。

1989 年推出 486 机，使用 80486 CPU。CPU 内部包含 8 ~ 16 KB 高速缓存，时钟频率 33 ~ 120 MHz，采用视频电子标准协会 VESA 总线和外围组件互连 PCI 总线，数据总线和地址总线均为 32 位，寻址空间 4GB。

(5) 第五代 PC。

1993 年以来，陆续推出了奔腾(Pentium)系列微机，内部总线 32 位，外部总线 64 位。早期 Pentium、Pentium Pro 地址总线为 32 位，寻址空间 4 GB。从 Pentium2 开始，地址总线 36 位，寻址能力 64 GB。CPU 工作频率最低 75 MHz、最高 3.8 GHz。2004 年 6 月，英特尔发布了 P4 3.4GHz 处理器，该处理器支持超线程(HT)技术，采用 0.13 微米制程，具备 512 KB 二级高速缓存、2 MB 三级高速缓存和 800MHz 系统前端总线速度。

(6) 第六代 PC。

2005 年 4 月，英特尔的第一款双核处理器平台酷睿双核处理器问世，此款产品的问世标志着多核 CPU 时代来临。双核和多核处理器设计用于在一枚处理器中集成两个或多个完整执行内核，以支持同时管理多项活动。英特尔超线程(HT)技术能够使一个执行内核发挥两枚逻辑处理器的作用，与该技术结合使用时，可同时处理 4 个软件线程。目前，适用于 PC 的主要是酷睿 4 核 CPU。

1.4 知识扩展

1.4.1 计算机的发展趋势

计算机技术是世界上发展最快的科学技术之一，产品不断升级换代。计算机应用范围也越来越广泛，从而使计算机成为工作、学习和生活中必不可少的工具。

1. 向“高”度方向发展

性能越来越高，速度越来越快，主要表现在计算机的主频越来越高。从以前主频只有几十兆赫兹，到现在达到 2GHz 以上。计算机向高的方面发展不仅是芯片频率的提高，而且还包括计算机整体性能的提高。一个计算机中可能不止一个处理器，而是有几百个甚至几千个处理器，这就是所谓的并行处理。目前世界上高性能的通用计算机已采用上万台计算机并行，并行计算机的关键技术是如何高效率地把大量计算机互相连接起来，如何有效地管理成千上万台计算机并使之协调工作。

2. 向“广”度方向发展

计算机近年来更明显的发展趋势是网络化与向各个领域的渗透，国外称这种趋势为普适计算(Pervasive Computing)或叫无处不在的计算。未来，计算机会存在于各种电器中，而且会与现在的手机合为一体，随时随地都可以上网，相互交流信息。所以，未来计算机可能像纸张一样便宜，可以一次性使用，计算机将成为不被人注意的、最常用的日用品。

3. 向“深”度方向发展

向“深”度方向发展，即向信息的智能化发展。网上有大量的信息，怎样把这些浩如烟海的东西变成想要的知识，这是计算科学的重要课题。同时人机界面会更加友好，未来可以用自然语言与计算机打交道，也可以用手写的文字打交道，甚至可以用表情、手势来与计算机沟通，使人机交流更加方便快捷。近几年来，计算机文字识别(包括印刷体、手写体)和语音识别技术已达到商品化水平，手势和脸部表情识别也已取得较大进展。

1.4.2 计算机发展面临的问题

网络的出现极大地改变了我们的生活，也使得计算机技术走进了千家万户。它的发展前景十分美好。但是在科学研究中经常会遇到意想不到的困难，当前计算机科学的主要问题有三方面。

1. 复杂性问题

计算机科学的实质是动态的复杂性问题。一个芯片的晶体管有上亿甚至几十亿个，这个数目已和大脑里的神经元的数目一样多。如何保证这样一个复杂的系统能够正常的工作而不出现错误，这已不是一般的测量能够解决的问题了。

2. 功耗问题

当前功耗似乎不是什么问题或者说不是重要问题，但再过十几年它就会变得十分重要。根据摩尔定律，大约每隔一年半，芯片的性能翻一番，而性能翻一番可能会造成功耗也翻一番。功耗越大，放热越多。现在芯片放热可以用风扇来散热，但再翻几番，散热就十分困难了。所以，如何在提高性能的同时不增大功耗甚至减小功耗是当前计算机科学发展的重大问题。

3. 智能化问题

现在网上有很多信息，如何让计算机把这些信息变成所需要的知识，这是一件很难的事情，要求计算机将收集到的知识系统化。

1.4.3　新型计算机

随着计算机技术的发展，计算技术和其他技术相结合，出现了一些新型计算机。

1. 量子计算机

量子计算机是利用原子所具有的量子特性进行信息处理的一种全新概念的计算机。量子理论认为，在非相互作用下，原子在任一时刻都处于两种状态，称之为量子超态：原子会旋转，即同时沿上、下两个方向自旋，这正好与电子计算机的 0 与 1 完全吻合。量子计算机处理数据时不是分步进行的而是同时完成的。只要 40 个原子一起计算，就相当于一台超级计算机的性能。量子计算机以处于量子状态的原子为中央处理器和内存，其运算速度可能比目前的 Pentium 4 芯片快 10 亿倍。

2. 混合计算机

混合计算机是可以进行数字信息和模拟信息处理的计算机系统，主要应用于航空航天、导弹系统等实时性的复杂大系统中。混合计算机通过数模转换器和模数转换器将数字计算机和模拟计算机连接在一起，构成完整的混合计算机系统。混合计算机同时具有数字计算机和模拟计算机的特点：运算速度快、计算精度高、逻辑和存储能力强、存储容量大、仿真能力强。

3. 智能型计算机

现代科技表明，人脑中的大部分活动能用符号和计算来分析。随着人们对计算理解的不断加深与拓宽，如果把可以实现的物理过程看成计算过程，把基因看成开关，把细胞的操作用计算加以解释，就可实现所谓的分子计算，最终实现计算机模拟人类思维，使计算机具备人类智能。

4. 生物计算机

生物计算机的主要原材料是生物工程技术产生的蛋白质分子，并以此为生物芯片，利用有机化合物存储数据。在这种芯片中，信息以波的形式传播，当波沿着蛋白质分子链传播时，会引起蛋白质分子链中单键、双键结构顺序的变化。其运算速度要比当今最新一代计算机快 10 万倍，能彻底消除电路间的干扰。能量消耗仅相当于普通计算机的十亿分之一，且具有很强的存储能力。由于蛋白质分子能够自我组合，再生新的微型电路，使得生物计算机具有自动修复芯片故障的能力，并能模仿人脑的机制。

5. 光子计算机

光子计算机是一种利用光信号进行数字运算、逻辑操作、信息存储和处理的新型计算机。光子计算机的基本组成部件是集成光路、激光器、透镜和核镜。由于光子比电子速度快，光子计算机的运行速度可达一万亿次。它的存储量是现代计算机的几万倍，还可以对语言、图形和手势进行识别与合成。目前，光子计算机的许多关键技术，如光存储技术、光互连技术、光电子集成电路等都已经获得突破，最大幅度提高光子计算机的运算能力是当前科研工作面临的攻关课题。

习　题　1

一、填空题

1. ____________是一种能够按照事先存储的程序，自动、高速地进行大量数值计算和各种信息处理的现代化智能电子设备。

2. ____________正好处于模拟计算与数字计算的过渡阶段。

3. ____________标志着计算机正式进入数字的时代。

4. 1949 年，英国剑桥大学率先制成____________，该计算机基于冯·诺依曼体系结构。

5. ____________主要用于战略武器的设计、空间技术、石油勘探、航空航天、长期天气预报及社会模拟等领域。

二、选择题

1. 自计算机问世至今已经经历了 4 个时代，划分时代的主要依据是计算机的(　　)。

A. 规模　　B. 功能　　C. 性能　　D. 构成元件

2. 第四代计算机的主要元件采用的是(　　)。

A. 晶体管　　B. 电子管　　C. 小规模集成电路　　D. 大规模和超大规模集成电路

3. 个人计算机属于(　　)。

A. 微型计算机　　B. 小型计算机　　C. 中型计算机　　D. 小巨型计算机

4. 冯·诺依曼在研制 EDVAC 时，提出了两个重要的概念，它们是(　　)。

A. 引入 CPU 和内存储器概念　　B. 采用机器语言和十六进制

C. 采用二进制和存储程序控制的概念　　D. 采用 ASCII 编码系统

5. 当前计算机的应用领域极为广泛，但其应用最早的领域是(　　)。

A. 数据处理　　B. 科学计算　　C. 人工智能　　D. 过程控制

6. 利用计算机对指纹进行识别、对图像和声音进行处理所属的应用领域是(　　)。

A. 科学计算　　B. 自动控制　　C. 辅助设计　　D. 信息处理

7. 用来表示计算机辅助设计的英文缩写是(　　)。

A. CAI　　B. CAM　　C. CAD　　D. CAT

三、简答题

1. 简述冯·诺依曼体系结构的基本内容。

2. 在实际中，计算机可应用在哪些方面？

3. 常见的计算机有哪些？各有什么特点？

第 2 章　计算机系统组成

一个完整的计算机系统由硬件系统及软件系统两大部分构成。其中，计算机硬件是计算机系统中由电子、机械和光电元件组成的各种计算机部件和设备的总称，是计算机完成各项工作的物质基础。计算机软件是指计算机所需的各种程序及有关资料，它是计算机的灵魂。计算机系统基本组成如图2.1所示。

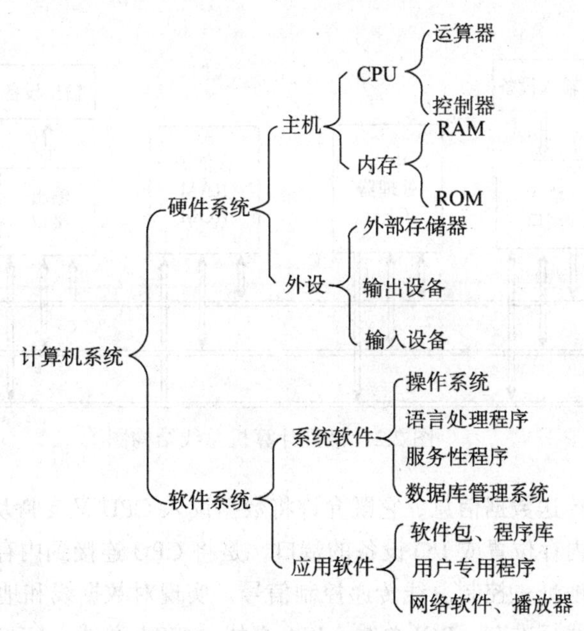

图 2.1　计算机系统基本组成

2.1　硬 件 组 成

硬件是计算机硬件的简称，硬件具有原子特性，是计算机存在的物质基础。

2.1.1　基本概念

1. 逻辑部件

在逻辑上，一个完整的计算机硬件系统由运算器、控制器、存储器、输入设备和输出设备这 5 部分组成。其中，运算器和控制器被安置在同一块芯片上，组成了 CPU(中央处理器)，它是计算机的核心部件；存储器又分为内存储器(简称内存或主存)和外存储器(简称外存或辅存)；输入设备和输出设备统称为 I/O 设备。从一般意义上讲，CPU 和内存储器构成了主机，而外存储器和 I/O 设备构成了外部设备，简称为外设。人们平时见到的计算机硬件配件通常包括主机箱、电源、主板、CPU、内存、硬盘、光驱、显卡、声卡、网卡、风扇、显示器、鼠标、键盘、打印机、扫描仪、音箱、摄像头、麦克风等。

2. 总线

在 PC 中，CPU、存储器和 I/O 设备之间是采用总线连接，总线是 PC 中数据传输或交换的通道，目前的总线宽度正从 32 位向 64 位过渡。通常用频率来衡量总线传输的速度，单位为 Hz。根据连接的部件不同，总线可分为：内部总线、系统总线和外部总线。内部总线是同一部件内部连接的总线；系统总线是计算机内部不同部件之间连接的总线；有时也会把主机和外部设备之间连接的总线称为外部总线。根据功能的不同，系统总线又可以分为 3 种：数据总线(Data Bus，DB)、地址总线(Address Bus，AB)和控制总线(Control Bus，CB)，如图 2.2 所示。

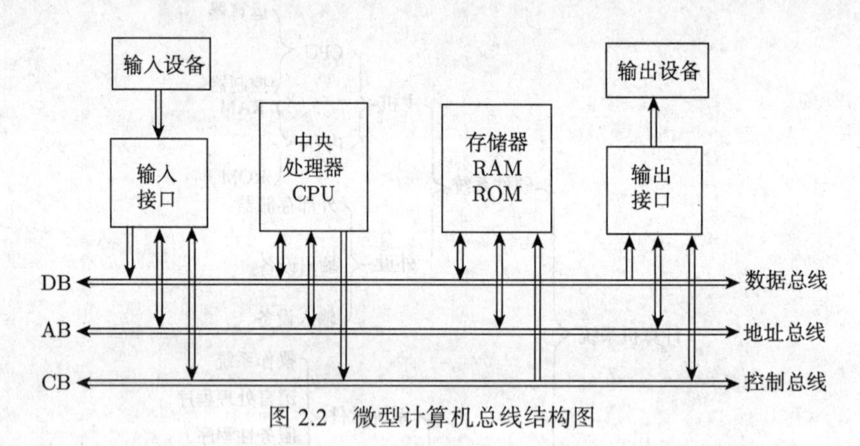

图 2.2 微型计算机总线结构图

数据总线负责传送数据信息，它既允许将数据读入 CPU 又支持从 CPU 读出数据；而地址总线则用来识别内存位置或 I/O 设备的端口，是将 CPU 连接到内存及 I/O 设备的线路组，通过它来传输数据地址；控制总线传递控制信号，实现对数据线和地址线的访问控制。

目前常用的总线标准有：PCI 总线、ISA 总线、EISA 总线、VESA 总线等，而在 PC 中采用的大多是 PCI 总线。PCI 总线也支持总线主控技术，允许智能设备在需要时取得总线控制权，以加速数据传送。

2.1.2 主机箱与主板

1. 主机箱

主机箱为 PC 的各种部件提供安装支架(前面板上提供了硬盘、光驱的安装支架，后面板主要提供电源的安装支架)。主机箱内部构造如图2.3所示。

2. 主板

主板又叫主机板、系统板或母板。它安装在主机箱内，是微机最基本的也是最重要的部件之一。主板一般为矩形电路板，上面安装了组成计算机的主要电路系统，一般有 BIOS 芯片、I/O 控制芯片、键盘和面板控制开关接口、指示灯插接件、扩充插槽、主板及插卡的直流电源供电接插件等元件，如图2.4所示。

(a) 立式主机箱内部

(b) 卧式主机箱内部

图2.3　主机箱内部构造

图2.4　华硕P5Q主板

当微机工作时由输入设备输入数据，由 CPU 来完成大量的数据运算，再由主板负责组织输送到各个设备，最后经输出设备输出。

3. 选购主板的原则

主板对计算机的性能影响很重大，所以，选择主板应从以下几个方面考虑：

① 工作稳定，兼容性好；

② 功能完善，扩充力强；

③ 使用方便，可以在BIOS中对尽量多的参数进行调整；

④ 厂商有更新及时、内容丰富的网站，维修方便快捷；

⑤ 价格相对便宜，即性价比高。

2.1.3　中央处理器

CPU(Central Processing Unit)中文名称为中央处理器或中央处理单元，它是计算机系统的核心部件。CPU性能的高低直接影响着微机的性能，它负责微机系统中数值运算、逻辑判断、控制分析等核心工作。Intel公司生产的酷睿I7 CPU如图2.5所示。

1. 基本结构

CPU的内部结构可以分为运算部件、寄存器部件和控制部件3部分，3个部分相互协调。8086 CPU的内部结构示意图如图2.6所示。

(1) 运算部件。

运算部件可以执行定点或浮点的算术运算操作、移位操作及逻辑操作，也可执行地址的运算和转换。

(2) 寄存器部件。

寄存器部件包括通用寄存器、专用寄存器和控制寄存器。有时，中央处理器中还有一些缓存，用来暂时存放一些数据指令，目前市场上的中高端中央处理器都有2 MB左右的二级缓存。

图2.5　Intel公司生产的酷睿I7 CPU

(3) 控制部件。

控制部件主要负责对指令译码，并且发出为完成每条指令所要执行的各个操作的控制信号。其结构有两种：一种是以微存储为核心的微程序控制方式；另一种是以逻辑硬布线结构为主的控制方式。

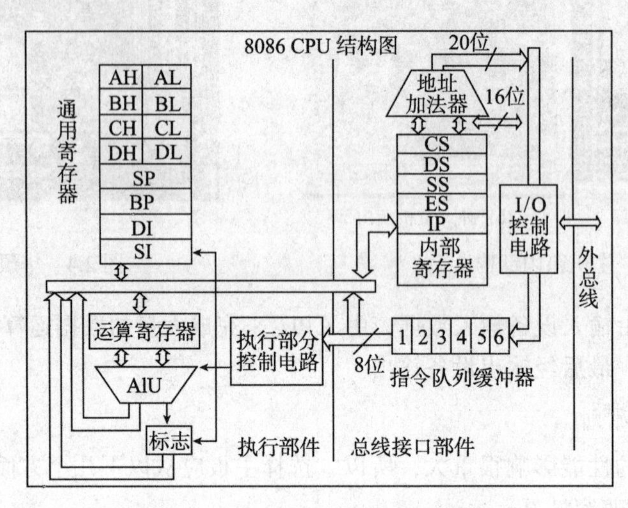

图 2.6　8086 CPU 的内部结构示意图

2. 工作原理

CPU 的工作可分为 3 个阶段：取指令、分析指令、执行指令。

第一阶段：取指令。首先，根据 PC 所指出的指令地址，CPU 从存储器或高速缓冲存储器中取出指令，并送到控制器的指令寄存器中。

第二阶段：分析指令。对所取的指令进行分析，即根据指令中的操作码进行译码，确定计算机应进行什么操作。译码信号被送往操作控制部件，与时序电位、测试条件配合，产生执行本条指令相应的控制电位序列。

第三阶段：执行指令。根据指令分析结果，由控制部件发出完成操作所需要的一系列控制电位，指挥计算机有关部件完成操作，同时为取下一条指令做好准备。

CPU 通过周而复始地完成取指令、分析指令、执行指令这一过程，实现了自动控制过程。为了使 3 个阶段按时发生，还需要一个时钟发生器来调节 CPU 的每一个动作，它发出调整 CPU 步伐的脉冲，时钟发生器每秒钟发出的脉冲越多，CPU 的运行速度就越快。

2.1.4　存储器

计算机存储器的体系结构如图2.7 所示。

内存、外存和 CPU 之间的信息传递关系如图 2.8 所示。只要计算机在运行，CPU 就会把需要运算的数据调到内存中，然后进行运算。当运算完成后，CPU 再将结果传送出来。

1. 内存

内存是 CPU 信息的直接来源，其作用是暂时存放 CPU 中的运算数据，以及与硬盘等外部存储器交换的数据。传统意义上的内存主要包括只读存储器(ROM)和随机存储器(RAM)两部分。

(1) 只读存储器(ROM)。

在制造 ROM(Read Only Memory)的时候，信息(数据或程序)被存入并永久保存。这些信息只能读出，一般不能写入。即使机器停电，这些数据也不会丢失。ROM 一般用于存放计算机的基本程序和数据，如 BIOS 就是最基本的 ROM。

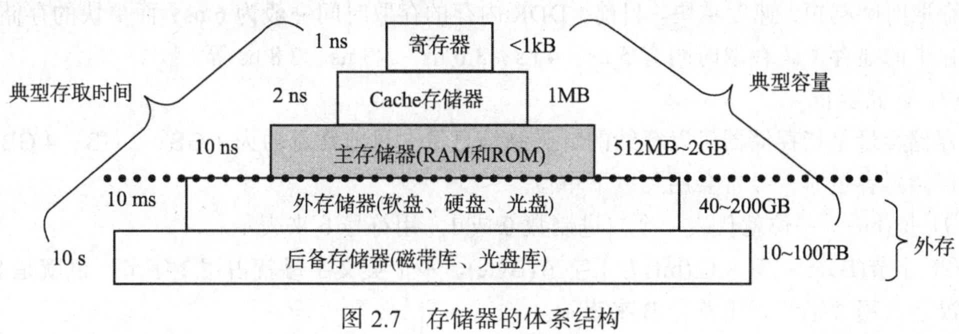

图 2.7　存储器的体系结构

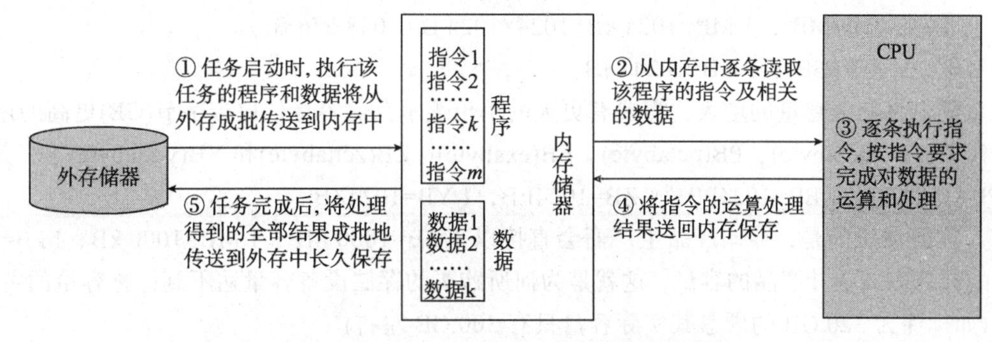

图 2.8　存储器和 CPU 之间的信息传递关系

(2) 随机存储器(RAM)。

随机存储器(Random Access Memory，RAM)既可以从中读取数据，又可以写入数据。当机器电源关闭时，存于其中的数据就会丢失。内存条就是将 RAM 集成块集中在一起的一小块电路板，它插在计算机中的内存插槽上。目前市场上常见的内存条有 1 GB、2 GB、4 GB 等容量。内存条如图2.9 所示，一般由内存芯片、电路板、金手指等部分组成。

图 2.9　金士顿 DDR3 1333 2 GB 内存条

随着 CPU 性能的不断提高，JEDEC 组织很早就开始酝酿 DDR2 标准，DDR2 能够在 100MHz 频率的基础上提供每插脚最少 400 MBps 的带宽，而且其接口将运行于 1.8 V 电压上，进一步降低发热量，以提高频率。DDR3 比 DDR2 有更低的工作电压，从 DDR2 的 1.8 V 降到 1.5 V，性能更好，更为省电。DDR3 目前能够达到最高 2000 MHz 的速度。

在衡量内存性能时，主要有以下几个指标。

(1) 存取速度。

内存的存取速度用存取一次数据的时间来表示，单位为 ns(纳秒)，1 ns=10^{-9} s。值越小表明存取时间越短，速度越快。目前，DDR 内存的存取时间一般为 6 ns，而更快的存储器多用在显卡的显存上，存取时间有 5 ns、4 ns、3.6 ns、3.3 ns、2.8 ns 等。

(2) 存储容量。

存储容量是指存储器可以容纳的二进制信息量。目前常见的为 1 GB、2 GB、4 GB 等。衡量存储器容量时，经常会用到以下单位。

① 位(bit)：一位就代表一个二进制数 0 或 1。用符号 b 来表示。

② 字节(Byte)：每 8 位(bit)为 1 字节(Byte)。一个英文字母就占用 1 字节，也就是 8 位，一个汉字占用 2 字节。用符号 B 来表示。

③ 千字节(kB)：1 kB=1024 B。

④ 兆字节(MB)：1 MB=1024 kB=1024×1024 B=1 048 576 B。

⑤ 吉字节(GB)：1 GB=1024 MB。

随着存储信息量的增大，需要有更大的单位表示存储容量，比吉字节(GB)更高的还有：太字节(TB，terabyte)、PB(petabyte)、EB(exabyte)、ZB(zettabyte)和 YB(yottabyte)等，其中，1PB=1024TB，1 EB=1024PB，1 ZB=1024EB，1 YB=1024ZB。

需要注意的是，存储产品生产商会直接以 1 GB=1000 MB、1 MB=1000 kB、1 kB=1000 B 的计算方式统计产品的容量，这就是为何所购买的存储设备容量达不到标称容量的主要原因(如标注为 320 GB 的硬盘其实际容量只有 300 GB 左右)。

2. 高速缓冲存储器

高速缓冲存储器(Cache)的引入是为了解决 CPU 和内存之间的速度不匹配问题。Cache 位于 CPU 与内存之间，是一个读/写速度比内存更快的存储器，其容量一般只有主存储器的几百分之一，但它的存取速度能与中央处理器相匹配。当 CPU 向内存中写入或读出数据时，这个数据也被存储进高速缓冲存储器中。当 CPU 再次需要这些数据时，CPU 就从高速缓冲存储器读取数据，于是，中央处理器就可以直接对高速缓冲存储器进行存取。在整个处理过程中，如果中央处理器绝大多数存取主存储器的操作能为存取高速缓冲存储器所代替，计算机系统处理速度就能显著提高。当然，如果需要的数据在 Cache 中没有，CPU 会再去内存中读取数据。

3. 外存

外存也称辅助储存器，用于信息的永久存放。当要用到外存中的程序和数据时，才将它们调入内存。所以外存只同内存交换信息，而不能被计算机的其他部件所访问。常见的外存有：磁表面储存器(软磁盘、硬磁盘)、光表面储存器(光盘，包括 CD-ROM、DVD 等)、半导体储存器(U 盘)等。

(1) 磁盘。

磁盘存储器的信息存储依赖磁性原理，现在用到的磁盘主要是硬盘。硬盘容量大、性价比高，其面密度已经达到每平方英寸 100 GB 以上。硬盘内部结构如图2.10所示。硬盘实物结构如图2.11所示。

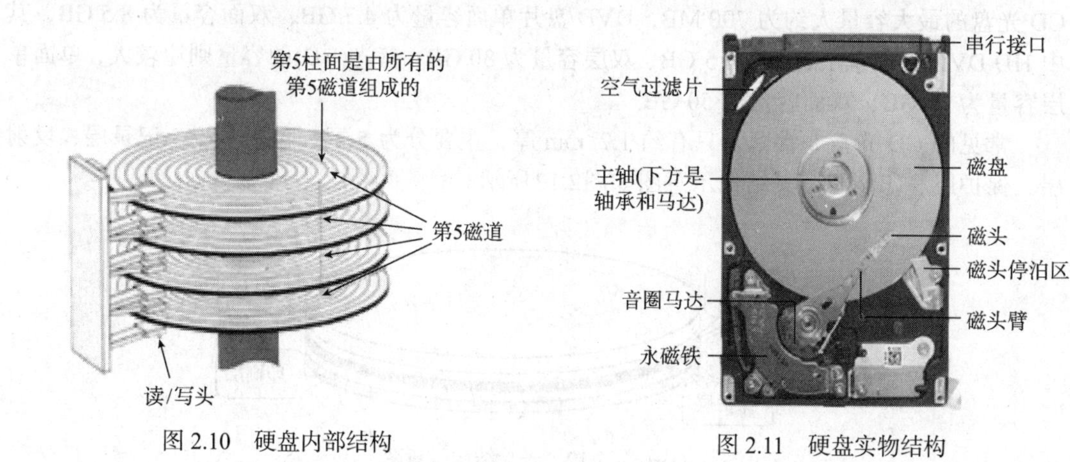

图 2.10　硬盘内部结构

图 2.11　硬盘实物结构

硬盘不仅用于各种计算机和服务器中，而且用于磁盘阵列和各种网络存储系统中。关于硬盘，有以下几个概念需要了解：

① 磁头。磁头是硬盘中最昂贵的部件，用于数据的读/写。

② 磁道。当磁盘旋转时，磁头若保持在一个位置上，则每个磁头都会在磁盘表面划出一个圆形轨迹，这些圆形轨迹就叫做磁道。

③ 扇区。磁盘上的每个磁道被等分为若干弧段，这些弧段便是磁盘的扇区，每个扇区的容量大小为 512 B。数据的存储一般以扇区为单位。

④ 柱面。硬盘通常由重叠的一组盘片构成，每个盘面都被划分为数目相等的磁道，并从外缘的 0 开始编号，具有相同编号的磁道形成一个圆柱，称为磁盘的柱面。

对于硬盘，在衡量其性能时，主要有以下几个性能指标：

① 容量。硬盘的容量一般以 GB 为单位，硬盘的常见容量有 160 GB、200 GB、250 GB、300 GB、320 GB、500 GB、640 GB、750 GB、1000 GB、1.5TB、2TB、3TB 等，随着硬盘技术的发展，还将推出更大容量的硬盘。

② 转速。转速指硬盘盘片在一分钟内所能完成的最大旋转圈数，转速是硬盘性能的重要参数之一，在很大程度上直接影响硬盘的速度，单位为 r/min。r/min 值越大，内部数据传输速率就越快，访问时间就越短，硬盘的整体性能也就越好。普通家用硬盘的转速一般有 5400 r/min、7200 r/min 两种。笔记本硬盘的转速一般以 4200 r/min、5400 r/min 为主。服务器硬盘性能最高，转速一般为 10000 r/min，性能高的可达 15000 r/min。

③ 平均访问时间。平均访问时间指磁头找到指定数据的平均时间，通常是平均寻道时间和平均等待时间之和。平均寻道时间指硬盘在盘面上移动读/写磁头至指定磁道寻找相应目标数据所用的时间，它描述硬盘读取数据的能力，单位为毫秒。平均等待时间指磁头移动到数据所在磁道后，等待所要数据块转动到磁头下的时间，它是盘片旋转周期的 1/2。平均访问时间既反映了硬盘内部数据传输速率，又是评价硬盘读/写数据所用时间的最佳标准。平均访问时间越短越好，一般在 11~18 ms 之间。

(2) 光盘。

光盘(Compact Disc, CD)通过聚焦的氢离子激光束实现信息的存储和读取，又称激光光盘。根据是否可写，光盘可分为不可擦写光盘(如 CD-ROM、DVD-ROM 等)和可擦写光盘(如 CD-RW、DVD-RAM 等)。根据光盘结构不同，可分为 CD、DVD、蓝光光盘等几种类型。

CD 光盘的最大容量大约为 700 MB，DVD 盘片单面容量为 4.7 GB，双面容量为 8.5 GB，其中 HD DVD 单面单层容量为 15 GB、双层容量为 30 GB；蓝光(BD)的容量则比较大，单面单层容量为 25 GB，双面容量为 50 GB。

常见的 CD 光盘非常薄，只有约 1.2 mm 厚，主要分为 5 层，包括基板、记录层、反射层、保护层、印刷层，其结构示意图如图2.12所示。

图 2.12　光盘结构示意图

光驱是用来读/写光盘内容的设备，光驱结构示意图如图2.13所示。

激光头是光驱的心脏，也是最精密的部分。它主要负责数据的读取工作。激光头主要包括：激光发生器(又称激光二极管)、半反光棱镜、物镜、透镜及光电二极管这几部分。当激光头读取盘片上的数据时，从激光发生器发出的激光透过半反射棱镜汇聚在物镜上，物镜将激光聚焦成为纳米级的激光束并照射到光盘上。此时，光盘上的反射层就会将照射过来的光线反射回去，透过物镜再照射到半反射棱镜上。

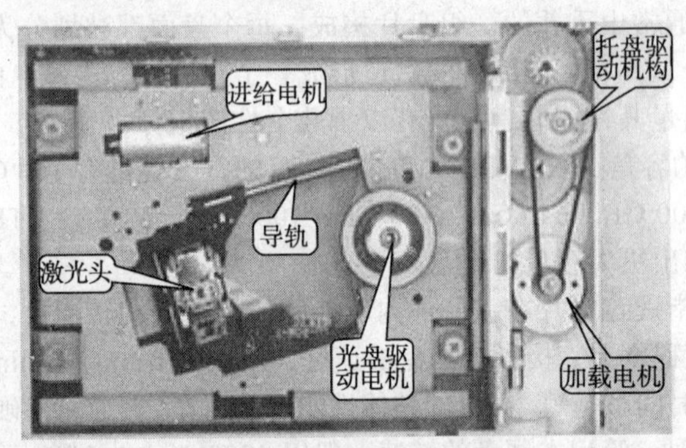

图 2.13　光驱结构示意图

棱镜是半反射结构，光束经过反射，穿过透镜，到达光电二极管上。由于光盘表面是以突起不平的点来记录数据的，所以反射回来的光线就会射向不同的方向。人们将射向不同方向的信号定义为 0 或 1，发光二极管接收到的是那些以 0、1 排列的数据，并最终将它们解析成为需要的数据。在激光头读取数据的整个过程中，寻迹和聚焦直接影响光驱的纠错能力及稳定性。寻迹就是保持激光头能够始终正确地对准记录数据的轨道。

目前，光驱有以下几种类型。

① CD-ROM 光驱：只能读取 CD-ROM 的驱动器。

② DVD 光驱：可以读取 DVD 碟片的光驱，除了兼容 DVD-ROM、DVD-VIDEO、DVD-R、CD-ROM 等常见的格式外，对于 CD-R/RW、CD-I、VIDEO-CD、CD-G 等都能很好地支持。

③ COMBO 光驱：COMBO 光驱(康宝光驱)是一种集 CD 刻录、CD-ROM 和 DVD-ROM

为一体的多功能光存储产品。

④ 刻录光驱：包括 CD-R、CD-RW 和 DVD 刻录机等，其中，DVD 刻录机又分 DVD+R、DVD-R、DVD+RW、DVD-RW(W 代表可反复擦写)和 DVD-RAM。刻录机的外观和普通光驱相似，只是其前置面板上通常都清楚地标识着写入、复写和读取 3 种速度。

光驱有两个重要的性能指标。

① 光驱的读盘速度。光驱的速度都是标称的最快速度，是指光驱在读取盘片最外圈时的最快速度，而读内圈时的速度要低于标称值。目前，CD-ROM 光驱所能达到的最大 CD 读取速度是 56 倍速(CD 单倍传输速度为 150 kbit/s)；DVD-ROM 光驱大部分为 48 倍速(DVD 单倍速传输速度为 1350 kbit/s)；康宝产品基本都达到了 52 倍速。

② 光驱的容错能力。相对于读盘速度而言，光驱的容错性更为重要。为了提高光驱的读盘能力，采取了多种技术措施，其中人工智能纠错(AIEC)是比较成熟的技术。AIEC 通过对上万张光盘的采样测试，记录下适合的读盘策略，并保存在光驱的 BIOS 芯片中，以方便光驱针对偏心盘、低反射盘、划伤盘自动进行读盘策略的选择。

(3) U 盘。

U 盘全称为 USB 闪存盘，可以通过 USB 接口与计算机连接，实现即插即用。U 盘的最大优点是：便于携带、存储容量大、价格低、性能可靠。一般 U 盘的容量有 4 GB、8 GB、16 GB、32 GB 等。U 盘组成简单，一般由外壳、机芯、闪存、包装几部分组成，如图 2.14 所示。

其中机芯和闪存是其核心组成部分。U 盘的使用寿命用可擦写次数表示，一般采用 MLC 颗粒的 U 盘可擦写 1 万次以上，采用 SLC 颗粒的 U 盘使用寿命更是长达 10 万次。

图 2.14　U 盘内部结构

使用在 U 盘时，有以下几点需要注意。

① 不要在指示灯快速闪烁时拔出，因为这时 U 盘正在读取或写入数据，中途拔出可能会造成硬件、数据的损坏。

② 不要在备份文档完毕后立即关闭相关的程序，因为程序可能还没完全结束，这时拔出 U 盘，很容易影响备份。所以文件备份到 U 盘中后，应过一些时间再关闭相关程序，以防意外。

③ 在系统提示无法停止时也不要轻易拔出 U 盘，这样也会造成数据遗失。

④ 不要长时间将 U 盘插在 USB 接口上，这样容易引起接口老化，对 U 盘也是一种损耗。

2.1.5　输入输出设备

输入设备将要加工处理的外部信息转换成计算机能够识别和处理的内部表示形式(即二进制代码)并输送到计算机中去。在微型计算机系统中，最常用的输入设备是键盘、鼠标和扫描仪。输出设备将计算机内部以二进制代码形式表示的信息转换为用户所需要并能识别的形式(如十进制数字、文字、符号、图形、图像、声音)或其他系统能接受的信息形式，并将其输出。在微型机系统中，主要的输出设备有显示器、打印机、音箱等。下面主要介绍音箱、扫描仪、显示器和打印机。

1. 声卡和音箱

声卡的用途不仅仅是发声那么简单。在多媒体技术中，它是实现声波/数字信号相互转换的硬件电路。声卡的组成包括音频信号合成器、音频信号放大器、A/D 与 D/A 转换电路、数字音频信号处理电路等部分，如图 2.15 所示。

图 2.15　声卡

(1) 声卡的基本功能。

一块声卡除了可以播放 MP3/CD 之外，还具有播放数字音乐、录音和语音识别、语音通讯、实时的效果器、MIDI 的制作等功能。

(2) 声卡的性能参数。

衡量声卡的性能可以从多个方面入手，以下几个参数对声卡性能影响较大。

① 复音数量。复音数量代表了声卡能够同时发出多少种声音。复音数越大，音色就越好，播放 MIDI 时可以听到的声部就越多、越细腻。如果一首 MIDI 乐曲中的复音数超过了声卡的复音数，将丢失某些声部，但一般不会丢失主旋律。目前声卡的硬件复音数都不超过 64 位。

② 采样精度。采样精度是指将声音从模拟信号转化为数字信号的二进制位数，即进行 A/D、D/A 转换的精度。目前有 8 位、12 位、16 位和 24 位音频采样标准。采样精度的大小影响声音的质量，位数越多，声音的质量越高，但需要的存储空间也越大。

③ 采样频率。采样频率是指每秒采集声音样本的数量。标准的采样频率有 3 种：11.025 kHz(语音)、22.05 kHz(音乐)和 44.1 kHz(高保真)，有些高档声卡能提供 5 ~ 48 kHz 的连续采样频率。采样频率越高，记录声音的波形就越准确，保真度就越高，但采样产生的数据量也越大，要求的存储空间也越大。

(3) 音箱及性能指标。

有了一块好的声卡，要想发出动人的声音，还需要有音箱，如图 2.16 所示。对于音箱，在衡量其性能时，主要有以下几个指标。

① 功率。根据国际标准，功率有两种标注方法：额定功率与最大承受功率(瞬间功率或峰值功率)。额定功率是指在额定频率范围内给扬声器一个规定了波形的持续模拟信号，扬声器所能发出的最大不失真功率。最大承受功率是扬声器不发生任何损坏的最大电功率。在选购多媒体音箱时要以额定功率为准，但音箱的功率也不是越大越好，适用就

图 2.16　音箱

是最好的。对于普通家庭用户的 $20m^2$左右的房间来说，真正意义上的 50W 功率足够了，没有必要过分追求高功率。

② 失真度。失真度在音箱与扬声器系统中尤为重要，其直接影响音质音色的还原程度，这项指标常以百分数表示，数值越小表示失真度越小。普通多媒体音箱的失真度以小于 0.5%为宜，而通常低音炮的失真度都普遍较大，小于 5%就可以接受了。

③ 信噪比。信噪比是指音箱回放的正常声音信号强度与噪声信号强度的比值，单位用 dB 表示。设备的信噪比越高表明它产生的杂音越少。一般来说，信噪比越大，说明混在信号里的噪声越小，声音回放的音质量越高，否则相反。信噪比一般不应低于 70dB，高保真音箱的信噪比应达到 110dB 以上。

2. 扫描仪

扫描仪是将各种形式的图像信息输入计算机的重要工具。扫描仪可分为三大类型：滚筒式扫描仪、平面扫描仪和专用扫描仪(包括笔式扫描仪、便携式扫描仪、胶片扫描仪、底片扫描仪、名片扫描仪等)，如图2.17 所示。

滚筒式扫描仪广泛应用于专业印刷排版领域，一般使用光电倍增管，因此它的密度范围较大，而且能够分辨出图像更细微的层次变化。平面扫描仪又称台式扫描仪，是办公用扫描仪的主流产品，扫描幅面一般为 A4 或 A3。平面扫描仪使用的是光电耦合器件，故其扫描的密度范围较小。

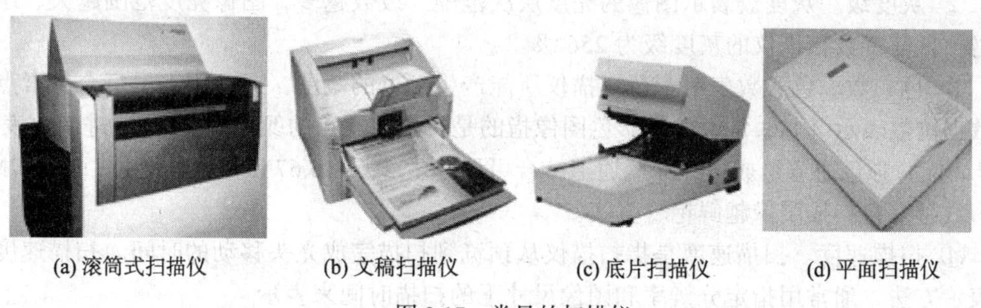

(a) 滚筒式扫描仪　(b) 文稿扫描仪　(c) 底片扫描仪　(d) 平面扫描仪

图 2.17　常见的扫描仪

(1) 工作原理。

扫描仪的工作原理如下：扫描仪发出强光照射在稿件上，没有被吸收的光线将被反射到光学感应器上。光学感应器接收到这些信号后，将这些信号传送到数模(D/A)转换器中，数模转换器再将其转换成计算机能读取的信号，然后通过驱动程序转换成显示器上能看到的正确图像，其基本工作过程如图 2.18 所示。待扫描的稿件通常可分为：反射稿和透射稿。前者泛指一般的不透明文件，如报刊、杂志等，后者包括幻灯片(正片)或底片(负片)。如果经常需要扫描透射稿，就必须选择具有光罩(光板)功能的扫描仪。

(2) 技术指标。

对于扫描仪，在衡量其性能时，主要有以下几个指标。

① 分辨率。分辨率是扫描仪最主要的技术指标，它决定了扫描仪所记录图像的清晰度，通常用每英寸长度上扫描图像所含像素的个数来表示，单位为 PPI(Pixels Per Inch)。目前大多数扫描仪的分辨率在 300~2400PPI 之间。PPI 数值越大，分辨率越高。分辨率一般有两种：光学分辨率和插值分辨率。光学分辨率就是扫描仪的实际分辨率，它是决定图像清晰度和锐

利度的关键性能指标。插值分辨率则是通过软件运算的方式来提高分辨率，即用插值的方法将采样点周围遗失的信息填充进去，也称为软件增强的分辨率。

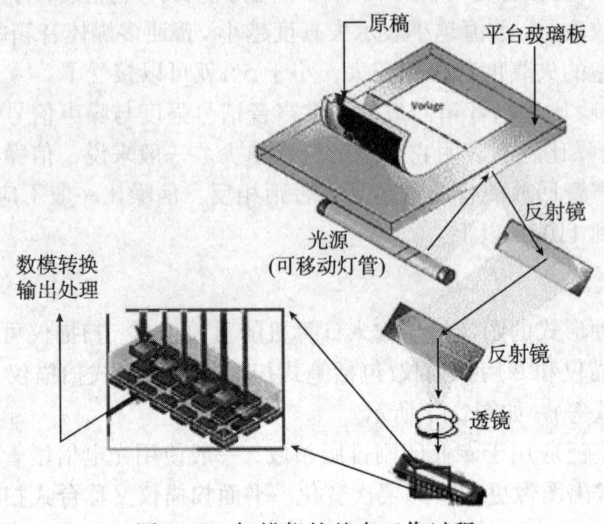

图 2.18　扫描仪的基本工作过程

② 灰度级。灰度级表示图像的亮度层次范围。级数越多，图像亮度范围越大、层次越丰富，目前多数扫描仪的灰度级为 256 级。

③ 色彩数。色彩数表示彩色扫描仪所能产生颜色的范围，通常用表示每个像素点颜色的数据位数表示。例如，常说的真彩色图像指的是每个像素点的颜色用 24 位二进制数表示(由 3 个 8 位的彩色通道组成)，红绿蓝通道结合可以产生 $2^{24}\approx 16.67$M 种颜色组合，即 16.7M 色。色彩数越多，扫描图像越鲜艳、真实。

④ 扫描速度。扫描速度是指扫描仪从预览到扫描完成光头移动的时间。扫描速度有多种表示方法，通常用指定分辨率和图像尺寸下的扫描时间来表示。

3. 显示器

PC 的显示系统由显卡和显示器组成，它们共同决定了图像的输出质量。

(1) 显卡。

显卡全称显示接口卡，又称为显示适配器，显卡将计算机系统所需要的显示信息进行转换驱动，并向显示器提供行扫描信号，控制显示器的正确显示。显卡一般可分两类：集成显卡和独立显卡，如图2.19 所示。

(a) 集成显卡

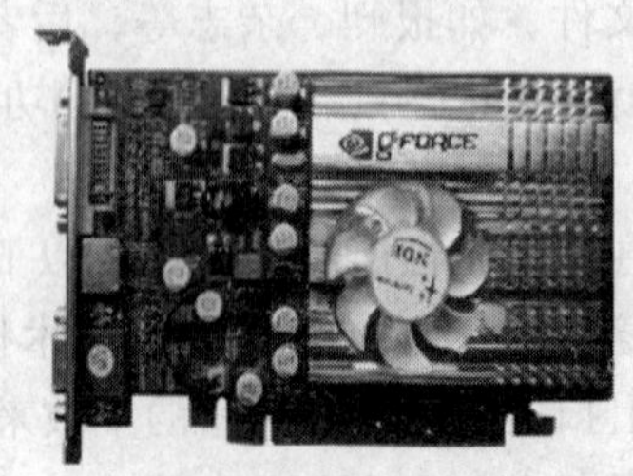

(b) 独立显卡

图 2.19　显卡

① 集成显卡。集成显卡将显示芯片、显存及其相关电路都集成在主板上，与主板融为一体。集成显卡的显示芯片有单独的，但大部分都集成在主板的北桥芯片中。一些主板集成的显卡也在主板上安装了单独显存，但其容量较小，所以，集成显卡的显示效果与处理性能相对较弱。集成显卡的优点是功耗低、发热量小，不用花费额外的资金购买。不足之处在于不能升级。

② 独立显卡。独立显卡是指将显示芯片、显存及其相关电路单独制作在一块电路板上，作为一块独立的板卡存在，它需占用主板的扩展插槽。独立显卡的优点是单独安装，一般不占用系统内存，能够得到更好的显示效果和性能，容易进行显卡的硬件升级。不足之处在于系统功耗有所加大，发热量也较大。

显卡的重要技术参数如下：

① 核心频率。显卡的核心频率是指显示核心的工作频率，在一定程度上可以反映出显示核心的性能，在同样级别的芯片中，核心频率高的则性能要强一些。提高核心频率是显卡超频的方法之一。

② 显存。显存全称是显卡内存，其主要功能是存储显示芯片所处理的各种数据。如何有效地提高显存的效能是提高显卡效能的关键。显存容量是选择显卡的关键参数之一，其在一定程度上也会影响显卡的性能。显存位宽是显存在一个时钟周期内所能传送数据的位数，位数越大则瞬间所能传输的数据量越大，这是显存的重要参数之一。目前市场上的显存位宽有 64 位、128 位和 256 位 3 种，人们习惯上说的 64 位显卡、128 位显卡和 256 位显卡就是指其相应的显存位宽。

(2) 显示器。

显示器类型很多，按显示原理可以分为阴极射线管显示器(CRT)和液晶显示器(LCD)。阴极射线管显示器已逐步淘汰，LCD 显示器已成为主流产品。

从液晶显示器的结构来看，LCD 显示屏属于分层结构，如图2.20 所示。一些高档的数字 LCD 显示器采用数字方式传输数据、显示图像，这样就不会产生由显卡造成的色彩偏差或损失，并且完全没有辐射，即使长时间观看 LCD 显示器屏幕也不会对眼睛造成很大伤害。

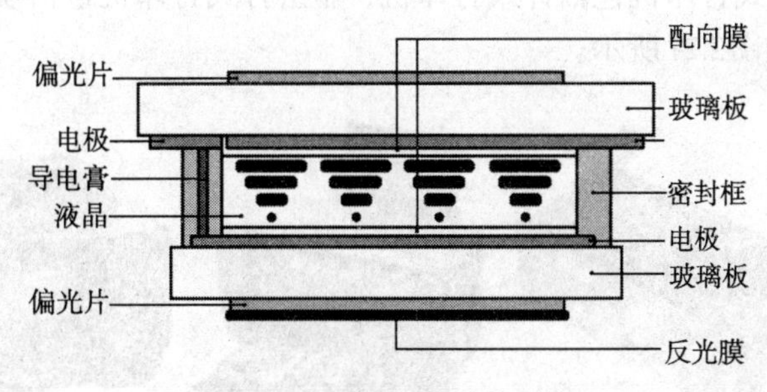

图 2.20　液晶显示器结构示意图

LCD 由两块玻璃板构成，厚约 1mm，其间由包含液晶材料的 5 μm 均匀间隔隔开。因为液晶材料本身并不发光，所以在显示屏两边都设有作为光源的灯管，而在液晶显示屏背面有一块背光板(或称匀光片)和反光膜。背光板是由荧光物质组成的，可以发射光线，其作用主要是提供均匀的背景光源。

液晶显示屏的两块玻璃基板中间充斥着运动的液晶分子。信号电压直接控制薄膜晶体的开关状态，再利用晶体管控制液晶分子，液晶分子具有明显的光学各向异性，能够调制来自背光灯管发射的光线，实现图像的显示。

液晶显示器的主要技术参数有以下几个：

① 屏幕尺寸。屏幕尺寸指液晶显示器屏幕对角线的长度，单位为英寸。和电视机一样，大的液晶显示器观看效果好一些，更利于在远一点的距离观看或在宽敞的环境中观看。但受液晶板制造工艺的影响，尺寸过大的液晶屏幕成本会急剧上升，现在的主流产品屏幕尺寸在 20 英寸左右。

② 点距。点距一般是指显示屏相邻两个像素点之间的距离，点距决定画质的细腻度。点距的计算方式可以通过以面板尺寸除以解析度得到。由于液晶显示器在尺寸固定时，像素数量也是固定的，因此在尺寸与分辨率都相同的情况下，大多数液晶显示器的像素间距基本相同。例如，分辨率为 1024×768 的 15 英寸液晶显示器，其像素间距均为 0.297 mm，而 17 英寸的像素间距均为 0.264 mm。所以，对于同尺寸的液晶显示器，其价格一般与点距没有关系。

③ 色彩数。色彩数就是显示器所能显示的最多颜色数。目前液晶显示器常见的颜色种类有两种：一种是 24 位色，也叫 24 位真彩，这 24 位真彩由红绿蓝三原色(每种颜色 8 位色彩)组成，所以这种液晶板也叫 8 位液晶板，颜色一般称为 16.7M 色；另一种液晶显示器三原色每种只有 6 位，也叫 6 位液晶板，通过“抖动”技术，快速切换局部相近颜色，利用人眼的残留效应获得缺失色彩，颜色一般称为 16.2M 色。两者实际视觉效果差别不算太大，目前高端液晶显示器中 16.7M 色占主流。

④信号响应时间。信号响应时间指的是液晶显示器对于输入信号的反应速度，也就是液晶由暗转亮或由亮转暗的反应时间，通常是以毫秒(ms)为单位。此值越小越好，如果响应时间太长，就有可能使液晶显示器在显示动态图像时，有尾影拖曳的感觉。一般液晶显示器的响应时间在 2~5 ms 之间。

4. 打印机

打印机用于将计算机处理结果打印在相关介质上。衡量打印机性能的指标有 3 项：打印分辨率、打印速度和噪声。按照打印机的工作原理，将打印机分为击打式打印机和非击打式打印机两大类。击打式打印机包括针式打印机，非击打式打印机包括喷墨打印机和激光打印机等，常见打印机如图2.21所示。

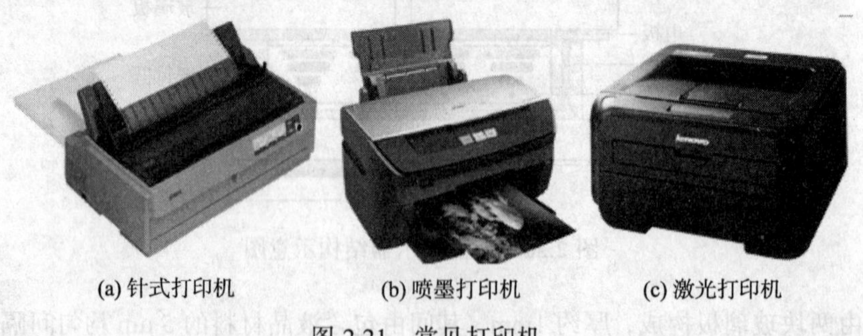

(a) 针式打印机　　(b) 喷墨打印机　　(c) 激光打印机

图 2.21　常见打印机

(1) 针式打印机。

针式打印机在很长的一段时间内流行不衰，这与它极低的打印成本和很好的易用性及单据打印的特殊用途是分不开的。打印质量低、工作噪声大是其主要缺点。现在只有在银行、超市等需要大量打印票单的地方还可以看见它。针式打印机通过打印针对色带的机械撞击，在打印介质上产生小点，最终由小点组成所需打印的对象。而打印针数就是指针式打印机的打印头上的打印针数量，打印针的数量直接决定了产品打印的效果和打印的速度。目前最常见的产品的打印针数为 24 针，早期的针式打印机也有采用 9 针的，但是打印的效果和速度都要逊色很多。而一些高端的产品则有采用双打印头的，不过每一个打印头的针数也是 24 针的，但是打印的速度会大大提高。

(2) 喷墨打印机。

喷墨打印机的打印机头上一般有 48 个或 48 个以上的独立喷嘴，这些独立喷嘴可以喷出各种不同颜色的墨滴。不同颜色的墨滴落于同一点上，形成不同的复色。一般来说，喷嘴越多，打印速度越快。喷墨打印机良好的打印效果与较低的价位，使其占领了广大中低端市场。另外，喷墨打印机还具有更为灵活的纸张处理能力。

(3) 激光打印机。

激光打印机可以提供更高质量、更快速的打印。其中，低端黑白激光打印机的价格目前已经降到了几百元，达到了普通用户可以接受的水平。它的打印原理是：利用光栅图像处理器产生要打印页面的位图，然后将其转换为电信号等一系列脉冲送往激光发射器，在这一系列脉冲的控制下，激光被有规律地放出。与此同时，反射光束被感光鼓接收并发生感光。当纸张经过感光鼓时，鼓上的着色剂就会转移到纸上，印成了页面的位图。最后，当纸张经过一对加热辊后，着色剂被加热熔化，固定在纸上，整个过程准确而且高效。激光打印机的工作过程如图2.22所示。

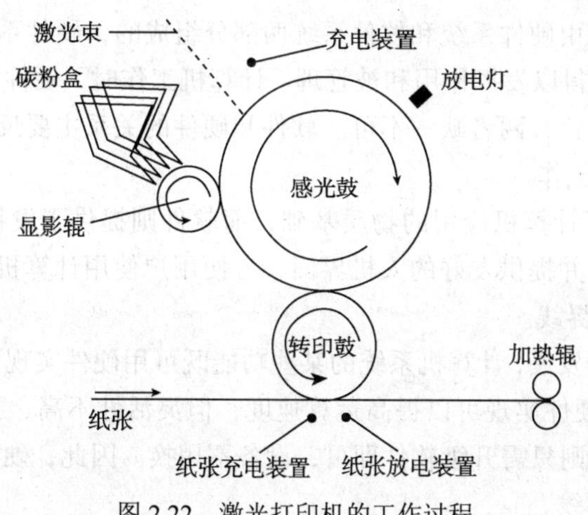

图 2.22　激光打印机的工作过程

虽然激光打印机的价格要比喷墨打印机高得多，但从单页的打印成本上讲，激光打印机则要便宜很多。而彩色激光打印机的价位很高，几乎都要在万元上下，很难被普通用户接受。

(4) 其他类型打印机。

除了以上 3 种最为常见的打印机外，还有热转印打印机和大幅面打印机等几种应用于专业方面的打印机。热转印打印机利用透明染料进行打印，它的优势在于专业、高质量的图像打印。大幅面打印机的打印原理与喷墨打印机基本相同，但打印幅宽一般都能达到 24 英寸以上，它的主要用途集中在工程与建筑领域。

2.2 软 件 组 成

软件是计算机运行不可缺少的部分。现代计算机进行的各种事务等处理都是通过软件实现的，用户也是通过软件与计算机进行交流的。

2.2.1 计算机软件概述

软件是计算机系统的重要组成部分，随着计算机应用的不断发展，计算机软件也形成了一个庞大的体系，在这个体系中存在着不同类型的软件，它们在计算机系统的运行过程中起着不同的作用。

1. 软件的概念

软件是计算机的灵魂，是计算机应用的关键。如果没有适应不同需要的计算机软件，计算机就不可能广泛地应用于人类社会的生产、生活、科研、教育等几乎所有领域，只能是一具没有灵魂的躯壳。目前，计算机软件尚无一个统一的定义。但就其组成来说，主要是由程序和相关文档两个部分组成的。程序用于计算机运行，且必须装入计算机才能被执行，而文档不能被执行，主要是给用户看的。

2. 软件和硬件的关系

现代计算机系统是由硬件系统和软件系统两部分组成的，硬件系统是软件(程序)运行的平台，且通过软件系统得以发挥作用和被管理。计算机工作时，硬件系统和软件系统协同工作，通过执行程序而运行，两者缺一不可。软件和硬件的关系主要反映在以下 3 个方面。

(1) 相互依赖协同工作。

计算机硬件建立了计算机应用的物质基础，而软件则提供了发挥硬件功能的方法和手段，扩大其应用范围，并提供友好的人机界面，方便用户使用计算机。

(2) 相互无严格的界线。

随着计算机技术的发展，计算机系统的某些功能既可用硬件实现，又可以用软件实现(如解压图像处理)。采用硬件实现可以提高运算速度，但灵活性不高，当需要升级时，只能更新硬件。而用软件实现则只需升级软件即可，设备不用换。因此，硬件与软件在一定意义上说没有绝对严格的分界线。

(3) 相互促进协同发展。

硬件性能的提高，可以为软件创造出更好的运行环境，在此基础上可以开发出功能更强的软件。反之，软件的发展也对硬件提出了更高的要求，促使硬件性能的提高，甚至产生新的硬件。

3. 计算机软件的分类

根据计算机软件的用途，可以将软件分为系统软件、支撑软件和应用软件 3 类。应当指出，软件的分类并不是绝对的，而是相互交叉和变化的，有些系统软件(如语言处理系统)可以看做支撑软件，而支撑软件的有些部分可看作系统软件，另一些部分则可看成是应用软件的一部分。所以也有人将软件分为系统软件和应用软件两大类。为了便于读者对不同类型软件的理解，下面按照 3 类来介绍。

(1) 系统软件。

系统软件利用计算机本身的逻辑功能，合理地组织和管理计算机的硬件、软件资源，以充分利用计算机的资源，最大限度地发挥计算机效率。方便用户的使用以及为应用开发人员提供支持，如操作系统、语言处理程序、数据库管理系统等。

(2) 支撑软件

支撑软件是支持其他软件的编制和维护的软件。主要包括各种工具软件、各种保护计算机系统和检测计算机性能的软件，如测试工具、项目管理工具、数据流图编辑器、语言转换工具、界面生成工具及各类杀毒类软件等。

(3) 应用软件

应用软件是为计算机在特定领域中的应用而开发的专用软件，如各种信息管理系统、各类媒体播放器、图形图像处理系统、地理信息系统等。应用软件的范围极其广泛，可以这样说，哪里有计算机应用，哪里就有应用软件。

3 类软件在计算机中处在不同的层次，最里层是系统软件，中间是支撑软件，外层是应用软件，如图2.23所示。

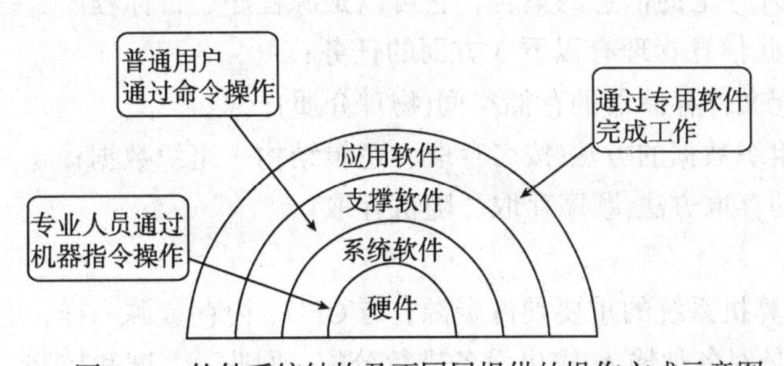

图 2.23　软件系统结构及不同层提供的操作方式示意图

2.2.2　系统软件简介

系统软件是软件系统的核心，它的功能就是控制和管理包括硬件和软件在内的计算机系统的资源，并对应用软件的运行提供支持和服务。它既受硬件支持，又控制硬件各部分的协调运行。它是各种应用软件的依托，既为应用软件提供支持和服务，又对应用软件进行管理和调度。常用的系统软件有操作系统、语言处理系统及数据库管理系统等。

1. 操作系统

计算机是由硬件和软件组成的复杂系统，硬件主要有 CPU、存储器和各种各样的输入/输出设备，当计算机运行时又存在多个程序都在各自运行，共享着大量数据及少量的硬件资源，因此需要一个对这些资源进行统一管理的软件，以使计算机协调一致、高效率地完成用户交给它的任务，这个软件就是操作系统。

从资源管理的角度，操作系统是为了合理、方便地利用计算机系统，而对其硬件资源和软件资源进行管理的软件。主要功能是调度、监控和维护计算机系统，负责管理计算机系统中各种独立的硬件，使得它们可以协调工作。当多个软件同时运行时，操作系统负责规划及优化系统资源，并将系统资源分配给各种软件，同时控制程序的运行。操作系统还为用户提供方便、有效、友好的人机操作界面。

操作系统主要包括处理机管理、存储管理、信息管理、设备管理和用户接口 5 项管理功能。这些管理工作是由一套规模庞大且复杂的程序来完成的。

(1) 处理机管理。

处理机管理的工作就是对中央处理机(CPU)资源进行合理的分配使用，以提高处理机利用率，并使多个程序公平地得到处理机资源。

(2) 存储管理。

存储管理解决的是内存的分配、保护和扩充的问题。计算机要运行程序就必须有一定的内存空间，当多个程序都在运行时，如何分配内存空间才能最大限度地利用有限的内存空间为多个程序服务；当内存不够用时，如何利用外存将暂时用不到的程序和数据放到外存上去，而将急需使用的程序和数据调到内存中来，这些都是存储管理所要解决的问题。

(3) 信息管理。

信息管理解决的是如何管理好存储在外存(如磁盘、光盘、U 盘等)上的数据的问题，是对存储器的空间进行组织分配，负责数据的存储，并对存入的数据进行保护检索的系统。

信息管理有时也称为文件管理，是因为在操作系统中通常以“文件”作为信息管理的单位。文件是存储在外存上的信息的集合，它可以是源程序、目标程序、一组命令、图形、图像或其他数据。因此信息管理有以下 3 方面的任务：

① 有效地分配文件存储器的存储空间(物理介质)；

② 提供一种组织数据的方法(按名存取、逻辑结构、组织数据)；

③ 提供合适的存取方法(顺序存取、随机存取)。

(4) 设备管理。

外围设备是计算机系统的重要硬件资源，与 CPU、内存资源一样，也应受到操作系统的管理。设备管理就是对各种输入/输出设备进行分配、回收、调度和控制，以及完成基本输入/输出等操作。

(5) 用户接口。

操作系统是用户和计算机之间的界面，用户通过操作系统提供的操作界面或者操作命令来使用和操作计算机。

2. 语言处理系统

为了告诉计算机应当做什么和如何做，必须把处理问题的方法、步骤以计算机可以识别和执行的操作表示出来，也就是说要编制程序。这种用于书写计算机程序所使用的语法规则和标准称为程序设计语言。

程序设计语言按语言级别有低级语言与高级语言之分。低级语言是面向机器的，包括机器语言和汇编语言两种。高级语言有面向过程(如 C 语言)和面向对象(如 C++语言)两大类。

(1) 机器语言。

机器语言是以二进制代码形式表示的机器基本指令的集合，是计算机硬件唯一可以直接识别和执行的语言。它的特点是运算速度快，且不同计算机其机器语言不同。其缺点是难阅读，难修改。如图2.24所示就是一段用机器语言编写的程序段。

(2) 汇编语言。

汇编语言是为了解决机器语言难以理解和记忆，用易于理解和记忆的名称和符号表示的机器指令，如图2.25所示。汇编语言虽比机器语言直观，但基本上还是一条指令对应一种基本操作，对同一问题而编写的程序在不同类型的机器上仍然是互不通用的。

机器语言和汇编语言都是面向机器的低级语言，其特点是与特定的机器有关，执行效率高，但与人们思考问题和描述问题的方法相距太远，使用繁琐、费时，易出差错。低级语言要求使用者熟悉计算机的内部细节，非专业的普通用户很难使用。

(3) 高级语言。

高级语言是人们为了解决低级语言的不足而设计的程序设计语言。它由一些接近于自然语言和数学语言的语句组成，如图2.26所示。

功能	操作码	操作数
取数：	00111110	0000111
加数：	11000110	0001010
暂停：	01110110	

图 2.24　机器语言程序示例

功能	助记符	操作数
取数：	LD　A;	7
加数：	ADD A;	10
暂停：	HALT	

图 2.25　汇编语言程序示例

功能	语句
取数、加数：	x=x+10;

图 2.26　高级语言程序示例

高级语言更接近于要解决的问题的表示方法并在一定程度上与机器无关，用高级语言编写程序，接近于自然语言与数学语言，易学、易用、易维护。一般说来用它的编程效率高，但执行速度没有低级语言快。

用程序设计语言编写的程序称为源程序，源程序(除机器语言程序)不能被直接运行，它必须先经过语言处理变为机器语言程序(目标程序)，然后再经过装配连接处理，变为可执行的程序后，才能够在计算机上运行。

语言处理程序是把用一种程序设计语言表示的程序转换为与之等价的另一种程序设计语言表示的程序。语言处理程序实际是一个翻译程序，被它翻译的程序称为源程序，翻译生成的程序称为目标程序。

3. 数据库管理系统

计算机处理的对象是数据，因而如何管理好数据是一个重要的问题。数据管理是利用计算机硬件和软件技术对数据进行有效的收集、存储、处理和应用的过程。其目的在于充分、有效地发挥数据的作用。实现数据有效管理的关键是数据组织。

数据库是以一定的组织形式存放在计算机存储介质上的相互关联的数据的集合，也可以看成是具有特定联系的多种类型的记录的集合。它能为多个用户、多种应用所共享，又具有最小的冗余度；数据之间联系密切，与应用程序没有联系，具有较高的数据独立性。数据库管理系统就是对数据库中的数据进行管理、控制的软件。如图2.27所示。

图 2.27　数据库管理系统

数据库管理系统是介于应用程序与操作系统之间的数据库管理软件，是数据库的核心。

其主要功能是维护数据库，接收和完成用户程序或命令提出的访问数据库的各种请求。它包括如下功能：

① 数据定义功能。对数据库中的数据对象进行定义，用来建立所需的数据库(即设计库结构)，如库、表、视图、索引、触发器等。

② 数据操纵功能。对数据库中数据对象进行基本操作，用来实现对数据库的查询和维护。

③ 数据控制功能。对数据库中数据对象进行统一控制，即控制数据的访问权限。主要控制包括数据的安全性、完整性和多用户的并发控制。

④ 系统维护功能。对数据库中数据对象进行输入、转换、转储、重组、性能监视等。

数据库管理系统隐藏了数据在数据库中的存放方式等底层细节，使编程人员能够集中精力管理信息，而不用考虑文件的具体操作或数据连接关系的维护。

2.2.3 应用软件简介

应用软件面向实际问题，为人们提供了高效、便捷的解决手段。

1. 字处理软件

字处理软件是使计算机实现文字编辑工作的应用软件。现在的字处理软件都支持所见即所得的功能。大家熟知的 Word、WPS 软件就是这种类型的字处理软件，特点是使用方法简单、容易掌握。该类软件适合普通人员使用，且主要在办公等部门应用。

一个优秀的字处理软件，不仅能处理文字、表格，而且能够实现图文混排。一般字处理软件中，可作为图形对象操作的有剪贴画、各种图文符号、艺术字、公式、各种图形等。

2. 表处理软件

在日常工作中，无论是企事业单位还是教学、科研机构，经常会编制各种会计或统计报表，对数据进行一些加工分析。这类工作往往繁琐、费时。表处理软件(也称电子表格软件)的主要功能是以表格的方式来完成数据的输入、计算、分析、制表、统计，并能生成各种统计图形。它不只是在功能上能够完成通常的人工制表工作，而且在表现形式上也充分考虑了人们手工制表的习惯，将表格形式直接显示在屏幕上，使用户操作起来就像使用纸质表格一样方便。大家熟知的 Excel 软件就是这种类型的软件。

使用表处理软件时，人们只需准备好数据，根据制表要求，正确地选择表处理软件提供的命令，就可以快速、准确地完成制表工作。

3. 声音、图像工具软件

声音软件主要用于完成对声音的数字化处理，形成数字音频文件。这类软件有很多种，Windows 附件中的录音机就是一个简单的声音编辑软件。

图形图像软件是浏览、编辑、捕捉、制作、管理各种图形和图像文档的软件，主要用于对图像进行加工处理、制作动画等。其中，既包含为专业设计师开发的图像处理软件(如 Photoshop 等)，也包括一些图像浏览和管理软件(如 ACDSee 等)，以及捕捉桌面图像的软件，如 HyperSnap 等。

4. 媒体工具软件

媒体工具软件是将文字、图像、声音、动画和视频等多媒体素材按照需求结合，形成表现力强、交互性强且可在本地主机或网络上传输运行的多媒体应用系统。媒体工具软件包括媒体播放、媒体制作、媒体管理等，常见的媒体工具软件有：Winamp(MP3 播放软件)、Media Player(媒体播放器)、Authorware(多媒体制作工具)、Video Studio(俗称会声会影)等。

5. 网络工具软件

网络工具软件主要提供网络环境下的应用，包括网页浏览器、下载工具、电子邮件工具、网页设计制作工具等。通过这类软件，用户可以编辑、制作网络中使用的文档。

2.3　微型计算机的性能指标

计算机的性能指标是指能在一定程度上衡量计算机优劣的技术指标，计算机的优劣是由多项技术指标综合确定的。但对于大多数普通用户来说，可以从以下几个方面来大体评价计算机。

1. 字长

字长是指 CPU 能够直接处理的二进制数的位数。它标志着计算机处理数据的精度，字长越长，精度越高。同时，字长与指令长度也有对应关系，因而指令系统功能的强弱程度与字长有关。目前，一般的大型机字长在 128~256 位之间，小型机字长在 64~128 位之间，微型机字长在 32~64 位之间。随着计算机技术的发展，各种类型计算机的字长有加长的趋势。

2. 运算速度

运算速度是衡量计算机性能的一项重要指标。通常所说的计算机运算速度(平均运算速度)是指每秒所能执行的指令条数，一般用 MIPS(每秒百万条指令)来描述。微型计算机也可采用主频来描述运算速度，主频就是 CPU 的时钟频率。一般来说，主频越高，单位时间里完成的指令数也越多，CPU 的速度也就越快。不过，由于各种各样的 CPU 的内部结构不尽相同，所以并非所有时钟频率相同的 CPU 的性能都一样。主频的单位是 GHz，例如，Intel Pentium 4 的主频为 2 GHz 左右。

3. 存储容量

存储容量一般包括内存容量和外存容量。随着操作系统的升级、应用软件的不断丰富及其功能的不断扩展，人们对计算机内存容量的需求也不断提高。任何程序和数据的读/写都要通过内存，内存容量的大小反映了存储程序和数据的能力，从而反映了信息处理能力的强弱。内存容量越大，系统功能就越强大，能处理的数据量就越庞大。

外存容量通常是指硬盘容量(包括内置硬盘和移动硬盘)。外存储器容量越大，可存储的信息就越多，可安装的应用软件就越丰富。

4. 外设扩展能力

外设扩展能力主要指计算机系统配接各种外部设备的可能性、灵活性和适应性。一台计算机允许配接多少外部设备，对于系统接口和软件研制都有重大影响。

5. 软件配置情况

软件配置是否齐全，直接关系到计算机性能的好坏和效率的高低。例如是否有功能很强、能满足应用要求的操作系统和高级语言，是否有丰富的、可供选用的应用软件等，都是在购置计算机系统时需要考虑的。

6. 其他指标

除了以上的各项指标外，评价计算机还要考虑机器的兼容性(兼容性强有利于计算机的推广)、系统的可靠性(指平均无故障工作时间)、系统的可维护性(指故障的平均排除时间)，以及机器允许配置的外部设备的最大数目等。

2.4 知识扩展

2.4.1 CPU 的主要技术

为了提高运算速度，CPU 中采用了很多新技术。

1. 超流水技术

流水线技术是指在程序执行时，多条指令重叠进行操作的一种准并行处理实现技术，由 Intel 首次在 80486 芯片中开始使用。在 CPU 中，由 5~6 个不同功能的电路单元组成一条指令处理流水线，然后将一条 x86 指令分成 5~6 步后再由这些电路单元分别执行，这样就能在一个 CPU 时钟周期完成一条指令，提高了 CPU 的运算速度。

假定一条指令的执行分三个阶段：取指、分析、执行，每个阶段所耗费的时间 T 相同，则顺序执行 N 条指令时，所耗费时间为 $3NT$，如图2.28 所示。

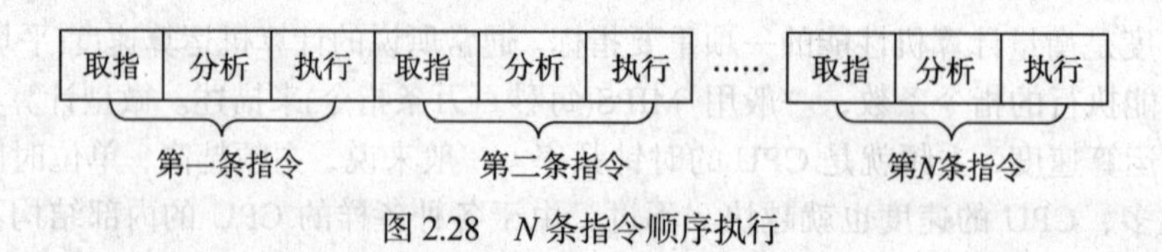

图 2.28 N 条指令顺序执行

若采用流水线技术，则可以提高效率，总的时间为$(N+2)T$，如图2.29 所示。

超级流水线又叫深度流水线，它是提高 CPU 速度通常采取的一种技术。超级流水线就是将 CPU 处理指令的操作进一步细化，增加流水线级数，同时提高系统主频，加快每一级的处理速度。例如 Pentium 4，流水线达到 20 级，频率最快已经超过 3 GHz。

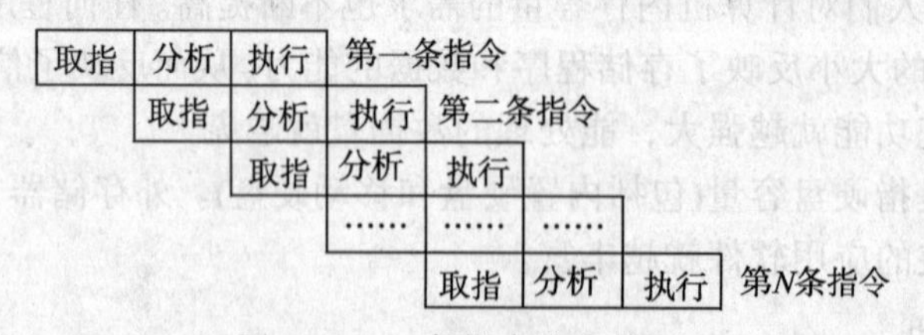

图 2.29 N 条指令流水执行

2. 超标量技术

超标量技术是指 CPU 内有多条流水线，这些流水线能够并行处理。在单流水线结构中，指令虽然能够重叠执行，但仍然是顺序的。超标量结构的 CPU 支持指令级并行，从而提高了 CPU 的处理速度。超标量技术主要借助硬件资源重复(如有两套译码器和 ALU 等)来实现空间的并行操作。超标量处理器是通用微处理器的主流体系结构，几乎所有商用通用微处理器都采用超标量体系结构。Pentium 处理器是 Intel 第一款桌面超标量处理器，其具有 3 条流水线，两条整数指令流水线(U 流水和 V 流水)和一条浮点指令流水线。

3. 多核技术

多核是指在一枚处理器中集成两个或多个完整的计算内核。多核技术的开发源于仅靠提高单核芯片的速度会产生过多热量，且无法带来明显的性能改善。单芯片多处理器通过在一个芯片上集成多个微处理器核心来提高程序的并行性。每个微处理器核心实质上都是一个相对简单的单线程微处理器或比较简单的多线程微处理器，这样多个微处理器核心就可以并行地执行程序代码，因而具有较高的线程级并行性。由于 CMP(单芯片多处理器)采用了相对简单的微处理器作为处理器核心，使得 CMP 具有高主频、设计和验证周期短、控制逻辑简单、扩展性好、易于实现、功耗低、通信延迟低等优点。目前，单芯片多处理器已经成为处理器体系结构发展的一个重要趋势。图 2.30 为 Intel 公司的双核的 Core Duo T2000 系列架构图。

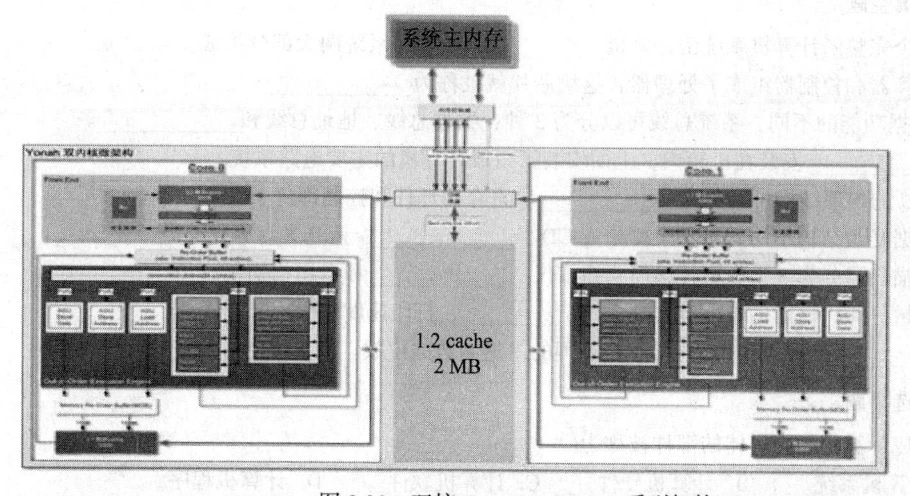

图 2.30　双核 Core Duo T2000 系列架构

2.4.2　绿色软件与安全软件

1. 绿色软件

绿色软件也称可携式软件(Portable Application、Portable Software、Green Software)，多数为免费软件，最大特点是软件无须安装便可使用，可存放于闪存中(因此称为可携式软件)，移除后也不会将任何记录(注册表消息等)留在本地计算机上。通俗点讲，绿色软件就是指不用安装，下载后可以直接使用的软件。绿色软件不会在注册表中留下注册表键值，所以相对一般的软件来说，绿色软件对系统的影响几乎没有。

绿色软件有如下严格特征：

① 不对注册表进行任何操作；

② 不对系统敏感区进行操作，如系统启动区根目录、安装目录(Windows 目录)、程序目录(ProgramFiles)、账户专用目录等；

③ 不向非自身所在目录外的目录进行任何写操作；

④ 不存在安装和卸载问题；

⑤ 程序删除时只要把程序所在目录和对应的快捷方式删除就可以了，不留任何垃圾；

⑥ 不需要安装，随意复制就可以使用(重装操作系统也可以)。

2. 安全软件

安全软件是指辅助用户管理计算机安全的软件程序。广义的安全软件用途十分广泛，主要包括防止病毒传播、防护网络攻击、屏蔽网页木马和危害性脚本以及清理流氓软件等。

常用的安全软件很多，如防止病毒传播的卡巴斯基个人安全套装、防护网络攻击的天网防火墙、屏蔽网页木马和危害性脚本的金山毒霸，以及清理流氓软件的恶意软件清理助手等。

多数安全软件的功能并非是唯一的，如金山毒霸安全套装就既可以防止病毒传播，又可以防护网络攻击，还可以清理一些流氓软件。

习 题 2

一、填空题

1. 一个完整的计算机系统由计算机____________及软件系统两大部分构成。
2. 运算器和控制器组成了处理器，这块芯片就被称为____________。
3. 根据功能的不同，系统总线可以分为3种：数据总线、地址总线和____________。
4. ____________安装在机箱内，上面安装了组成计算机的主要电路系统。
5. CPU的内部结构可以分为____________、寄存器部件和控制部件3大部分。
6. 根据光盘结构不同，光盘主要分为CD、____________、蓝光光盘等几种类型。
7. 扫描仪可分为3大类型：滚筒式扫描仪、____________和专用扫描仪。
8. 衡量打印机性能的指标有3项：____________、打印速度和噪声。
9. ____________是指CPU能够直接处理的二进制数的位数。

二、选择题

1. 构成计算机物理实体的部件被称为(　　)。

A. 计算机系统　　B. 计算机硬件　　C. 计算机软件　　D. 计算机程序

2. 在下面描述中，正确的是(　　)。

A. 外存中的信息可直接被CPU处理

B. 键盘是输入设备，显示器是输出设备

C. 计算机的主频越高，其运算速度就一定越快

D. 现在微型机一般字长为16位

3. 组成计算机主机的主要是(　　)。

A. 运算器和控制器　　B. 中央处理器和主存储器

C. 运算器和外设　　D. 运算器和存储器

4. 下面各组设备中，同时包括了输入设备、输出设备和存储设备的是(　　)。

A. CRT、CPU、ROM　　B. 绘图仪、鼠标器、键盘

C. 鼠标器、绘图仪、光盘　　D. 磁带、打印机、激光打印机

5. 计算机中，运算器的主要功能是完成(　　)。

A. 代数和逻辑运算　　B. 代数和四则运算

C. 算术和逻辑运算　　D. 算术和代数运算

6. 在计算机领域中，通常用大写英文字母 B 来表示(　　)。

A. 字　　B. 字长　　C. 字节　　D. 二进制位

7. 中央处理器(CPU)可直接读/写的计算机存储部件是(　　)。

A. 内存　　B. 硬盘　　C. 软盘　　D. 外存

8. 计算机中存储容量的单位之间，其换算公式准确的是(　　)。

A. 1 KB=1024 MB　　B. 1 KB=1000 B　　C. 1 MB=1024 KB　　D. 1 MB=1024 GB

9. 计算机各部件传输信息的公共通路称为总线，一次传输信息的位数称为总线的(　　)。

A. 长度　　B. 粒度　　C. 宽度　　D. 深度

10. 打印机是计算机系统的常用输出设备，当前输出速度最快的是(　　)。

A. 针式打印机　　B. 喷墨打印机　　C. 激光打印机　　D. 热敏打印机

11. 操作系统的主要功能是(　　)。

A. 对计算机系统的所有资源进行控制和管理

B. 对汇编语言、高级语言程序进行翻译

C. 对高级语言程序进行翻译

D. 对数据文件进行管理

12. 计算机能直接识别的程序是(　　)。

A. 高级语言程序　　B. 机器语言程序　　C. 汇编语言程序　　D. 低级语言程序

13. (　　)属于系统软件。

A. 办公软件　　B. 操作系统　　C. 图形图像软件　　D. 多媒体软件

14. (　　)可将文字、图像、声音、动画和视频等多媒体素材按照需求结合，形成表现力强、交互性强且可在本地主机或网络上传输运行的多媒体应用系统。

A. RealPlayer　　B. Word　　C. Photoshop　　D. Video Studio

三、简答题

1. 说明 CPO 执行指令的基本过程。

2. 试述内存、高速缓存、外存之间的区别和联系。

3. 衡量 PC 性能时，可从哪几个方面评价？

4. 计算机软件可分为哪几类？简述各类软件的作用。

5. 什么是程序设计语言？程序设计语言有几大类？

第3章　计算机中的信息表示

计算机的基本功能是信息处理，而实现此功能的前提是解决现实中事物在计算机中的表示和存储，即如何实现客观事物的信息表示。基本信息表示包括数值表示、字符表示和汉字表示。

3.1　数值数据的表示

数字是计算机处理的对象，数字有大小和正负之分，还有不同的进位计数制。计算机中采用什么样的计数制，以及数字如何表示是学习计算机时必须首先搞清楚的重要问题。

3.1.1　数制的概念

1. 数制

所谓数制，是指用一组固定的数字和一套统一的规则来表示数目的方法。对于数制，应从以下几个方面理解。

① 数制是一种计数策略，数制的种类很多，除了十进制，还有六十进制、二十四进制、十六进制、八进制、二进制等。

② 在一种数制中，只能使用一组固定的数字来表示数的大小。

③ 在一种数制中，有一套统一的规则。N进制的规则是逢N进1。

任何进制都有其存在的原因。由于人们日常生活中一般都采用十进制计数，因此对十进制数最习惯，但其他进制仍有应用的领域。例如，十二进制(商业中仍使用包装计量单位“一打”)、十六进制(如中药、金器的计量单位)仍在使用。

2. 基数

在一种数制中，单个位上可使用的基本数字的个数就称为该数制的基数。例如，十进制数的基数是10，使用0～9十个数字；二进制数的基数为2，使用0和1两个数字。

3. 位权

在任何进制中，一个数码处在不同位置上，所代表的基本值也不同，这个基本值就是该位的位权。例如，十进制中，数字6在十位数上表示6个10，在百位数上表示6个100，而在小数点后1位表示6个0.1，可见每个数码所表示的数值等于该数码乘以位权。位权的大小是以基数为底、数码所在位置的序号为指数的整数次幂。十进制数的个位数位置的位权是10^0，十位数位置上的位权为10^1，小数点后1位的位权为10^{-1}，以此类推。

4. 中国古代的计量制度

中国古代常见的度、量、衡关系如下。

度制：分、寸、尺、丈、引。

十进制关系：1引=10丈=100尺=1000寸=10 000分。

量制：合、升、斗、斛。

十进制关系：1 斛=10 斗=100 升=1000 合。

衡制：株、两、斤、钧、石。

非十进制关系：1 石=4 钧，1 钧=30 斤，1 斤=16 两，1 两=24 铢。

3.1.2　常见数制

1. 十进制

最晚在商代时，中国人就已发明并采用了十进制。十进制数基数为 10，10 个计数符号分别为 0、1、2、…、9。进位规则是逢十进一。借位规则是借一当十。因此，对于一个十进制数，各位的位权是以 10 为底的幂。

例如，可以将十进制数$(8896.58)_{10}$表示为

$$(8896.58)_{10}=8\times10^3+8\times10^2+9\times10^1+6\times10^0+5\times10^{-1}+8\times10^{-2}$$

将这个式子称为十进制数 8896.58 的按位权展开式。

2. 二进制

二进制是计算技术中广泛采用的一种数制，由 18 世纪德国数理哲学大师莱布尼兹发明。二进制数基数为 2，两个计数符号分别为 0、1。它的进位规则是逢二进一。借位规则是借一当二。因此，对于一个二进制数而言，各位的位权是以 2 为底的幂。

例如，二进制数$(101.101)_2$可以表示为

$$(101.101)_2=1\times2^2+0\times2^1+1\times2^0+1\times2^{-1}+0\times2^{-2}+1\times2^{-3}=(5.625)_{10}$$

3. 八进制

八进制表示法在早期的计算机系统中很常见，八进制数据采用 0、1、2、3、4、5、6、7 这八个数码来表示数，它的基数为 8。进位规则是逢八进一。借位规则是借一当八。因此，对于一个八进制数而言，各位的位权是以 8 为底的幂。

例如，八进制数$(11.2)_8$可以表示为

$$(11.2)_8=1\times8^1+1\times8^0+2\times8^{-1}=(9.25)_{10}$$

4. 十六进制

十六进制对于计算机理论的描述、计算机硬件电路的设计都是很有用的。例如逻辑电路设计中，既要考虑功能的完备，还要考虑用尽可能少的硬件，十六进制就能起到理论分析的作用。十六进制数据采用 0~9、A、B、C、D、E、F 这十六个数码来表示数，基数为 16。进位规则是逢十六进一。借位规则是借一当十六。因此，对于一个十六进制数而言，各位的位权是以 16 为底的幂。

例如，十六进制数$(5A.8)_{16}$可以表示为

$$(5A.8)_{16}=5\times16^1+A\times16^0+8\times16^{-1}=(90.5)_{10}$$

注意：

扩展到一般形式，对于一个 R 进制数，基数为 R，用 0，1，…，R−1 共 R 个数字符号来表示数。进位规则是：逢 R 进一。借位规则是借一当 R。因此，各位的位权是以 R 为底的幂。

一个 R 进制数的按位权展开式为

$$(N)_R = k_n \times R^n + k_{n-1}\times R^{n-1} +\cdots+k_0\times R^0 +k_{-1}\times R^{-1} +k_{-2}\times R^{-2} +\cdots+k_{-m}\times R^{-m}$$

在本书中，用下标区别不同计数制。有时，人们也用数字加英文后缀的方式区别不同进制的数字。例如，889.5D、11000.101B、1670.208O、15E.8A7H，分别表示十进制数、二进制数、八进制数和十六进制数。

3.1.3 计算机采用的二进制

人类熟悉十进制，但十进制数在计算机中的表示和运算比较复杂。在计算机中采用二进制数，其主要原因有以下几点。

① 技术实现简单。计算机是由逻辑电路组成的，逻辑电路通常只有两个状态，开关的接通与断开，这两种状态正好可以用 1 和 0 表示。

② 运算规则简单。两个二进制数的和、积运算组合各有 3 种，运算规则简单，有利于简化计算机内部结构，提高运算速度。

③ 适合逻辑运算。逻辑代数是逻辑运算的理论依据，二进制数只有两个数码，正好与逻辑代数中的真和假相吻合。

④ 抗干扰能力强，可靠性高。因为每位数据只有高低两个状态，当受到一定程度的干扰时，仍能可靠地区分。

3.1.4 不同数制间的转换

在计算机内部，数据和程序都用二进制数来表示和处理，但计算机常见的输入/输出是用十进制数表示的，这就需要数制间的转换。转换过程虽是通过机器完成的，但应懂得数制转换的原理。

1. *R* 进制转换为十进制

根据 *R* 进制数的按位权展开式，可以很方便地将 *R* 进制数转化为十进制数。

例如：

$$(101.101)_2 =1\times2^2 +0\times2^1 +1\times2^0+1\times2^{-1} +0\times2^{-2} +1\times2^{-3}=(5.625)_{10}$$
$$(11.2)_8 = 1\times8^1 +1\times8^0 +2\times8^{-1}=(9.25)_{10}$$
$$(5A.8)_{16} = 5\times16^1 +A\times16^0 + 8\times16^{-1} =(90.5)_{10}$$

2. 十进制转换为 *R* 进制

要将十进制数转换为 *R* 进制数，整数部分和小数部分别遵守不同的转换规则。

① 对整数部分：除 *R* 取余。

整数部分不断除以 *R* 取余数，直到商为 0 为止，最先得到的余数为最低位，最后得到的余数为最高位。

② 对小数部分：乘 *R* 取整。

小数部分不断乘以 *R* 取整数，直到小数为 0 或达到有效精度为止，最先得到的整数为最高位，最后得到的整数为最低位。

【例 3.1】 十进制数转换为二进制数：将$(37.125)_{10}$转换成二进制数。其转换过程如图3.1所示。结果为：$(37.125)_{10}=(100101.001)_2$。

十进制数转换为二进制数，基数为 2，故对整数部分除 2 取余，对小数部分乘 2 取整。

为了将一个既有整数部分又有小数部分的十进制数转换成二进制数，可以分别对其整数部分和小数部分进行转换，然后再进行组合。

2 | 37
2 | 18 ……1 低位
2 | 9 ……0
2 | 4 ……1
2 | 2 ……0
2 | 1 ……0
0 ……1 高位
整数部分
0.125×2=0.25 ……0 高位
0.25×2=0.5 ……0
0.5×2=1.0 ……1 低位
小数部分

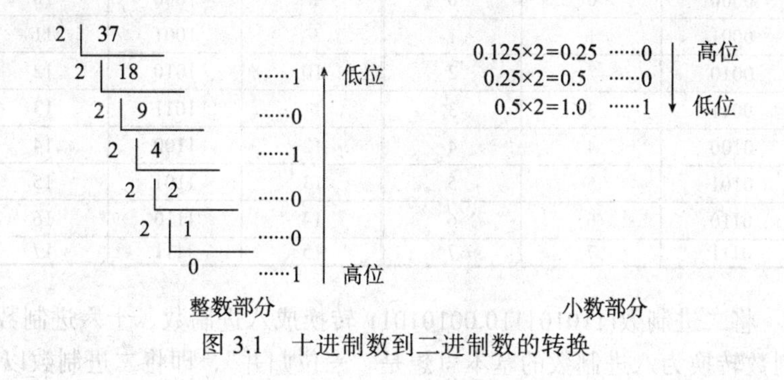

图 3.1　十进制数到二进制数的转换

注意：一个十进制小数不一定能完全准确地转换成二进制小数，这时可以根据精度要求只转换到小数点后某一位为止。

【例 3.2】 十进制数转换成八进制数：将$(370.725)_{10}$转换成八进制数(转换结果取 3 位小数)。其转换过程如图3.2所示。结果为：$(370.725)_{10}=(562.563)_8$。

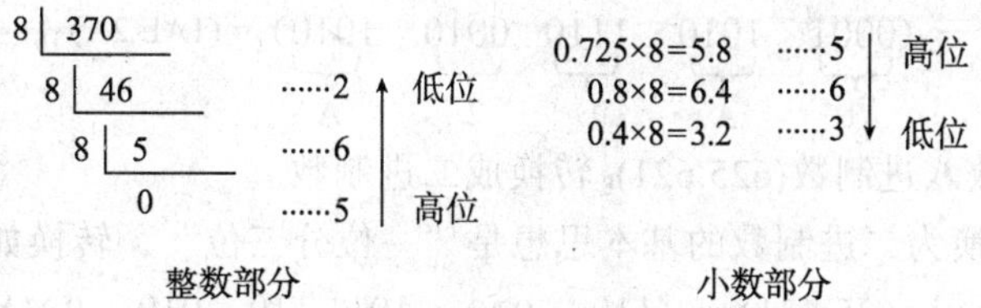

8 | 370
8 | 46 ……2 低位
8 | 5 ……6
0 ……5 高位
整数部分
0.725×8=5.8 ……5 高位
0.8×8=6.4 ……6
0.4×8=3.2 ……3 低位
小数部分

图 3.2　十进制数到八进制数的转换

十进制数转换成八进制数，基数为 8，故对整数部分除 8 取余，对小数部分乘 8 取整。

【例 3.3】 十进制数转换成十六进制数：将$(3700.65)_{10}$转换成十六进制数(转换结果取 3 位小数)。其转换过程如图3.3所示。结果为：$(3700.65)_{10}=(E74.A66)_{16}$。

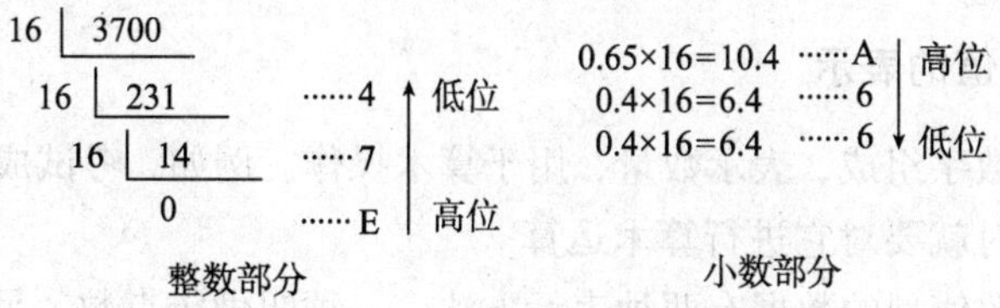

16 | 3700
16 | 231 ……4 低位
16 | 14 ……7
0 ……E 高位
整数部分
0.65×16=10.4 ……A 高位
0.4×16=6.4 ……6
0.4×16=6.4 ……6 低位
小数部分

图 3.3　十进制数到十六进制数转换

将十进制整数转换成十六进制整数可以采用“除 16 取余”法；将十进制小数转换成十六进制小数可以采用“乘 16 取整”法。

3. 二进制数和八进制数、十六进制数之间的转换

二进制数、八进制数、十六进制数之间的关系：8 和 16 都是 2 的整数次幂，即 $8=2^3$、$16=2^4$，因此 3 位二进制数相当于 1 位八进制数，4 位二进制数相当于 1 位十六进制数，它们之间的转换关系也很简单，如表 3.1 所示。

表 3.1　二进制数、八进制数、十六进制数的对应关系表

十进制数	二进制数	八进制数	十六进制数	十进制数	二进制数	八进制数	十六进制数
0	0000	0	0	8	1000	10	8
1	0001	1	1	9	1001	11	9
2	0010	2	2	10	1010	12	A
3	0011	3	3	11	1011	13	B
4	0100	4	4	12	1100	14	C
5	0101	5	5	13	1101	15	D
6	0110	6	6	14	1110	16	E
7	0111	7	7	15	1111	17	F

【例 3.4】 将二进制数$(110101110.0010101)_2$转换成八进制数、十六进制数。

将二进制数转换为八进制数的基本思想是“三位归并”，即将二进制数以小数点为中心分别向两边按每 3 位为一组分组，整数部分向左分组，不足位数左边补 0；小数部分向右分组，不足部分右边加 0 补足。然后将每组二进制数转化成八进制数即可。将二进制数转换为十六进制数的基本思想是“四位归并”。两种转换如下：

$$(\underbrace{110}_{6}\ \underbrace{101}_{5}\ \underbrace{110}_{6}.\underbrace{001}_{1}\ \underbrace{010}_{2}\ \underbrace{100}_{4})_2=(656.124)_8$$

$$(\underbrace{0001}_{1}\ \underbrace{1010}_{A}\ \underbrace{1110}_{E}.\underbrace{0010}_{2}\ \underbrace{1010}_{A})_2=(1AE.2A)_{16}$$

【例 3.5】 将数八进制数$(625.621)_8$转换成二进制数。

将八进制数转换为二进制数的基本思想是“一位分三位”，转换如下：

$$(625.621)_8=(\underbrace{110}_{6}\ \underbrace{010}_{2}\ \underbrace{101}_{5}.\underbrace{110}_{6}\ \underbrace{010}_{2}\ \underbrace{001}_{1})_2$$

【例 3.6】 将数十六进制数$(A3D.A2)_{16}$转换成二进制数。

将十六制数转换为二进制数的基本思想是“一位分四位”，转换如下：

$$(A3D.A2)_{16}=(\underbrace{1010}_{A}\ \underbrace{0011}_{3}\ \underbrace{1101}_{D}.\underbrace{1010}_{A}\ \underbrace{0100}_{2})_2$$

3.1.5　计算机中数值的表示

数值型数据由数字组成，表示数量，用于算术操作。例如，考试成绩就是一个数值型数据，当求平均成绩时就要对它进行算术运算。

在计算机中，数值型的数据有两种表示方法：一种叫做定点数，另一种叫做浮点数。所谓定点数，就是在计算机中所有数的小数点位置固定不变。定点数有两种：定点小数和定点整数。定点小数将小数点固定在最高数据位的左边，因此，它只能表示小于 1 的纯小数。定点整数将小数点固定在最低数据位的右边，因此定点整数表示的只是纯整数。

下面，以 8 位定点整数为例来说明数值是如何在计算机中表示的。在计算机中，无论是定点数还是浮点数，都有正负之分。在表示数据时，一般专门有 1 位表示符号：通常用 1 表示负号，用 0 表示正号。在通常情况下，符号位处于数据的最高位。8 位二进制数的基本格式如图3.4所示。

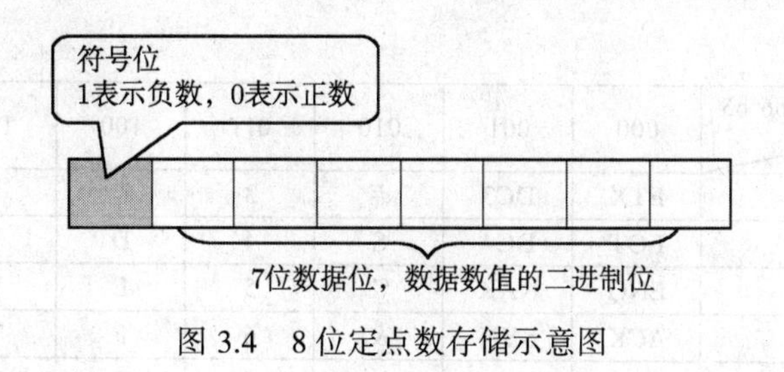

图 3.4　8 位定点数存储示意图

【例 3.7】 写出 37 和−37 的表示。

37：00100101，其中高位 0 表示正数，100101 是 37 的二进制值，不够 7 位，前面补 0。

−37：10100101，其中高位 1 表示负数，100101 是 37 的二进制值，不够 7 位，前面补 0。

3.2　文字的表示

计算机中的文字信息都以二进制编码方式存入计算机并得以处理，这种对字母和符号进行编码的二进制代码称为字符编码。

3.2.1　常见的编码形式

1. ASCII 码

字符是计算机中最多的信息形式之一，是人与计算机进行通信、交互的重要媒介。在计算机中，要为每个字符指定一个确定的编码，作为识别与使用这些字符的依据。

ASCII 码(American Standard Code for Information Interchange，美国标准信息交换码)是基于罗马字母表的一套计算机编码系统。它主要用于显示现代英语和其他西欧语言。它是现今最通用的单字节编码系统，同时被国际标准化组织批准为国际标准。大多数的小型机和全部的个人计算机都使用此码。ASCII 码划分为两个集合：128 个字符的标准 ASCII 码和附加的 128 个字符的扩充 ASCII 码。

基本 ASCII 字符集共有 128 个字符，其中有 96 个可打印字符，包括常用的字母、数字、标点符号等，还有 32 个控制字符。标准 ASCII 码使用 7 个二进制位对字符进行编码，对应的 ISO 标准为 ISO646 标准。表 3.2 为基本 ASCII 字符集及其编码。

例如，大写字母 A，其 ASCII 码为 1000001，即 ASC(A)=65；小写字母 a，其 ASCII 码为 1100001，即 ASC(a)=97。字母和数字的 ASCII 码的记忆是非常简单的，只要记住了一个字母或数字的 ASCII 码(如 A 的 ASCII 码为 65，0 的 ASCII 码为 48)，知道大、小写字母之间差 32，就可以推算出其余数字、字母的 ASCII 码。

表 3.2　基本 ASCII 字符集及其编码

高 3 位 b7 b6 b5 / 低 4 位 b4 b3 b2 b1	000	001	010	011	100	101	110	111
0000	NUL	DLE	SP	0	@	P	`	p
0001	SOH	DC1	!	1	A	Q	a	q
0010	STX	DC2	“	2	B	R	b	r

续表

高 3 位 b7 b6 b5 低 4 位 b4 b3 b2 b1	000	001	010	011	100	101	110	111
0011	ETX	DC3	#	3	C	S	c	s
0100	EOT	DC4	$	4	D	T	d	t
0101	ENQ	NAK	%	5	E	U	e	u
0110	ACK	SYN	&	6	F	V	f	v
0111	BEL	ETB	’	7	G	W	g	w
1000	BS	CAN	(	8	H	X	h	x
1001	HT	EM	)	9	I	Y	i	y
1010	LF	SUB	*	:	J	Z	j	z
1011	VT	ESC	+	;	K	[	k	{
1100	FF	FS	,	<	L	\	l	|
1101	CR	GS	-	=	M	]	m	}
1110	SO	RS	.	>	N	^	n	~
1111	SI	US	/	?	O	_	o	DEL

虽然标准 ASCII 码是 7 位编码，但由于计算机基本处理单位为字节(1B = 8 b)，所以一般仍以 1 字节来存放一个 ASCII 字符。每 1 字节中多余出来的一位(最高位)在计算机内部通常为 0。

由于标准 ASCII 字符集中字符数目有限，在实际应用中往往无法满足要求。为此，国际标准化组织又制定了 ISO2022 标准，规定了在保持与 ISO646 兼容的前提下，将 ASCII 字符集扩充为 8 位代码的统一方法。ISO 陆续制定了一批适用于不同地区的扩充 ASCII 字符集，每种扩充 ASCII 字符集分别可以扩充 128 个字符，这些扩充字符的编码是高位均为 1 的 8 位代码，称为扩展 ASCII 码。相比于基本 ASCII 字符集，扩展 ASCII 字符集扩充出来的符号包括表格符号、计算符号、希腊字母和特殊的拉丁符号等。

2. Unicode 编码

为了便于信息的传输与交流，需要一种统一的编码形式实现世界范围内的编码统一，这就是 Unicode 编码。Unicode 依照通用字符集(Universal Character Set)的标准来发展，它为每种语言中的每个字符设定了统一并且唯一的二进制编码，以满足跨语言、跨平台的文本转换和处理要求。在表达一个 Unicode 的字符时，通常会用 U+然后紧接着一组十六进制的数字来表示这一个字符，例如，字母“A”的编码为“U+0041”，汉字“汉”的编码是“U+6C49”。

需要注意的是：Unicode 只是一个符号集，一种规范、标准，它只规定了符号的二进制代码，却没有规定这个二进制代码应该如何在计算机中存储。这里就有两个问题需要考虑：一是如何区分 Unicode 码和 ASCII 码；二是如果 Unicode 统一规定每个符号用 3 或 4 字节表示，那么每个英文字母前都必然有 2 ~ 3 字节是 0，这会浪费极大的存储空间。所以，互联网的普及强烈要求出现一种统一高效的编码方式，UTF-8(Unicode Translation Format)就是在互联网上使用最广的一种 Unicode 的实现方式。UTF-8 是一种变长的编码方式，可以根据不同的符号自动选择编码的长短。例如，ASCII 字母继续使用 1 字节储存，重音文字、希腊字母或西里尔字母等使用 2 字节来储存，而常用的汉字使用 3 字节，辅助平面字符使用 4 字节。

UTF-8 的编码规则很简单，只有两条：

① 对于单字节的符号，字节的第一位设为 0，后面 7 位为这个符号的 Unicode 码，因此对于英语字母，UTF-8 编码和 ASCII 码是相同的；

② 对于 n 字节的符号(n>1)，第一字节的前 n 位都设为 1，第 n+1 位设为 0，后面字节的前两位一律设为 10，剩下的没有提及的二进制位全部为这个符号的 Unicode 码。

表 3.3 总结了编码规则，其中 x 表示可用编码的位。

表 3.3　UTF-8 编码规则

Unicode 符号范围	UTF-8 编码方式
00~7F	0xxxxxxx
80~7FF	110xxxxx 10xxxxxx
800~FFFF	1110xxxx 10xxxxxx 10xxxxxx
1 0000~10 FFFF	11110xxx 10xxxxxx 10xxxxxx 10xxxxxx

下面，以汉字“严”为例说明如何实现 UTF-8 编码。

已知“严”的 Unicode 码是 4E25(100111000100101)，根据表 3.3，可以发现 4E25 处在第三行的范围内(0000 0800~0000 FFFF)，因此“严”的 UTF-8 编码需要 3 字节，即格式是 1110xxxx 10xxxxxx 10xxxxxx。然后，从“严”的最后一个二进制位开始，依次从后向前填入格式中的 x，多出的位补 0。这样就得到了“严”的 UTF-8 编码是 11100100 10111000 10100101,这是保存在计算机中的实际数据,为了便于阅读,转换成十六进制数就是 E4B8A5。

3. GB 2312 编码

GB 2312 又称为 GB 2312-1980 字符集，全称为《信息交换用汉字编码字符集·基本集》，于 1981 年 5 月 1 日实施。GB 2312 收录的汉字已经覆盖 99.75%的使用频率，基本满足了汉字的计算机处理需要。GB 2312 收录简化汉字及一般符号、序号、数字、拉丁字母、日文假名、希腊字母、俄文字母、汉语拼音符号、汉语注音字母共 7445 个图形字符，其中包括 6763 个汉字和 682 个全角字符。

(1) 区位码。

GB 2312 是基于区位码设计的，区位码把编码表分为 94 个区，每个区对应 94 个位，每个字符的区号和位号组合起来就是该汉字的区位码。区位码中 01 ~ 09 区是符号、数字区，16~87 区是汉字区，10~15 区和 88~94 区是未定义的空白区。它将收录的汉字分成两级：第一级是常用汉字计 3755 个，置于 16~55 区，按汉语拼音字母/笔形顺序排列；第二级汉字是次常用汉字计 3008 个，置于 56~87 区，按部首笔画顺序排列。例如，汉字“岛”在 21 区 26 位，其区位码是 2126。

(2) 国标码。

区位码无法用于汉字通信，因为它可能与通信使用的控制码(00H ~ 1FH)冲突。ISO2022 规定，每个汉字的区号和位号必须分别加上 32(即二进制数 00100000，十六进制数 20H)以避免冲突，经过这样处理得到的代码称为汉字的国标交换码，简称国标码或交换码。例如，汉字“岛”的十进制区位码是 2126，则其十六进制国标码为 353A。

其计算过程如下：先将十进制区位码 2126 转换为十六进制区位码 151A，然后每字节加上 20H，最后得到十六进制国标码 353A。

(3) 机内码。

由于文本中通常混合使用汉字和西文字符，国标码不能直接在内存中存储，因为其会与单字节的 ASCII 码混淆。此问题的解决方法之一是将汉字国标码的 2 字节的最高位都置为 1。这种高位为 1 的双字节汉字编码即为 GB 2312 汉字的机内码，简称为内码。

例如，汉字“岛”的十六进制国标码为 353A，其十六进制机内码为 B5BA。

汉字在内存中存储时，存储的就是该汉字的机内码。

4. GB 18030 字符集

GB 18030 的全称是 GB 18030—2000，即《信息交换用汉字编码字符集基本集的扩充》，是 2000 年 3 月 17 日发布的新的汉字编码国家标准，2001 年 8 月 31 日后在中国市场上发布的软件必须符合该标准。

GB 18030 字符集是为解决汉字、日文、朝鲜文和中国少数民族文字的计算机编码问题而编制的大字符集。该标准的字符总编码空间超过 150 万个编码位，收录了 27 484 个汉字，覆盖中文、日文、朝鲜文和中国少数民族文字。满足中国内地、中国香港、中国台湾以及日本和韩国等东亚地区信息交换的要求。其与 Unicode 3.0 版本兼容，并与以前的国家字符编码标准 GB 2312 兼容。GB 18030 标准采用单字节、双字节和四字节三种方式对字符编码。

3.2.2 英文字符的表示

1. 英文字符的字形码

每一个字符的外形可被绘制在一个 M×N 的方格矩阵中，图 3.5 就是字符“A”字形的 8×8 点阵表示。

在图中，笔画经过的方格有点，用 1 表示，未经过的方格无点，用 0 表示，这样形成的 0、1 矩阵称为字符点阵。依水平方向按从左到右的顺序将 0、1 代码组成字节信息，每行一个字节，从上到下共形成 8 个字节，如图 3.6 所示。这就是字符的字形点阵编码，将所有字符的点阵编码按照其在 ASCII 码表中的位置顺序存放，就形成了一个字符点阵库，字符点阵库存于显卡的 ROM 中。

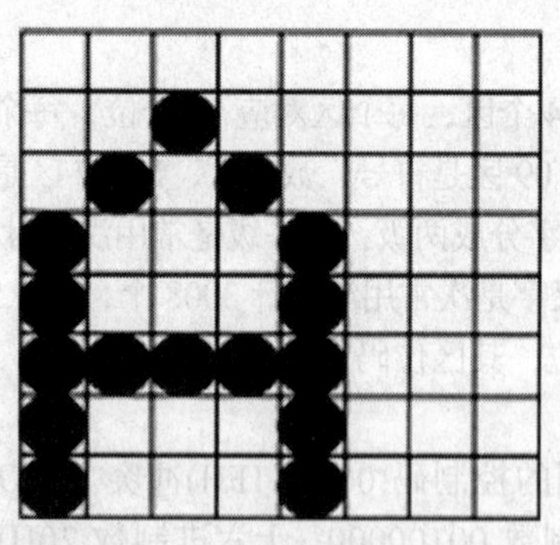

图 3.5　字符 A 的 8×8 点阵表示

0	0	0	0	0	0	0	0	0x00
0	0	1	0	0	0	0	0	0x20
0	1	0	1	0	0	0	0	0x50
1	0	0	0	1	0	0	0	0x88
1	0	0	0	1	0	0	0	0x88
1	1	1	1	1	0	0	0	0xF8
1	0	0	0	1	0	0	0	0x88
1	0	0	0	1	0	0	0	0x88

图 3.6　字符 A 的字形码

2. 英文字符的输入和显示

英文字符的输入可以通过键盘直接完成，键盘像一台微缩的计算机，它拥有自己的处理器和在该处理器之间传输数据的电路，这个电路的很大一部分组成了键矩阵，键矩阵是位于键下方的一种电路网格，如图 3.7 所示。在所有的键盘(除了电容式键盘)中，每个电路在每个按键所处的位置点下均处于断开状态。当按下某个键时，此按键将按下开关，从而闭合电路，一旦处理器发现某处电路闭合，它就将该电路在键矩阵上的位置与其只读存储器(ROM)内的字符映射表进行对比。字符映射表是一个比较图或查询表，它会告诉处理器每个键在矩阵中的位置，以及每次击键或者击键组合所代表的含义，同时将该字符的 ASCII 码存储于内存之中。例如，字符映射表会告诉处理器单独按下 a 键对应于小写字母“a”，而同时按下 Shift 键和 a 键对应于大写字母“A”。如果按下某键并保持住，则处理器认为是反复按下该键。

图 3.7　键矩阵

接下来，根据所要显示字符的 ASCII 编码，到字符发生器中读出该字符的点阵行数据，在显示器上实现字符的显示(从 ASCII 码转换成字符点阵的功能称为字符发生器)。

3.2.3　汉字字符的表示

要在计算机中处理汉字字符，需要解决汉字的输入/输出及汉字的处理，汉字集很大，必须解决如下问题：

① 键盘上无汉字，不可能直接与键盘对应，需要输入码来对应；

② 汉字在计算机中的存储需要用机内码来表示，以便查找；

③ 汉字量大，字形变化复杂，需要用对应的字库来存储汉字形状。

1. 汉字输入码

汉字输入编码的目的在于通过在汉字中寻找统一的有规律的特征信息，将汉字二维平面图形信息转换成一维线性代码。根据所取特征信息的不同，汉字输入编码分为从音编码和从形编码两大类。因设计的目的、思想不同，产生了数百种汉字输入编码方案。

拼音输入法以智能 ABC、中文之星新拼音、微软拼音、拼音之星、紫光拼音、拼音加加、智能狂拼为代表；形码广泛使用的是五笔字型；音形码使用较多的是自然码；手写主要有汉王笔和慧笔；语音有 IBM 的 ViaVoice 等。计算机终端通常以编码方式的拼音和形码输入为主，而掌上终端包括手机、PDA，除了使用拼音等编码方式外，触摸式手写输入使用得也非常广泛。

2. 汉字机内码

输入码被接收后就由汉字操作系统的“输入码转换模块”转换为机内码，机内码和国标码有关，与所采用的键盘输入法无关。不管采用什么汉字系统和汉字输入方法，输入码均需要转换成机内码才能被存储和处理。

3. 汉字字形码与字库

字形码是汉字的输出码，输出汉字时采用图形方式，无论汉字的笔画有多少，每个汉字都可以写在同样大小的方块中，为了能准确地表达汉字的字形，每一个汉字都有相应的字形码。

目前大多数汉字系统中都以点阵的方式来存储和输出汉字的字形。所谓点阵，就是将字符(包括汉字图形)看成一个矩形框内一些横竖排列的点的集合，有笔画的位置用黑点表示，没有笔画的位置用白点表示。在计算机中用一组二进制数表示点阵，用 0 表示白点，用 1 表示黑点。一般的汉字系统中，汉字字形点阵有 16×16、24×24、48×48 几种，点阵越大，对每个汉字的修饰作用就越强，打印质量也就越高。实际中用得最多的是 16×16 点阵，一个 16×16 点阵的汉字字形码需要用 2×16=32 字节表示，这 32 字节中的信息是汉字的数字化信息，即汉字字形码，也称字模。图 3.8 所示为汉字“跑”的 32×32 点阵，图 3.9 所示为其字形码。

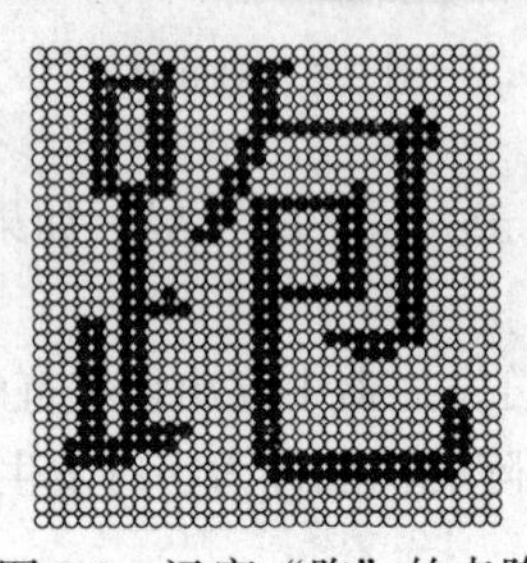

图 3.8　汉字“跑”的点阵

```
00000000000000000000000000000000
00001000010000011100000000000000
00001111110000011000000000000000
00001100110000011000000000000000
00001100110000011000000000000000
00001100110000011111111111110000
              ……
              ……
              ……
              ……
              ……
00000000000000000000000000000000
```

图 3.9　汉字“跑”的字形码

根据构成字模的字体不同，字模可分为宋体字模、楷体字模等基本字模。基本字模经过放大、缩小、反向、旋转等变换可以得到美术字体，如长体、扁体、粗体、细体等。汉字还可以分为简体和繁体两种，ASCII 字符也可分为半角字符和全角字符。

将汉字字形码按国标码的顺序排列，以二进制文件形式存放在存储器中，就构成汉字字库。显示字库一般为 16×16 点阵字库，每个汉字的字形码占用 32 字节的存储空间。打印字库一般为 24×24 点阵，每个汉字的字形码占用 72 字节的存储空间。例如，在 Windows 中的 FONTS 目录下存储着两类字体，如果字体扩展名为 FON，表示该文件为点阵字库；扩展名为 TTF 则表示矢量字库。

矢量字体是与点阵字体相对应的一种字体。矢量字体的每个字形都是通过数学方程来描述的，一个字形上分割出若干个关键点，相邻关键点之间由一条光滑曲线连接，这条曲线由有限个参数来唯一确定。矢量字库保存的是对每一个汉字的描述信息，如笔画的起始、终止坐标，以及半径、弧度等。在显示、打印矢量字时，要经过一系列的数学运算。在理论上矢量字被无限地放大后，笔画轮廓仍然能保持圆滑。

4. 汉字的输入和显示

在汉字处理中需要经过汉字输入码、汉字机内码、汉字字形码的三码转换，具体转换过程如图3.10所示。

图 3.10　汉字编码转换过程

从键盘输入的输入码经过键盘管理模块变换成机内码；然后经字形码检索程序查到机内

码对应的点阵信息在字库中的地址；再从字库中检索出该汉字点阵信息，利用显示驱动程序将这些信息送到显卡的显示缓冲存储器中；显示器的控制器把点阵信息顺次读出，并使每一个二进制位与屏幕的一个点位相对应，就可以将汉字字形在屏幕上显示出来。

3.3　多媒体数据表示

具有多媒体功能的计算机除可以处理数值和字符信息外，还可以处理图像、声音和视频信息。在计算机中，图像、声音和视频的使用能够增强信息的表现能力。

3.3.1　图像

在计算机科学中，图形和图像是两个有区别的概念：图形一般指用计算机绘制的画面，如直线、圆、圆弧、任意曲线和图表等；图像则指由输入设备捕捉的实际场景画面或以数字化形式存储的画面。

图像由一些排列的像素组成，在计算机中的存储格式有 BMP、PCX、TIF、JPG、GIFD 等，一般数据量比较大。它除了可以表达真实的照片外，还可以表现复杂绘画的某些细节，并具有灵活和富有创造力等特点。

与图像不同，在图形文件中只记录生成图形的算法和图上的某些特征点，也称矢量图。在计算机还原时，相邻的特征点之间用特定的很多小段直线连接形成曲线，若曲线是一条封闭的图形，可用着色算法来填充颜色。它最大的优点就是容易进行移动、压缩、旋转和扭曲等变换。常用的矢量图形文件有 3DS、DXF(用于 CAD)等，由于每次显示时都需要重新计算，故显示速度没有显示图像快。

1. 模拟图像与数字图像

真实世界是模拟的，用胶卷拍出的相片就是模拟图像，它的特点是空间连续。模拟图像含有无穷多的信息，理论上，可以对模拟图像进行无穷放大而不会失真，模拟图像只有在空间上数字化后才是数字图像，它的特点是空间离散，如 100×100 的图片，包含 1 万个像素点，数字图像所包含的信息量有限，对其进行的放大次数有限，否则会出现失真。但是，计算机不能直接处理模拟图像，必须对其进行数字化。

2. 图像的数字化

图像的数字化包括采样、量化和编码 3 个步骤，如图3.11所示。

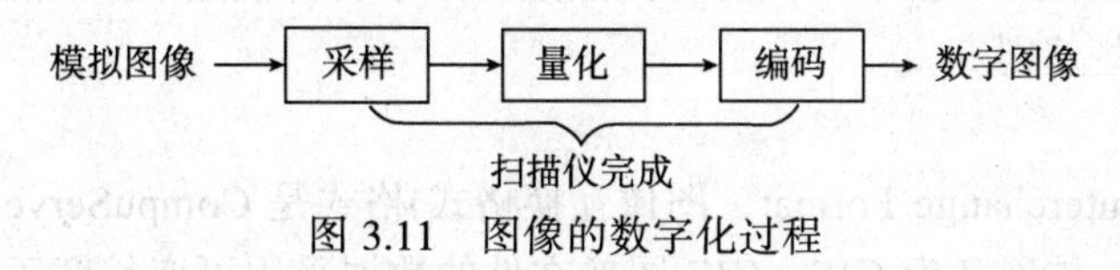

图 3.11　图像的数字化过程

(1) 采样。

采样就是计算机按照一定的规律，对模拟图像所呈现出的表象特性，用数据的方式记录其特征点。这个过程的核心在于要决定在一定的面积内取多少个点(即有多少个像素)，即图像的分辨率是多少(单位是 dpi)。

(2) 量化。

通过采样获取了大量特征点，现在需要得到每个特征点的二进制数据，这个过程叫量化。量化过程中有一个很重要的概念——颜色精度。颜色精度是指图像中的每个像素的颜色(或亮度)信息所占的二进制数位数，它决定了构成图像的每个像素可能出现的最大颜色数。颜色精度值越高，显示的图像色彩越丰富。

(3) 编码。

编码是指在满足一定质量(信噪比的要求或主观评价要求)的条件下，以较少的位数表示图像。

显然，无论从平面的取点还是从记录数据的精度来讲，采样形成的数字图像与模拟图像之间存在着一定的差距。但这个差距通常控制得相当小，以至于用人的肉眼难以分辨，所以，可以将数字化图像等同于模拟图像。

3. 数字图像文件格式

对数字图像处理必须采用一定的图像格式，图像格式决定在文件中存放何种类型的信息，对信息采用何种方式进行组织和存储，文件如何与应用软件兼容，文件如何与其他文件交换数据等内容。

(1) BMP 格式。

BMP(位图格式)文件格式与硬件设备无关，是 DOS 和 Windows 兼容计算机系统的标准图像格式，扩展名为.BMP。Windows 环境下运行的所有图像处理软件都支持 BMP 文件格式。BMP 格式支持 RGB、索引颜色、灰度和位图颜色模式，使用非常广。它采用位映射存储格式，除了图像深度可选以外，不采用其他任何压缩，因此，BMP 文件所占用的空间很大。BMP 文件存储数据时，图像的扫描方式按从左到右、从下到上的顺序。BMP 文件的图像深度可选 1b、4b、8b 及 24b。

(2) TIFF 格式。

TIFF(Tag Image File Format，标志图像文件格式)格式是一种非失真的压缩格式(最高 2~3 倍的压缩比)，扩展名为.TIFF。这种压缩是文件本身的压缩，即把文件中某些重复的信息采用一种特殊的方式记录，文件可完全还原，能保持原有图像的颜色和层次。TIFF 格式是桌面出版系统中使用最多的格式之一，它不仅在排版软件中普遍使用，也可以用来直接输出。TIFF 格式主要的优点是适用于广泛的应用程序，它与计算机的结构、操作系统和图形硬件无关，支持 256 色、24 位真彩色、32 位色、48 位色等多种色彩位。因此，大多数扫描仪都能输出 TIFF 格式的图像文件。将图像存储为 TIFF 格式时，需注意选择所存储的文件是由 Macintosh 还是由 Windows 读取。因为，虽然这两个平台都使用 TIFF 格式，但它们在数据排列和描述上有一些差别。

(3) GIF 格式。

GIF(Graphics Interchange Format，图像互换格式)格式是 CompuServe 公司在 1987 年开发的图像文件格式，扩展名为.GIF。GIF 图像文件的数据采用可变长度压缩算法压缩，其压缩率一般在 50%左右，目前几乎所有相关软件都支持它。GIF 格式的另一个特点是其在一个 GIF 文件中可以存储多幅彩色图像，如果把存于一个文件中的多幅图像数据逐幅读出并显示到屏幕上，就可以构成一种最简单的动画。但 GIF 只能显示 256 色，另外，GIF 动画图片失真较大，一般经过羽化等效果处理的透明背景图都会出现杂边。

(4) JPEG 格式。

JPEG(Joint Photographic Experts Group，联合图像专家组)是最常用的图像文件格式，扩展名为.JPG 或.JPEG，是一种有损压缩格式。通过选择性地去掉数据来压缩文件，图像中重复或不重要的资料会被丢弃，因此容易造成图像数据的损伤。目前，大多数彩色和灰度图像都使用 JPEG 格式压缩，其压缩比很大而且支持多种压缩级别的格式。当对图像的精度要求不高而存储空间又有限时，JPEG 是一种理想的压缩方式。JPEG 支持 CMYK、RGB 和灰度颜色模式，JPEG 格式保留 RGB 图像中的所有颜色信息。

(5) PDF 格式。

PDF(Portable Document Format，便携式文件格式)是由 Adobe Systems 在 1993 年为文件交换所推出的文件格式。它的优点在于跨平台、能保留文件原有格式、开放标准等。PDF 可以包含矢量和位图图形，还可以包含电子文档的查找和导航功能。

3.3.2　声音

声音是通过空气的振动发出的，通常用模拟波的方式表示。振幅反映声音的音量，频率反映了音调。

1. 声音的数字化

音频是连续变化的模拟信号，要使计算机能处理音频信号，必须进行音频的数字化。将模拟信号通过音频设备(如声卡)数字化时，会涉及采样、量化及编码等多种技术。图3.12 是模拟声音数字化示意图。

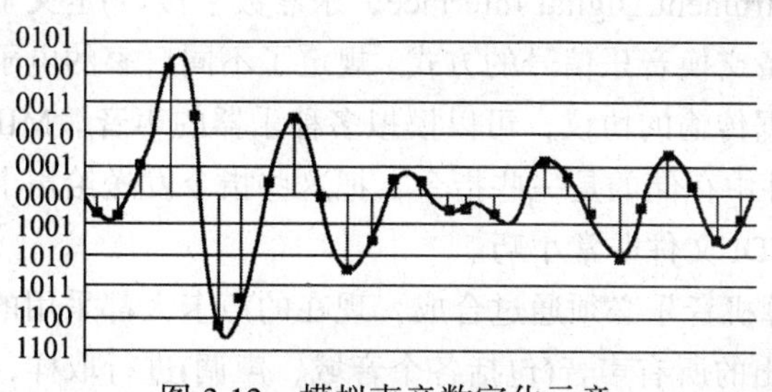

图 3.12　模拟声音数字化示意

2. 量化性能指标

在模拟声音的数字化过程中，有两个重要的指标。

(1) 采样频率。

每秒钟的采样的样本数叫做采样频率，采样频率越高，数字化后声波就越接近于原来的波形，即声音的保真度越高，但量化后声音信息量的存储量也越大。根据采样定理，只有当采样频率高于声音信号最高频率的两倍时，才能把离散声音信号唯一地还原成原来的声音。

目前，多媒体系统中捕获声音的标准采样频率有 44.1kHz、22.05kHz 和 11.025kHz 三种。人耳所能接收声音的频率范围大约为 20Hz~20kHz，但在不同的实际应用中，音频的频率范围是不同的。例如，根据 CCITT 公布的声音编码标准，把声音根据使用范围分为三级：电话语音级，300Hz~3.4kHz；调幅广播级，50 Hz~7 kHz；高保真立体声级，20 Hz~20 kHz。因而采样频率 11.025kHz、22.05kHz、44.1kHz 正好与电话语音、调幅广播和高保真立体声(CD

音质)三级相对应。DVD 标准的采样频率是 96kHz。

(2) 采样精度。

采样精度可以理解为采集卡处理声音的解析度。这个数值越大，解析度就越高，录制和回放的声音就越真实。一段相同的音乐信息，16 位声卡能把它分为 64 k 个精度单位进行处理，而 8 位声卡只能处理 256 个精度单位，造成了较大的信号损失。目前市面上所有的主流产品都是 16 位的声卡，16 位声卡的采样精度对于计算机多媒体音频而言已经绰绰有余了。

3. 声音文件格式

常见的数字音频格式有以下 6 种。

(1) WAV 格式。

WAV 格式是微软公司开发的一种声音文件格式，也叫波形声音文件，是最早的数字音频格式，被 Windows 平台及其应用程序广泛支持。WAV 格式支持许多压缩算法，支持多种音频位数、采样频率和声道。

在对 WAV 音频文件进行编解码的过程中，包括采样点和采样帧的处理和转换。一个采样点的值代表了给定时间内的音频信号，一个采样帧由一定数量的采样点组成，并能构成音频信号的多个通道。对于立体声信号，一个采样帧有两个采样点，一个采样点对应一个声道。一个采样帧作为单一的单元传送到数模转换器，以确保正确的信号能同时发送到各自的通道中。

(2) MIDI 格式。

MIDI(Musical Instrument Digital Interface，乐器数字接口)定义了计算机音乐程序、数字合成器及其他电子设备交换音乐信号的方式，规定了不同厂家的电子乐器与计算机连接的电缆和硬件及设备间数据传输的协议，可以模拟多种乐器的声音。MIDI 文件本身并不包含波形数据，在 MIDI 文件中存储的是一些指令，把这些指令发送给声卡，由声卡按照指令将声音合成出来，所以 MIDI 文件非常小巧。

MIDI 要形成计算机音乐必须通过合成，现在的声卡大都采用的是波表合成，它首先将各种真实乐器所能发出的所有声音(包括各个音域、声调)进行取样，存储为一个波表文件。播放时，根据 MIDI 文件记录的乐曲信息向波表发出指令，从波表中逐一找出对应的声音信息，经过合成、加工后播放出来。由于它采用的是真实乐器的采样，所以效果好于 FM。一般波表的乐器声音信息都以 44.1kHz、16 位精度录制，以达到最真实的回放效果。理论上，波表容量越大，合成效果越好。

(3) CDA 格式。

CDA 格式就是 CD 音乐格式，其取样频率为 44.1kHz，16 位量化位数。CD 存储采用音轨形式，记录的是波形流，是一种近似无损的格式。CD 光盘可以在 CD 唱机中播放，也能用计算机里的各种播放软件来重放。一个 CD 音频文件是一个.CDA 文件，但这只是一个索引信息，并不是真正的声音信息，所以无论 CD 音乐的长短如何，在计算机上看到的.CDA 文件都是 44 字节长。

注意：不能直接复制 CD 格式的.CDA 文件到硬盘上播放，需要使用类似 EAC 这样的抓音轨软件把 CD 格式的文件转换成 WAV 文件才可以。

(4) MP3 格式。

MP3 是利用 MPEG Audio Layer 3 技术将音乐以 1:10 甚至 1:12 的压缩率压缩成容量较小的文件，MP3 能够在音质丢失很小的情况下把文件压缩到更小的程度。正是因为 MP3 体积小、音质高的特点，使得 MP3 格式几乎成为网上音乐的代名词。每分钟音乐的 MP3 格式只有 1 MB 左右大小，这样每首歌的大小只有 3 ~ 4 MB。使用 MP3 播放器对 MP3 文件进行实时解压缩，这样，高品质的 MP3 音乐就播放出来了。MP3 格式缺点是压缩破坏了音乐的质量，不过一般听众几乎觉察不到。

(5) WMA 格式。

WMA 是微软在互联网音频、视频领域定义的文件格式。WMA 格式通过在保持音质基础上减少数据流量的方式达到压缩目的，其压缩率一般可以达到 1:18。此外，WMA 还可以通过 DRM(Digital Rights Management)方案加入防止复制，或者加入限制播放时间和播放次数，甚至是播放机器的限制，有力地防止盗版。

(6) DVD Audio 格式。

DVD Audio 是新一代的数字音频格式，采样频率有 44.1 kHz、48 kHz、88.2 kHz、96 kHz、176.4 kHz 和 192 kHz 等，能以 16 位、20 位、24 位精度量化，当 DVD Audio 采用最大取样频率为 192 kHz、24 位精度量化时，可完美再现演奏现场的真实感。由于频带扩大使得再生频率接近 100 kHz(约 CD 的 4.4 倍)，因此能够逼真再现各种乐器层次分明、精细微妙的音色成分。

3.3.3　视频

视频由一幅幅单独的画面(称为帧)序列组成，这些画面以一定的速率(帧率，即每秒显示帧的数目)连续地投射在屏幕上，利用人眼的视觉暂留原理，使观察者产生图像连续运动的感觉。

1. 模拟视频数字化

计算机只能处理数字化信号，普通的 NTSC 制式和 PAL 制式视频是模拟的，必须经过模/数转换和色彩空间变换等过程进行数字化。模拟视频的数字化包括很多技术问题，如电视信号具有不同的制式而且采用复合的 YUV 信号方式，而计算机工作在 RGB 空间；电视机是隔行扫描的，计算机显示器大多逐行扫描；电视图像的分辨率与显示器的分辨率也不尽相同等。因此，模拟视频的数字化主要包括色彩空间的转换、光栅扫描的转换及分辨率的统一。

模拟视频一般采用分量数字化方式，先把复合视频信号中的亮度和色度分离，得到 YUV 或 YIQ 分量，然后用 3 个模/数转换器对 3 个分量分别进行数字化，最后再转换成 RGB 空间。

2. 视频压缩技术

视频信号数字化后数据带宽很高，通常在 20 MB/s 以上，因此计算机很难对其进行保存和处理。采用压缩技术以后，通常数据带宽可以降到 1~10MB/s，这样就可以将视频信号保存到计算机中并进行相应的处理。常用的压缩算法是 MPEG 算法。MPEG 算法适用于动态视频的压缩，它主要利用具有运动补偿的帧间压缩编码技术以减小时间冗余度，采用 DCT 技术以减小图像的空间冗余度，使用熵编码以减小信息表示方法的统计冗余度。这几种技术的综合运用，大大增强了压缩性能。

3. 视频文件格式

(1) AVI 格式。

AVI(Audio Video Interleaved，音频视频交错格式)是将语音和影像同步组合在一起的文件格式。它对视频文件采用了一种有损压缩方式，压缩比比较高，画面质量不太好，但其应用范围仍然非常广泛。AVI 主要应用在多媒体光盘上，用来保存电视、电影等各种影像信息。

AVI 最直接的优点就是兼容好、调用方便。但它的缺点也十分明显：文件大。根据不同的应用要求，AVI 的分辨率可以随意调整。窗口越大，文件的数据量也就越大。降低分辨率可以大幅度减少数据量，但图像质量必然受损。与 MPEG-2 格式文件大小相近的情况下，AVI 格式的视频质量相对要差得多，但其制作简单，对计算机的配置要求不高，所以，人们经常先录制好 AVI 格式的视频，再转换为其他格式。

(2) MPEG 格式。

MPEG(Moving Picture Experts Group，动态图像专家组)是国际标准组织(ISO)认可的媒体封装形式，受大部分机器的支持。其储存方式多样，可以适应不同的应用环境。MPEG 的控制功能丰富，可以有多个视频(即角度)、音轨、字幕(位图字幕)等。

(3) RM 格式。

RM(RealMedia，实时媒体)格式是 Real Networks 公司开发的一种流媒体视频文件格式，主要包含 RealAudio、RealVideo 和 RealFlash 三部分。它的特点是文件小，画质相对良好，适用于在线播放。用户可以使用 RealPlayer 对符合 RM 技术规范的网络音频/视频资源进行实况转播。并且 RM 可以根据不同的网络传输速率制定出不同的压缩比率，从而实现在低速率的网络上进行影像数据实时传送和播放。另外，RM 作为目前主流网络视频格式，还可以通过其 RealServer 服务器将其他格式的视频转换成 RM 格式的视频，并由 RealServer 服务器负责对外发布和播放。

RM 格式最大的特点是边传边播，即先从服务器上下载一部分视频文件，形成视频流缓冲区后实时播放，同时继续下载，为接下来的播放做好准备。这种方法避免了用户必须等待整个文件从 Internet 上全部下载完毕才能观看的缺点，因而特别适合在线观看影视文件。RM 文件的大小完全取决于制作时选择的压缩率，压缩率不同，影像大小也不同。这就是为什么会出现同样 1 小时的影像有的只有 200 MB，而有的却有 500 MB 之多的情况。

(4) ASF 格式 。

ASF(Advanced Streaming Format，高级流格式)是一个开放标准，它能依靠多种协议在多种网络环境下支持数据的传送。ASF 是 Microsoft 为了和 Real Player 竞争而发展出来的一种可以直接在网上观看视频节目的文件压缩格式。它是专为在 IP 网上传送有同步关系的多媒体数据而设计的，所以 ASF 格式的信息特别适合在 IP 网上传输。

音频、视频、图像及控制命令脚本等多媒体信息通过 ASF 格式以网络数据包的形式传输，实现流式多媒体内容发布。ASF 使用 MPEG-4 的压缩算法，可以边传边播，它的图像质量比 VCD 差一些，但比 RM 格式要好。

(5) WMV 格式。

WMV(Windows Media Video)是微软推出的一种流媒体格式，它是 ASF 格式的升级延伸。

在同等视频质量下，WMV 格式的文件非常小，很适合在网上播放和传输。WMV 文件一般同时包含视频和音频部分。视频部分使用 Windows Media Video 编码，音频部分使用 Windows Media Audio 编码。

3.4 知识扩展

3.4.1 常见图形图像处理软件

图像处理软件是用于处理图像信息的各种应用软件的总称，专业的图像处理软件有 Adobe 的 Photoshop 系列，基于应用的处理管理、处理软件 Picasa 等，还有很实用的大众型软件“彩影”，动态图片处理软件 Ulead GIF Animator、GIF Movie Gear 等。

1. Photoshop

Photoshop(简称 PS)是计算机上的图像处理软件。对于广大 Photoshop 爱好者而言，PS 亦用来形容通过该类图形处理软件处理过的图片，即非原始、非未处理的图片。多数人对于这软件的了解仅限于“一个很好的图像编辑软件”，并不知道它的其他应用方面，实际上，该软件的应用领域很广泛，在图像、图形、文字、视频、出版各方面都有较好功能。

Photoshop 的专长在于图像处理，而不是图形创作。图像处理是对已有的图像进行编辑加工处理以及运用一些特殊效果，其重点在于对图像的处理加工。图形创作软件是按照自己的构思创意，使用矢量图形来设计图形，这类软件主要有 Adobe 公司的另一个著名软件 Illustrator 和 Macromedia 公司的 Freehand。

2. Fireworks

Fireworks 是 Adobe 推出的一款专门用于网络图形设计的图形编辑软件，它大大简化了网络图形设计的工作难度，无论是专业设计者还是业余爱好者，使用 Fireworks 不仅可以轻松地制作出十分动感的 GIF 动画，还可以轻易地完成大图切割、动态按钮、动态翻转图等操作。

Fireworks 不仅具备编辑矢量图形与位图图像的灵活性，还提供了一个预先构建资源的公用库，并可与 Adobe Photoshop、Adobe Illustrator、Adobe Dreamweaver 和 Adobe Flash 软件省时集成。在 Fireworks 中将设计迅速转变为模型，或将来自 Illustrator、Photoshop 和 Flash 的资源，直接置入 Dreamweaver 中轻松地进行开发与部署。

3. AutoCAD

AutoCAD 是由美国 Autodesk 公司于 20 世纪 80 年代初为在微机上应用 CAD 技术(Computer Aided Design，计算机辅助设计)而开发的计算机绘图软件包，广泛应用于土木建筑、装饰装潢、园林设计、电子电路、机械设计、服装鞋帽、航空航天、轻工化工等诸多领域。AutoCAD 能以多种方式创建直线、圆、椭圆、多边形、样条曲线等基本图形对象，可以进行移动、复制、旋转、阵列、拉伸、延长、修剪、缩放对象等操作，可创建 3D 实体及表面模型，能对实体本身进行编辑。

4. Corel DRAW

Corel DRAW 是由加拿大 Corel 公司于 1989 年推出的专业绘图软件，也是最早运行于 PC

机上的图形设计软件。由于该软件功能强大、直观易学，获得了众多专业设计人员和广大业余爱好者的青睐，被广泛应用在平面设计、包装装潢、书籍装帧、广告设计、印刷出版、网页设计、多媒体设计等领域。

3.4.2 常见声音处理软件

声音处理软件是一类对音频进行混音、录制、音量增益、高潮截取、男女变声、节奏快慢调节、声音淡入淡出处理的多媒体音频处理软件。声音处理软件的主要功能在于实现音频的二次编辑，达到改变音乐风格、多音频混合编辑的目的。

1. Adobe Audition

Adobe Audition 是一个专业音频编辑和混合环境，原名为 Cool Edit Pro，被 Adobe 公司收购后，改名为 Adobe Audition。Audition 专为在照相室、广播设备和后期制作设备方面工作的音频和视频专业人员设计，可提供先进的音频混合、编辑、控制和效果处理功能。最多混合 128 个声道，可编辑单个音频文件，创建回路，并可使用 45 种以上的数字信号处理效果。

2. Samplitude

Samplitude 是德国公司 MAGIX 出品的数字音频工作站(Digital Audio Workstation) 软件，用以实现数字化的音频制作。Samplitude 一直是国内用户范围最广、备受好评的专业级音乐制作软件，它集音频录音、MIDI 制作、缩混、母带处理于一身，功能强大全面。

3. Nuendo

Nuendo 是音乐创作和制作软件工具的最新产品，是德国 STEINBERG 公司推出的一套软硬件结合的专业多轨录音/混音系统。Nuendo 的功能极其强大，是一个集 MIDI 制作、录音混音、视频等诸多功能为一体的高档工作站软件。它的操作和使用非常方便，容易上手，所以广受专业音乐制作人和业余音乐爱好者的喜爱，已经成为专业圈中使用最广泛的专业音乐制作软件。

3.4.3 常见视频处理软件

在计算机上播放和录制视频，可以将家庭电影复制到计算机，使用视频和音频剪贴工具进行编辑、剪辑，增加一些特效，使视频可观赏性增强，这些称为视频处理。

1. Premiere

Premiere 是 Adobe 公司出品的一种基于非线性编辑设备的视音频编辑软件，可以在各种平台下和硬件配合使用，被广泛地应用于电视台、广告制作、电影剪辑等领域，成为 PC 和 MAC 平台上应用最为广泛的视频编辑软件。专业人员结合专业系统的配合，可以制作出广播级的视频作品。在普通的计算机上，配以比较廉价的压缩卡或输出卡也可制作出专业级的视频作品和 MPEG 压缩影视作品。

2. EDIUS

EDIUS 是日本 Canopus 公司开发的非线性编辑软件，专为广播和后期制作环境而设计，特别针对新闻记者、无带化视频制播和存储。EDIUS 拥有完善的基于文件的工作流程，提供了实时、多轨道、多格式混编、合成、 色键、字幕和时间线输出功能。除了标准的 EDIUS

系列格式，还支持 Infinity JPEG 2000、DVCPRO、P2、VariCam、Ikegami GigaFlash、MXF 、XDCAM 和 XDCAM EX 视频素材。同时支持所有 DV、HDV 摄像机和录像机。

3. VideoStudio

VideoStudio (会声会影)是一套个人家庭影片剪辑软件，具有成批转换功能与捕获格式完整的特点。只要 3 个步骤就可快速做出 DV 影片，即使是入门新手也可以在短时间内体验影片剪辑的乐趣。它操作简单、功能强大，从捕获、剪接、转场、特效、覆叠、字幕、配乐，一直到刻录，可快速实现影片的编辑。

4. Movie Maker

Movie Maker 是 Windows 附带的一个影视剪辑小软件，功能简单，可以组合镜头、声音，加入镜头切换的特效，使用它制作家庭电影充满乐趣。可以在个人计算机上创建、编辑和分享自己制作的家庭电影。还可以将电影保存到录影带上，在电视中或者摄像机上播放。

习　题　3

一、填空题

1. 所谓____________，是指用一组固定的数字和一套统一的规则来表示数目的方法。
2. 单个位上可使用的基本数字的个数就称为该数制的________。
3. 标准 ASCII 码是 7 位编码，但计算机仍以____________来存放一个 ASCII 字符。
4. ____________是在互联网上使用最广的一种 Unicode 的实现方式。
5. 汉字字模按国标码的顺序排列，以二进制文件形式存放在存储器中，构成____________。
6. 将下列二进制数转换成相应的十进制数、八进制数、十六进制数。

$(10110101)_2=(\quad)_{10}=(\quad)_8=(\quad)_{16}$
$(110010010)_2=(\quad)_{10}=(\quad)_8=(\quad)_{16}$
$(10111.1001)_2=(\quad)_{10}=(\quad)_8=(\quad)_{16}$

7. ____________一般指用计算机绘制的画面，如直线、圆、圆弧、任意曲线和图表等。
8. ____________是指由输入设备捕捉的实际场景画面或以数字化形式存储的画面。
9. 图像的数字化包括采样、____________和编码 3 个步骤。
10. ____________越高，数字化后声波就越接近于原来的波形，即声音的保真度越高，但量化后声音信息量的存储量也越大。
11. ____________是由一幅幅单独的帧序列组成的，并以一定的速率连续地投射在屏幕上。

二、选择题

1. 在计算机中，信息的存放与处理采用(　　)。

A. ASCII 码　　B. 二进制　　C. 十六进制　　D. 十进制

2. 在国标 GB2312 字符集中，汉字和图形符号的总个数为(　　)。

A. 3755　　B. 3008　　C. 7445　　D. 6763

3. 二进制数 1110111 转换成十六进制数为(　　)。

A. 77　　B. D7　　C. E7　　D. F7

4. 下列 4 组数应依次为二进制数、八进制数和十六进制数，符合这个要求的是(　　)。

A. 11，78，19　　B. 12, 77，10　　C. 12，80，10　　D. 11，77，19

5. 在微型计算机中，应用最普遍的字符编码是(　　)。

A. BCD 码　　B. ASCII 码　　C. 汉字编码　　D. 补码

6. 下列编码中，用于汉字输出的是(　　)。

A. 输入编码　　B. 汉字字模码　　C. 汉字内码　　D. 数字编码

7. 一般说来，要求声音的质量越高，则(　　)。

A. 量化级数越低和采样频率越低　　B. 量化级数越高和采样频率越高

C. 量化级数越低和采样频率越高　　D. 量化级数越高和采样频率越低

8. JPEG 是(　　)图像压缩编码标准。

A. 静态　　B. 动态　　C. 点阵　　D. 矢量

9. 下列声音文件格式中，(　　)是波形文件格式。

A. WAV　　B. CMF　　C. AVI　　D. MIDI

10. 扩展名为.MP3 的含义是(　　)。

A. 采用 MPEG 压缩标准第 3 版压缩的文件格式

B. 必须通过 MP3 播放器播放的音乐格式

C. 采用 MPEG 音频层标准压缩的音频格式

D. 将图像、音频和视频三种数据采用 MPEG 标准压缩后形成的文件格式

三、简答题

1. 什么是二进制？计算机为什么要采用二进制？
2. 什么是编码？计算机中常用的信息编码有哪几种？
3. 简述图像数字化的基本过程。
4. 常见的图像文件格式有哪些？
5. 简述声音数字化的基本过程。
6. 常见的声音文件格式有哪些？
7. 声音文件的大小由哪些因素决定？
8. 声音数字化的基本过程中，哪些参数对数字化质量影响较大？

第 4 章　网 络 技 术

计算机网络是由多种通信手段相互连接起来的计算机复合系统，实现数据通信和资源共享。因特网是范围涵盖全球的计算机网络，通过互联网不仅可以获取分布在全球的多种信息资源，还能够获得方便、快捷的电子商务服务及方便的远程协作。

4.1　网 络 基 础

21 世纪已进入计算机网络时代，计算机网络已成为计算机行业的一部分。新一代的计算机已将网络接口集成到主板上，网络功能已嵌入操作系统之中。

4.1.1　计算机网络的产生与发展

1. 计算机网络的产生

早期的计算机是大型计算机，其包含很多终端，不同终端之间可以共享主机资源，可以相互通信。但不同计算机之间相互独立，不能实现资源共享和数据通信。为了解决这个问题，美国国防部的高级研究计划局(ARPA)于 1968 年提出了一个计算机互连计划，并与 1969 建成世界上第一个计算机网络 ARPAnet(阿帕网)。

ARPAnet 通过租用电话线路将分布在美国不同地区的 4 所大学的主机连成一个网络，如图 4.1 所示。

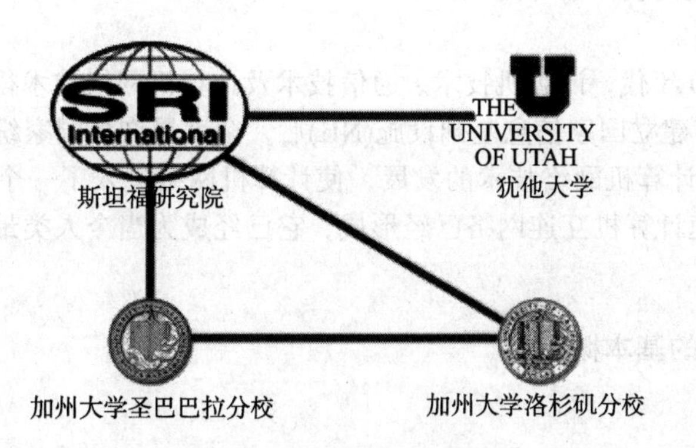

图 4.1　阿帕网的连接方式

作为 Internet 的早期骨干网，ARPAnet 试验并奠定了 Internet 存在和发展的基础。到了 1984 年，美国国家科学基金会(NSF)决定组建 NSFnet，NSFnet 通过 56 kbit/s 的通信线路将美国 6 个超级计算机中心连接起来，实现资源共享。NSFnet 采取三级层次结构，整个网络由主干网、地区网和校园网组成。地区网一般由一批在地理上局限于某一地域、在管理上隶属于某一机构的用户的计算机互连而成。连接各地区网上主通信节点计算机的高速数据专线构成了

NSFnet 的主干网。这样，当一个用户的计算机与某一地区相连以后，它除了可以使用任一超级计算中心的设施，可以同网上任一用户通信，还可以获得网络提供的大量信息和数据。这一成功使得 NSFnet 于 1990 年彻底取代了 ARPAnet 而成为 Internet 的主干网。

2. 计算机网络的发展

计算机网络从产生到现在，总体来说可以分成 4 个阶段。

(1) 远程终端阶段。

该阶段是计算机网络发展的萌芽阶段。早期计算机系统主要为分时系统，远程终端计算机系统在分时计算机系统的基础上，通过调制解调器(Modem)和公用电话网(PSTN)向分布在不同地理位置上的许多远程终端用户提供共享资源服务。这虽然还不能算是真正的计算机网络系统，但它是计算机与通信系统结合的最初尝试。

(2) 计算机网络阶段。

在远程终端计算机系统基础上，人们开始研究通过 PSTN 等已有的通信系统把计算机与计算机互连起来。于是以资源共享为主要目的计算机网络便产生了，ARPAnet 是这一阶段的典型代表。网络中计算机之间具有数据交换的能力，提供了更大范围内计算机之间协同工作、分布式处理的能力。

(3) 体系结构标准化阶段。

计算机网络系统非常复杂，计算机之间相互通信涉及许多技术问题。为实现计算机网络通信，计算机网络采用分层策略解决网络技术问题。但是，不同的组织制定了不同的分层网络系统体系结构，它们的产品很难实现互连。为此，国际标准化组织 ISO 在 1984 年正式颁布了“开放系统互连基本参考模型 ISO/OSI”国际标准，使计算机网络体系结构实现了标准化。20 世纪 80 年代是计算机局域网和网络互连技术迅速发展的时期。局域网完全从硬件上实现了 ISO 的开放系统互连通信模式协议，局域网与局域网互连、局域网与各类主机互连及局域网与广域网互连的技术也日趋成熟。

(4) 因特网阶段。

进入 20 世纪 90 年代，计算机技术、通信技术及计算机网络技术得到了迅猛发展。特别是 1993 年美国宣布建立国家信息基础设施(NII)后，全世界许多国家纷纷制定和建立本国的 NII，极大地推动了计算机网络技术的发展，使计算机网络进入了一个崭新的阶段，即因特网阶段。目前，高速计算机互连网络已经形成，它已经成为当今人类最重要的、最大的知识宝库。

4.1.2　计算机网络的基本概念

1. 网络的概念

计算机网络是指将地理位置不同的具有独立功能的多台计算机及其外部设备，通过通信线路连接起来，在网络操作系统、网络管理软件及网络通信协议的管理和协调下，实现资源共享和信息传递的计算机系统。

从宏观角度看，计算机网络一般由资源子网和通信子网两部分构成，如图4.2所示。

(1) 资源子网。

资源子网主要由网络中所有的主计算机、I/O 设备和终端、各种网络协议、网络软件和数据库等组成，负责全网的信息处理，为网络用户提供网络服务和资源共享等功能。

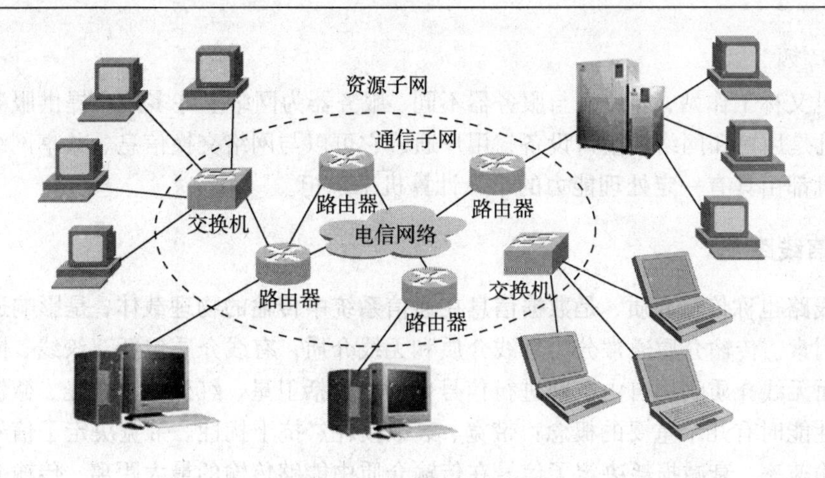

图 4.2　计算机网络的构成

(2) 通信子网。

通信子网主要由通信线路、网络连接设备(如网络接口设备、通信控制处理机、网桥、路由器、交换机、网关、调制解调器和卫星地面接收站等)、网络通信协议和通信控制软件等组成，主要负责全网的数据通信，为网络用户提供数据传输、转接加工和转换等通信处理工作。

2. 基本特征

网络的定义从不同的方面描述了计算机网络的 3 个特征。

① 连网的目的在于资源共享。可共享的资源包括硬件、软件和数据。

② 互连的计算机应该是独立计算机。联网的计算机可以联网工作也可以单机工作。如果一台计算机带多台终端和打印机，这种系统通常被称为多用户系统，而不是计算机网络。由一台主控机和多台从控机构成的系统是主从式系统，也不是计算机网络。

③ 联网计算机遵守统一的协议。计算机网络是由许多具有信息交换和处理能力的节点互连而成的。要使整个网络有条不紊地工作，就要求每个节点必须遵守一些事先约定好的有关数据格式及时序等相关内容的规则。这些为实现网络数据交换而建立的规则、约定或标准就称为网络协议。

4.2　计算机网络的基本组成

根据网络的概念，计算机网络一般由三部分组成：计算机、通信线路和设备、网络软件。

4.2.1　联网计算机

联网计算机根据其作用和功能不同，可分为服务器和客户机两类。

1. 服务器

服务器是整个网络系统的核心，它为网络用户提供服务并管理整个网络。随着局域网络功能的不断增强，根据服务器在网络中所承担的任务和所提供的功能不同，把服务器分为：文件服务器、邮件服务器、打印服务器和通信服务器等。

2. 客户机

客户机又称工作站，客户机与服务器不同，服务器为网络上许多用户提供服务和共享资源。客户机是用户和网络的接口设备，用户通过它可以与网络交换信息、共享网络资源。现在的客户机都由具有一定处理能力的个人计算机来承担。

4.2.2 通信线路

通信线路也称传输介质，是数据信息在通信系统中传输的物理载体，是影响通信系统性能的重要因素。传输介质通常分为有线介质和无线介质。有线介质包括双绞线、同轴电缆和光纤等。而无线介质利用自由空间进行信号传播，包括卫星、红外线、激光、微波等。衡量传输介质性能时有几个重要的概念：带宽、衰减损耗、抗干扰性。带宽决定了信号在传输介质中的传输速率，衰减损耗决定了信号在传输介质中能够传输的最大距离，传输介质的抗干扰特性决定了传输系统的传输质量。

1. 有线传输介质

(1) 双绞线。

双绞线是最常用的传输介质，可以传输模拟信号或数字信号。双绞线是由两根相同的绝缘导线相互缠绕而形成的一对信号线，一根是信号线；另一根是地线。两根线缠绕的目的是减小相互之间的信号干扰。如果把多对双绞线放在一根导管中，便形成了由多根双绞线组成的电缆。

局域网中的双绞线分为两类：屏蔽双绞线(STP)与非屏蔽双绞线(UTP)，如图 4.3 所示。屏蔽双绞线由外部保护层、屏蔽层与多对双绞线组成；非屏蔽双绞线由外部保护层与多对双绞线组成。屏蔽双绞线对电磁干扰具有较强的抵抗能力，适用于网络流量较高的高速网络，而非屏蔽双绞线适用于网络流量较低的低速网络。

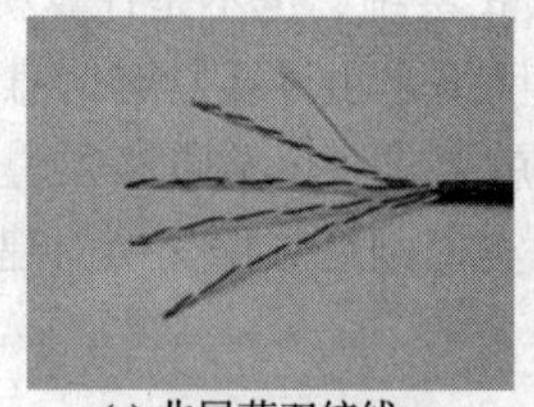
(a) 非屏蔽双绞线

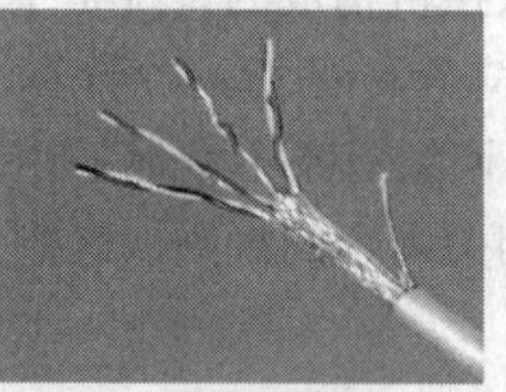
(b) 屏蔽双绞线

图 4.3 双绞线

双绞线的衰减损耗较高，因此不适合远距离的数据传输。普通双绞线传输距离限定在 100 m 之内，一般速率为 100 MB/s，高速可到 1 GB/s。

(2) 同轴电缆。

同轴电缆由中心铜线、绝缘层、网状屏蔽层及塑料封套组成，如图 4.4 所示。按直径不同可分为粗缆和细缆，一般来说粗缆的损耗小，传输距离比较远，单根传输距离可达 500 m；细缆由于功率损耗比较大，传输距离比较短，单根传输距离为 185 m。

同轴电缆最大的特点是可以在相对长的无中继器的线路上支持高带宽通信，屏蔽性能好，抗干扰能力强，数据传输稳定，目前主要应用于有线电视网、长途电话系统及局域网之间的数据线路连接。其缺点是成本高，体积大，不能承受缠结、压力和严重的弯曲，而所有这些缺点正是双绞线能克服的。因此，现在的局域网环境中，同轴电缆基本已被双绞线所取代。

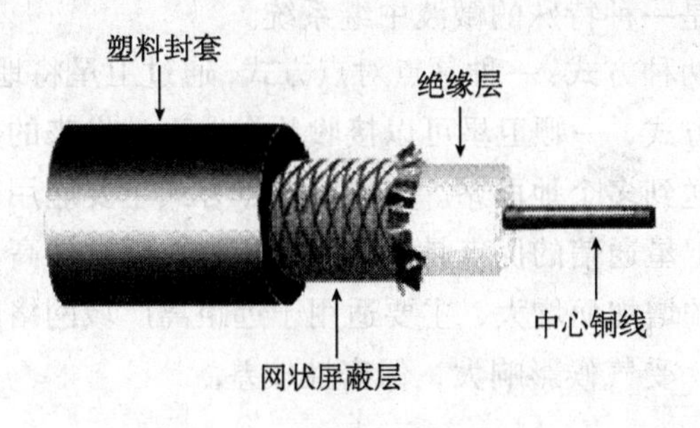

图 4.4 同轴电缆的结构示意

(3) 光纤。

光纤是光导纤维的简称，是一种利用光在玻璃或塑料制成的纤维中按照全反射原理进行信号传递的光传导工具。光纤由纤芯、包层、涂覆层和套塑 4 部分组成，如图 4.5(a)所示。纤芯在中心，是由高折射率的高纯度二氧化硅材料组成的，主要用于传送光信号。包层由掺有杂质的二氧化硅组成，其光折射率要比纤芯的折射率低，使光信号能在纤芯中产生全反射传输。涂覆层及套塑的主要作用是加强光纤的机械强度。

在实际工程应用中，光纤要制作成光缆，光缆一般由多根纤芯绞制而成，纤芯数量可根据实际工程要求而绞制，如图 4.5(b)所示。光缆要有足够的机械强度，所以在光缆中用多股钢丝来充当加固件。有时还在光缆中绞制一对或多对铜线，用于电信号传送或电源线之用。

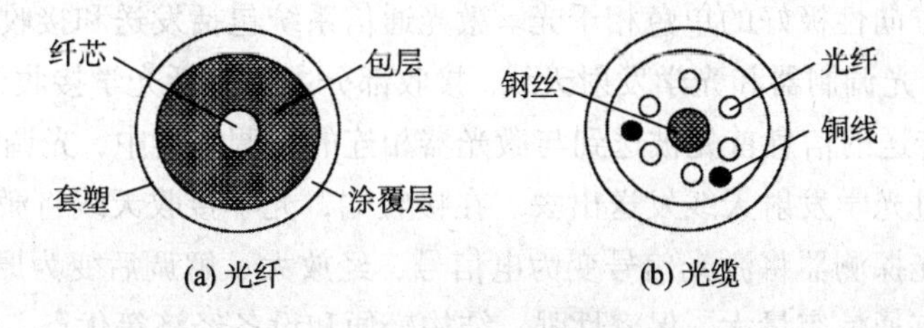

图 4.5 光纤与光缆

2. 无线传输介质

无线传输以电磁波为传输介质，电磁波又称电磁辐射，其传播方向垂直于电场与磁场构成的平面，能有效地传递能量和动量。电磁辐射可以按照频率分类，从低频率到高频率有无线电波、红外线、可见光、紫外光、X 射线和伽马射线等。常见的无线通信的方法有微波、红外线和激光等。

(1) 微波。

微波是指频率为 300MHz~300GHz 的电磁波，是无线电波中一个有限频带的简称，即波长在 1 米(不含 1 米)到 1 毫米之间的电磁波，是分米波、厘米波、毫米波的统称。微波频率比一般的无线电波频率高，通常也称为“超高频电磁波”。微波沿着直线传播，具有很强的方向性，只能进行直视距离传播。因此，发射天线和接收天线必须精确地对准。由于微波长距离传送时会发生衰减，因此每隔一段距离就需要建一个中继站。为了增加微波的传输距离，应提高微波收发器或中继站的高度。当将微波中继站放在人造卫星上时，便形成了卫星通信系统，可见，卫星通信是一种特殊的微波中继系统。

卫星通信可以分为两种方式：一种是点对点方式，通过卫星将地面上的两个点连接起来；另一种是多点对多点的方式，一颗卫星可以接收几个地面站发来的数据信号，然后以广播的方式将所收到的信号发送到多个地面站。多点对多点方式主要应用于电视广播系统、远距离电话及数据通信系统。卫星通信的优点是：覆盖面积大，可靠性高，信道容量大，传输距离远，传输成本不随距离的增加而增大，主要适用于远距离广域网络的传输。缺点是：卫星成本高，传播延迟时间长，受气候影响大，保密性较差。

(2) 红外线。

红外线是太阳光线中众多不可见光线中的一种，太阳光谱上红外线的波长大于可见光线，波长为 0.75μm~1000μm。红外线可分为 3 部分，即近红外线，波长为 0.75μm~1.50μm；中红外线，波长为 1.50μm~6.0μm；远红外线，波长为 6.0μm~1000μm。

红外线通信有两个最突出的优点：

① 保密性强，不易被人发现和截获；

② 抗干扰性强，几乎不会受到电气、天电、人为干扰。

此外，红外线通信机体积小，重量轻，结构简单，价格低廉。但是它必须在直视距离内通信，且传播受天气的影响。在不能架设有线线路，而使用无线电又怕暴露的情况下，使用红外线通信是比较好的。

(3) 激光。

激光是一种方向性极好的单色相干光。激光通信系统包括发送和接收两个部分。发送部分主要有激光器、光调制器和光学发射天线。接收部分主要包括光学接收天线、光学滤波器、光探测器。需要传送的信息首先被送到与激光器相连的光调制器中，光调制器将信息调制在激光上，然后通过光学发射天线发送出去。在接收端，光学接收天线将激光信号接收下来，送至光探测器，光探测器将激光信号变为电信号，经放大、解调后变为原来的信息。

激光通信具有通信容量大、保密性强、结构轻便和设备经济等优点，但也存在大气衰减严重、瞄准困难的缺点。

4.2.3　网络设备

网络设备包括用于网内连接的网络适配器、调制解调器、集线器、交换机和网间连接的中继器、路由器、网桥、网关等。

1. 网络适配器

网络适配器(Network Interface Card，NIC)简称网卡。用于实现联网计算机和网络电缆之间的物理连接，完成计算机信号格式和网络信号格式的转换。通常，网络适配器就是一块插件板，插在 PC 的扩展槽中，计算机通过这条通道进行高速数据传输。在局域网中，每一台连网计算机都需要安装一块或多块网卡，通过网卡将计算机接入网络电缆系统。常见的网卡如图4.6所示。

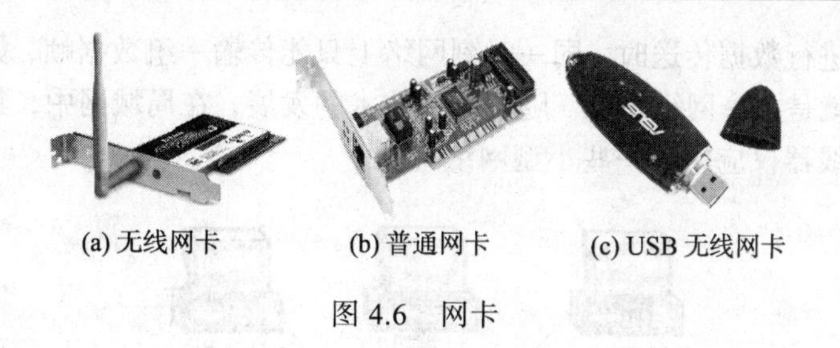

(a) 无线网卡　　(b) 普通网卡　　(c) USB 无线网卡

图 4.6　网卡

2. ADSL 调制解调器

ADSL 的一般接入方式如图4.7所示。计算机内的信息是数字信号，而电话线上传递的是模拟电信号。所以，当两台计算机要通过电话线进行数据传输时，就需要一个设备负责数据的数模转换。这个数模转换器就是 Modem。计算机在发送数据时，先由 Modem 把数字信号转换为相应的模拟信号，这个过程称为调制。经过调制的信号通过电话载波在电话线上传送，到达接收方后，由接收方的 Modem 负责把模拟信号还原为数字信号，这个过程称为解调。

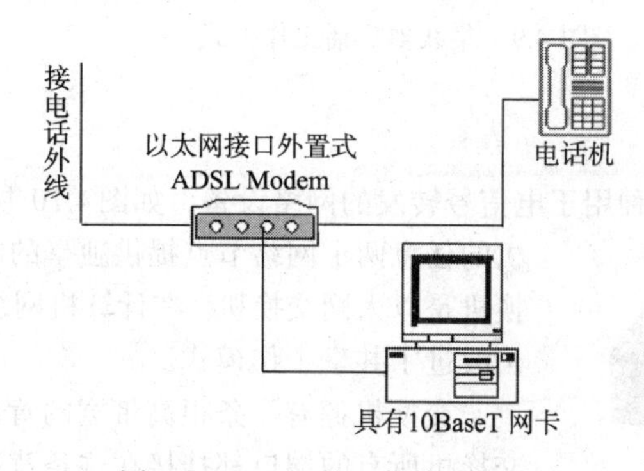

图 4.7　ADSL 的一般接入方式

ADSL Modem 是为非对称用户数字环路(ADSL)提供数据调制和解调的设备，其上有一个 RJ-11 电话线端口和一个或多个 RJ-45 网线端口，支持最高下行 8 MB/s 速率和最高上行 1MB/s 速率，抗干扰能力强，适合普通家庭用户使用。某些型号的产品还带有路由功能和无线功能。ADSL 采用离散多音频(DMT)技术，将原先电话线路 0 Hz 到 1.1 MHz 频段以 4.3 kHz 为单位划分成 256 个子频带，其中，4 kHz 以下频段仍用于传送传统电话业务(POTS)，20~138 kHz 频段用来传送上行信号，138 kHz~1.1 MHz 频段用来传送下行信号。DMT 技术可根据线路的情况调整在每个信道上所调制的比特数，以便更充分地利用线路。

3. 集线器

集线器(Hub)属于局域网中的基础设备，如图4.8所示。集线器的主要功能是对接收到的信号进行再生整形放大，以扩大网络的传输距离，同时把所有节点集中在以它为中心的节点上。集线器对收到的数据采用广播方式发送，当同一局域网内的主机 A 给主机 B 传输数据时，集线器将收到的数据帧以广播方式传输给和集线器相连的所有计算机，每一台计算机通过验证数据帧头的地址信息来确定是否接收，如图4.9所示。也就是说，

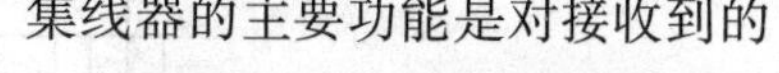

图 4.8　集线器

以集线器为中心进行数据传送时，同一时刻网络上只能传输一组数据帧，如果发生冲突则要重试，这种方式就是共享网络带宽。随着网络技术的发展，在局域网中，集线器已被交换机代替，目前，集线器仅应用于一些小型网络中。

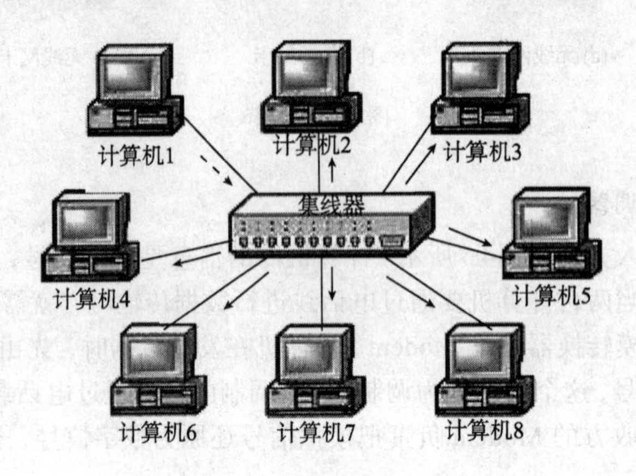

图 4.9　集线器广播工作方式

4. 交换机

交换机(Switch)是一种用于电信号转发的网络设备，如图 4.10 所示。它可以为接入交换机的任意两个网络节点提供独享的电信号通路。最常见的交换机是以太网交换机。在计算机网络系统中，交换概念的提出改进了共享工作模式。

图 4.10　交换机

交换机拥有一条很高带宽的背部总线和内部交换矩阵。交换机所有的端口都挂接在这条背部总线上，控制电路收到数据包以后，会查找地址映射表以确定目的计算机挂接在哪个端口上，通过内部交换矩阵迅速在数据帧的始发者和目标接收者之间建立临时的交换路径，使数据帧直接由源地址到达目的地址。交换机的工作原理如图 4.11 所示。

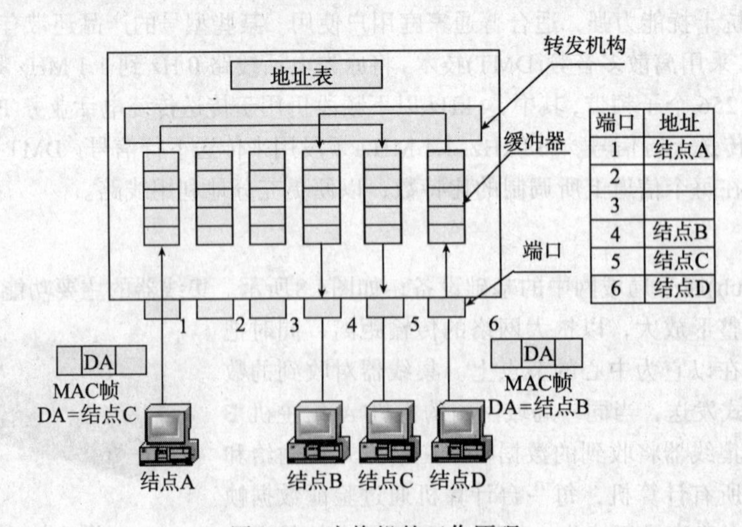

图 4.11　交换机的工作原理

图中的交换机有 6 个端口，其中端口 1、4、5、6 分别连接结点 A、结点 B、结点 C 与结点 D。那么交换机的“端口号/MAC 地址映射表”就可以根据以上端口号与结点 MAC 地址的对应关系建立起来。如果结点 A 与结点 D 同时要发送数据，那么它们可以分别在数据帧的目的地址字段(DA)中添上该帧的目的地址。例如，结点 A 要向结点 C 发送帧，那么该帧的目的地址 DA=结点 C；结点 D 要向结点 B 发送帧，那么该帧的目的地址 DA=结点 B。当结点 A、结点 D 同时通过交换机传送帧时，交换机的交换控制中心根据“端口号/MAC 地址映射表”的对应关系找出帧的目的地址的输出端口号，那么它就可以为结点 A 到结点 C 建立端口 1 到端口 5 的连接，同时为结点 D 到结点 B 建立端口 6 到端口 4 的连接。这种端口之间的连接可以根据需要同时建立多条，也就是说可以在多个端口之间建立多个并发连接。

目前，局域网交换机主要是针对以太网设计的。一般来说，局域网交换机主要有低交换传输延迟、高传输带宽、允许不同速率的端口共存、支持虚拟局域网服务等几个技术特点。

从组网的形式看，交换机与集线器非常类似，但实际工作原理有很大的不同。

集线器基于广播模式，一个端口发送信息，所有的端口都可以接收到，容易发生广播风暴；同时集线器共享带宽，当两个端口间通信时，其他端口只能等待。交换机基于交换方式，一个端口发送信息，只有目的端口可以接收到，能够有效地隔离冲突域，抑制广播风暴；同时每个端口都有自己的独立带宽，两个端口间的通信不影响其他端口间的通信。

5. 中继器

中继器(Repeater)是网络物理层上面的连接设备，用于完全相同的两类网络的互连。受传输线路噪声的影响，承载信息的数字信号或模拟信号只能传输有限的距离，中继器的功能是对接收信号进行再生和发送，从而增加信号的传输距离。如以太网常常利用中继器扩展总线的电缆长度，标准细缆以太网的每段长度最大 185 m，最多可有 5 段。因此，通过 4 个中继器将 5 段连接后，最大网络电缆长度则可增加到 925 m。

6. 路由器

路由器(Router)是互联网的主要节点设备，作为不同网络之间互相连接的枢纽，路由器系统构成了基于 TCP/IP 的 Internet 的骨架。路由器连网示意如图4.12所示。

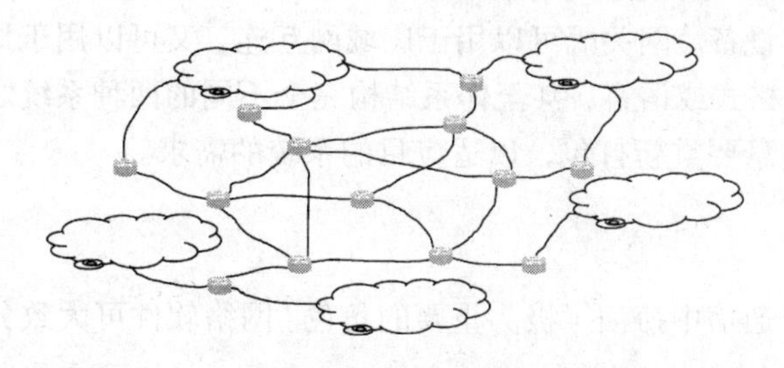

图 4.12　路由器连网示意

路由器通过路由选择决定数据的转发，它的处理速度是网络通信的主要瓶颈之一，它的可靠性则直接影响着网络互连的质量。因此，在地区网乃至整个 Internet 研究领域中，路由器技术始终处于核心地位。

路由器的主要工作就是为经过路由器的每个数据报寻找一条最佳传输路径，并将该数据有效地传送到目的站点。选择最佳路径的策略是路由器的关键所在，为了完成这项工作，在路由器中保存着各种传输路径的相关数据(即路由表)。路由表保存着子网的标志信息、网上路由器的个数和下一个路由器的名字等内容。路由表可以是由系统管理员固定设置(静态路由表)，也可以由系统动态修改(动态路由表)。

7. 网桥

网桥工作于数据链路层，网桥不但能扩展网络的距离或范围，而且可提高网络的性能、可靠性和安全性。通过网桥可以将多个局域网连接起来，如图4.13所示。

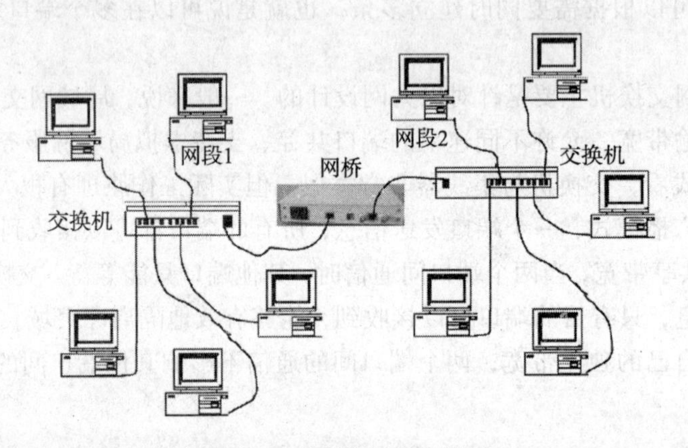

图 4.13　网桥连网示意图

当使用网桥连接两段局域网时，对于来自网段 1 的帧，网桥首先检查其终点地址，如果该帧是发往网段 1 上某站，网桥则不将帧转发到网段 2，而将其滤除；如果该帧是发往网段 2 上某站的，网桥则将它转发到网段 2。这样可利用网桥隔离信息，将网络划分成多个网段，隔离出安全网段，防止其他网段内的用户非法访问。由于各个网段相对独立，一个网段出现故障不会影响到另一个网段。

8. 网关

网关(Gateway)又称网间连接器、协议转换器。网关在高层(传输层以上)实现网络互连，是最复杂的网络互连设备。网关既可以用于广域网互连，又可以用于局域网互连。在使用不同的通信协议、数据格式或语言，甚至体系结构完全不同的两种系统之间，网关是一个翻译器，网关对收到的信息要重新打包，以适应目的系统的需求。

4.2.4　网络软件

网络软件在网络通信中扮演了极为重要的角色。网络软件可大致分为网络系统软件和网络应用软件。

1. 网络系统软件

网络系统软件控制和管理网络运行、提供网络通信和网络资源分配与共享功能，它为用户提供了访问网络和操作网络的友好界面。网络系统软件主要包括网络操作系统(NOS)和网络协议软件。

一个计算机网络拥有丰富的软、硬件资源和数据资源，为了能使网络用户共享网络资源、实现通信，需要对网络资源和用户通信过程进行有效管理，实现这一功能的软件系统称为网络操作系统。常见的网络操作系统有 Microsoft 公司的 Windows 7 和 Sun 公司的 UNIX 等。

为网络数据交换而制定的关于信息顺序、信息格式和信息内容的规则、约定与标准被称为网络协议(Protocol)。目前常见的网络协议有：TCP/IP、SPX/IPX、OSI 和 IEEE802，其中 TCP/IP 是任何要连接到 Internet 上的计算机必须遵守的协议。

2. 网络应用软件

网络应用软件是指为某一个应用目的而开发的网络软件，网络应用软件既可用于管理和维护网络本身，又可用于某一个业务领域，如网络管理监控程序、网络安全软件、数字图书馆、Internet 信息服务、远程教学、远程医疗、视频点播等。网络应用的领域极为广泛，网络应用软件也极为丰富。

4.3　计算机网络的分类

4.3.1　拓扑结构

为了描述网络中节点之间的连接关系，将节点抽象为点，将线路抽象为线，进而得到一个几何图形，称为该网络的拓扑结构。不同的网络拓扑结构对网络性能、系统可靠性和通信费用的影响不同。计算机网络中常见的拓扑结构有总线形、星形、环形、树形、网状等，如图4.14所示。

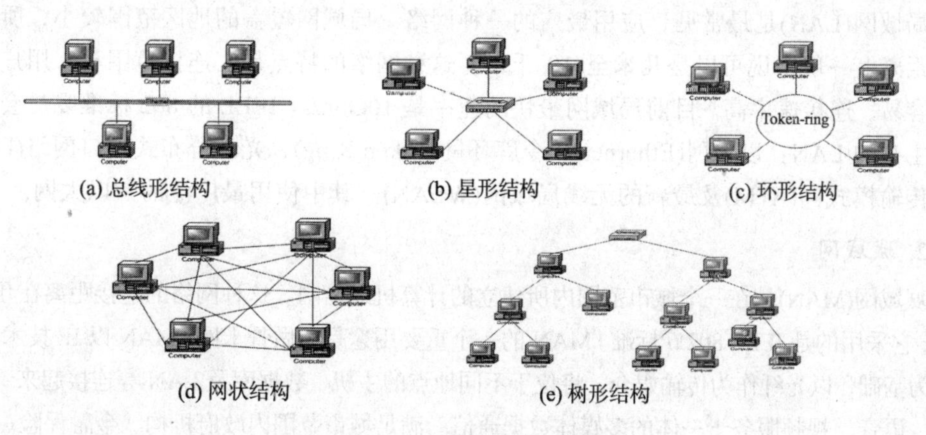

(a) 总线形结构　(b) 星形结构　(c) 环形结构

(d) 网状结构　(e) 树形结构

图 4.14　网络拓扑结构

其中，总线形、环形、星形拓扑结构常用于局域网，网状拓扑结构常用于广域网。

1. 总线形拓扑结构

总线形拓扑通过一根传输线路将网络中所有节点连接起来，这根线路称为总线。网络中各节点都通过总线进行通信，在同一时刻只能允许一对节点占用总线通信。

2. 星形拓扑结构

星形拓扑中各节点都与中心节点连接，呈辐射状排列在中心节点周围。网络中任意两个节点的通信都要通过中心节点转接。单个节点的故障不会影响到网络的其他部分，但中心节点的故障会导致整个网络的瘫痪。

3. 环形拓扑结构

环形拓扑中各节点首尾相连形成一个闭合的环，环中的数据沿环单向逐站传输。环形拓扑中的任意一个节点或一条传输介质出现故障都将导致整个网络的故障。

4. 树形拓扑结构

树形拓扑由星形拓扑演变而来，其结构图看上去像一棵倒立的树。树形网络是分层结构，具有根节点和分支节点，适用于分级管理和控制系统。

5. 网状结构

网状结构的每一个节点都有多条路径与网络相连，如果一条线路出故障，通过路由选择可找到替换线路，网络仍然能正常工作。这种结构可靠性强，但网络控制和路由选择较复杂，广域网采用的是网状拓扑结构。

4.3.2 基本分类

虽然网络类型的划分标准各种各样，但是根据地理范围划分是一种大家都认可的通用网络划分标准。按这种标准可以把网络划分为局域网、城域网和广域网 3 种。不过要说明的一点是，网络划分并没有严格意义上地理范围的区分，只是一个定性的概念。

1. 局域网

局域网(LAN)是最常见、应用最广的一种网络。局域网覆盖的地区范围较小，所涉及的地理距离上一般来说可以是几米至 10 千米。这种网络的特点是：连接范围窄、用户数少、配置容易、连接速率高。目前局域网最快的速率是 10Gbit/s。IEEE 的 802 标准委员会定义了多种主要的 LAN：以太网(Ethernet)、令牌环网(Token Ring)、光纤分布式接口网络(FDDI)、异步传输模式网(ATM)及最新的无线局域网(WLAN)。其中使用最广泛的是以太网。

2. 城域网

城域网(MAN)是在一个城市范围内所建立的计算机通信网。这种网络的连接距离在几十千米左右，它采用的是 IEEE 802.6 标准。MAN 的一个重要用途是用做骨干网，MAN 以 IP 技术和 ATM 技术为基础，以光纤作为传输媒介，将位于不同地点的主机、数据库及 LAN 等连接起来，实现集数据、语音、视频服务于一体的多媒体数据通信。满足城市范围内政府机构、金融保险、大中小学校、公司企业等单位对高速率、高质量数据通信业务日益旺盛的需求。

3. 广域网

广域网(WAN)也称远程网，所覆盖的范围比城域网更广，可从几百千米到几千千米，用于不同城市之间的 LAN 或 MAN 互连。因为距离较远，信息衰减比较严重，所以 WAN 一般要租用专线，通过 IMP(接口信息处理)协议和线路连接起来，构成网状结构。因为连接的用户多，总出口带宽有限，所以用户的终端连接速率一般较低，通常为 9.6 kbit/s~45 Mbit/s，如邮电部的 CHINANET、CHINAPAC 和 CHINADDN 等。

4.4　局域网技术

局域网广泛应用于学校、企业、机关、商场等机构，为这些机构的信息技术应用和资源共享提供了良好的服务平台。局域网的典型拓扑结构有总线形、星形、环形。

4.4.1　以太网

1. 传统以太网

以太网是 20 世纪 70 年代由 Xerox 公司创建并由 Xerox、Intel 和 DEC 公司联合开发的基带局域网规范。网络拓扑结构为总线形，使用同轴电缆作为传输介质，采用带有冲突检测的载波多路访问机制(CSMA/CD)控制共享介质的访问，数据传输速率为 10 Mbit/s。如今以太网更多的是指各种采用 CSMA/CD 技术的局域网，用到最多的拓扑结构是以双绞线为传输介质、以集线器为中央节点的星形拓扑结构。

以太网网络中多个节点(计算机节点或设备节点)共享一条传输链路时，需要通过 CSMA/CD 机制实现介质访问控制，这种机制的工作方式如图 4.15 所示。

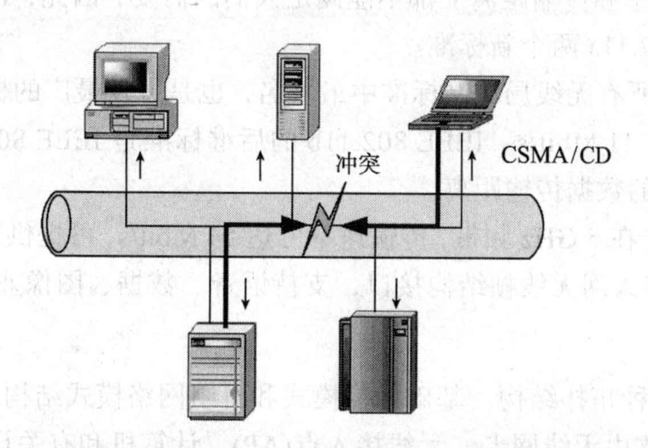

图 4.15　以太网的工作方式

CSMA/CD 的控制过程包含 4 个阶段：侦听、发送、检测、冲突处理。

① 侦听。通过专门的检测机构，在站点准备发送前先侦听总线上是否有数据正在传送(线路是否忙)。若“忙”则等待一段时间后再继续尝试；若“闲”，则决定如何发送。

② 发送。当确定要发送后，通过发送机构向总线发送数据。

③ 检测。数据发送后，也可能发生数据冲突，因此，主机发送数据的同时继续检测信道以确定所发出的数据是否与其他数据发生冲突。即边发送，边检测，以判断是否冲突。

④ 冲突处理。若发送后没有冲突，则表明本次发送成功；当确认发生冲突后，进入冲突处理程序。有以下两种冲突情况。

- 侦听中发现线路忙：等待一个延时后再次侦听，若仍然忙，则继续延迟等待，一直到可以发送为止。每次延时的时间不一致，由退避算法确定延时值。
- 发送过程中发现数据碰撞：先发送阻塞信息，强化冲突，再进行侦听工作，以待下次重新发送。

对于 CSMA/CD 而言，管理简单、维护方便，适合于通信负荷小的环境。当通信负荷增大时，冲突发生的概率也增大，网络效率会急剧下降。

2. 交换式以太网

交换式局域网的核心设备是局域网交换机，交换机可以在多个端口之间建立多个并发连接，解决了共享介质的互斥访问问题。这种将主机直接与交换机端口连接的以太网称为交换式以太网。主机连接在以太网交换机的各个端口上，主机之间不再发生冲突，也不需要 CSMA/CD 来控制链路的争用。以太网交换机比传统的集线器提供的带宽更大，从根本上改变了局域网共享介质的结构，大大提高了局域网的性能。

4.4.2　无线局域网

无线局域网采用无线通信技术代替传统的电缆，实现家庭、办公室、大楼内部及园区内部的数据传输。

1. 常见协议

WLAN 采用的主要技术为 802.11，覆盖范围从几十米到上百米，速率最高只能达到 2Mbit/s。由于它在速率和传输距离上都不能满足人们的需要，因此，IEEE 小组于 1999 年又推出了 802.11b 和 802.11a 两个新标准。

IEEE 802.11b 是所有无线局域网标准中最著名，也是普及最广的标准，其载波的频率为 2.4GHz，传输速率为 11 Mbit/s。IEEE 802.11b 的后继标准是 IEEE 802.11g，其传输速率为 54 Mbit/s，支持更长的数据传输距离。

802.11a 标准工作在 5 GHz 频带，传输速率可达 54 Mbit/s，可提供 25 Mbit/s 的无线 ATM 接口和 10 Mbit/s 的以太网无线帧结构接口，支持语音、数据、图像业务。

2. 常见结构

无线局域网有两种拓扑结构，基础网络模式和自组网络模式结构。

① 基础网络模式由无线网卡、无线接入点(AP)、计算机和有关设备组成，一个典型的无线局域网如图4.16所示。AP 是数据发送和接收设备，称为接入点。通常，一个 AP 能够在几十至上百米的范围内连接多个无线用户。

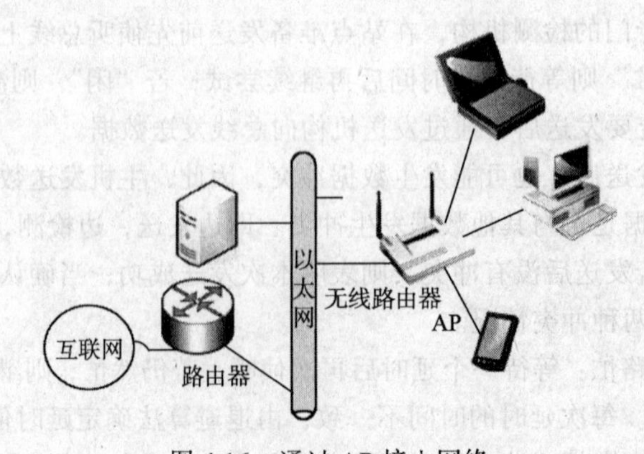

图 4.16　通过 AP 接入网络

② 自组网络模式的局域网不需要借助接入设备，网络中的无线终端通过相邻节点与网络中的其他终端实现数据通信，侧重于网络内部构成自主网络的节点之间进行数据交换。

4.5 因特网基础

任何网络只有与其他网络相互连接，才能使不同网络上的用户相互通信，以实现更大范围的资源共享和信息交流。通过相关设备，将全世界范围内的计算机网络互连起来形成一个范围涵盖全球的大网，这就是因特网。

4.5.1 因特网体系结构

因特网的核心协议是TCP/IP协议，也是实现全球性网络互连的基础。TCP/IP协议采用分层化的体系结构，共分为5个层次，分别是物理层、数据链路层、网络层、传输层、应用层，每一层都有相应的数据传输单位和不同的协议。因特网体系结构如图4.17所示。

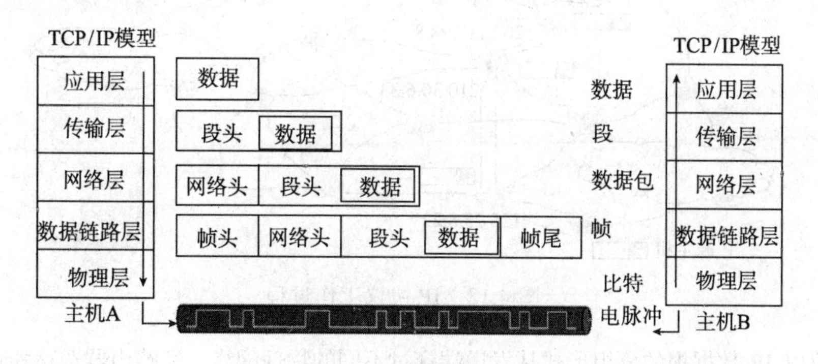

图4.17 因特网体系结构

TCP/IP协议的名称的来源于因特网层次模型中的两个重要协议：工作于传输层的TCP协议(Transmission Control Protocol)和工作于网络层的IP协议(Internet Protocol)。网络层的功能是在不同网络之间以统一的数据分组格式(IP数据报)传递数据信息和控制信息，从而实现网络互连。传输层的主要功能是对网络中传输的数据分组提供必要的传输质量保障。应用层可以实现多种网络应用，如Web服务、文件传输、电子邮件服务等。

因特网数据传输的基本过程如下。

发送端A：应用层负责将要传递的信息转换成数据流，传输层将应用层提供的数据流分段，称为数据段(段头+数据)，段头主要包含该数据由哪个应用程序发出、使用什么协议传输等控制信息。传输层将数据段传给网络层。网络层将传输层提供的数据段封装成数据包(网络头+数据段)，网络头包含源IP地址、目标IP、使用什么协议等控制信息，网络层将数据包传输给数据链路层。数据链路层将数据封装成数据帧(帧头+数据包)，帧头包含源MAC地址、目标MAC地址、使用什么协议封装等信息，数据链路层将帧传输给物理层形成比特流，并将比特流转换成电脉冲通过传输介质发送出去。

接收端B：物理层将电信号转变为比特流，提交给数据链路层，数据链路层读取该帧的帧头信息，如果是发给自己的，就去掉帧头，并交给网络层处理；如果不是发给自己的，则丢弃该帧。网络层读取数据包头的信息，检查目标地址，如果是自己的，去掉数据包头交给传输层处理；如果不是，则丢弃该包。传输层根据段头中的端口号传输给应用层某个应用程序。应用层读取数据段报文头信息，决定是否做数据转换、加密等，最后 B 端获得了 A 端发送的信息。

1. 网络层协议

网络层的主要协议是 IP 协议，它是建造大规模异构网络的关键协议，各种不同的物理网络(如各种局域网和广域网)通过 IP 协议能够互连起来。因特网上的所有节点(主机和路由器)都必须运行 IP 协议。为了能够统一不同网络技术数据传输所用的数据分组格式，因特网采用统一 IP 分组(称为 IP 数据报)在网络之间进行数据传输，通常情况下这些数据分组并不是直接从源节点传输到目的节点的，而是穿过由因特网路由器连接的不同的网络和链路。

IP 协议工作过程如图4.18 所示。

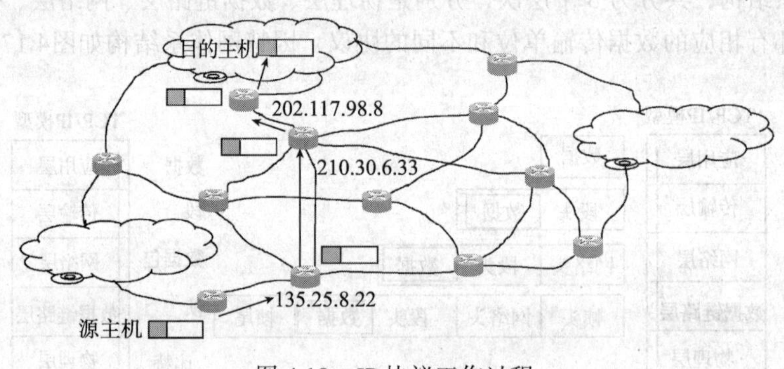

图 4.18　IP 协议工作过程

IP 协议以 IP 数据报的分组形式从发送端穿过不同的物理网络，经路由器选路和转发最终到达目的端。例如，源主机发送一个到达目的主机的 IP 数据包，IP 协议查路由表，找到下一个地址应该发往路由器 135.25.8.22(路由器 1)，IP 协议将 IP 数据包转发到路由器 1，路由器 1 收到 IP 数据包，提取 IP 包中的目的地址的网络号，在路由表中查找目的网络应该发往路由器 210.30.6.33(路由器 2)，IP 协议将 IP 数据包转发到路由器 2，路由器 2 收到 IP 数据包，提取 IP 包中的目的地址的网络号，在路由表中查找目的网络应该发往路由器 202.117. 98.8(路由器 3)，IP 协议将 IP 数据包转发到路由器 3，路由器 3 收到 IP 数据包后将数据包转发到目的主机。

2. 传输层协议

IP 数据报在传输过程中可能出现分组丢失、传输差错等错误。要保证网络中数据传送的正确，应该设置另一种协议，这个协议应该准确地将从网络中接收的数据递交给不同的应用程序，并能够在必要时为网络应用提供可靠的数据传输服务质量，这就是工作于传输层的 TCP 协议和 UDP 协议(用户数据报协议)。这两种协议的区别在于 TCP 对所接收的 IP 数据报通过差错校验、确认重传及流量控制等控制机制，实现端系统之间可靠的数据传输；而 UDP 并不能为端系统提供这种可靠的数据传输服务，其唯一的功能就是在接收端将从网络中接收到的数据交付到不同的网络应用中，提供一种最基本的服务。

3. 应用层协议

应用层的协议提供不同的服务，常见的有以下几个：

① DNS 协议。DNS 用来将域名映射成 IP 地址。

② SMTP 与 POP3 协议。SMTP 与 POP3 用来收发邮件。

③ HTTP 协议。HTTP 用于传输浏览器使用的普通文本、超文本、音频和视频等数据。

④ TELNET 协议。TELNET 用于把本地的计算机仿真成远程系统的终端使用的远程计算机。

⑤ FTP 协议。FTP 用于网上计算机间的双向文件传输。

4.5.2　IP 地址

因特网中的主机之间要正确地传送信息，每个主机就必须有唯一的区分标志。IP 地址就是给每个连接在 Internet 上的主机分配的一个区分标志。按照 IPv4 协议规定，每个 IP 地址用 32 位二进制数来表示。

1. IP 地址

32 位的 IP 地址由网络号和主机号组成。IP 地址中网络号的位数、主机号的位数取决于 IP 地址的类别。为了便于书写，经常用点分十进制数表示 IP 地址。即每 8 位写成一个十进制数，中间用“.”作为分隔符，如 11001010 01110101 01100010 00001010 可以写成 202.117.98.10。

IP 地址分为 A、B、C、D、E 共 5 类，如图4.19 所示。

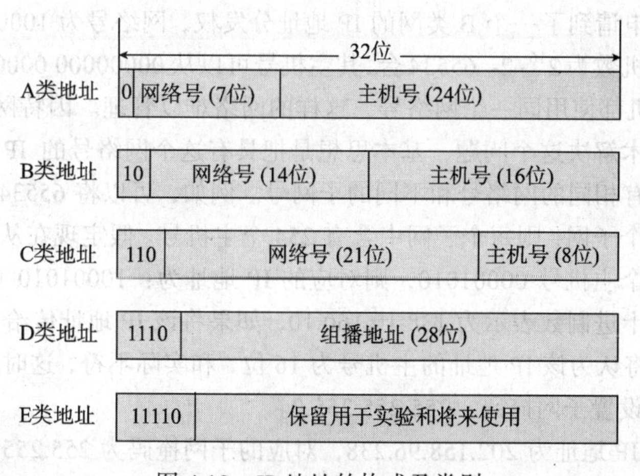

图 4.19　IP 地址的构成及类别

(1) A 类 IP 地址。

一个 A 类 IP 地址以 0 开头，后面跟 7 位网络号，最后是 24 位主机号。如果用点分十进制数表示，A 类 IP 地址就由 1 字节的网络地址和 3 字节主机地址组成。A 类网络地址适用于大规模网络，全世界 A 类网只有 126 个(全 0、全 1 不分)，每个网络所能容纳的计算机数为 16 777 214 台(2^{24}–2 台，全 0、全 1 不分)。

(2) B 类 IP 地址。

一个 B 类 IP 地址以 10 开头，后面跟 14 位网络号，最后是 16 位主机号。如果用点分十进制数表示，B 类 IP 地址就由 2 字节的网络地址和 2 字节主机地址组成的。B 类网络地址适用于中等规模的网络，每个网络所能容纳的计算机数为 65 534 台(2^{16}–2 台，全 0、全 1 不分)。

(3) C 类 IP 地址。

一个 C 类 IP 地址以 110 开头，后面跟 21 位网络号，最后是 8 位主机号。如果用点分十进制数表示，C 类 IP 地址就由 3 字节的网络地址和 1 字节主机地址组成的。C 类网络地址数量较多，适用于小规模的局域网络，每个网络最多只能包含 254 台计算机(2^8-2 台，全 0、全 1 不分)。

(4) D 类 IP 地址。

D 类 IP 地址以 1110 开始，它是一个专门保留的地址。它并不指向特定的网络，目前这一类地址被用在多点广播中。多点广播地址用来一次寻址一组计算机，它标识共享同一协议的一组计算机。

(5) E 类 IP 地址。

E 类 IP 地址以 11110 开始，保留用于将来和实验使用。

2. 子网掩码

子网掩码又叫网络掩码，子网掩码不能单独存在，它必须结合 IP 地址一起使用。子网掩码只有一个作用，就是表明一个 IP 地址中哪些位是网络号，哪些位是主机号。子网掩码的长度是 32 位，左边是网络位，用二进制数 1 表示，1 的数目等于网络位的长度；右边是主机位，用二进制数 0 表示，0 的数目等于主机位的长度。A 类地址的默认子网掩码为 255.0.0.0；B 类地址的默认子网掩码为 255.255.0.0；C 类地址的默认子网掩码为：255.255.255.0。

例如，某公司申请到了一个 B 类网的 IP 地址分发权，网络号为 10001010 00001010，意味着该网拥有的主机数为 $2^{16}-2=65534$ 台，其主机号可以从 00000000 00000001 编到 11111111 11111110，这些主机都使用同一个网络号，这样的网络难以管理。因特网采用将一个网络划分成若干子网的技术解决这个问题，基本思想是把具有这个网络号的 IP 地址划分成若干个子网，每个子网具有相同的网络号和不同的子网号。例如，可以将 65534 个主机号按前 8 位是否相同分成 256 个子网，则每个子网中含有 254 个主机号。假定现在从子网号为 10100000 的子网中获得了一个主机号 00001010，则对应的 IP 地址为：10001010 00001010 10100000 00001010，用点分十进制数表示为 138.10.160.10，如果将该 IP 地址传给 IP 协议，IP 协议若按默认方式理解，将认为该 IP 地址的主机号为 16 位，和实际不符，这时就需要告诉 IP 协议划分了子网，需要设置子网掩码：255.255.255.0。

例如，有一个 IP 地址为 202.158.96.238，对应的子网掩码为 255.255.255.240。由子网掩码可知，网络号为 28 位，是 202.158.96.224，主机号为 4 位，是 14。

3. 特殊的 IP 地址

在总数大约为 40 多亿个可用的 IP 地址里，还有一些常见的有特殊意义的地址。

(1) 0.0.0.0。

0.0.0.0 表示的是这样一个集合：所有不清楚的主机和目的网络。这里的“不清楚”是指在本机的路由表里没有特定条目指明如何到达。如果在网络设置中设置了缺省网关，那么 Windows 系统会自动产生一个目的地址为 0.0.0.0 的缺省路由。

(2) 255.255.255.255。

限制广播地址。对本机来说，这个地址指本网段内的所有主机。这个地址不能被路由器转发。

(3) 127.0.0.1。

本机地址，主要用于测试。在 Windows 系统中，这个地址有一个别名 Localhost。

（4）224.0.0.1。

组播地址，224.0.0.1 特指所有主机，224.0.0.2 特指所有路由器。这样的地址多用于一些特定的程序以及多媒体程序，如果主机开启了 IRDP(Internet 路由发现协议，使用组播功能)功能，那么主机路由表中应该有这样一条路由。

（5）10.x.x.x、172.16.x.x~172.31.x.x、192.168.x. x。

私有地址，这些地址被大量用于企业内部网络中。一些宽带路由器经常使用 192.168.1.1 作为缺省地址。使用私有地址的私有网络在接入 Internet 时，要使用地址翻译将私有地址翻译成公用合法地址。在 Internet 上，这类地址是不能出现的。

4. IP 地址的申请与分配

所有的 IP 地址都由国际组织 NIC(Network Information Center)负责统一分配，目前全世界共有 3 个这样的网络信息中心。ENIC 负责欧洲地区；APNIC 负责亚太地区；InterNIC 负责美国及其他地区。我国申请 IP 地址要通过 APNIC，APNIC 的总部设在澳大利亚布里斯班。申请时要考虑申请哪一类 IP 地址，然后向国内的代理机构提出申请。

4.5.3　域名系统

通过 TCP/IP 协议进行数据通信的主机或网络设备都要拥有一个 IP 地址，但 IP 地址不便记忆。为了便于使用，常常赋予某些主机(特别是提供服务的服务器)能够体现其特征和含义的名称，即主机的域名。

1. 域的层次结构

域名系统(Domain Name System，DNS)提供一种分布式的层次结构，位于顶层的域名称为顶级域名。顶级域名有两种划分方法：按地理区域划分和按组织结构划分。域名层次结构如图4.20所示。

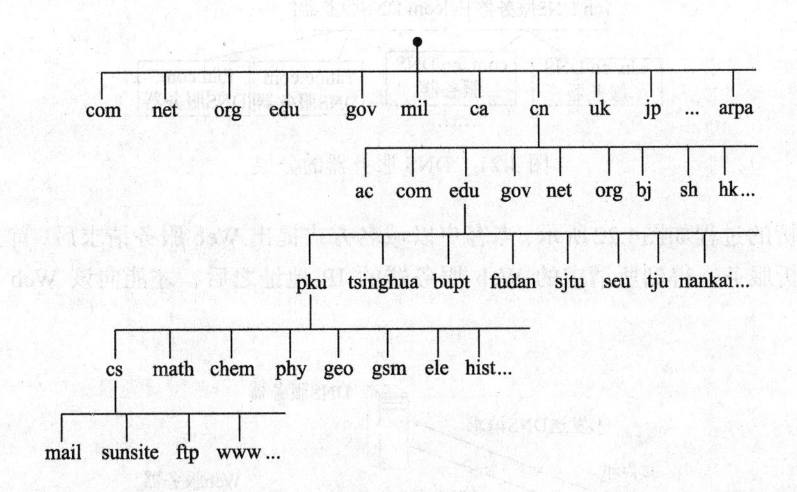

图 4.20　域名层次结构

地理域是为国家或地区设置的，如中国是 cn，美国是 us，日本是 jp 等。机构类域定义了不同的机构分类，主要包括：com(商业组织)、edu(教育机构)、gov(政府机构)、ac(学术机构)等。顶级域名下又定义了二级域名，如中国的顶级域名 cn 下又设立了 com、net、org、gov、edu 等组织结构类二级域名，以及按照各个行政区域划分的地理域名，如 bj(北京)、sh(上海)等。采用同样的思路可以继续定义三级或四级域名。域名的层次结构可以看成一个树形结构，一个完整的域名中，由树叶到树根的路径用点“.”分隔，如 www.nwu.edu.cn 就是一个完整的域名。

2. 域名解析

网络数据传送时需要 IP 地址进行路由选择，域名无法识别，因此必须有一种翻译机制，能将用户要访问的服务器的域名翻译成对应的 IP 地址。为此因特网提供了域名系统(DNS)，DNS 的主要任务是为客户提供域名解析服务。

域名服务系统将整个因特网的域名分成许多可以独立管理的子域，每个子域由自己的域名服务器负责管理。这就意味着域名服务器维护其管辖子域的所有主机域名与 IP 地址的映射信息，并且负责向整个因特网用户提供包含在该子域中的域名解析服务。基于这种思想，因特网 DNS 有许多分布在全世界不同地理区域、由不同管理机构负责管理的域名服务器。全球共有十几台根域名服务器，其中大部分位于北美洲，这些根域名服务器的 IP 地址向所有因特网用户公开，是实现整个域名解析服务的基础。

例如，图4.21所示的 DNS 服务器的分层中，管辖所有顶级域名 com、edu、gov、cn、uk 等的域名服务器被称为顶级域名服务器；顶层域名服务器下面还可以连接多层域名服务器，如顶级 cn 域名服务器又可以提供在它的分支下面的 com.cn、edu.cn 等域名服务器的地址。同样，在 com 顶级域名服务器之下的 yahoo.com 域名服务器，也可以作为该公司的域名服务器，提供其公司内部的不同部门所使用的域名服务器。

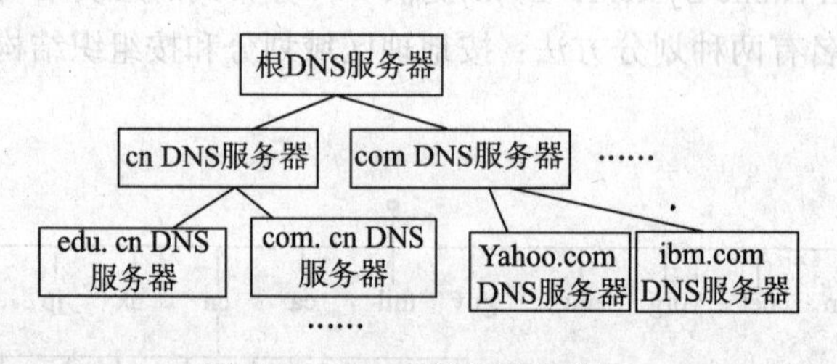

图 4.21 DNS 服务器的分层

域名解析的过程如图4.22所示，当客户以域名方式提出 Web 服务请求后，首先要向 DNS 请求域名解析服务，得到所请求的 Web 服务器的 IP 地址之后，才能向该 Web 服务器提出 Web 请求。

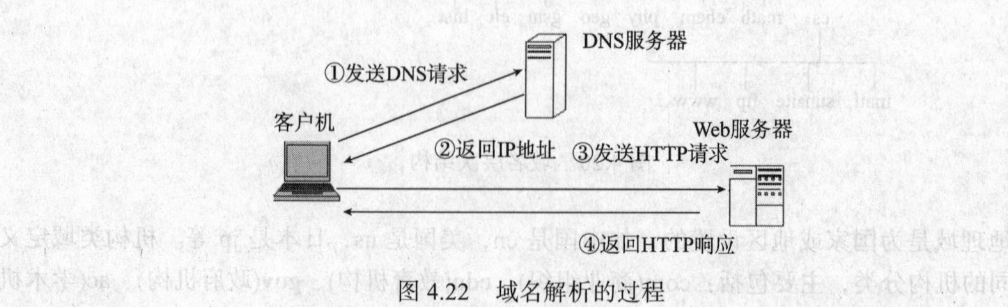

图 4.22 域名解析的过程

3. 域名的授权机制

顶级域名由因特网名字与编号分配机构直接管理和控制，负责注册和审批新的顶级域名及委托，并授权其下一级管理机构控制管理顶级以下的域名。该组织还负责根和顶级域名服务器的日常维护工作。中国互联网信息中心(China Internet Network Information Center，CNNIC)作为中国的国家顶级域名 cn 的注册管理机构，负责 cn 域名根服务器和顶级服务器的日常维护和运行，以及管理并审批 cn 域下的域名使用权。因特网始于美国，DNS 服务系统最早在美国国内开始向公共网络用户服务，当然也是美国的组织结构最早向 ICANN 申请域名注册，当 ICANN 意识到需要使用地域标记来扩展越来越多的域名需求时，许多美国的机构已经注册并使用了这些不需要地域标记的域名，因此，大部分美国的企业和组织所使用的域名并不需要加上代表美国的地域标记 us。

4.5.4　因特网的接入

因特网是世界上最大的国际性互联网。只要经过有关管理机构的许可并遵守有关的规定，使用 TCP/IP 协议通过互连设备就可以接入因特网。接入因特网需要向 ISP(Internet Service Provider，因特网服务供应商)提出申请。ISP 主要提供因特网接入服务，即通过网络连线把用户的计算机或其他终端设备连入因特网。常见的因特网接入方式主要有：拨号接入方式、DDN 专线接入方式、无线接入方式和局域网接入方式。

1. 拨号接入方式

通过拨号接入方式接入网络有三种形式：普通 Modem 拨号接入方式、ISDN 拨号接入方式和 ADSL 虚拟拨号接入方式。其中，普通 Modem 拨号接入方式已经淘汰，当前最流行的是 ADSL 虚拟拨号接入方式。

ADSL(非对称数字用户环路)是一种能够通过普通电话线提供宽带数据业务的技术，它具有下行速率高、频带宽、性能优、安装方便等优点。ADSL 方案的最大特点是不需要改造信号传输线路，完全可以利用普通铜质电话线作为传输介质，配上专用的 ADSL Modem 即可实现数据高速传输。其有效的传输距离在 3~5 千米范围内。在 ADSL 接入方案中，每个用户都有单独的一条线路与 ADSL 局端相连，可以看作是星形结构，数据传输带宽是由每一个用户独享的。

2. DDN 专线接入方式

DDN(Digital Data Network)是随着数据通信业务的发展而迅速发展起来的一种新型网络。DDN 的主干网传输媒介有光纤、数字微波、卫星信道等，用户端多使用普通电缆和双绞线。DDN 将数字通信技术、计算机技术、光纤通信技术及数字交叉连接技术有机地结合在一起，提供了高速度、高质量的通信环境。可以向用户提供点对点、点对多点透明传输的数据专线出租电路，供用户传输数据、图像、声音等信息。DDN 的通信速率可根据用户需要在 $N\times 64$ kbit/s($N = 1\sim32$)之间进行选择，当然，速度越快租用费用也越高。

专线连接可以把企业内部的局域网或学校内部的校园网与 Internet 直接连接起来。对于规模比较大的企业、团体或学校，往往有许多员工需要同时访问 Internet，并且经常需要通过 Internet 传递大量的数据、收发电子邮件，对于这样的单位，最好与 Internet 进行直接专线连接。DDN 的租用费较贵，一般可以采用包月制和计流量制，这与一般用户拨号上网的按时计费方式不同。

3. 无线接入方式

(1) GPRS 接入方式。

GPRS(通用分组无线服务技术)是一种基于 GSM(全球移动通信系统)系统的无线分组交换技术，提供端到端的、广域的无线 IP 连接。通俗地讲，GPRS 是一项高速数据处理技术，传输速率可提升至 56~114 kbit/s。虽然 GPRS 是作为现有 GSM 网络向第三代移动通信演变的过渡技术，但是它在许多方面都具有显著的优势。GPRS 接入如图4.23 所示。

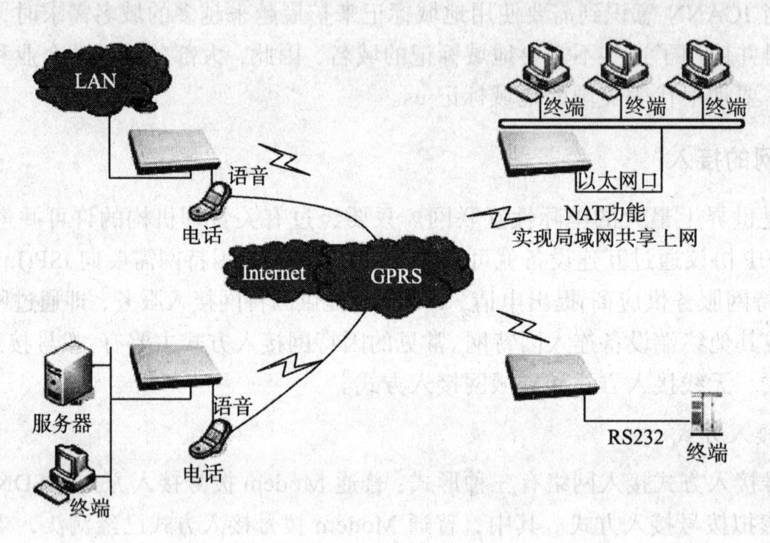

图 4.23　GPRS 接入

由于数据业务在绝大多数情况下都具有突发性的特点，对信道带宽的需求变化较大，因此采用分组方式进行数据传送能够更好地利用信道资源。例如，一个进行 WWW 浏览的用户，大部分时间处于浏览状态，而真正用于数据传送的时间只占很小比例。在这种情况下，若采用固定占用信道的方式，将会造成较大的资源浪费。此外，使用 GPRS 上网的方法较为优越，下载资料和通话可以同时进行。从技术上说，声音的传送继续使用 GSM，而数据的传送使用 GPRS。而且发展 GPRS 技术也十分经济，只需沿用现有的 GSM 网络来发展即可。GPRS 的用途十分广泛，包括通过手机发送及接收电子邮件、浏览互联网等。

(2) 蓝牙技术。

蓝牙(Bluetooth)是由东芝、爱立信、IBM、Intel 和诺基亚于 1998 年 5 月共同提出的近距离无线数字通信的技术标准。蓝牙的标准是 IEEE802.15，工作在 2.4 GHz 频带，其最高数据传输速率为 1 Mbit/s(有效传输速率为 721 kbit/s)，最大传输距离为 10 m，采用时分双工传输方案实现全双工传输。

蓝牙技术使用高速跳频和时分多址(TDMA)等先进技术，能在近距离内将包括移动电话、PDA、无线耳机、笔记本电脑、相关外设等众多设备之间呈网状连接起来，有效地简化移动通信终端设备之间的通信，成功地简化了设备与因特网之间的通信，使数据传输变得更加迅速高效。蓝牙技术的优势包括：支持语音和数据传输；采用无线电技术，可穿透不同物质及在物质间扩散；采用跳频技术，抗干扰性强，不易窃听；工作在 2.4 GHz 频带，理论上不存在干扰问题；成本低。蓝牙的劣势在于传输速度慢。

4. 局域网接入方式

通过局域网接入因特网，一般就是使用高速以太网接入。由于以太网已经成功地将速率提升到 1 Gbit/s 和 10 Gbit/s，并且由于采用光纤传输，其所覆盖的地理范围也在逐步扩展，因此人们开始使用以太网进行宽带接入，其接入方式如图4.24所示。

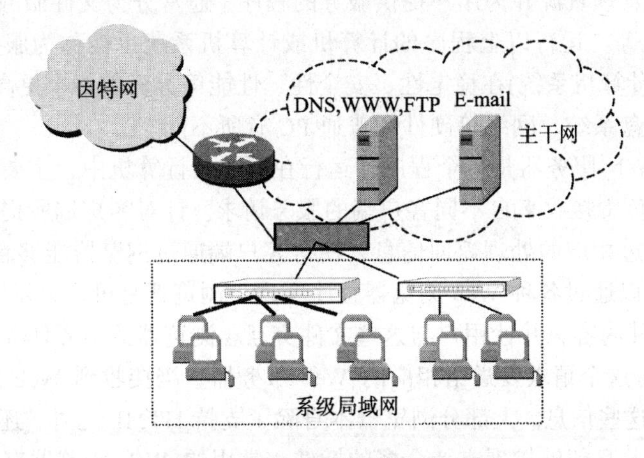

图 4.24　通过局域网接入因特网

它将光纤直接接入小区或大楼的中心机房，然后通过五类双绞线与各用户的终端相连，为用户提供高速上网和其他宽带数据服务。通过局域网接入因特网具有传输速率高、网络稳定性好、用户端投资少等优点。对于上网用户比较密集的办公楼或居民小区，以太网接入是主流的宽带接入方法。

4.6　因特网基本服务

因特网采用客户机/服务器(Client /Server)应用模式，其工作过程如图 4.25 所示。通常情况下，一个客户机启动与某个服务器的对话。服务器通常是等待客户机请求的一个自动程序。客户机通常是作为某个用户请求或类似于用户的某程序提出的请求而运行的。协议是客户机请求服务器和服务器如何应答请求的各种方法的定义。

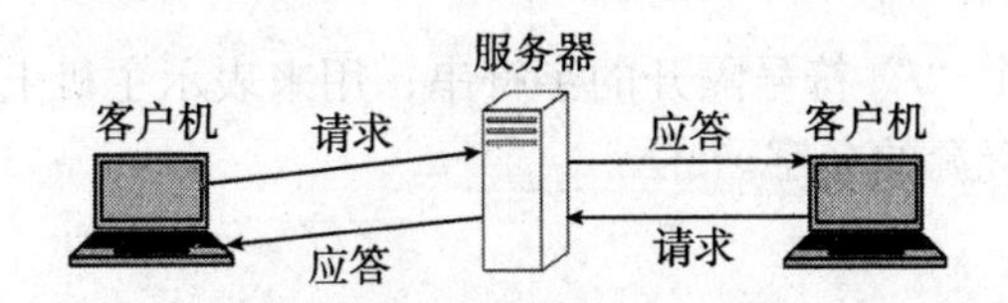

图 4.25　客户机/服务器模式

4.6.1　WWW 服务

万维网(World Wide Web，WWW)是一个以因特网为基础的庞大的信息网络，它将因特网上提供各种信息资源的万维网服务器(也称 Web 服务器)连接起来，使得所有连接在因特网上的计算机用户能够方便、快捷地访问自己喜好的内容。Web 服务的组成部分包括：提供 Web 信息服务的 Web 服务器、从 Web 服务器获取各种 Web 信息的浏览器、定义服务器和浏览器之间交换数据信息规范的 HTTP 协议及 Web 服务器所提供的网页文件。

1. Web 服务器与浏览器

服务器指一个管理资源并为用户提供服务的程序，通常分为文件服务器、数据库服务器和应用程序服务器等。运行以上程序的计算机或计算机系统也被称为服务器，相对于普通 PC 来说，服务器(计算机系统)在稳定性、安全性、性能等方面都要求更高。因此，其 CPU、芯片组、内存、磁盘系统、网络等硬件和普通 PC 有所不同。

这里所说的 Web 服务器是一个程序，运行在服务器计算机中，主要任务是管理和存储各种信息资源，并负责接收来自不同客户端的服务请求。针对客户端所提出各种信息服务请求，Web 服务器通过相应的处理返回信息，使得客户端通过浏览器能够看到相应的结果。

Web 客户端可以通过各种 Web 浏览器程序实现，浏览器是可以显示 Web 服务器或文件系统的 HTML 文件内容，并让用户与这些文件交互。浏览器的主要任务是接收用户计算机的 Web 请求，并将这个请求发送给相应的 Web 服务器，当接收到 Web 服务器返回的 Web 信息时，负责显示这些信息。大部分浏览器本身除了支持 HTML 之外，还支持 JPEG、PNG、GIF 等图像格式，并且能够扩展支持众多的插件。常用的 Web 浏览器有 Microsoft Internet Explorer、Netscape Navigator 和 Firefox 等。

2. URL

浏览器中的服务请求通过在浏览器的地址栏定位一个统一资源定位(Uniform Resource Locator，URL)URL 链接提出。统一资源定位符是用于完整地描述 Internet 上网页和其他资源的地址的一种标识方法。因特网上的每一个网页都具有一个唯一的名称标识，通常称之为 URL 地址，简单地说，URL 就是 Web 地址，俗称网址。

URL 由三部分组成：协议类型、主机名和路径及文件名。基本格式如下：

协议类型:// 主机名/路径及文件名

例如：http://www.nwu.edu.cn/index.html。

协议指所使用的传输协议，最常用的是 HTTP 协议，它也是目前 WWW 中应用最广的协议，还可以指定的协议有 FTP、GOPHER、TELNET、FILE 等。

主机名是指存放资源的服务器的域名或 IP 地址。有时，在主机名前可以包含连接到服务器所需的用户名和密码。

路径是由零个或多个“/”符号隔开的字符串，用来表示主机上的一个目录或文件地址。文件名则是所要访问的资源的名字。

3. 超文本传输协议

万维网的另一个重要组成部分是超文本传输协议(HTTP)，HTTP 协议定义了 Web 服务器和浏览器之间信息交换的格式规范。运行在不同操作系统上的客户浏览器程序和 Web 服务器程序通过 HTTP 协议实现彼此之间的信息交流和理解。HTTP 协议是一种非常简单而直观的网络应用协议，主要定义了两种报文格式：一种是 HTTP 请求报文，定义了浏览器向 Web 服务器请求 Web 服务时所使用的报文格式；另一种是 HTTP 响应报文，定义了 Web 服务器将相应的信息文件返回给用户浏览器所使用的报文格式。

4. Web 网页

网页是构成网站的基本元素，是承载各种网站应用的平台。Web 网页采用超文本标记语言 HTML 书写，由多个对象构成，如 HTML 文件、JPG 图像、GIF 图像、Java 程序、语音片段等。不同网页之间通过超链接发生联系。网页有多种分类，通常可分为静态网页和动态网页。静态网页的文件扩展名多为.htm 或.html，动态网页的文件扩展名多为.php 或.asp。

静态网页由标准的 HTML 构成，不需要通过服务器或用户浏览器运算或处理生成。这就意味着用户对一个静态网页发出访问请求后，服务器只是简单地将该文件传输到客户端。所以，静态页面多通过网站设计软件来进行设计和更改，相对比较滞后。动态网页是在用户请求 Web 服务的同时由两种方式及时产生：一种方式是由 Web 服务器解读来自用户的 Web 服务请求，并通过运行相应的处理程序，生成相应的 HTML 响应文档，并返回给用户；另一种方式是服务器将生成动态 HTML 网页的任务留给用户浏览器，在响应给用户的 HTML 文档中嵌入应用程序，由用户端浏览器解释并运行这部分程序以生成相应的动态页面。

静态网页是网站建设的基础，静态网页和动态网页之间并不矛盾，各有特点。网站采用动态网页还是静态网页主要取决于网站的功能需求和网站内容的多少，如果网站功能比较简单，内容更新量不是很大，采用纯静态网页的方式会更简单，反之则要采用动态网页技术来实现。在同一个网站上，动态网页内容和静态网页内容同时存在也是很常见的事情。

4.6.2 电子邮件服务

电子邮件(E-mail)也是因特网最常用的服务之一，利用 E-mail 可以传输各种格式的文本信息及图像、声音、视频等多种信息。

1. E-mail 系统的构成

E-mail 服务采用客户机/服务器的工作模式，一个电子邮件系统包含三部分：用户主机、邮件服务器和电子邮件协议。

用户主机运行用户代理 UA，通过它来撰写信件、处理来信(使用 SMTP 协议将用户的邮件传送到它的邮件服务器，用 POP 协议从邮件服务器读取邮件到用户的主机)、显示来信。

邮件服务器运行传送代理 MTA，邮件服务器设有邮件缓存和用户邮箱。主要作用：一是接收本地用户发送的邮件，并存于邮件缓存中待发，由 MTA 定期扫描发送；二是接收发给本地用户的邮件，并将邮件存放在收信人的邮箱中。

2. 邮件地址

很多站点提供免费的电子邮箱，只要能访问这些站点的免费电子邮箱服务网页，用户就可以免费建立并使用自己的电子邮箱。每个电子邮箱都有唯一的地址，电子邮箱的地址格式如下：

收信人用户名@邮箱所在的主机域名

例如：zhang8808@126.com 表示用户 zhang8808 在主机名为 126.com 的邮件服务器上申请的邮箱。

3. 邮件的收发

发送与接收电子邮件有两种方式：基于 Web 方式的邮件访问协议和客户端软件方式。基于

Web 方式的邮件访问协议，如 126 和 Yahoo，用户使用超文本传输协议 HTTP 访问电子邮件服务器的邮箱，在该电子邮件系统网址上输入用户的用户名和密码，进入用户的电子邮件信箱，然后处理用户的电子邮件。这种方式使用方便，但速度比较慢。客户端软件方式是指用户通过一些安装在个人计算机上的支持电子邮件基本协议的软件使用和管理电子邮件。这些软件(如 Microsoft Outlook 和 FoxMail)往往融合了先进、全面的电子邮件功能，利用这些客户端软件可以进行远程电子邮件操作，还可以同时处理多个账号的电子邮件，而且速度比较快。

邮件的收发过程如图4.26所示。

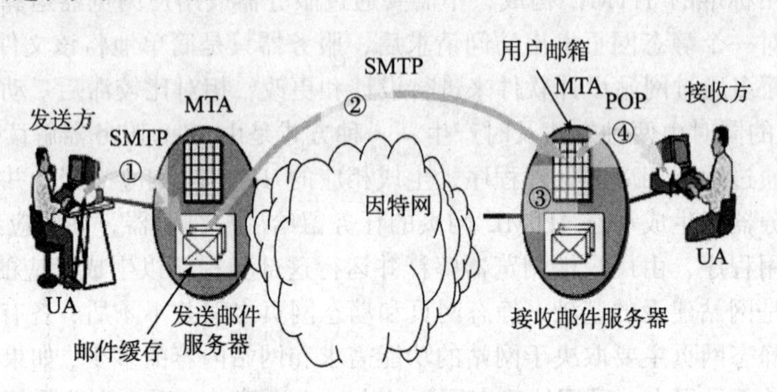

图 4.26　邮件发送过程

① 发送主机调用 UA 撰写邮件，并通过 SMTP 将客户的邮件交付发送邮件服务器，发送邮件服务器将其用户的邮件存储于邮件缓存，等待发送。

② 发送邮件服务器每隔一段时间对邮件缓存进行扫描，如果发现有待发邮件就通过 SMTP 发向接收邮件服务器。

③ 接收邮件服务器接收到邮件后，将它们放入收信人的邮箱中，等待收信人随时读取。

④ 接收用户主机通过 POP 协议从接收方服务器上检索邮件，下载邮件后可以阅读、处理邮件。

4.6.3 文件传输服务

1. FTP 工作模式

与大多数因特网服务一样，FTP 也是一个客户机/服务器系统。用户通过一个支持 FTP 协议的客户机程序连接到远程主机上的 FTP 服务器程序。用户通过客户机程序向服务器程序发出命令，服务器程序执行用户所发出的命令，并将执行的结果返回客户机。FTP 主要用于下载共享软件。在 FTP 的使用当中，经常遇到两个概念：下载(Download)和上传(Upload)。下载文件就是从远程主机复制文件至自己的计算机上；上传文件就是将文件从自己的计算机中复制至远程主机上。

用户在访问 FTP 服务器之前必须登录，登录时需要用户给出其在 FTP 服务器上的合法账号和口令。但很多用户没有获得合法账号和口令，这就限制了共享资源的使用。所以，许多 FTP 服务器支持匿名 FTP 服务，匿名 FTP 服务不再验证用户的合法性，为了安全，大多数匿名 FTP 服务器只准下载，不准上传。

2. FTP 客户程序

需要进行远程文件传输的计算机必须安装和运行 FTP 客户程序。常见的 FTP 客户程序有 3 种类型：FTP 命令行、浏览器和下载软件。

(1) FTP 命令行。

在安装 Windows 操作系统时，通常都安装了 TCP/IP 协议，其中就包含了 FTP 命令。但是该程序是字符界面而不是图形界面，必须以命令提示符的方式进行操作。FTP 命令是因特网用户使用最频繁的命令之一，无论是在 DOS 还是在 UNIX 操作系统下使用 FTP 都会遇到大量的 FTP 内部命令。熟悉并灵活应用 FTP 的内部命令，可以收到事半功倍之效。但其命令众多，格式复杂，对于普通用户来说，比较难掌握。所以，一般用户在下载文件时常通过浏览器或专门的下载软件来实现。

(2) 浏览器。

启动 FTP 客户程序的另一途径是使用浏览器，用户只需在地址栏中输入如下格式的 URL 地址：FTP：// [用户名：口令@]ftp 服务器域名：[端口号]，即可登录对应的 FTP 服务器。同样，在命令行下也可以用上述方法连接，通过 put 命令和 get 命令达到上传和下载的目的，通过 ls 命令列出目录。除了上述方法外，还可以在命令行下输入 ftp 并按回车键，然后输入 open 来建立一个连接。

通过浏览器启动 FTP 的方法尽管可以使用，但是速度较慢，还会因将密码暴露在浏览器中而不安全。

(3) 下载软件。

为了实现高效文件传输，用户可以使用专门的文件传输程序，这些程序不但简单易用，而且支持断点续传。所谓断点续传，是指在下载或上传时，将下载或上传任务(一个文件或一个压缩包)划分为几个部分，每一个部分采用一个线程进行上传或下载，如果碰到网络故障而终止，等到故障消除后可以继续上传或下载余下的部分，而没有必要从头开始，可以节省时间，提高速度。迅雷、快车、Web 迅雷、BitComet、优酷、百度视频、新浪视频、腾讯视频等都支持断点续传。

4.6.4　远程登录服务

远程登录是指用户使用 Telnet 命令，使自己的计算机暂时成为远程主机的一个仿真终端的过程。仿真终端只负责把用户输入的每个字符传递给主机，主机进行处理后，再将结果传回并显示在屏幕上。Telnet 是进行远程登录的标准协议和主要方式，它为用户提供了在本地计算机上完成远程主机工作的能力。

但现在 Telnet 已经越来越少用了，主要有如下 3 方面原因：

① 个人计算机的性能越来越强，致使在远程主机中运行程序的要求逐渐减弱。

② Telnet 服务器的安全性欠佳，因为它允许他人访问其操作系统和文件。

③ 对初学者而言，Telnet 使用起来不是很容易。

4.7　因特网信息检索

因特网信息检索又称因特网信息查询或检索，是指通过因特网，借助网络检索工具，根据信息需求，在按一定方式组织和存储起来的因特网信息集合中查找出有关信息的过程。网络检索工具通常称为检索引擎，著名的检索工具有百度、Yahoo、Google 等。用户以关键词、词组或自然语言构成检索表达式，提出检索要求，检索引擎代替用户在数据库中进行检索，并将检索结果提供给用户。它一般支持布尔检索、词组检索、截词检索、字段检索等功能。下面以百度为例说明检索引擎的使用。

4.7.1 基本检索

1. 逻辑“与”操作

无需用明文的“+”来表示逻辑“与”操作，只用空格就可以了。

例如，以“西北大学 图书馆”为关键字就可以查出同时包含“西北大学”和“图书馆”两个关键字的全部文档。

注意：文章中检索语法外面的引号仅起引用作用，不能带入检索栏内。

2. 逻辑“非”操作

用英文字符“–”表示逻辑“非”操作。例如，“西北大学 –图书馆”(正确)，“西北大学-图书馆”(错误)。

注意，前一个关键词和减号之间必须有空格，否则，减号会被当成连字符处理，而失去减号的语法功能。

3. 并行搜索

使用“A|B”来搜索“或者包含词语 A，或者包含词语 B”的网页。

例如：要查询“图片”或“写真”相关资料，无须分两次查询，只要输入 “图片|写真”搜索即可。百度会提供跟“|”前后任何字词相关的资料，并把最相关的网页排在前列。

4. 精确匹配：双引号和书名号

例如，搜索秦岭的山水，如果不加双引号，搜索结果效果不是很好，但加上双引号后，“秦岭的山水”，获得的结果就全是符合要求的了。

加上书名号后，《大秦帝国》检索结果就都是关于电影方面的了。

4.7.2 高级检索

1. site：检索指定网站的文件

site 对检索的网站进行限制，它表示检索结果局限于某个具体网站或某个域名，从而大大缩小检索范围，提高检索效率。

例：查找英国高校图书馆网页信息(限定国家)。

检索表达式：university. library site:uk

例：查找中国教育网有关信息(限定领域)。

检索表达式：图书馆 site:edu.cn

2. filetype：检索制定类型的文件

filetype 检索主要用于查询某一类文件(往往带有同一扩展名)。

可检索的文件类型包括：Adobe Portable Document Format(PDF)、Adobe PostScript(PS)、Microsoft Excel(XLS)、Microsoft PowerPoint(PPT)、Microsoft Word(DOC)、Rich Text Format(RTF)等 12 种文件类型。其中最重要的文档检索是 PDF 检索。

例：查找关于生物的生殖发育方面的教学课件。

检索表达式：生物 生殖 发育 filetype:ppt

例：查找关于遗传算法应用的 PDF 格式论文。

检索表达式：遗传算法 filetype:pdf

例：查找 DOC 格式查新报告样本。

检索表达式：查新报告 filetype:doc

3. inurl: 检索的关键字包含在 URL 链接中

inurl:语法返回的网页链接中包含第一个关键字,后面的关键字则出现在链接中或网页文档中。有很多网站把某一类具有相同属性的资源名称显示在目录名称或网页名称中，如“mp3”、“photo”等。于是，就可以用 inurl:语法找到这些相关资源链接，然后，用第二个关键词确定是否有某项具体资料。

例：检索表达式“inurl:mp3 那英”

4. Intitle: 检索的关键词包含在网页的标题之中

intitle 的标准搜索语法是“关键字 intitle:关键字”。

其实 intitle 后面跟的词也算是关键字之一，不过一般我们可以将多个关键字中最重要的词放在这里。例如想查找圆明园的历史，那么由于“圆明园”这个字非常关键，所以选择“圆明园历史”为关键字，不如选“历史 intitle:圆明园”效果好。

4.8 网络安全

网络安全涉及计算机科学技术、网络技术、通信技术、密码技术、信息安全技术等多个学科。从本质上讲，网络安全就是网络上的信息安全。

4.8.1 网络安全的含义与特征

随着计算机技术的迅速发展，系统的连接能力也在不断提高。与此同时，基于网络连接的安全问题也日益突出。

1. 网络安全的含义

网络安全是指网络系统的硬件、软件及系统中的数据受到保护，不因偶然或恶意的原因而遭受破坏、更改、泄露，使系统连续、可靠、正常地运行，网络服务不中断。从广义来说，凡是涉及网络上信息的保密性、完整性、可用性和可控性的相关技术和理论都是网络安全的研究领域。

2. 基本特征

网络安全具有以下 4 个方面的特征。

① 保密性：信息不泄露给非授权用户、实体或过程。

② 完整性：数据未经授权不能进行改变，即信息在存储或传输过程中保持不被修改、不被破坏和丢失。

③ 可用性：在任意时刻满足合法用户的合法需求。

④ 可控性：对信息的传播及内容具有控制能力。

4.8.2　网络安全攻击

对网络安全构成的威胁叫网络威胁，网络威胁付诸行动就称为网络安全攻击，根据攻击的形式不同，网络安全攻击可分为主动攻击和被动攻击。

1. 主动攻击

主动攻击时，攻击者主动地做一些不利于系统的事情，所以很容易被发现。主动攻击包含对数据流的某些修改，或者生成一个假的数据流，它可分为以下 4 类。

(1) 伪装。

伪装是一个实体假装成另外一个实体。伪装攻击经常和其他的主动攻击一起进行。

(2) 重放。

重放攻击包含数据单元的被动捕获，随之再重传这些数据，从而产生一个非授权的效果。

(3) 修改。

修改报文攻击意味着合法报文的某些部分已被修改，或者报文被延迟和重新排序，从而产生非授权的效果。

(4) 拒绝服务。

拒绝服务攻击就是阻止或禁止通信设施的正常使用和管理。这种攻击可能针对专门的目标，也可能破坏整个网络，使网络拥塞或超负荷，从而降低性能。

很难绝对阻止主动攻击，因为要防止主动攻击就要对所有通信设施、通路在任何时间都进行完全保护，这显然是不可能的。因此，应对主动攻击的方法是检测。

2. 被动攻击

被动攻击主要是收集信息而不妨碍正常的通信，数据的合法用户对这种活动很难觉察。被动攻击包括窃听、通信流量分析等。

(1) 窃听。

窃听、监听都具有被动攻击的本性，攻击者的目的是获取正在传输的信息。窃听会使报文内容泄露，一次电话通信、一份电子邮件报文、正在传送的文件都可能包含敏感信息或秘密信息，因此要防止非法用户获悉这些传输的内容。

(2) 通信流量分析。

通过加密技术可以防止窃听，因为即使这些内容被截获，也无法从这些报文中获得信息。然而即使通过加密保护内容，攻击者仍有可能观察到传输的报文形式。攻击者可能确定通信主机的位置和标识，也可能观察到正在交换的报文频度和长度。而这些信息对于猜测正在发生的通信特性是有用的。

对被动攻击的检测十分困难，因为被动攻击并不涉及数据的任何改变。因此，对于被动攻击，强调的是阻止而不是检测。

4.8.3　基本网络安全技术

网络安全技术致力于解决如何有效地进行介入控制，以及如何保证数据传输的安全性，主要包括数据加密技术、数字签名技术、认证技术等。

1. 数据加密技术

数据加密是指将原始的信息进行重新编码，将原始信息(称为明文)经过加密的数据称为密文。密文即便在传输中被第三方获取，也很难将得到的密文破译出原始的信息，接收端只能通过解密才能得到原始数据信息。加密技术不仅能保障数据信息在公共网络传输过程中的安全性，同时也是实现用户身份鉴别和数据完整性保障等安全机制的基础。

加密技术包括两个元素：算法和密钥。算法是将普通的文本(或可以理解的信息)与一串数字(密钥)运算，产生不可理解的密文的步骤。在安全保密中，可通过适当的密钥加密技术和管理机制来保证网络的信息通信安全。加密技术的基本原理如图4.27所示。

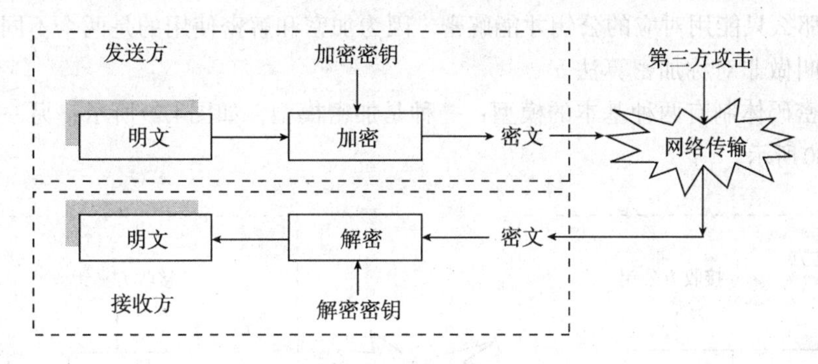

图 4.27　加密技术的基本原理

根据加密和解密的密钥是否相同，加密算法可分为对称密码体制和非对称密码体制。

(1) 对称加密。

对称加密采用了对称密码编码技术，它的特点是文件加密和解密使用相同的密钥。除了数据加密标准算法(DES)外，另一个常见的对称密钥加密系统是国际数据加密算法(IDEA)，它比 DES 的加密性好，而且对计算机功能要求也不高。IDEA 加密标准由 PGP(Pretty Good Privacy)系统使用。对称加密又称常规加密，其基本原理如图4.28所示。

① 明文：作为算法输入的原始信息。

② 加密算法：加密算法可以对明文进行多种置换和转换。

③ 共享的密钥：共享的密钥也是算法的输入。算法实际进行的置换和转换由密钥决定。

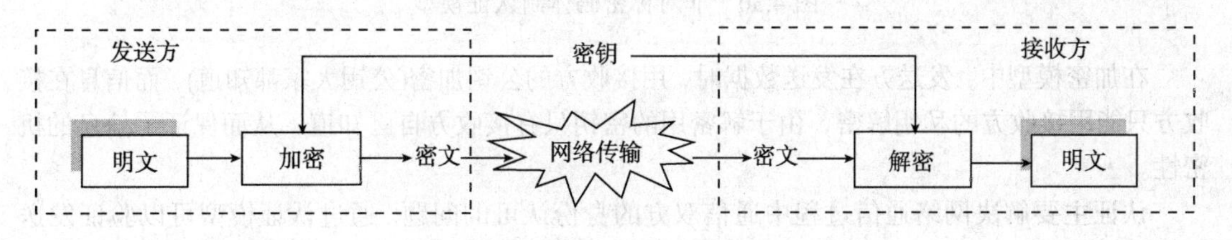

图 4.28　对称加密的基本原理

④ 密文：作为输出的混合信息，由明文和密钥决定，对于给定的信息来讲，两种不同的密钥会产生两种不同的密文。

⑤ 解密算法：是加密算法的逆向算法。它以密文和同样的密钥作为输入，并生成原始明文。

对称加密速度快，适合于大量数据的加密传输。但是，对称加密必须首先解决对称密钥的发送问题，而且对加密有两个安全要求：

① 需要强大的加密算法；

② 发送方和接收方必须使用安全的方式来获得密钥的副本，必须保证密钥的安全。如果有人发现了密钥，并知道了算法，则使用此密钥的所有通信便都是可读取的。

(2) 非对称加密。

与对称加密算法不同，非对称加密算法需要两个密钥：公钥和私钥。两个密钥成对出现，互不可推导。如果用公钥对数据进行加密，只能用对应的私钥才能解密。如果用私钥对数据进行加密，那么只能用对应的公钥才能解密。因为加密和解密使用的是两个不同的密钥，所以这种算法叫做非对称加密算法。

非对称密码体制有两种基本的模型：一种是加密模型，如图4.29所示；另一种是认证模型，如图4.30所示。

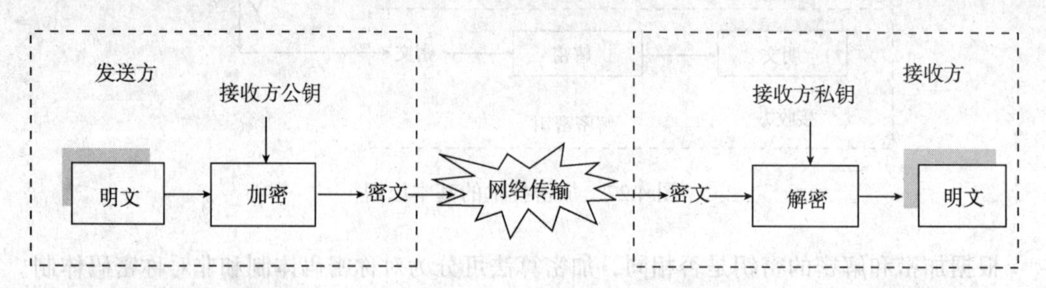

图 4.29　非对称密码体制加密模型

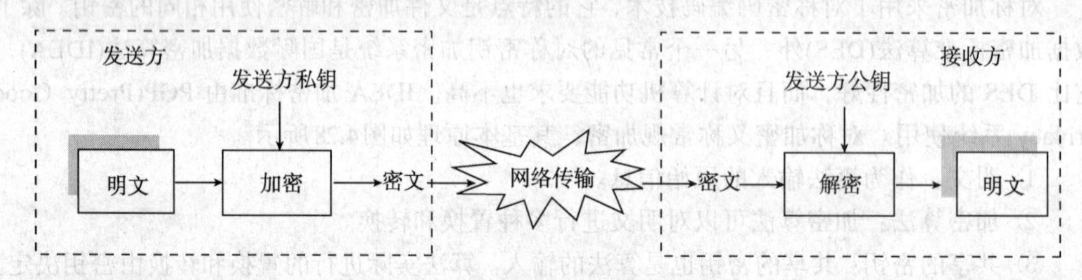

图 4.30　非对称密码体制认证模型

在加密模型中，发送方在发送数据时，用接收方的公钥加密(公钥大家都知道)，而信息在接收方只能用接收方的私钥解密，由于解密用的密钥只有接收方自己知道，从而保证了信息的机密性。

认证主要解决网络通信过程中通信双方的身份认可的问题。通过认证模型可以验证发送者的身份、保证发送者不可否认。在认证模型中，发送者必须用自己的私钥加密，而解密者则必须用发送者的公钥解密，也就是说，任何一个人，只要能用发送者的公钥解密，就能证明信息是谁发送的。

2. 认证技术

所谓认证，是指证实被认证对象是否属实和是否有效的一个过程。其基本思想是通过验证被认证对象的属性来确认被认证对象是否真实有效。认证常常被用于通信双方相互确认身份，以保证通信的安全。一般可以分为两种：消息认证和身份认证，消息认证用于保证信息的完整性；身份认证用于鉴别用户身份。

(1) 消息认证。

消息认证就是一定的接收者能够检查收到的消息是否真实的方法。消息认证又称为完整性校验，它在银行业称为消息认证，在 OSI 安全模式中称为封装。消息认证的内容主要包括：

① 证实消息的信源和信宿；

② 消息内容是否受到偶然或有意的篡改；

③ 消息的序号和时间性是否正确。

消息认证实际上是对消息本身产生一个冗余的消息认证码，它对于要保护的信息来说是唯一的，因此可以有效地保护消息的完整性，以及实现发送方消息的不可抵赖和不能伪造。消息认证技术可以防止数据的伪造和被篡改，以及证实消息来源的有效性。消息认证的工作机制如图 4.31 所示。

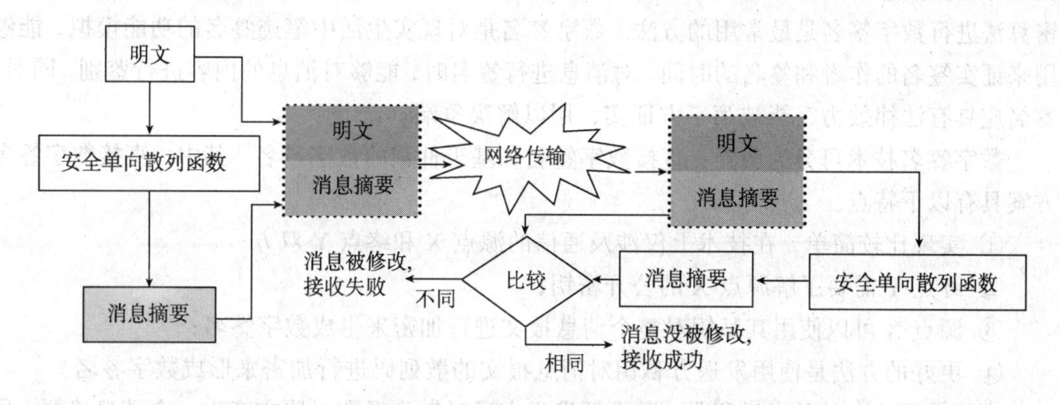

图 4.31　消息认证的工作机制

其中，安全单向散列函数具有以下基本特性。

①一致性：相同的输入一定产生相同的输出。

②单向性：只能由明文产生消息摘要，而不能由消息摘要推出明文。

③唯一性：不同的明文产生的消息摘要不同。

④易于实现高速计算。

(2) 身份认证技术。

身份认证是指计算机及网络系统确认操作者身份的过程。身份认证技术的发展，经历了从软件认证到硬件认证、从静态认证到动态认证的过程。常见的身份认证技术包括以下几类：

①口令认证。传统的认证技术主要采用基于口令的认证。当被认证对象要求访问提供服务的系统时，认证方要求被认证对象提交口令，认证方收到口令后，将其与系统中存储的用户口令进行比较，以确认被认证对象是否为合法访问者。基于口令的认证实现简单，不需要额外的硬件设备，但易被猜测。

②一次口令机制。一次口令机制采用动态口令技术，是一种让用户的密码按照时间或使用次数不断动态变化，且每个密码只使用一次的技术。它采用一种称之为动态令牌的专用硬件来产生密码，因为只有合法用户才持有该硬件，所以只要密码验证通过就可以认为该用户的身份是可靠的。用户每次使用的密码都不相同，即使黑客截获了一次密码，也无法利用这个密码来仿冒。

③生物特征认证。生物特征认证是指采用每个人独一无二的生物特征来验证用户身份的技术，常见的有指纹识别、虹膜识别等。从理论上说，生物特征认证是最可靠的身份认证方式，因为它直接使用人的生物特征来表示每一个人的数字身份。

3. 数字签名技术

网络通信中，希望能有效防止通信双方的欺骗和抵赖行为。简单的报文鉴别技术只能使通信免受来自第三方的攻击，无法防止通信双方之间的互相攻击。例如，Y 伪造一个消息，声称是从 X 收到的；或者 X 向 Z 发了消息，但 X 否认发过该消息。为此，需要有一种新的技术来解决这种问题，数字签名技术为此提供了一种解决方案。

数字签名将信息发送人的身份与信息传送结合起来，可以保证信息在传输过程中的完整性，并提供信息发送者的身份认证，以防止信息发送者抵赖行为的发生，目前利用非对称加密算法进行数字签名是最常用的方法。数字签名是对现实生活中笔迹签名的功能模拟，能够用来证实签名的作者和签名的时间。对消息进行签名时，能够对消息的内容进行鉴别。同时，签名应具有法律效力，能被第三方证实，用以解决争端。

数字签名技术可分为两类：直接数字签名和基于仲裁的数字签名。其中，直接数字签名方案具有以下特点：

① 实现比较简单，在技术上仅涉及通信的源点 X 和终点 Y 双方；

② 终点 Y 需要了解源点 X 的公开密钥；

③ 源点 X 可以使用其私钥对整个消息报文进行加密来生成数字签名；

④ 更好的方法是使用发送方私钥对消息报文的散列码进行加密来形成数字签名。

直接数字签名的基本过程是：数据源发送方通过散列函数对原文产生一个消息摘要，用自己的私钥对消息摘要进行加密处理，产生数字签名，数字签名与原文一起传送给接收者。签名过程如图4.32所示。

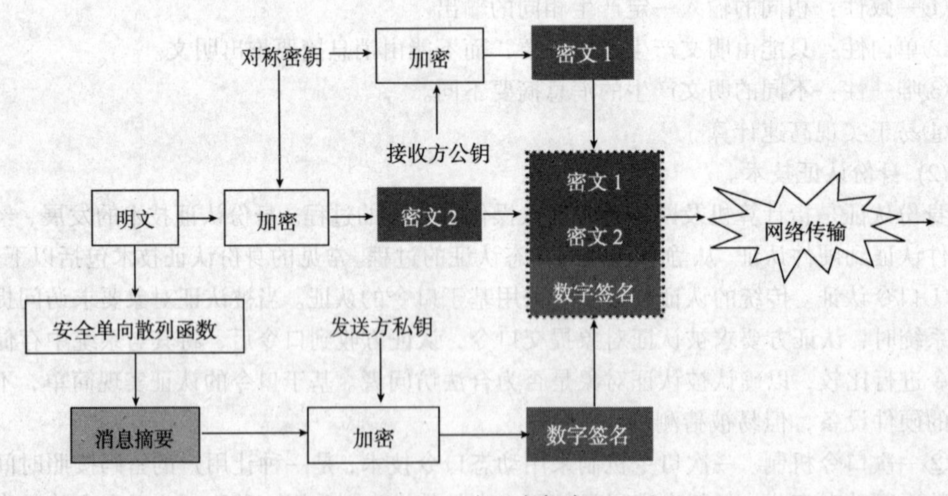

图 4.32　发送方加密

接收者使用发送方的公钥解密数字签名得到消息摘要，若能解密，则证明信息不是伪造的，实现了发送者认证。然后用散列函数对收到的原文产生一个摘要信息，与解密的摘要信息对比，如果相同，则说明收到的信息是完整的，在传输过程中没有被修改，否则说明信息被修改过。因此数字签名能够验证信息的完整性。接收方解密过程如图4.33所示。

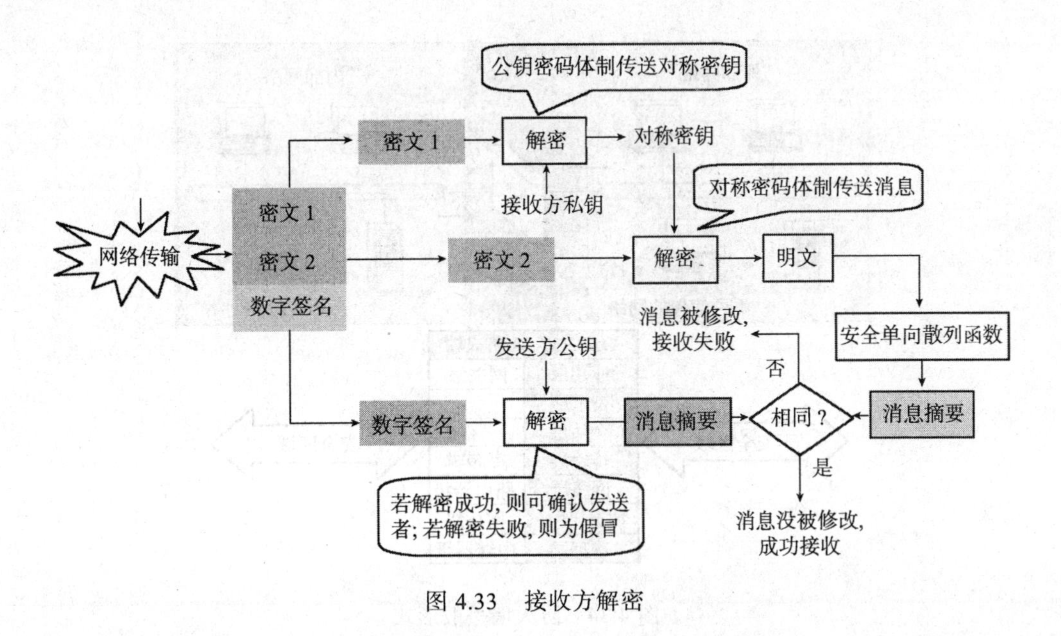

图 4.33　接收方解密

数字签名技术是网络中确认身份的重要技术，完全可以代替现实中的亲笔签字，在技术和法律上有保证。在数字签名应用中，发送者的公钥可以很方便地得到，但他的私钥则需要严格保密。利用数字签名技术可以实现数据的完整性。但由于文件内容太大，加密和解密速度慢，目前主要采用消息摘要技术，通过消息摘要技术可以将较大的报文生成较短的、长度固定的消息摘要，然后仅对消息摘要进行数字签名。而接收方对接收的报文进行处理产生消息摘要，与经过签名的消息摘要比较，便可以确定数据在传输中的完整性。

4. 防火墙技术

防火墙是在网络之间执行安全控制策略的系统，用于保证本地网络资源的安全，通常是包含软件部分和硬件部分的一个系统或多个系统的组合。设置防火墙的目的是保护内部网络资源不被外部非授权用户使用，防止内部网络受到外部非法用户的攻击。

(1) 防火墙的一般形式。

防火墙通过检查所有进出内部网络数据包的合法性，判断是否会对网络安全构成威胁，为内部网络建立安全边界。一般而言，防火墙系统有两种基本形式：包过滤路由器和应用级网关。最简单的防火墙由一个包过滤路由器组成，而复杂的防火墙系统由包过滤路由器和应用级网关组合而成。在实际应用中，由于组合方式有多种，防火墙系统的结构也有多种形式。防火墙的一般形式如图4.34所示。

(2) 防火墙的作用。

Internet 防火墙能增强机构内部网络的安全性。防火墙不仅是网络安全的设备的组合，更是安全策略的一个部分。

Internet 防火墙允许网络管理员定义一个中心“扼制点”来防止非法用户，如防止黑客、网络破坏者等进入内部网络，禁止存在安全脆弱性的服务进出网络，并抗击来自各种路线的攻击。Internet 防火墙能够简化安全管理，网络的安全性在防火墙系统上得到了加固。

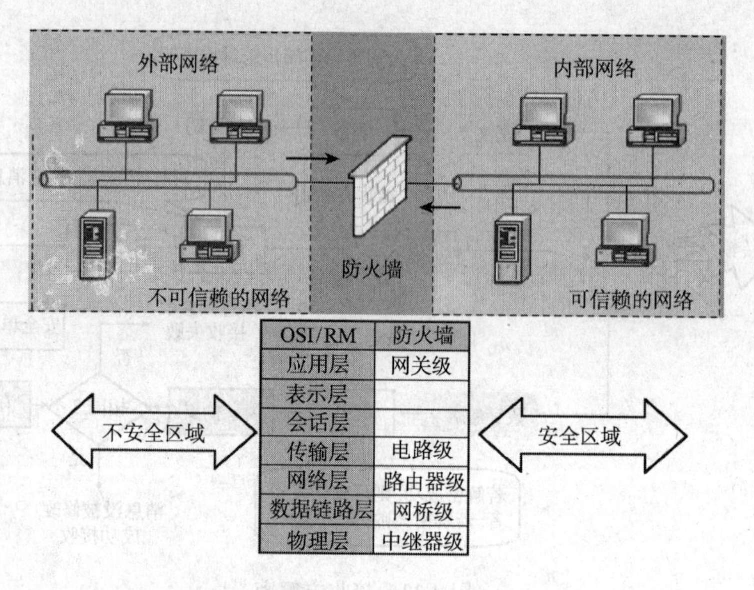

OSI/RM	防火墙
应用层	网关级
表示层	
会话层	
传输层	电路级
网络层	路由器级
数据链路层	网桥级
物理层	中继器级

图 4.34　防火墙一般形式

在防火墙上可以很方便地监视网络的安全性，并产生报警。Internet 防火墙是审计和记录 Internet 使用量的一个最佳地方。网络管理员可以在此向管理部门提供 Internet 连接的费用情况，查出潜在的带宽瓶颈的位置，并根据机构的核算模式提供部门级计费。

(3) 防火墙的不足。

对于防火墙而言，能通过监控所通过的数据包来及时发现并阻止外部对内部网络系统的攻击行为。但是防火墙技术是一种静态防御技术，也有不足之处。

① 防火墙无法理解数据内容，不能提供数据安全；

② 防火墙无法阻止来自内部的威胁；

③ 防火墙无法阻止绕过防火墙的攻击；

④ 防火墙无法防止病毒感染程序或文件的传输。

5. 病毒防治技术

计算机病毒是一种人为蓄意制造的、以破坏为目的的程序。它寄生于其他应用程序或系统的可执行部分，通过部分修改或移动其他的程序，将自身复制加入其中或占据原程序的部分并隐藏起来，在条件适当时发作，对计算机系统起破坏作用。计算机病毒具有寄生性、传染性、潜伏性、破坏性和可触发性的特点。计算机病毒之所以被称为病毒是因为其具有传染性的本质，其传播渠道通常有两种：存储介质和网络。

计算机病毒是可以防范的，只要在思想上有反病毒的警惕性，依靠反病毒技术和管理措施，就可以防止病毒广泛传播。计算机病毒的预防措施是安全使用计算机的要求，所以，需要制定一套严格的防病毒管理措施，坚持执行并能根据实际情况不断地进行调整和监督。计算机病毒的常见预防措施有以下几种：

① 对新购置的计算机系统用检测病毒软件检查已知病毒，用人工检测方法检查未知病毒，并经过实验，证实没有病毒传染和破坏迹象后再使用。

② 新购置的硬盘或出厂时已格式化好的软盘中都可能有病毒。对硬盘可以进行检测或进行低级格式化。

③ 新购置的计算机软件也要进行病毒检测。有些著名软件厂商在发售软件时，软件已被病毒感染或存储软件的磁盘已受感染。检测时要用软件查已知病毒，也要用人工检测和实际实验的方法检测。

④ 定期或不定期地进行磁盘文件备份工作，确保每一过程和细节的准确、可靠。万一系统崩溃，能最大限度地恢复系统原样，减少可能的损失。重要的数据应当及时进行备份，当然，备份前要保证没有病毒。

⑤ 确认工作用计算机或家用计算机设置了使用权限及专人使用的保护机制，禁止来历不明的人和软件进入系统。

⑥ 在引入和使用新的系统和应用软件之前，使用最新、最好的反毒软件检测。

⑦ 选择使用公认质量最好、升级服务最及时、对新病毒响应和跟踪最迅速有效的反病毒产品，定期维护和检测计算机系统。

⑧ 仔细研究所使用的反病毒软件的各项功能，不同模块各担负什么样的职责，都有哪些应用组合，不同的运行命令行(或选项设置)参数具有怎样不同的查杀效果等，最大限度地发挥反病毒工具的作用。另外，需要注意的是，不同厂家的不同产品肯定有各自的强项和长处，建议用户使用多种反病毒产品。通常，使用一种以上具有互补特点的反病毒工具往往会收到事半功倍的效果。

⑨ 及时升级反病毒产品。每天都会有新的病毒产生，反病毒产品必须适应病毒的发展，不断升级，才能为系统提供真正安全的环境。

4.9 知识扩展

4.9.1 IPv6 技术

目前使用的是第二代互联网 IPv4 技术，核心技术属于美国。它的最大问题是网络地址资源有限，从理论上讲，编址可以拥有 1600 多万个网络、40 多亿台主机。但采用 A、B、C 三类编址方式后，可用的网络地址和主机地址的数目急剧减少，目前，IP 地址已经枯竭。中国截至 2010 年 6 月 IPv4 地址数量仅有 2.5 亿左右，已不能满足 4.2 亿网民的需求。地址不足，严重地制约了我国及其他国家互联网的发展。

在这样的环境下，IPv6 应运而生。IPv6 地址长度为 128 位，仅从数字上来说，IPv6 所拥有的地址容量理论上最多可达 2^{128}，是 IPv4 的 2^{96} 倍。这不但解决了传统网络地址数量有限的问题，同时也为除计算机外的其他设备接入互联网提供了基础。

1. IPv6 编址

从 IPv4 到 IPv6，最显著的变化就是网络地址的长度。IPv6 地址有 128 位，一般采用 32 个十六进制数表示。IPv6 地址由两个逻辑部分组成：64 位的网络前缀和 64 位的主机地址，主机地址通常根据物理地址自动生成。

例如：2F01:00b0:80A3:0803:1310:802E:0070:7044 就是一个合法的 IPv6 地址。

2. IPv6 的优势

与 IPv4 相比，IPv6 具有以下几个优势。

① IPv6 具有更大的地址空间。

② IPv6 使用更小的路由表。IPv6 的地址分配一开始就遵循聚类的原则，这使得路由器能在路由表中用一条记录表示一片子网，大大减小了路由器中路由表的长度，提高了路由器转发数据包的速度。

③ IPv6 增加了增强的组播支持及对流的支持，这使得多媒体应用有了更好的支持。

④ IPv6 加入了对自动配置的支持，使得网络的管理更加方便和快捷。

⑤ IPv6 具有更高的安全性，在 IPv6 网络中，用户可以对网络层的数据进行加密并对 IP 报文进行校验，极大地增强了网络的安全性。

4.9.2　对等网络

目前因特网提供两种基本网络应用服务模式，客户机/服务器模式和对等网络服务(Peer-to-Peer，P2P)模式。随着网络用户的不断增加，对等网的应用也在逐渐增加。目前比较流行的基于对等网络的应用主要包括：文件共享、存储共享、即时通信、基于 P2P 技术的网络电视等。

对等网是一种分布式服务模式，P2P 的基本特点是整个网络不存在明显的中心服务器，网络中的资源和服务分散在所有的用户节点上，每个用户节点既是网络服务提供者，也是网络服务的使用者。网络应用中的信息传输和服务实现直接在用户节点之间进行，无须中间环节和服务器的介入，如媒体播放 PPLive、QQ 及迅雷旋风、Skype 等都采用了 P2P 模式。

典型的对等网应用是 P2P 文件共享系统，如图4.35 所示。连接在因特网上的用户计算机 A~E 形成某种应用层互连结构，构成一个对等网络文件共享系统，无需借助中心服务器，A 可以向 C 请求资源，也可以向 B 请求资源；B 向 D 请求资源，也向 E 请求资源。基于这种节点之间的连通，每个节点可以向其他节点传播它对某种文件资源的查询消息，当这个查询消息传输到拥有该资源的节点时，请求资源的用户主机可以直接从拥有该资源的用户主机上下载这个文件资源。

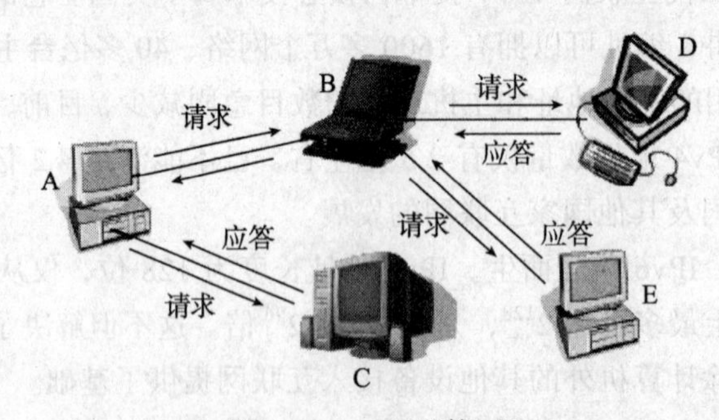

图 4.35　P2P 对等网

P2P 使得网络上的沟通变得容易，更直接地共享和交互，而不是像过去那样非要连接到服务器才能浏览与下载。传统方式下载依赖服务器，随着下载用户数量的增加，服务器的负担越来越重。而对等网络中，文件的传递可以在网络上的各个客户计算机中进行，下载的速度快、稳定性高。例如，“迅雷”就是支持对等网络技术的下载工具，迅雷能够将网络上存在的服务器和计算机中的资源进行有效整合，构成独特的迅雷网络。迅雷网络可以对服务器资源进行均衡，有效降低了服务器负载，各种数据文件能够以最快的速度进行传递。

4.9.3 代理服务器

1. 代理服务器的概念

代理服务器(Proxy Server)是网上提供转接功能的服务器，其功能就是代理网络用户去取得网络信息。例如，要想访问目的网站 D，由于某种原因不能访问到网站 D(或者不想直接访问该网站)，此时就可以使用代理服务器。在实际访问某个网站的时候，在浏览器的地址栏内输入要访问的网站，浏览器会自动先访问代理服务器，然后代理服务器会自动转接到目标网站。

而且，大部分代理服务器都具有缓冲功能，它有很大的存储空间，不断将新取得的数据储存到本机的存储器上，如果浏览器所请求的数据在它本机的存储器上已经存在而且是最新的，那么就不用重新从 Web 服务器取数据，而直接将存储器上的数据传送给用户的浏览器即可，这样就能显著提高浏览速度。

2. 检索代理服务器

代理服务器的存在一般是不公开的，要得到代理服务器，一般有如下几个途径：

① 代理服务器的管理员公开或秘密传播；

② 网友在聊天室或 BBS 友情提供；

③ 自己检索；

④ 从专门提供代理服务器地址的站点获得。

使用代理服务器有两点需要注意的问题：一是除了一小部分代理服务器是网络服务商开设外，大部分是新建网络服务器设置的疏漏；二是虽然目的主机一般只能得到你使用的代理服务器 IP，似乎有效地遮掩了你的行程，但是，网络服务商开通的专业级代理服务器一般都有路由和流程记录，可以轻易地通过调用历史记录来查清使用代理服务器地址的来路。

3. 在 IE 浏览器中使用 HTTP 代理服务器

IE 5.0 以上版本中设置代理的步骤如下：

① 选择菜单栏“工具”下的“Internet 选项”命令；

② 打开“连接在”选项卡，单击“局域网设置”按钮；

③ 选中“为 LAN 使用代理服务器”复选框；

④ 在“地址”和“端口”文本框中输入代理服务器的 IP 地址和端口号，如图4.36 所示。

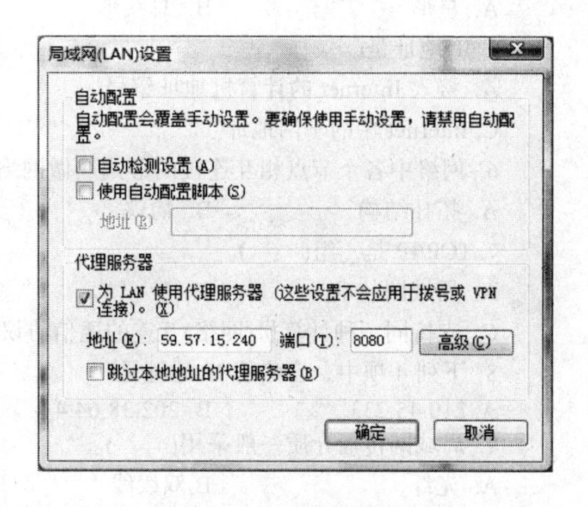

图 4.36　代理服务器设置

习　题　4

一、填空题

1. 计算机网络一般由 3 部分组成：组网计算机、______、网络软件。

2. 组网计算机根据其作用和功能不同，可分为______和客户机两类。

3. ______是一种利用光在玻璃或塑料制成的纤维中的全反射原理而制成的光传导工具。

4. ______用于实现连网计算机和网络电缆之间的物理连接。

5. ______是互联网的主要节点设备，通过路由选择决定数据的转发。

6. 计算机网络按网络的作用范围可分为______、______和______3 种，英文缩写分别为______、______和______。

7. 计算机网络中常用的 3 种有线通信介质是______、______、______。

8. ______从根本上改变了局域网共享介质的结构，大大提升了局域网的性能。

9. IP 地址由______和______两部分组成。

10. WWW 上的每一个网页都有一个独立的地址，这些地址称为______。

11. 网络安全具有以下 4 个方面的特征______、______、______、______。

12. 网络安全攻击，根据攻击的形式不同可分为______、______。

13. 密码体制可分为______和______两种类型。

14. 在网络环境中，通常使用______来模拟日常生活中的亲笔签名。

二、选择题

1. 最先出现的计算机网络是(　　)。

A. ARPAnet　　B. Ethernet　　C. BITNET　　D. Internet

2. 计算机组网的目的是(　　)。

A. 提高计算机运行速度　　B. 连接多台计算机

C. 共享软、硬件和数据资源　　D. 实现分布处理

3. 电子邮件能传送的信息(　　)。

A. 只能是压缩的文字和图像信息　　B. 只能是文本格式的文件

C. 只能是标准 ASCII 字符　　D. 可以是文字、声音和图形图像信息

4. 当前，以太网的拓扑结构是(　　)结构。

A. 星形　　B. 总线形　　C. 环形　　D. 网状

5. IP 地址是(　　)。

A. 接入 Internet 的计算机地址编号　　B. Internet 中网络资源的地理位置

C. Internet 中的子网地址　　D. 接入 Internet 的局域网编号

6. 网络中各个节点相互连接的形式叫做网络的(　　)。

A. 拓扑结构　　B. 协议　　C. 分层结构　　D. 分组结构

7. TCP/IP 是一组(　　)。

A. 局域网技术　　B. 广域技术

C. 支持同一种计算机(网络)互连的通信协议　　D. 支持异种计算机(网络)互连的通信协议

8. 下列 4 项中，合法的 IP 地址是(　　)。

A. 210.45.233　　B. 202.38.64.4　　C. 101.3.305.77　　D. 115,123,20,245

9. 局域网传输介质一般采用(　　)。

A. 光纤　　B.双绞线　　C. 电话线　　D. 普通电线

10. 网络协议是(　　)。

A. 用户使用网络资源时必须遵守的规定　　B. 网络计算机之间进行通信的规则

C. 网络操作系统　　D. 编写通信软件的程序设计语言

11. 域名是(　　)。

A. IP 地址的 ASCII 码表示形式

B. 按接入 Internet 的局域网所规定的名称

C. 按接入 Internet 的局域网的大小所规定的名称

D. 按分层的方法为 Internet 中的计算机所取的直观的名字

12. 某公司申请到一个 C 类网络，由于有地理位置上的考虑，必须划分成 5 个子网，子网掩码要设为(　　)。

A. 255.255.255.224　B. 255.255.255.192　C. 255.255.255.254　D. 255.285.255.240

13. 在 IP 地址方案中，159.226.181.1 是一个(　　)。

A. A 类地址　B. B 类地址　C. C 类地址　D. D 类地址

14. www.nwu.edu.cn 是 Internet 中主机的(　　)。

A. 硬件编码　B. 密码　C. 软件编码　D. 域名

15. 为了防御网络监听，最常用的方法是(　　)。

A. 采用物理传输　B. 信息加密　C. 无线网　D. 使用专线传输

16. 防火墙是一种(　　)网络安全措施。

A. 被动的　B. 主动的

C. 能够防止内部犯罪的　D. 能够解决所有问题的

17. 防止他人对传输的文件进行破坏需要(　　)。

A. 数字签字及验证　B. 对文件进行加密　C. 身份认证　D. 时间戳

18. 以下关于数字签名的说法正确的是(　　)。

A. 数字签名是在所传输的数据后附加上一段和传输数据毫无关系的数字信息

B. 数字签名能够解决数据的加密传输，即安全传输问题

C. 数字签名一般采用对称加密机制

D. 数字签名能够解决篡改、伪造等安全性问题

19. 在大多数情况下，病毒侵入计算机系统以后，(　　)。

A. 病毒程序将立即破坏整个计算机软件系统

B. 计算机系统将立即不能执行用户的各项任务

C. 病毒程序将迅速损坏计算机的键盘、鼠标等操作部件

D. 一般并不立即发作，等到满足某种条件的时候，才会出来活动、破坏

三、简答题

1. 什么是计算机网络？计算机网络由哪几部分组成？

2. 什么是网络的拓扑结构？常用网络的拓扑结构有几种？

3. 接入因特网有哪几种基本形式？各有什么特点？

4. WWW 资源有什么特点？

5. 简述邮件的收发过程以及所要遵守的协议。

6. 简述对称加密算法加密和解密的基本原理。

7. 计算机病毒有哪些特点？如何预防病毒？

第 5 章　Windows 7 操作系统

Windows 操作系统是美国微软(Microsoft)公司专为微型计算机的管理而推出的操作系统，它以简单的图形用户界面、良好的兼容性和强大的功能而深受用户的青睐。目前，在微型计算机中安装的操作系统大多都是 Windows 系统。

本章主要介绍 Windows 7 的基本操作、文件管理和系统设置 3 方面内容。

5.1　Windows 7 的基本操作

Windows 7 是一个单用户、多任务操作系统，采用图形用户界面，提供了多种窗口(最常用的是资源管理器窗口和对话框窗口)，利用鼠标和键盘通过窗口完成文件、文件夹、存储器等操作及系统的设置等。

5.1.1　Windows 7 简介

1. Windows 7 的启动

在安装了 Windows 7 操作系统的计算机上，每次启动计算机都会自动引导该系统，当屏幕上出现 Windows 7 的桌面时，表示系统启动成功。但是在启动的过程中，会在屏幕上显示登录到该 Windows 7 系统的用户名列表供用户选择，当选择一个用户后，还必须输入密码，若正确才可进入 Windows 7 系统。

2. Windows 7 的退出

Windows 7 是一个多任务的操作系统，有时前台运行某一程序的同时，后台也运行几个程序。在这种情况下，如果因为前台程序已经完成而关掉电源，后台程序的数据和运行结果就会丢失。另外，由于 Windows 7 运行的多任务特性，在运行时可能需要占用大量磁盘空间保存临时数据，这些临时性数据文件在正常退出时将自动删除，以免浪费磁盘空间资源。如果非正常退出，将使 Windows 7 不会自动处理这些工作，从而导致磁盘空间的浪费。因此，应正常退出 Windows 7 系统。

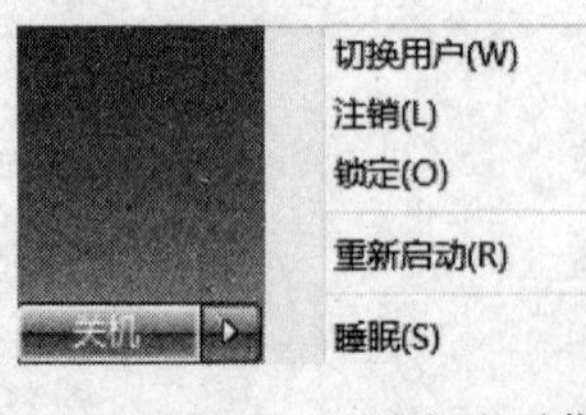

图 5.1　Windows 7 退出选项菜单

退出之前，用户应关闭所有执行的程序和文档窗口。如果用户不关闭，系统将强制结束有关程序的运行。

Windows 7 为用户提供不同的退出方式，在“关机”命令的右边有一个向右的三角，单击它可以打开其他的退出方式选项，如图 5.1 所示。下面列出不同退出方式的作用：

①切换用户：不关闭当前用户所打开的程序，直接切换到另一个用户。

②注销：关闭当前用户打开的所有程序，使当前用户退出，并允许其他用户登录进入。

③锁定：进入锁定计算机状态，不关机，也不退出系统，并显示登录页面，只有重新登

录才能使用。

④睡眠：首先将内存中的数据保存到硬盘上，同时切断除了内存外其他设备的供电。在恢复时，如果没有断过电，那么系统会从内存中直接恢复，只需要几秒钟；而在睡眠期间如果断过电，因为硬盘中还保存有内存的状态镜像，因此还可以从硬盘上恢复，虽然速度要稍微慢一些，但不用担心数据丢失。

5.1.2　鼠标和键盘基本操作

1. 鼠标基本操作

鼠标器是计算机的输入设备，它的左右两个按钮(称为左键和右键)及其移动可以配合起来使用，以完成特定的操作。Windows 7 支持的基本鼠标操作方式有以下几种。

①指向：将鼠标移到某一对象上，一般用于激活对象或显示工具提示信息。

②单击：包括单击左键(称为单击)和单击右键(称为右击)，前者用于选择某个对象、按钮等，后者则往往会弹出右击对象的快捷菜单或帮助提示。本书中除非特别指明单击右键，否则提到的“单击”都是指单击左键。

③双击：快速连击鼠标左键两次(连续两次单击)，用于启动程序或打开窗口。

④拖动：按住鼠标左键并移动鼠标到另一个地方释放左按键。常用于滚动条操作、标尺滑动操作或复制对象、移动对象等操作。

⑤鼠标滚轮：拨动滚轮可使窗口内容向前或向后移动。向下按一下滚轮，随着“嗒”的一声，原来的鼠标箭头已经变成了一个上下左右 4 个箭头的图形(如果显示的内容在窗口只出现纵向滚动条，那么只有上下两个箭头)。这时，移动鼠标，箭头一起跟着移动，当箭头移出图形边缘时，就只有一个箭头，而原来的 4 个箭头已经变为灰色，即这是基点。移动鼠标，内容跟着移动，滚动条同时也做相应的移动。箭头距离基点图形越远，网页内容滚动的速度越快。如果想慢慢地浏览内容，那么，只要将箭头移出图形的边缘就可以了，这时，内容便慢慢地向上或向下移动。再次按一下滚轮则取消移动。

2. 键盘操作

当文档窗口或对话框中出现闪烁着的插入标记(光标)时，就可以直接通过键盘输入文字。

快捷键方式就是在按下控制键的同时按下某个字母键，来启动相应的程序。如用 Alt+F 组合键打开窗口菜单栏中的“文件”菜单。

在菜单操作中，可以通过键盘上的箭头键来改变菜单选项，按回车键来选取相应的选项。

而常用的复制、剪切和粘贴命令都有对应的快捷键，它们分别是 Ctrl+C、Ctrl+X 和 Ctrl+V 组合键。

3. 触摸控制

Windows 7 的界面支持多点触摸控制。运用 Windows 7 内建的触摸功能，以两只手指就能旋转、卷页和放大内容，但要使用这样的触摸功能，必须购买支持此技术的屏幕。

5.1.3　Windows 7 界面及操作

Windows 7 提供了一个友好的用户操作界面，主要有桌面、窗口、对话框、消息框、任务栏、开始菜单等。同时，Windows 7 的操作方式是：先选中、后操作，即先选择要操作的对象，然后再选择具体的操作命令。

1. 桌面

桌面是 Windows 提供给用户进行操作的台面，相当于日常工作中使用的办公桌的桌面，用户的操作都是在桌面内进行的。桌面可以放一些经常使用的应用程序、文件和工具，这样用户就能快速、方便地启动和使用它们。

2. 图标

图标代表一个对象，可以是一个文档、一个应用程序等。

(1) 图标类型。

Windows 7 针对不同的对象使用不同的图标，可分为文件图标、文件夹图标和快捷方式图标 3 类。

①文件图标。文件图标是使用最多的一种图标。Windows 7 中，存储在计算机中的任何一个文件、文档、应用程序等都使用这一类图标表示，并且根据文件类型的不同用不同的图案显示。通过文件图标可以直接启动该应用程序或打开该文档。

②文件夹图标。文件夹图标是表示文件系统结构的一种提示，通过它可以进行文件的有关操作，如查看计算机内的文件。

③快捷方式图标。这种图标的左下角带有弧形箭头，它是系统中某个对象的快捷访问方式。它与文件图标的区别是：删除文件图标就是删除文件，而删除快捷方式图标并不删除文件，只是将该快捷访问方式删除。

(2) 桌面图标的调整。

①添加新对象(图标)。可以从其他文件夹窗口中通过鼠标拖动的办法拖来一个新的对象，也可以通过右击桌面空白处并在弹出的快捷菜单中选择“新建”级联菜单中的某项命令来创建新对象。

②删除桌面上的对象(图标)。Windows 7 提供了以下 4 种删除选中的对象的基本方法。

• 右击想要删除的对象，从弹出的快捷菜单中选择“删除”命令。
• 选择删除的对象，按 Del 键。
• 拖动对象放入“回收站”图标内。
• 选择想要删除的对象，按 Shift + Del 组合键(注：该方法直接删除对象，而不放入回收站)。

③图标显示大小的调整。Windows 7 提供大图标、中等图标和小图标 3 种图标显示模式，通过右击桌面空白处，在弹出的快捷菜单中选择“查看”子菜单中的某项显示模式命令即可实现，如图 5.2 所示。

④排列桌面上的图标对象(图标)。可以用鼠标把图标对象拖放到桌面上的任意地方；也可以右击桌面的空白处，在弹出的快捷菜单中选择 “排列方式”子菜单中的按“名称”、“大小”、“项目类型”或“修改日期”4 项中的某项实现排序，如图 5.3 所示。另外，可以通过选择“查看”子菜单中的“将图标与网格对齐”命令(使选项前面有“√”符号，如图 5.2 所示)，使所有图标自动对齐。同时如果选中“自动排列图标”命令，即该选项前面有“√”符号，这种情况下，用户在桌面上拖动任意图标时，该图标都将会自动排列整齐。

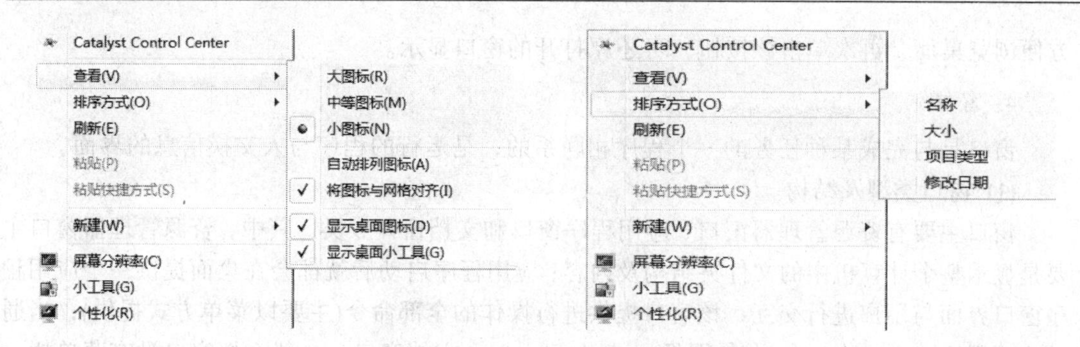

图 5.2　桌面快捷菜单“查看”项的级联菜单　图 5.3　桌面快捷菜单“排序方式”项的级联菜单

3. 任务栏

任务栏通常处于屏幕的下方，如图5.4 所示。

图 5.4　Windows 7 任务栏

任务栏中取消了原来的快速启动栏，同时取消了此前 Windows 各版本中，在任务栏中显示运行的应用程序名称和小图标的做法，取而代之的是没有标签的图标，类似于原来在快速启动工具栏中的图标，用户可以拖放图标进行定制，并可以在文件和应用程序之间快速切换。右键点击程序图标将显示最近的文件和关键功能。

任务栏中不仅仅显示正在运行的应用程序，也包括设备图标。例如，如果将数码相机与 PC 相连，任务栏中将会显示数码相机图标，点击该图标就可以操作该外置的设备。

Windows 7 可以让用户设置应用程序图标是否要显示在任务栏中的停靠栏(任务栏右下角)，或者将图标轻松地在提醒领域及左边的任务栏中随意拖放。用户可以设置，以减少过多的提醒、警告或者弹出窗口。

任务栏包括“地址”、“链接”、“Tablet PC 输入面板”、“桌面”和“语言栏”子栏等。通常这些子栏并不全显示在任务栏上，用户根据需要选择了的栏才显示。具体操作方法：右击任务栏的空白处，弹出快捷菜单，指向快捷菜单上的“工具栏”项，在“工具栏”的级联菜单中选择，如图5.5 所示。

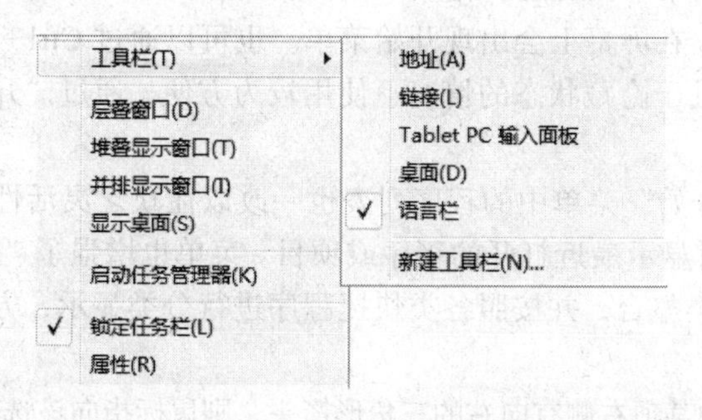

图 5.5　Windows 7 任务栏上弹快捷菜单

任务栏的最右边有一个“显示桌面”按钮，单击可以使桌面上所有打开的窗口透明，以方便浏览桌面，再次单击该按钮，可还原打开的窗口显示。

4. 窗口

窗口是与完成某种任务的一个程序相联系的，是运行的程序与人交换信息的界面。

(1) 窗口类型及结构。

窗口主要有资源管理器窗口、应用程序窗口和文档窗口3类。其中，资源管理器窗口主要是显示整个计算机中的文件夹结构及内容；应用程序启动后就都会在桌面提供一个应用程序窗口界面与用户进行交互，该窗口提供进行操作的全部命令(主要以菜单方式提供)；当通过应用程序建立一个对象时(如图像)，就会建立一个文档窗口，一般文档窗口没有菜单栏、工具栏等，只有标题栏，所以它不能独立存在，只能隶属于某个应用程序窗口。

窗口主要由标题栏、菜单栏、工具栏、状态栏和滚动条组成。

(2) 窗口操作。

窗口基本操作包括移动窗口，改变窗口大小，滚动窗口内容，最大化、最小化、还原和关闭窗口，窗口的切换，排列窗口和复制窗口。

5. 对话框

在 Windows 7 或其他应用程序窗口中，当选择某些命令时，会弹出一个对话框。对话框是一种简单的窗口，通过它可以实现程序和用户的信息交流。

为了获得用户信息，运行的程序会弹出对话框向用户提问，用户可以通过回答问题来完成对话，Windows 7 也使用对话框显示附加信息和警告，或解释没有完成操作的原因。也可以通过对话框对 Windows 7 或应用程序进行设置。

对话框中主要包含选项卡、文本框、数值框、列表框、下拉列表框、单选按钮、复选按钮、滑标、命令按钮、帮助按钮等对象。通过这些对象实现程序和用户的信息交流。

5.1.4　Windows 7 菜单命令

Windows 操作系统的功能和操作基本上体现在菜单命令中，只有正确使用菜单才能用好计算机。Windows 7 提供 4 种类型的菜单命令，它们分别是“开始”菜单、菜单栏菜单、快捷菜单和控制菜单。

1. 开始菜单

Windows 7 的开始菜单具有透明化效果，功能设置也得到了增强。单击屏幕左下角任务栏上的“开始”按钮，在屏幕上会出现开始菜单。也可以通过 Ctrl+Esc 组合键打开“开始”菜单，此法在任务栏处于隐藏状态的情况下使用较为方便。通过“开始”菜单可以启动一个应用程序。

Windows 7 的“开始”菜单中的程序列表也一改以往缺乏灵活性的排列方式，菜单具有“记忆”功能，会即时显示最近打开的程序或项目。菜单也增强了“最近访问的文件”功能，将该功能与各程序分类整合，并按照各类快捷程序进行分类显示，方便用户查看和使用“最近访问的文件”。

注意：若在菜单中某项右侧有向右的三角形箭头，则鼠标指向该选项时会自动打开其级联菜单，即最近打开的文件列表。将鼠标停留在“开始”菜单中的“所有程序”选项或单击，会打开其他应用程序菜单项。

Windows 7 开始菜单还给出了一个附加程序的区域。对于经常使用的应用程序，可用鼠标右键单击这些应用程序图标，在弹出的菜单中选择“附到「开始」菜单”，即可在开始菜单中“附加程序部分”显示该程序的快捷方式。若要在开始菜单中移除某程序时，可用鼠标右键点击该程序图标，在右键菜单中选择“从「开始」菜单解锁”即可。

2. 菜单栏菜单

Windows 7 系统的每一个应用程序窗口几乎都有菜单栏菜单，其中包含“文件”、“编辑”及“帮助”等菜单项。菜单栏命令只作用于本窗口中的对象，对窗口外的对象无效。

菜单栏命令的操作方法是：先选择窗口中的对象，然后再选择一个相应的菜单命令。注意，有时系统有默认对象，此时直接选择菜单命令就会对默认对象执行其操作。如果没有选择对象，则菜单命令是虚的，即不执行所选择的命令。

3. 快捷菜单

当右击一个对象时，Windows 7 系统就弹出作用于该对象的快捷菜单。快捷菜单命令只作用于右击的对象，对其他对象无效。

注意：右击对象不同，其快捷菜单命令也不同。

4. 控制菜单

用鼠标单击 Windows 7 窗口标题栏最左边处或右击标题栏空白处，可以打开“控制”菜单。“控制”菜单命令主要提供对窗口进行还原、移动、大小、最小化、最大化和关闭窗口操作的命令，其中移动窗口要用键盘上的上下左右方向键操作。

5. 工具栏

Windows 7 应用程序窗口和资源管理器窗口可以根据具体情况添加某种工具栏(如 QQ 工具栏)。工具栏提供了一种方便、快捷地选择常用的操作命令形式，当鼠标指针停留在工具栏的某个按钮上时，会在旁边显示该按钮的功能提示，单击就可选中并执行该命令。

5.2 Windows 7 文件管理

Windows 7 操作系统将用户的数据以文件的形式存储在外存储器中进行管理，同时给用户提供“按名存取”的访问方法。因此，必须正确掌握文件的概念、命名规则、文件夹结构和存取路径等相关内容，才能以正确的方法进行文件的管理。

5.2.1 Windows 文件系统概述

1. 文件和文件夹的概念

(1) 文件的概念。

文件是有名称的一组相关信息集合，任何程序和数据都是以文件的形式存放在计算机的外存储器(如磁盘)上的，并且每一个文件都有自己的名字，叫文件名。文件名是存取文件的依据，对于一个文件来讲，它的属性包括文件的名字、大小、创建和修改时间等。

(2) 文件夹的概念。

外存储器存放着大量不同类型的文件，为了便于管理，Windows 系统将外存储器组织成一种树形文件夹结构，这样就可以把文件按某一种类型或相关性存放在不同的"文件夹"里。这就像在日常工作中把不同类型的文件资料用不同的文件夹来分类整理和保存一样。在文件夹里除了可以包含文件外，还可以包含文件夹，包含的文件夹称为"子文件夹"。

2. 文件和文件夹的命名

(1) 命名规则。

Windows 7 使用长文件名，最长可达 256 个字符，其中可以包含空格、分隔符"."等。文件名由"名字、类型名"2 部分组成，其中类型名可省略。类型名也称扩展名。文件名的命名规则如下：

① 文件和文件夹的名字最多可使用 256 个字符。

② 文件和文件夹的名字中除开头以外的任何地方都可以有空格，但不能有下列符号：

? \ / * " < > | :

③ Windows 7 保留用户指定名字的大小写格式，但不能利用大小写区分文件名，如 Myfile.doc 和 MYFILE.DOC 被认为是同一个文件名。

④ 文件名中可以有多个分隔符"."，但最后一个分隔符后的字符串用于指定文件的类型。如 nwu.computer.file1.docx，表示文件名是 nwu.computer.file1，而 docx 则表示该文件是一个 Word 2007 类型的文件。

⑤ 汉字可以是文件名的一部分，且每一个汉字占两个字符。

(2) 文件查找中的通配符。

文件操作过程中有时希望对一组文件执行同样的命令，这时可以使用通配符"*"或"?"来表示该组文件。

若在查找时文件名中含有"?"，则表示该位置可以代表任何一个合法字符。也就是说，该操作对象是在当前路径所指的文件夹下，除"?"所在位置之外其他字符均要相同的所有文件。

若在文件名中含有"*"，则表示该位置及其后的所有位置上可以是任何合法字符，包括没有字符。也就是说，该操作对象是在"*"前具有相同字符的所有文件。例如，A*.*表示访问所有文件名以 A 开始的文件，*.BAS 表示所有扩展名为 BAS 的文件，*.*表示所有的文件。

3. 文件和文件夹的属性

在 Windows 7 环境下，文件和文件夹都有其自身特有的信息，包括文件的类型、在存储器中的位置、所占空间的大小、修改时间和创建时间，以及文件在存储器中存在的方式等，这些信息统称为文件的属性。

一般，文件在存储器中存在的方式有只读、存档、隐藏等属性。右击文件或文件夹，在弹出的快捷菜单中选择"属性"命令，弹出"属性"对话框，从中可以改变一个文件的属性。其中的只读是指文件只允许读、不允许写；隐藏是指将文件隐藏起来，这样在一般的文件操作中就不显示这些隐藏起来的文件信息。

4. 文件夹的树形结构

(1) 文件夹结构。

Windows 7 采用了多级层次的文件夹结构，如图 5.6 所示。对于同一个外存储器来讲，它的最高一级只有一个文件夹(称为根文件夹)。根文件夹的名称是系统规定的，统一用"\"表示。根文件夹内可以存放文件，也可以建立子文件夹(下级文件夹)。子文件夹的名称是由用户按命名规则指定的。子文件夹下又可以存放文件和再建立子文件夹。这就像是一棵倒置的树，根文件夹是树的根，各子文件夹是树的枝杈，而文件则是树的叶子，叶子上是不能再长出枝杈来的，所以把这种多级层次文件夹结构称为树形文件夹结构。

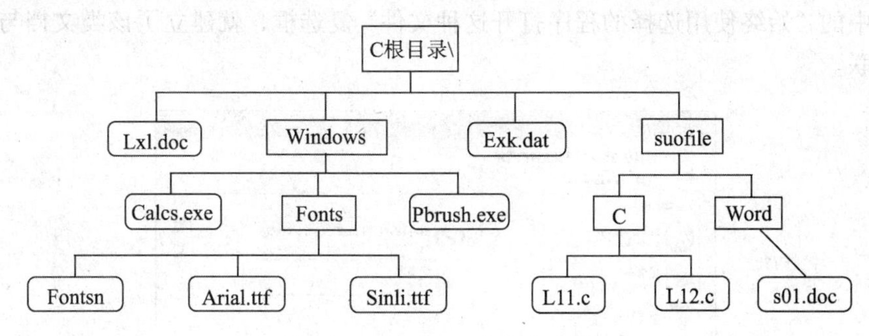

图 5.6 Windows 文件夹结构

(2) 访问文件的语法规则。

访问一个文件时，必须告诉 Windows 系统 3 个要素：文件所在的驱动器、文件在树形文件夹结构中的位置(路径)和文件的名字。

① 驱动器表示。Windows 的驱动器用一个字母后跟一个冒号表示。例如，A:为 A 盘的代表符，C:为 C 盘的代表符，D:为 D 盘的代表符等。

② 路径。文件在树形文件夹中的位置可以用从根文件夹出发、至到达该文件所在的子文件夹之间依次经过的一连串用反斜线隔开的文件夹名的序列描述，这个序列称为路径。如果文件名包括在内，该文件名和最后一个文件夹名之间也用反斜线隔开。

例如，要访问图5.6 所示的 s01.doc 文件，则可用如图5.7 所示的方法描述。

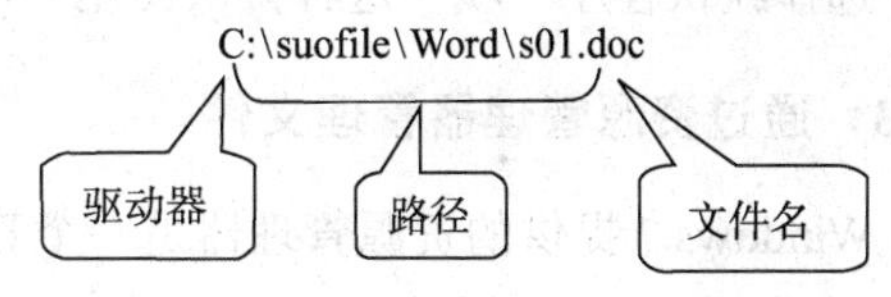

图 5.7 访问 s01.doc 文件的语法描述

路径有绝对路径和相对路径两种表示方法。绝对路径就是上面的描述方法，即从根文件夹起到文件所在的文件夹为止的写法。相对路径是指从当前文件夹起到文件所在的文件夹为止的写法。当前文件夹指的是系统正在使用的文件夹。例如，假设当前文件夹是图5.6 所示 suofile 文件夹，要访问 L12.c 文件，则可用 C:\suofile\C\L12.c 绝对路径描述方法，也可以用 C\L12.c 相对路径描述方法。

注意：在 Windows 系统中，由于使用鼠标操作，所以上述规则通常是通过 3 个操作完成的，即先在窗口中选择驱动器；然后在列表中选择文件夹及子文件夹；最后选择文件或输入文件名。如果熟练掌握访问文件的语法规则描述，那么可直接在地址栏输入路径来访问文件。

5.2.2 文档与应用程序关联

关联是指将某种类型的文件同某个能编辑处理该类型文件的应用程序通过文件扩展名联系起来，以便在打开任何具有此类扩展名的文件时，自动启动该应用程序。通常在安装新的应用软件时，应用软件自动建立与某些文档之间的关联。例如，安装 Word 2007 应用程序时，就会将.docx 文档与 Word 2007 应用程序建立关联，当双击此类文档(.docx)时，Windows 系统就会先启动 Word 2007 应用程序，然后再打开该文档。

如果一个文档没有与任何应用程序相关联，则双击该文档，就会弹出一个请求用户选择打开该文档的“打开方式”对话框，如图 5.8 所示。用户可以从中选择一个能对文档进行处理的应用程序，之后 Windows 系统就启动该应用程序，然后打开该文档。如果选中图5.8 所示对话框中的“始终使用选择的程序打开这种文件”复选框，就建立了该类文档与所选应用程序的关联。

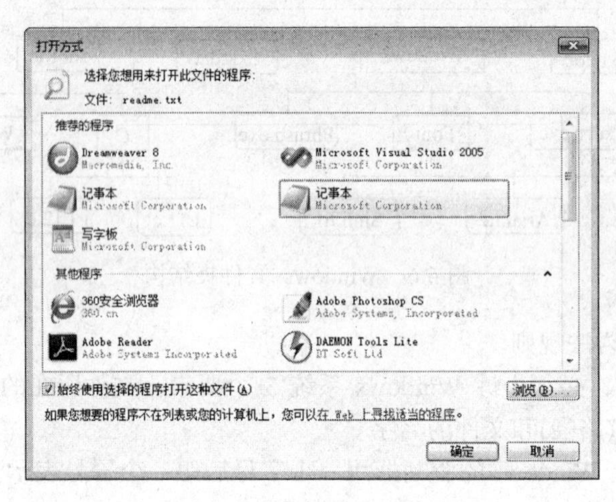

图 5.8　“打开方式”对话框

也可以右击一个文件，在弹出的快捷菜单中选择“打开方式”命令项，并在级联菜单中选“选择默认程序”项。这种方法使用户可以重新定义一个文件关联的应用程序。

5.2.3　通过资源管理器管理文件

Windows 7 提供的资源管理器是一个管理文件和文件夹的重要工具，它清晰地显示出整

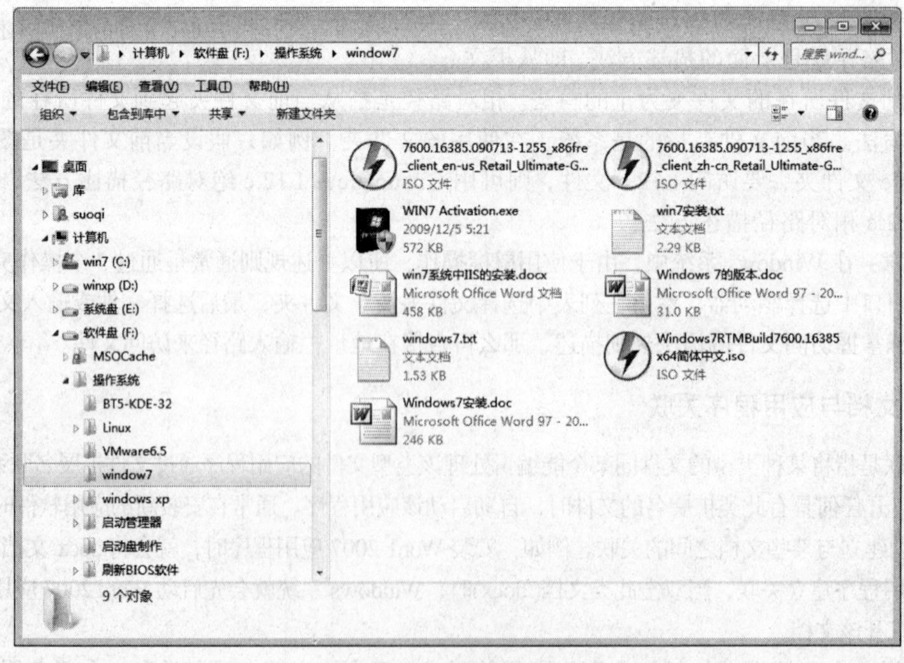

图 5.9　资源管理器窗口

个计算机中的文件夹结构及内容，如图 5.9 所示。使用它能够方便地进行文件打开、复制、移动、删除或重新组织等操作。

1. 资源管理器的启动

方法 1：单击任务栏紧靠“开始”按钮的“Windows 资源管理器”图标。

注：如果已有打开的资源管理器窗口，则不会打开新的“Windows 资源管理器”窗口，而是显示已经打开的“资源管理器”窗口(如果有多个，还要求选择其中的一个)。

方法 2：右击“开始”按钮，从弹出的菜单中选择“打开 Windows 资源管理器”命令。

方法 3：打开“开始”菜单，将鼠标指针指向“所有程序”及“附件”，在“附件”级联菜单中选择“Windows 资源管理器”命令。

方法 4：按 Windows 键+ E 快捷键打开。

无论使用哪种方法启动资源管理器，都会打开 Windows 资源管理器窗口。

2. 资源管理器操作

(1) 资源管理器窗口的组成。

Windows 资源管理器窗口分为上、中和下 3 个部分，如图 5.9 所示。窗口上部有“地址栏”、“搜索栏”和“菜单栏”；窗口中部分为左右两个区域，即导航栏区(左边区域)和文件夹区(右边区域)，用鼠标拖动左、右区域中间的分隔条，可以调整左、右区域的大小。导航栏区显示计算机资源的结构组织，整个资源被统一划分为收藏夹、库、家庭网组、计算机和网络 5 大类。右边文件夹区中显示的是导航栏中选定对象所包含的内容。窗口下部是状态栏，用于显示某选定对象的一些属性。

收藏夹：主要是最近使用的资源记录，其中有一个“最近访问的位置”项，选择后可以查看到最近打开过的文件和系统功能，如果需要再次使用其中的某一个，则只需选定即可。

网络：可以直接在此快速组织和访问网络资源。

库：是把各种资源归类并显示在所属的库文件中，使管理和使用变得更加轻松。文件库可以将需要的文件和文件夹统统集中到一起，就如同网页收藏夹一样，只要单击库中的链接，就能快速打开添加到库中的文件夹，而不管它们在本地计算机或局域网当中的任何位置。另外，它们都会随着原始文件夹的变化而自动更新，并且可以以同名的形式存在于文件库中。

计算机：是本地计算机外部存储器上存储的文件和文件夹列表，是文件和文件夹存储的实际位置显示。

库与计算机的区别：计算机中的文件夹保存的文件或者子文件夹，都是存储在同一个地方的，而在库中存储的文件则可以来自于五湖四海，如可以来自于用户计算机上的关联文件或者来自于移动磁盘上的文件。这个差异虽然比较细小，但却是“计算机”与“库”之间的最本质的差异。

(2) 基本操作。

①导航栏使用。资源管理器窗口的导航栏提供选择资源的菜单列表项，单击某一项，则其包含的内容会在右边的文件夹窗口中显示。

在导航栏中，菜单列表项中可能包含子项。用户可展开列表项，显示子项，也可以折叠列表项，不显示子项。为了能够清楚地知道某个列表项中是否含有子项，在导航栏中用图标进行了标记。菜单列表项前面含有向右的实心三角“▶”时，表示该列表项中含有子项，可以单击“▶”展开；列表项前面含有向右下的实心三角夹“◢”时，表示该列表项已被展开，可以单击“◢”折叠。

②地址栏使用。Windows 7资源管理器窗口中的地址栏具备简单、高效的导航功能，用户可以在当前的子文件夹中，通过地址栏浏览选择上一级的其他资源进行浏览。

③选择文件和文件夹。要选择文件和文件夹，首先要确定该文件或文件夹所在的驱动器或文件(或文件夹)所在的文件夹。即在导航栏中，从上到下一层一层地单击所在驱动器和文件夹，然后在文件夹窗口中选择所需的文件或文件夹。在资源管理器窗口的导航栏中选定了一个文件夹之后，在文件夹窗口中会显示出该文件夹下包含的所有子文件夹和文件，在其中选定所要的文件和文件夹。导航栏确定的是文件和文件夹的路径，文件夹窗口中显示的是被选定文件夹的内容。

文件夹内容的显示模式有“超大图标”、“大图标”、“中等图标”、“小图标”、“列表”、“详细信息”、“平铺”和“内容”8种形式。

对文件夹窗口中文件和文件夹的选取有以下几种方法。

- 选定单个文件夹或文件：单击所要选定的文件或文件夹。
- 选择多个连续的文件或文件夹：单击所要选定的第一个文件或文件夹，然后用鼠标指向最后一个文件或文件夹，按住Shift键并单击鼠标左键。
- 选定多个不连续的文件或文件夹：按住Ctrl键不放，然后逐个单击要选取的文件或文件夹。
- 全部选定文件或文件夹：选择“编辑”菜单中的“全部选定”命令，则选定资源管理器右窗格中的所有文件或文件夹(或用快捷键Ctrl+A)。

3. 文件和文件夹管理

(1) 复制文件或文件夹。

①鼠标拖动法：源文件或文件夹图标和目标文件夹图标都要出现在桌面上，选定要复制的文件或文件夹，按住Ctrl键不放，用鼠标将选定文件或文件夹拖动到目标盘或目标文件夹。如果在不同的驱动器上复制，只要用鼠标拖动文件或文件夹即可，不必使用Ctrl键。

②命令操作法：在文件夹窗口中单击选定要复制的文件夹或文件，选择“编辑”菜单中的“复制”命令，这时已将文件或文件夹复制到剪贴板中；然后打开目标盘或目标文件夹，选择“编辑”菜单中的“粘贴”命令。关于“复制”和“粘贴”命令也可直接使用快捷按键命令，操作步骤为：选择→Ctrl+C(复制)→确定目标→Ctrl+V(粘贴)。

(2) 移动文件或文件夹。

①鼠标拖动法：源文件(或文件夹)和目标文件夹都要出现在桌面上，选定要移动的文件(或文件夹)，按住Shift键，用鼠标将选定的文件或文件夹拖动到目标盘或文件夹中。如果是同一驱动器上移动非程序文件(或文件夹)，只需用鼠标直接拖动文件或文件夹，不必使用Shift键。

注意：在同一驱动器上拖动文件是建立该文件的快捷方式，而不是移动文件。

②命令操作法：同复制文件的方法。只需将选择Ctrl+C(复制)命令改为选择Ctrl+X(剪切)命令即可，即选择→Ctrl+X(剪切)→确定目标→Ctrl+V(粘贴)。

(3) 删除文件或文件夹。

选定要删除的文件或文件夹，余下的步骤与删除图标的方法相同。如果想恢复刚刚被删除的文件，则选择“编辑”菜单中的“撤销”命令。

注意：删除的文件或文件夹留在“回收站”中并没有节约磁盘空间，因为文件或文件夹并没有真正从磁盘中删除。若删除的是 U 盘和移动盘上的文件和文件夹，将直接删除，不会放入“回收站”。

(4) 查找文件或文件夹。

当用户创建的文件或文件夹太多时，如果想查找某个文件或某一类型文件，而又不知道文件存放位置，可以通过 Windows 7 提供了搜索栏来检索文件或文件夹。首先在导航栏选定搜索目标，如“计算机”或某个驱动器或某个文件夹，然后在搜索栏中输入内容(检索条件)，Windows 7 即刻开始检索并将结果在文件夹窗口中显示出来。

(5) 存储器格式化。

使用外存储器前需要进行格式化。如果要格式化的存储器中有信息，则格式化会删除原有的信息。操作方法：右击要格式化的存储器，在弹出的快捷菜单上选择“格式化”命令，在弹出的“格式化”对话框中进行相应的格式设置，然后按“确定”按钮即可。

(6) 创建新的文件夹。

选定要新建文件夹所在的文件夹(即新建文件夹的父文件夹)并打开；用鼠标指向“文件”菜单中的“新建”命令，在级联菜单中选择“文件夹”命令(或右击文件夹窗口空白处，在弹出的快捷菜单中选择“新建”命令级联菜单中“文件夹”命令)，文件夹窗口中出现带临时名称的文件夹，输入新文件夹的名称后，按 Enter 键或用鼠标单击其他任何地方。

5.2.4　剪贴板的使用

剪贴板是 Windows 操作系统中一个非常实用的工具，它是一个在 Windows 程序和文件之间用于传递信息的临时存储区。剪贴板不但可以存储正文，还可以存储图像、声音等其他信息。通过它可以把多个文件的正文、图像、声音粘贴在一起，形成一个图文并茂、有声有色的文件。

剪贴板的使用步骤是：先将对象复制或剪切到剪贴板这个临时存储区，然后将插入点定位到需要放置对象的目标位置，再使用粘贴命令将剪贴板中信息传递到目标位置中。

在 Windows 中，可以把整个屏幕或某个活动窗口作为图像复制到剪贴板上。

① 复制整个屏幕：按下 Print Screen 键。

② 复制窗口、对话框：先将窗口(或对话框)选择为活动窗口(或对话框)，然后按 Alt + Print Screen 组合键。

5.3　系 统 设 置

计算机是由硬件和软件构成的一个系统，操作系统是对这个系统进行管理的系统程序，在使用的过程中，用户往往需要对其硬件和软件进行重新配置，以适应自己相应程序的运行，提高运行效率。Windows 7 提供“控制面板”功能，用户通过它可以方便地重新设置系统。

5.3.1　控制面板简介

1. 控制面板

Windows 7 在控制面板里提供了许多应用程序，这些程序主要用于完成对计算机系统的软、硬件的设置和管理。其启动的方式是单击“开始/控制面板”，即可打开“控制面板”。

Windows 7 的控制面板集中了计算机的所有相关系统设置，对系统所做的任何设置和操作，都可以在这里找到。在组织上控制面板将同类相关设置都放在一起，整合成：系统和安全、用户账户和家庭安全、网络和 Internet、外观和个性化、硬件和声音、时间、语言和区域、程序和轻松访问中心等 8 大类，每一大类中再按某个方面分成子类。Windows 7 的这种组织使操作变得简单快捷、一目了然。

2. *应用程序的启动*

从控制面板里启动一个设置应用程序的具体操作是：先选择某个相关设置的类别，然后选择一个子类，此时会出现所选子类所包含的设置应用程序，最后在列表中选择一个具体的应用程序，这样就可以启动相应的应用程序窗口或对话框，最后完成设置操作。

5.3.2　操作中心

Windows 7 在控制面板的“系统和安全”类别里提供了一个“操作中心”子类，该子类列出了有关需要注意的安全和维护设置的重要消息，如图 5.10 所示。操作中心中的红色项目标记为“重要”，表明应快速解决的重要问题，例如需要更新的已过期的防病毒程序；黄色项目是一些应考虑面对的建议执行的任务，例如所建议的维护任务。

图 5.10　“操作中心”窗口

若要查看有关“安全性”或“维护”部分的详细信息，单击对应标题或标题旁边的箭头，以展开或折叠该部分。如果不想看到某些类型的消息，可以选择在视图中隐藏它们。

也可通过将鼠标放在任务栏最右侧的通知区域中的操作中心图标上，可快速查看操作中心中是否有任何新消息。单击该图标查看详细信息，然后单击某消息解决问题。

如果计算机出现问题，检查操作中心以查看是否已标识问题。如果尚未标识，则还可以查找指向疑难解答程序和其他工具的有用链接，这些链接可帮助解决问题。

5.3.3　应用程序的卸载

打开“控制面板”窗口，选择“程序”类别，显示“程序”窗口，再在其中的“程序和功能”选项中选择“卸载程序”项，然后在显示的程序列表中选择要卸载的程序，并按提示进行操作，即可完成卸载。

5.3.4　更改 Windows 7 设置

1. 设置日期和时间

打开“控制面板”窗口，选择“时间、语言和区域”类别，然后选择“日期和时间”子类项中的“设置时间和日期”项，弹出 “日期和时间”对话框，按对话框上的提示进行日期、时间设置即可。

2. Windows 7 桌面设置

打开“控制面板”窗口，选择“外观和个性化”类别，打开“外观和个性化”窗口，如图 5.11 所示。其中列出了对 Windows 7 桌面的背景、屏幕保护、外观等进行设置的应用程序。选择相应的应用程序后，按窗口(或对话框)上的提示进行相应的设置即可。

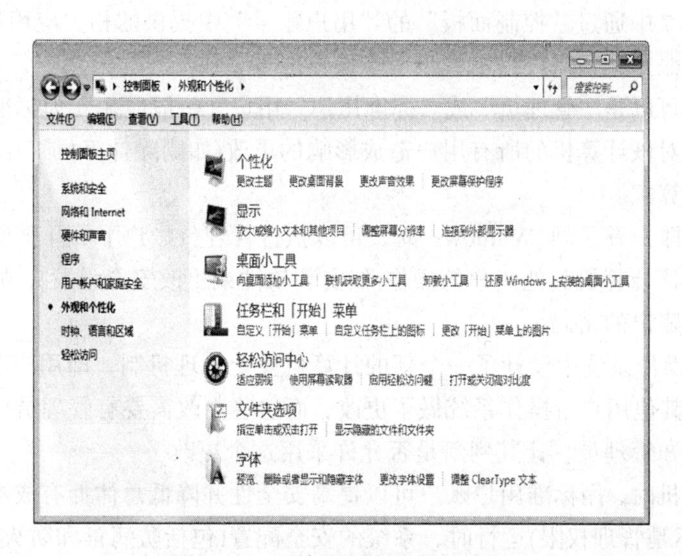

图 5.11　“外观和个性化”窗口

3. 鼠标设置

打开“控制面板”窗口，选择“硬件和声音”类别，然后在“设备和打印机”子类列表中选择“鼠标”，在随后弹出的“鼠标 属性”对话框中按提示进行相应的设置即可。

4. 网络相关设置

Windows 7 控制面板在“网络和 Internet”类别中，将所有网络相关设置集中在一起，可设置连接的网络属性、设置新的网络连接、家庭组及 Internet 选项等设置。

例如，选择“网络和共享中心”，则会显示“查看基本网络信息并设置连接”窗口，如图 5.12 所示。在此窗口按提示直接可以进行网络连接的相关设置。

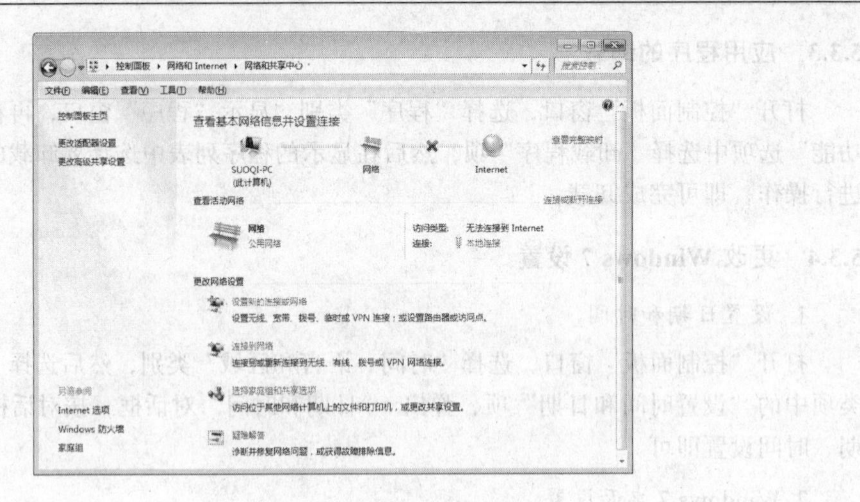

图 5.12　“查看基本网络信息并设置连接”窗口

5.3.5　用户管理

在 Windows 7 中通过“控制面板”的“用户账号”中提供的相关应用程序，即可添加、删除和修改用户账号，只需按提示一步一步操作即可完成。

创建的用户可以是“管理员”或“标准用户”用户，一般应建立为标准账户。标准账户可防止用户做出对该计算机的所有用户造成影响的更改(如删除计算机工作所需要的文件)，从而帮助保护计算机。

当使用标准账户登录到 Windows 时，可以执行管理员账户下的几乎所有的操作，但是如果要执行影响该计算机其他用户的操作(如安装软件或更改安全设置)，则 Windows 可能要求提供管理员账户的密码。

Windows7 操作系统中设计了一个新的计算机安全管理机制，即用户账户控制(UAC)。简单地说，就是其他用户对操作系统做了更改，而这些更改需要有管理员权限的，此时操作系统就会自动通知管理员，让其判断是否允许采用这个更改。

在使用计算机时，用标准用户账户可以提高安全性并降低总体拥有成本。当用户使用标准用户权限(而不是管理权限)运行时，系统的安全配置(包括防病毒和防火墙配置)将得到保护。这样，用户将能拥有一个安全的区域，可以保护他们的账户及系统的其余部分。

Windows 7 的用户管理功能可以使多个用户共用一台计算机，而且每个用户有设置自己的用户界面和使用计算机的权力。

另外，Windows 7 提供“计算机管理”窗口，如图 5.13 所示。打开方法是：单击“开始”，然后用鼠标右击“计算机”，在弹出的快捷菜单中选择“管理”命令。可以在其中对新建的用户账户进行权限的设置。

权限和用户权力通常授予组。通过将用户添加到组，可以将指派给该组的所有权限和用户权力授予这个用户。User 组中的成员可以执行完成其工作所必需的大部分任务，如登录到计算机、创建文件和文件夹、运行程序及保存文件的更改。但是，只有 Administrators 组的成员可以将用户添加到组、更改用户密码或修改大多数系统设置。

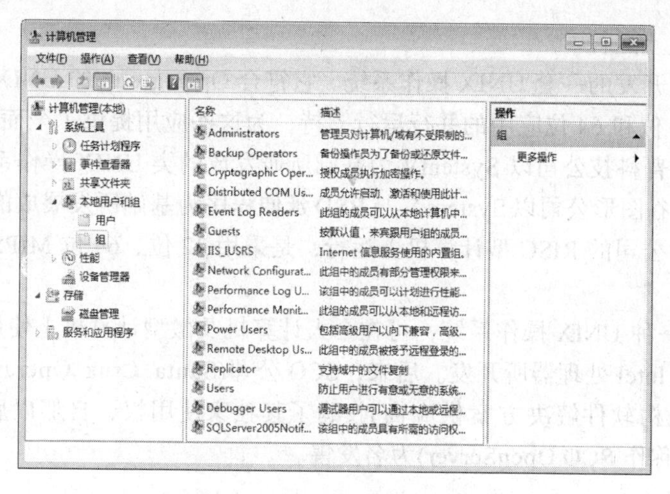

图 5.13　“计算机管理”窗口

5.4　知 识 扩 展

除了 Windows 操作系统外，常用的操作系统还有 UNIX、Linux 等操作系统，它们都是非常好的管理计算机的操作系统。

5.4.1　UNIX 操作系统

UNIX 操作系统，是美国 AT&T 公司于 1971 年在 PDP-11 上运行的操作系统。具有多用户、多任务的特点，支持多种处理器架构，最早由肯-汤普逊(Kenneth Lane Thompson)、丹尼斯-里奇(Dennis MacAlistair Ritchie)和 Douglas McIlroy 于 1969 年在 AT&T 的贝尔实验室开发。

1. UNIX 的发展史

1965 年，AT&T、MIT 和 GE 联合开发 Multics；

1969 年，KenThompson 和 Dennis Ritchie 在 PDP-7 上汇编 UNIX；

1970 年，在 PDP-11 系列机上汇编 UNIX v1；

1975 年，UNIX v6 发布并扩散到大学和科研机构；

1978 年，UNIX v7 发布，这是第一个商业版本；

1981 年，AT&T 发布 UNIX System Ⅲ，UNIX 开始转向为为社会提供的商品软件；

1983 年，AT&T 发布一个标志性版本 UNIX System V，系统功能已趋于稳定和完善。

有代表性的其他的基于 UNIX 构架的发行版本主要有以下三大类：

(1) Berkley。

加州大学伯克利分校发行的 BSD 版本，主要用于工程设计和科学计算。有 386BSD，DragonFly BSD，FreeBSD，NetBSD，NEXTSTEP，Mac OS X，OpenBSD，Solaris(OpenSolaris，OpenIndiana)等不同版本。不同的 BSD 操作系统针对不同的用途及用户，可应用于多种硬件构架。

(2) System V。

主要有 A/UX，AIX，HP-UX，IRIX，LynxOS，SCOOpenServer，Tru64，Xenix。

A/UX 是苹果计算机公司开发的 UNIX 操作系统，此操作系统可以在该公司的一些

Macintosh 计算机上运行。

AIX 是 IBM 开发的一套 UNIX 操作系统。它符合 Open group 的 UNIX 98 行业标准，通过全面集成对 32 位和 64 位应用的并行运行支持，为这些应用提供了全面的可扩展性。

HP-UX 是惠普科技公司以 SystemV 为基础所研发成的类 UNIX 操作系统。

IRIX是由硅谷图形公司以System V与BSD延伸程序为基础所发展成的UNIX操作系统，IRIX 可以在 SGI 公司的 RISC 型计算机上运行，是采用 32 位、64 位 MIPS 架构的 SGI 工作站、服务器。

Xenix 是另一种 UNIX 操作系统，可在个人计算机及微型计算机上使用。该系统由微软和 AT&T 公司为 Intel 处理器所开发。后来，SCO 公司(Santa Cruz Operation，中小型企业和可复制分支机构软件解决方案供应商)收购了其独家使用权，自那以后，该公司开始以 SCO UNIX(亦被称作 SCO OpenServer)为名发售。

(3) Hybrid。

主要有 GNU / Linux，Minix，QNXUnix。其中，Linux 是另一类 UNIX 计算机操作系统的统称，它的核心支持从个人计算机到大型主机甚至包括嵌入式系统在内的各种硬件设备；Minix 是一个迷你版本的类 UNIX 操作系统(约 300MB)，其他类似的系统还有 Idris，Coherent 和 Uniflex 等。这些类 UNIX 操作系统都是重新发展的，并没有使用任何 AT&T 的程序码。

2. UNIX 系统的特点

① 分时操作系统，支持多用户同时使用一台计算机。分时操作系统是把 CPU 的时间划分为多个时间片，每个用户一次只能运行一个时间片，时间片一到就让出处理机供其他用户的程序使用。

② 网络操作系统。多台独立工作的计算机用通信线路链接起来，构成一个能共享资源的更大的信息系统，为 Client-Server 结构。

③ 可移植性强。其大量的代码由 C 语言编写，而 C 语言具有跨平台性。

④ 多用户、多任务的分时操作系统。多个用户可以同时使用，人机间实时交互数据。

⑤ 软件复用。程序由不同的模块组成，每个程序模块完成单一的功能，程序模块可按需任意组合。

⑥ 一致的文件、设备和进程间 I/O。与设备独立的 I/O 操作，外部设备作为文件操作。

⑦ 界面方便高效。Shell 命令灵活可编程。

⑧ 安全机制完善。口令、权限、加密等措施完善，具有抗病毒结构，具有误操作的局限和自动恢复功能。

⑨ 可用 Shell 来编程，它有着丰富的控制结构和参数传递机制。

⑩ 内部多进程结构易于资源共享，外部支持多种网络协议。

⑪ 系统工具和服务。具有 100 多个系统工具(命令)。

3. UNIX 文件系统

文件系统是指对存储在存储设备(如硬盘)中的文件所进行的组织管理，通常是按照目录层次的方式进行组织。每个目录可以包括多个子目录以及文件，系统以“/”为根目录。

(1) UNIX 文件系统分类。

UNIX 操作系统可由多个可以动态安装及拆卸的文件系统组成。其文件系统主要分为根文件系统和附加文件系统两大类。根文件系统是 UNIX 系统至少应含有的一个文件系统，它包含了构成操作系统的有关程序和目录，由“/”符号来表示。附加文件系统是除根文件系统以外的其他文件系统，它必须挂到(mount)根文件系统的某个目录下才能使用。

(2) UNIX 文件类型。

在 UNIX 中文件共分为以下 4 种：

①普通文件(-)。普通文件又分为文本文件、二进制文件、数据文件。文本文件主要包括 ASCII 文本文件和一些可执行的脚本文件等；二进制文件主要是可执行文件等；数据文件主要是系统中的应用程序运行时产生的文件。

②目录文件(d)。用来存放文件目录。

③设备文件(l)。设备文件代表着某种设备，一般放在/dev 目录下。它分为块设备文件和字符设备文件，块设备文件以区块为输入输出单元，如磁盘；字符设备文件是以字符作为输入输出单元，如串口。

④链接文件(b/c)。链接文件类似于 Windows 系统中的快捷方式，它指向链接文件所链接着的文件。

UNIX 与 Windows 系统不同，UNIX 系统中目录本身就是一个文件，另外文件类型与文件的后缀名无关。不同类型的文件有着不同的文件类型标识(可使用 ls –l 命令来进行查看)，它们使用如表 5.1 所示的符号来表示相应的文件类型。

表 5.1　文件类型标识符号

类型标识符号	文件类型
-	普通文件
d	目录文件
b	块设备文件
c	字符设备文件
l	链接文件

例如，$ ls –l

```
-rwxr-xr-- 2 bill newservice 321 Oct 17 09:33 file1
drwxr-xr-x 2 bill newservice 96 Oct 17 09:40 dir1
```

其中，第一列的“-”表示 file1 是普通文件，“d”表示 dir1 为目录文件。

(3) UNIX 目录结构。

UNIX 系统采用树型的目录结构来组织文件，每一个目录可能包含了文件和其他的目录。该结构以根目录“/”为起点向下展开，每个目录可以有许多子目录，但每个目录都只能有一个父目录。常见的目录有 /etc (常用于存放系统配置及管理文件)、/dev (常用于存放外围设备文件)、/usr (常用于存放与用户相关的文件)等。

(4) UNIX 文件名称。

UNIX 文件名称支持长文件名，其对字母大小写敏感，比如 file1 和 File1 表示的是两个不同的文件。要说明的是，如果用“.”作为文件名的第一个字母，则表示此文件为隐含文件，如.cshrc 文件。

UNIX 系统中对文件名的含义不做任何解释，文件名后缀的含义由使用者或调用程序解释。

(5) 路径名。

用斜杠“/”分割的目录名组成的一个序列，它指示找到一个文件所必须经过的目录。

路径有绝对路径和相对路径两种类型，绝对路径由根目录(/)开始；相对路径是指由当前目录开始的路径。另外，“.”表示当前目录，“..”表示上级目录。

4. 登录及操作界面

(1) 登录。

当操作终端与 UNIX 系统连通后，在终端上会显示出 login:登录提示符。在 login:提示符后输入用户名，出现 password:后再输入口令。如以 user1 用户登录的过程为：

Login: user1
Password:

输入的口令并不显示出来，输入完口令后，一般会出现上次的登录信息，以及 UNIX 的版本号。最后出现 Shell 提示符，等待用户输入命令。

(2) 操作界面。

传统的 UNIX 用户界面采用命令行方式，命令较难记忆，很难普及到非计算机专业人员。现在大多数的 UNIX 都使用图形用户界面(GUI)，用户通过该界面与系统交互。GUI 通常使用窗口、菜单和图标来代表不同的 UNIX 命令、工具和文件。使用鼠标，可以打开菜单、移动窗口以及选择图标，其操作类似 Windows 的操作方法。

5. UNIX 命令格式

(1) UNIX 命令提示符。

在命令行方式下，UNIX 操作系统会显示一提示符，提示用户在此提示符后可以输入命令。不同的 Shell 有不同的缺省提示符，其中：B Shell 和 K Shell 的缺省提示符为$；C Shell 的缺省提示符为%，但当以 root 用户登录时，系统提示符统一缺省为#。用户可以设定自己的缺省 Shell 和提示符。

(2) 基本命令格式。

UNIX 命令的基本格式如下：

命令　参数 1　参数 2 ...　参数 n

UNIX 命令由一个命令和零到多个参数构成，命令和参数之间，以及参数与参数之间用空格隔开。UNIX 的命令格式和 DOS 的命令格式相似，但 UNIX 的命令区分大小写，且命令和参数之间必须隔开。

例如：

$cp　f1　memo

该命令复制 f1 文件到 memo 目录内。

UNIX 为用户提供了一个分时的操作系统以控制计算机的活动和资源，并且提供一个交互、灵活的操作界面。UNIX 被设计成能够同时运行多进程，支持用户之间共享数据。同时，支持模块化结构，当安装 UNIX 操作系统时，只需要安装工作需要的部分，例如：UNIX 支持许多编程开发工具，但是如果并不从事开发工作，只需要安装最少的编译器。用户界面同样支持模块化原则，互不相关的命令能够通过管道相连接用于执行非常复杂的操作。

5.4.2　Linux 操作系统

1991 年，芬兰赫尔辛基大学的大学生 Linus Torvalds 萌发了开发一个自由的 UNIX 操作系统的想法，当年，Linux 就诞生了，并且以可爱的企鹅作为其标志。为了不让这个羽毛未丰的操作系统夭折，Linus 将自己的作品 Linux 通过 Internet 发布。从此，一大批知名的、不知名的计算机编程人员加入到开发过程中来，Linux 逐渐成长起来。

1. Linux 简介

Linux 是一套多用户、多任务、免费使用和自由传播的类 UNIX 操作系统,,它诞生于 1991 年 10 月 5 日(这是第一次正式向外公布的时间)。这个系统是由全世界各地的成千上万的程序员设计和实现的，其目的是建立不受任何商品化软件的版权制约的、全世界都能自由使用的 UNIX 兼容产品。

Linux 是在 GNU 公共许可权限下免费获得的，是一个符合 POSIX 标准的操作系统。用户可以通过网络或其他途径无偿地得到它及其源代码，可以无偿地获得大量的应用程序，而且可以任意地修改和补充它们。这是其他的操作系统所做不到的。正是由于这一点，来自全世界的无数程序员参与了 Linux 的修改、编写工作，程序员可以根据自己的兴趣和灵感对其进行改变。这让 Linux 吸收了无数程序员的精华，不断壮大。

Linux 操作系统软件包不仅包括完整的 Linux 操作系统，而且还包括了文本编辑器、高级语言编译器等应用软件。它还包括带有多个窗口管理器的 X-Windows 图形用户界面，允许使用窗口、图标和菜单对系统进行操作。

Linux 可安装在各种计算机硬件设备中，从手机、平板电脑、路由器和视频游戏控制台，到台式计算机、大型机和超级计算机。

Linux 的基本思想有两点：第一，一切都是文件；第二，每个软件都有确定的用途。其中第一条详细来讲就是系统中的所有都归结为一个文件，命令、硬件和软件设备、操作系统、进程等，对于操作系统内核而言，都被视为拥有各自特性或类型的文件。至于说 Linux 是基于 UNIX 的，很大程度上也是因为这两者的基本思想十分相近。

2. 主要的特点

(1) 多用户多任务。

多用户是指系统允许多个用户同时使用，资源可以被不同用户拥有使用，即每个用户对自己的资源(例如：文件、设备)有特定的权限，互不影响。多任务是指计算机同时执行多个程序，而且各个程序的运行互相独立。

Linux 支持多用户，各个用户对于自己的文件设备有自己特殊的权利，保证了各用户之间互不影响。Linux 系统调度每一个进程平等地访问微处理器，可以使多个程序同时并独立地运行。

(2) 可靠的系统安全。

Linux 采取了许多安全技术措施，包括对读、写进行权限控制、带保护的子系统、审计跟踪、核心授权等，这为网络多用户环境中的用户提供了必要的安全保障。

(3) 良好的兼容性。

Linux 的接口与 POSIX(Portable Operating System Interface for UNIX，面向 UNIX 的可移植操作系统接口)相兼容， 所以在 UNIX 系统下运行的应用程序，几乎完全可以在 Linux 上运行。

在 Linux 下还可通过相应的模拟器运行常见的 DOS、Windows 的程序。这为用户从 Windows 转到 Linux 奠定了基础。

(4) 强大的可移植性与嵌入式系统。

可移植性是指将操作系统从一个平台转移到另一个平台使它仍然能按其自身的方式运

行的能力。Linux 是一种可移植的操作系统，能够在从微型计算机到大型计算机的任何环境中和任何平台上运行。可移植性为运行 Linux 的不同计算机平台与其他任何机器进行准确而有效的通信提供了手段，不需要另外增加特殊的和昂贵的通信接口。

嵌入式系统是根据应用的要求，将操作系统和功能软件集成于计算机硬件系统之中，从而实现软件与硬件一体化的计算机系统。Linux 是一个成熟而稳定的网络操作系统，将 Linux 植入嵌入式设备具有众多的优点。首先，Linux 的源代码是开放的，任何人都可以获取并修改，用之开发自己的产品；其次，Linux 是可以定制的，其系统内核最小只有约 134kB，一个带有中文系统和图形用户界面的核心程序也可以做到不足 1MB，并且同样稳定。另外，它和多数 UNIX 系统兼容，应用程序的开发和移植相当容易。同时，由于具有良好的可移植性，已成功使 Linux 运行于数百种硬件平台之上。

(5) 友好的用户界面。

Linux 向用户提供了两种界面：字符(命令行)界面和图形界面。

Linux 的传统用户界面是基于文本的字符界面，用户可以通过键盘输入相应的命令来进行操作，即 Shell，它既可以联机使用，又可存在文件上脱机使用。Shell 有很强的程序设计能力，用户可方便地用它编制程序，从而为用户扩充系统功能提供了更高级的手段。可编程 Shell 是指将多条命令组合在一起，形成一个 Shell 程序，这个程序可以单独运行，也可以与其他程序同时运行。

图形界面是类似 Windows 图形界面的 X-Window 系统，用户可以使用鼠标对其进行操作。在 X-Window 环境中和在 Windows 中相似，给用户呈现一个直观、易操作、交互性强的友好的图形化界面。

(6) 设备独立性。

设备独立性是指操作系统把所有外部设备统一当作成文件来看待，只要安装它们的驱动程序，任何用户都可以像使用文件一样，操纵、使用这些设备，而不必知道它们的具体存在形式。

设备独立性的操作系统能够容纳任意种类及任意数量的设备，因为每一个设备都是通过其与内核的专用连接独立进行访问。

Linux 是具有设备独立性的操作系统，它的内核具有高度适应能力，随着更多的程序员加入 Linux 编程，会有更多硬件设备加入到各种 Linux 内核和发行版本中。另外，由于用户可以免费得到 Linux 的内核源代码，因此，用户可以修改内核源代码，以便适应新增加的外部设备。

(7) 丰富的网络功能。

完善的内置网络是 Linux 的一大特点。Linux 在通信和网络功能方面优于其他操作系统。其他操作系统不包含如此紧密地和内核结合在一起的连接网络的能力，也没有内置这些联网特性的灵活性。

Linux 免费提供了大量支持 Internet 的软件，用户能用 Linux 与世界上的其他人通过 Internet 网络进行通信。

Linux 不仅允许进行文件和程序的传输，它还为系统管理员和技术人员提供了访问其他系统的窗口。通过这种远程访问的功能，一位技术人员能够有效地为多个系统服务，即使那些系统位于相距很远的地方。

3. Linux 版本

Linux 不断发展，推陈出新，跟 Windows 系列一样拥有不同的版本。但是 Linux 的版本分为两部分，内核版本与发行套件版本。

(1) Linux 的内核版本。

“内核”指的是一个提供硬件抽象层、磁盘及文件系统控制、多任务等功能的系统软件。

内核版本是在 Linux 的创始人 Linus 领导下的开发小组开发出的系统，主要包括内存调度、进程管理、设备驱动等操作系统的基本功能，但是不包括应用程序。一个内核不是一套完整的操作系统。

内核的版本号由 r.x.y 三个数字组成，其中，r 表示目前发布的内核主版本；x 表示开发中的版本；y 表示错误修补的次数。一般来讲，x 为偶数的版本表明该版本是一个可以使用的稳定版本，如 2.4.4；x 为奇数的版本表明该版本是一个测试版本，其中加入了一些新的内容，不一定稳定，如 2.1.111。

例如：Red Hat Fedora Core5 使用的内核版本是 2.6.16，表明 Red Hat Fedora Core5 使用的是一个比较稳定的版本，修补了 16 次。

(2) Linux 的发行版本。

发行版本是一些组织或厂商将 Linux 系统内核与应用软件和文档包装起来，并提供一些安装界面和系统设定管理工具的一个软件包的集合。一套基于 Linux 内核的完整操作系统叫作 Linux 操作系统。

相对于内核版本，发行套件的版本号随发布者的不同而不同，与系统内核的版本号相对独立。如 Red Hat Fedora Core5 指 Linux 的发行版本号，而其使用的内核版本是 2.6.16。

Linux 是自由软件，任何组织、厂商和个人都可以按照自己的要求进行发布，目前已经有了 300 余种发行版本，而且数目还在不断增加。Red Hat Linux、Fedora Core Linux、Debian Linux、Turbo Linux、Slackware Linux、Open Linux、SuSE Linux 和 Redflag Linux(红旗 Linux，中国发布)等都是流行的 Linux 发行版本。表 5.2 所示为经常采用的版本。

表 5.2　常用 Linux 发行版本简介

版本名称	特点
Debian Linux	开放的开发模式，并且易于进行软件包升级
Fedora Core	拥有数量庞大的用户，优秀的社区技术支持，并且有许多创新
CentOS	是一种对 RHEL(Red Hat Enterprise Linux)源代码再编译的产物，由于 Linux 是开发源代码的操作系统，并不排斥基于源代码的再分发，CentOS 就是将商业的 Linux 操作系统 RHEL 进行源代码再编译后分发，并在 RHEL 的基础上修正了不少已知的 bug
SUSE Linux	专业的操作系统，易用的 YaST 软件包管理系统开放
Mandriva	操作界面友好，使用图形配置工具，有庞大的社区进行技术支持，支持 NTFS 分区的大小变更
KNOPPIX	可以直接在 CD 上运行，具有优秀的硬件检测和适配能力，可作为系统的急救盘使用

续表

版本名称	特　点
Gentoo Linux	拥有优秀的性能、高度的可配置性和一流的用户及开发社区
Ubuntu	优秀易用的桌面环境，基于 Debian 的不稳定版本构建
RedHat Linux	能向用户提供一套完整的服务，这使得它特别适合在公共网络中使用。系统运行起来后，用户可以从 Web 站点和 Red Hat 那里得到充分的技术支持
Redflag Linux	由中科红旗软件技术有限公司、北大方正等开发，是全中文化的 Linux 桌面，提供了完善的中文操作系统环境

在 Linux 环境下进行程序设计，要选择合适的 Linux 发行版本和稳定 Linux 的内核，选择一款适合自己的 Linux 操作系统。目前 Linux 内核版本的开发源代码树比较稳定通用的是 2.6.xx 的版本。

4. Linux 文件结构

Linux 与 Windows 下的文件组织结构不同，它不使用磁盘分区符号来访问文件系统，而是将整个文件系统表示成树状的结构，系统每增加一个文件系统都会将其加入到这个树中。

Linux 文件结构的开始，只有一个单独的顶级目录结构，叫做根目录，用“/”代表，所有的一切都从“根”开始，并且延伸到子目录。Windows 下文件系统按照磁盘分区的概念分类，目录都存于分区上。Linux 则通过“挂接”的方式把所有分区都放置在“根”下各个目录里。如图 5.14 所示是一个 Linux 系统的文件结构。

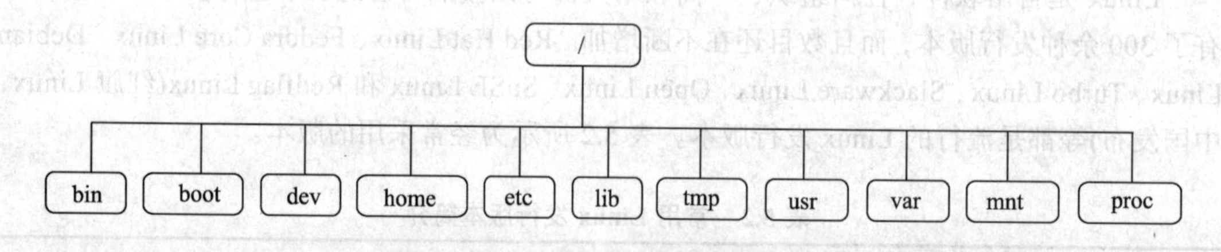

图 5.14　Linux 文件系统结构示意图

不同的 Linux 发行版本的目录结构和具体的实现功能存在一些细微的差别。但是主要的功能都是一致的。一些常用目录的作用如下：

- /bin：存放可执行命令，大多数命令存放在这里。
- /boot：存放系统启动时的所需要的文件，包括引导装载程序。
- /dev：存放设备文件，如 fd0、had 等。
- /home：主要存放用户账号，并且可以支持 ftp 的用户管理。系统管理员增加用户时，系统在 home 目录下创建与用户同名的目录，此目录下一般默认有 Desktop 目录。
- /etc：包括绝大多数 Linux 系统引导所需要的配置文件，系统引导时读取配置文件，按照配置文件的选项进行不同情况的启动，例如 fstab、host.conf 等。
- /lib：包含 C 编译程序需要的函数库，是一组二进制文件，例如 glibc 等。
- /tmp：用于临时性的存储。

- /usr：包括所有其他内容，如 src、local。Linux 的内核就在/usr/src 中。其下有子目录/bin，存放所有安装语言的命令，如 GCC、Perl 等。
- /var：包含系统定义表，以便在系统运行改变时可以只备份该目录，如 cache。
- /mnt：专门给外挂的文件系统使用的，里面有两个文件 cdrom 和 floppy，登录光驱、软驱时要用到。

注意：①在 Linux 下文件和目录名是大小写敏感，即 Linux 系统区分大小写字母。这样字母的大小写十分重要，例如，文件 Hello.c 和文件 hello.c 在 Linux 下不是一个文件，而在 Windows 下则表示同一个文件。

②使用 Linux，用户可以设置目录和文件的权限，以便允许或拒绝其他人对其进行访问。

目前 Windows 通常采用的是 FAT32 和 NTFS 文件系统，而 Linux 中保存数据的磁盘分区常用的是 ext2 和 ext3。ext2 文件系统用于固定文件系统和可活动文件系统，是 ext 文件系统的扩展。

ext3 文件系统是在 ext2 上增加日志功能后的扩展，它兼容 ext2。两种文件系统之间可以互相转换，ext2 不用格式化就可以转换为 ext3 文件系统，而 ext3 文件系统转换为 ext2 文件系统也不会丢失数据。在 Linux 下支持多种文件系统，如 minix、umsdos、msdos、vfat、ntfs、proc、smb、ncp、iso9660、sysv、hpfs、affs 等。

5.4.3　Linux 与 UNIX 的异同

Linux 是 UNIX 操作系统的一个克隆系统，没有 UNIX 就没有 Linux。但是，Linux 和传统的 UNIX 有很大的不同，两者之间的最大区别是关于版权方面的：Linux 是开放源代码的自由软件，而 UNIX 是对源代码实行知识产权保护的传统商业软件。两者之间还存在如下的区别：

- UNIX 操作系统大多数是与硬件配套的，操作系统与硬件进行了绑定；而 Linux 则可运行在多种硬件平台上。
- UNIX 操作系统是一种商业软件；而 Linux 操作系统则是一种自由软件，是免费的，并且公开源代码。
- UNIX 的历史要比 Linux 悠久，但是 Linux 操作系统由于吸取了其他操作系统的经验，其设计思想虽然源于 UNIX 但是要优于 UNIX。
- 虽然 UNIX 和 Linux 都是操作系统的名称，但 UNIX 除了是一种操作系统的名称外，作为商标，它归 SCO(Santa Cruz Operation，中小型企业和可复制分支机构软件解决方案供应商)公司所有。
- Linux 的商业化版本有 Red Hat Linux、SuSe Linux、slakeware Linux、国内的红旗 Linux 等，还有 Turbo Linux；UNIX 主要有 Sun 的 Solaris、IBM 的 AIX、HP 的 HP-UX，以及基于 x86 平台的 SCO UNIX/Unixware。
- Linux 操作系统的内核是公开的；而 UNIX 的内核并不公开。
- 在对硬件的要求上，Linux 操作系统要比 UNIX 要求低，并且没有 UNIX 对硬件要求的那么苛刻；在对系统的安装难易度上，Linux 比 UNIX 容易得多；在使用上，Linux 相对没有 UNIX 那么复杂。
- UNIX 发展领域和 Linux 差不多，但是 UNIX 可以往高端产业发展，IT 基础架构师，高端产业大部分领域使用的是 UNIX 服务器。

总体来说，Linux 操作系统无论在外观上还是在性能上都与 UNIX 相同或者比 UNIX 更好，但是 Linux 操作系统不同于 UNIX 的源代码。在功能上，Linux 仿制了 UNIX 的一部分，与 UNIX 的 System V 和 BSD UNIX 相兼容。在 UNIX 上可以运行的源代码，一般情况下在 Linux 上重新进行编译后就可以运行，甚至 BSD UNIX 的执行文件可以在 Linux 操作系统上直接运行。

习　题　5

一、填空题

1. 要将当前窗口作为图像存入剪贴板，应按______键。

2. 要将整个桌面作为图像存入剪贴板，应按______键。

3. 通过______可恢复被误删除的文件或文件夹。

4. 复制、剪切和粘贴命令都有对应的快捷键，分别是______、______和______。

5. Windows 7 是一个______的操作系统。

6. Windows 7 针对不同的对象，使用不同的图标，可分为______、______和______三大类图标。

7. 快捷方式图标是系统中某个对象的______。

8. Windows 7 提供的“计算机(资源管理器)”是一个管理______的重要工具，它清晰地显示出整个计算机中的文件夹结构及内容。

9. 剪贴板是 Windows 7 中一个非常实用的工具，它是一个在 Windows 程序和文件之间用于传递信息的______。剪贴板不但可以存储正文，还可以存储图像、声音等其他信息。

10. Windows 7 的控制面板集中了计算机的所有______设置，对______做任何设置和操作，都可以在这里找到。

二、选择题

1. 在 Windows 7 包含 6 个版本，其中(　　)拥有所有功能，且面向高端用户和软件爱好者，仅仅在授权方式及其相关应用及服务上有区别。

A. Windows 7 Professional(专业版)

B. Windows 7 Enterprise(企业版)

C. Windows 7 Ultimate(旗舰版)

D. Windows 7 Home Premium(家庭高级版)

2. 下列叙述中，不正确的是(　　)。

A. Windows 7 中打开的多个窗口，既可平铺又可层叠

B. Windows 7 中可以利用剪贴板实现多个文件之间的复制

C. 在“资源管理器”窗口中，用鼠标左键双击应用程序名即可运行该程序

D. 在 Windows 7 中不能对文件夹进行更名操作

3. 当一个应用程序窗口被最小化后，该应用程序将(　　)。

A. 被终止执行　　B. 被删除　　C. 被暂停执行　　D. 被转入后台执行

4. 在输入中文时，下列的______操作不能进行中英文切换。

A. 用鼠标左键单击中英文切换按钮　　B. 用 Ctrl 键+空格键

C. 用语言指示器菜单　　D. 用 Shift 键+空格键

5. 下列操作中，能在各种中文输入法切换的是(　　)。

A. 用 Ctrl+Shift 组合键　　B. 用鼠标左键单击输入法状态框“中/英”切换按钮

C. 用 Shift+空格键　　D. 用 Alt+Shift 组合键

6. 在下列情况中(　　)不能完成创建新文件夹。

A. 用鼠标右击桌面，在弹出的快捷菜单中选择“新建/文件夹”命令

B. 在文件或文件夹属性对话框中操作

C. 在资源管理器的“文件”菜单中选择“新建”命令

D. 用鼠标右击资源管理器的导航栏区或文件夹区，在弹出的快捷菜单中选择“新建”命令。

7. (　　)是一套多用户、多任务免费使用和自由传播的操作系统。

A. Windows 7　　B. UNIX　　C. Linux　　D. VxWorks

8. 用鼠标拖放功能实现文件或文件夹的快速移动时，正确的操作是(　　)。

A. 用鼠标左键拖动文件或文件夹到目的文件夹上

B. 用鼠标右键拖动文件或文件夹到目的文件夹上，然后在弹出的菜单中选择“移动到当前位置”命令

C. 按住 Ctrl 键，然后用鼠标左键拖动文件或文件夹到目的文件夹上

D. 按住 Shift 键，然后用鼠标右键拖动文件或文件夹到目的文件夹上

9. 在“资源管理器”窗口中，如果想一次选定多个分散的文件或文件夹，正确的操作是(　　)。

A. 按住 Ctrl 键，用鼠标右键逐个选取　　B. 按住 Ctrl 键，用鼠标左键逐个选取

C. 按住 Shift 键，用鼠标右键逐个选取　　D. 按住 Shift 键，用鼠标左键逐个选取

10. 在 Windows 应用程序中，某些菜单中的命令右侧带有“…”表示(　　)。

A. 是一个快捷键命令　　B. 是一个开关式命令

C. 带有对话框以便进一步设置　　D. 带有下一级菜单

三、简答题

1. 简述 Windows 7 进行用户账号设置的方法。

2. 请简述 Windows 7 桌面的基本组成元素及功能。

3. 简述访问文件的语法规则。

4. 在 Windows 7 中，运行应用程序有哪几种方式？

5. 简述 Windows 7 的文件命名规则。

第 6 章　Word 2007 文字处理

由于计算机技术在文字处理方面的应用，使排版印刷相对早期来讲工作量减少、出版周期缩短、印刷质量提高。用计算机来编辑和排版文字、图形需要办公自动化文字处理软件，如 Word 文字处理软件、WPS 文字处理软件、记事本等。

总之，不管是纸张上的文字，还是屏幕上的文字，文字格式和版面设计都是特别重要的。在现实生活中，一篇完美的文章不仅仅要内容精彩，还要格式协调一致。包括文章的结构、文章的布局，也包括文章的外部展现方法、手段等。排版正是文章的一种外部展现形式，无论从哪个角度来讲，这种形式都应被重视。

6.1　常见的字处理软件

利用计算机处理文字信息，需要有相应的文字信息处理软件。目前微型计算机上常用的字处理软件有微软公司的 Word、Windows 所带的写字板、金山公司的 WPS 等。

1. Word 文字处理软件

1993 年，Microsoft 公司第一次推出可进行汉字处理的文字处理软件中文 Word 5.0，1995 年，中文 Word 6.0 推入市场。

Word 是 Microsoft 公司推出的办公自动化套装软件 Office 中的字处理软件，是目前使用最广泛的字处理软件。使用 Word 软件，可以进行文字、图形、图像等综合文档编辑工作，可以和其他多种软件进行信息交换，可以编辑出图文并茂的文档。它界面友好、直观，具有“所见即所得”的特点，深受用户青睐。

Word 软件先后推出了多个版本，有 Word 5.0、Word 6.0、Word 97(包含在 Office 97 套装软件中的字处理软件)、Word 2003，最新的 Word 软件包含在 Office 2010 中。2006 年发布了 Word 2007。

随着 Word 软件的不断升级，其功能不断增强，Word 2007 提供了一套完整的工具，用户可以在新的界面中创建文档并设置格式，从而帮助制作具有专业水准的文档。丰富的审阅、批注和比较功能有助于快速收集和管理反馈信息。高级的数据集成功能可确保文档与重要的业务信息源时刻相连。

2. WPS 文字处理软件

WPS 是金山公司开发的字处理软件。在中文 Word 推出之前，WPS 是使用最广泛的中文字处理软件。但由于没有及时推出适用于 Windows 操作系统的版本，WPS 大幅度失去了中文字处理的市场。1997 年，为适应操作系统市场的变化，金山公司推出适用于 Windows 操作系统的版本 WPS 97，继而在 2000 年推出更新的 WPS 2000。 WPS 2000 是纯 32 位软件，具有很强的编辑排版、文字修饰、表格和图像处理功能，兼容多种文件格式(如 WRI、DOC、RTF、HTML 等格式文件)，可以编辑处理文字、表格、多媒体、图形、图像等多种对象。它同时具有字处理、多媒体演示、电子邮件发送、公式编辑、对象框处理、表格应用、样式管理、语音控制等诸多功能，是一套非常实用的大型集成办公系统。

3. 写字板软件

写字板是 Windows 所带的一种简易字处理软件。利用写字板可以建立对版面要求不是很高的文件。写字板不但可以对纯文本文件进行编辑，还可以设置字体和段落格式，更重要的是它可以在文档中插入图形、图像等多媒体信息。它具有字处理的基本功能，但不具有表格处理功能，不能控制行距，排版功能较弱。

尽管 Word 软件在不断升级，但操作界面大同小异，掌握了其中一个版本的基本操作，再学习新版本就非常容易了。

6.2 中文 Word 软件的基本操作

同样的文件 Word 2007 的存储容量比 Word 2003 的存储容量小很多,即同样的文本内容，Word 2007 文件比 Word 2003 文件格式省空间 60%以上。

与 Word 2003 相比，Word 2007 最明显的变化就是取消了传统的菜单操作方式，而代之以各种功能区。在 Word 2007 窗口上方看起来像菜单的名称其实是功能区的名称，当单击这些名称时并不会打开菜单，而是切换到与之相对应的功能区面板。每个功能区根据功能的不同又分为若干个组，每个功能区的所拥有的功能如下所述。

1. “开始”功能区

“开始”功能区中包括剪贴板、字体、段落、样式和编辑 5 个组，对应 Word 2003 的“编辑”和“段落”菜单部分命令。该功能区主要用于帮助用户对 Word 2007 文档进行文字编辑和格式设置，是用户最常用的功能区。

2. “插入”功能区

“插入”功能区包括页、表格、插图、链接、页眉和页脚、文本、符号和特殊符号几个组，对应 Word 2003 中“插入”菜单的部分命令，主要用于在 Word 2007 文档中插入各种元素。

3. “页面布局”功能区

“页面布局”功能区包括主题、页面设置、稿纸、页面背景、段落、排列几个组，对应 Word 2003 的“页面设置”菜单命令和“段落”菜单中的部分命令，用于帮助用户设置 Word 2007 文档页面样式。

4. “引用”功能区

“引用”功能区包括目录、脚注、引文与书目、题注、索引和引文目录几个组，用于实现在 Word 2007 文档中插入目录等比较高级的功能。

5. “邮件”功能区

“邮件”功能区包括创建、开始邮件合并、编写和插入域、预览结果和完成几个组，该功能区的作用比较专一，专门用于在 Word 2007 文档中进行邮件合并方面的操作。

6. “审阅” 功能区

“审阅” 功能区包括校对、中文简繁转换、批注、修订、更改、比较和保护几个组，主要用于对 Word 2007 文档进行校对和修订等操作，适用于多人协作处理 Word 2007 长文档。

7. “视图” 功能区

“视图” 功能区包括文档视图、显示/隐藏、显示比例、窗口和宏几个组，主要用于帮助用户设置 Word 2007 操作窗口的视图类型，以方便操作。

8. “加载项” 功能区

“加载项” 功能区包括菜单命令和工具栏命令两个组，加载项是可以为 Word 2007 安装的附加属性，如自定义的工具栏或其他命令扩展。“加载项” 功能区则可以在 Word 2007 中添加或删除加载项。

Microsoft 公司推出的 Office 2007 软件中最常用的包含 5 大组件：Word 2007、Excel 2007、PowerPoint 2007、Access 2007 和 Outlook 2007。Word 2007 是 Microsoft 公司推出的文字处理软件。它继承了 Windows 友好的图形界面，可方便地进行文字、图形、图像和数据处理，是最常使用的文档处理软件之一。用户只有掌握基本操作，才能使办公过程更加轻松、方便。

6.2.1　Word 的启动和退出

(1) Word 的启动方法很多，常用的方法是从“开始”菜单启动、从“开始”菜单的高频栏启动或通过桌面快捷方式启动。

(2) Word 的退出方法也很多，常用的主要有以下 4 种：

①单击 Word 2007 窗口右上角的“关闭”按钮。

②右击标题栏，在弹出的快捷菜单中选择“关闭”命令。

③双击窗口 Office 按钮。

④单击 Office 按钮，在弹出的菜单中选择“关闭”命令。

6.2.2　文档的创建

Word 文档是文本、图片等对象的载体，要在文档中进行操作，必须先创建文档。在 Word 2007 中可以创建空白文档，也可以根据现有的内容创建文档。创建新文档的方法有多种。

(1) 每次启动 Word 时，系统自动创建一个文件名为“文档 1”的新文档，用户可在编辑区输入文本。

(2) 选择 Office 按钮，将弹出 Office 菜单，如图 6.1 所示。Word 2007 的 Office 菜单中包含了一些常见的命令，例如新建、打开、保存和发布等。选择“新建”菜单，弹出“新建文档”对话框。如图 6.2 所示，在“新建文档”对话框中，选择“空白文档”，即可新建一个空白文档，在标题栏上显示文件名为“文档 n”(n 为一个整数)。

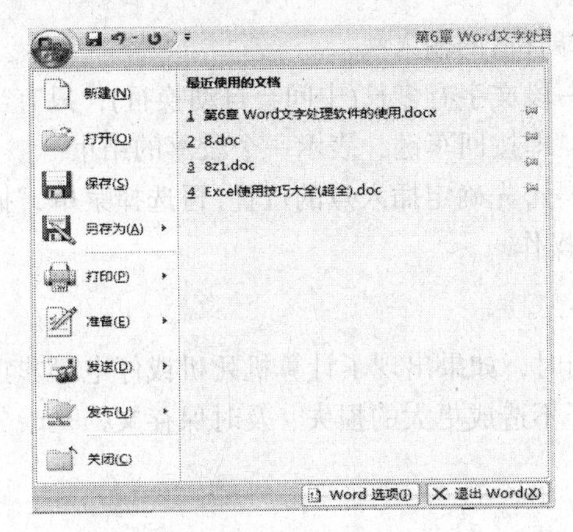

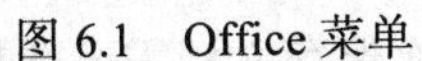
图 6.1　Office 菜单

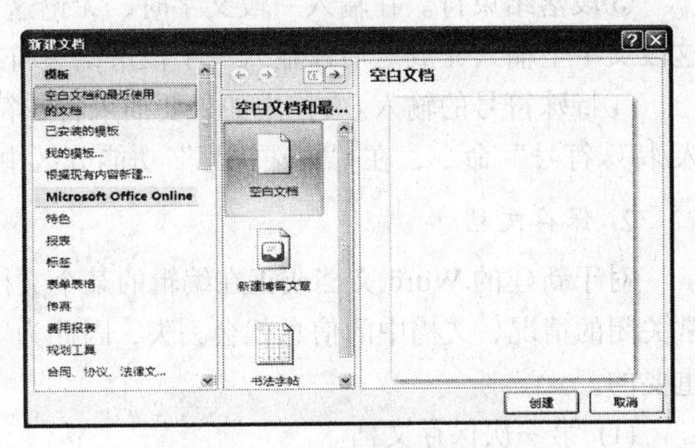

图 6.2　新建文档对话框

6.2.3　Word 窗口

Word 2007 的操作界面主要由 Office 按钮、快速访问工具栏、功能区、标题栏、状态栏及文档编辑区等部分组成，如图 6.3 所示。

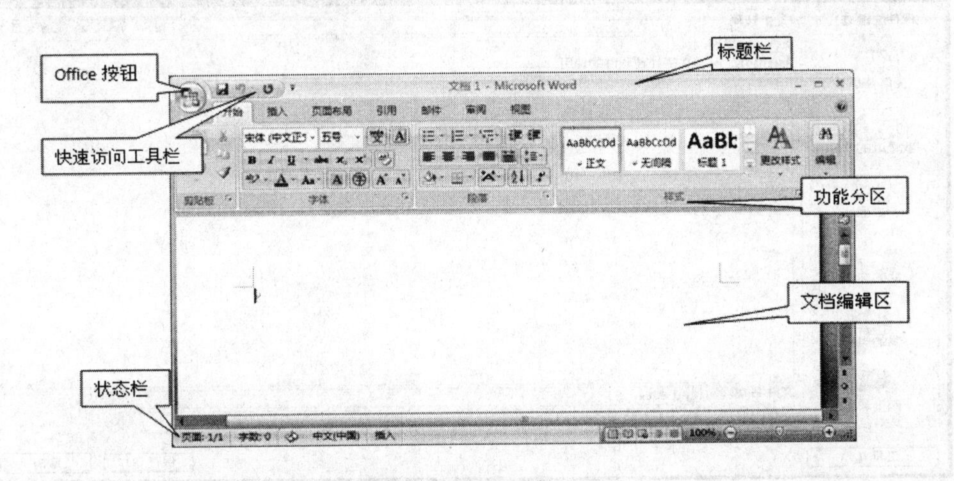

图 6.3　Word 窗口

6.2.4　输入文档内容并保存

创建新文档后，就可以选择合适的输入法输入文档的内容，并对其进行编辑操作。针对这些内容进行结构与文字的修改，最后设置文档的外观并输出。

1. 输入文档内容

输入文本是 Word 中的一项基本操作。当新建一个文档后，在文档的开始位置将出现一个闪烁的光标，称之为“插入点”，在 Word 中输入的任何文本，都会在插入点处出现。定位了插入点的位置后，选择一种输入法，即可开始文本的输入。

①确定插入点位置。在编辑区确定插入点的位置，因为插入点位置决定要输入内容的位置。若是空文档，则插入点在编辑区的左上角。

②选择输入法。尤其是输入汉字时，先要选择合适的输入法。

③段落结束符。在输入一段文字时，无论这一段文字有多长(中间会自动换行)，只有当这段文字全输入完成之后才输入一个段落结束符，即按回车键，表示一个段落的结束。

④特殊符号的输入。文档中如果要插入特殊符号，先确定插入点的位置，再选择菜单“插入/特殊符号”命令，在“特殊符号”功能分区中操作。

2. 保存文档

对于新建的 Word 文档或正在编辑的某个文档时，如果出现了计算机死机或停电等非正常关闭的情况，文档中的信息就会丢失，因此为了不造成更大的损失，及时保存文档是十分重要的。

(1) 第一次保存文档。

文档内容录入完毕或录入一部分就需保存文档。第一次保存文档需要选择菜单“Office按钮/另存为”(或“Office 按钮/保存”)命令，弹出如图 6.4 的对话框。在“另存为”对话框中要指定保存位置和文件名。一般在默认情况下，所保存的文件类型是以 docx 为扩展名的 Word 文档类型。

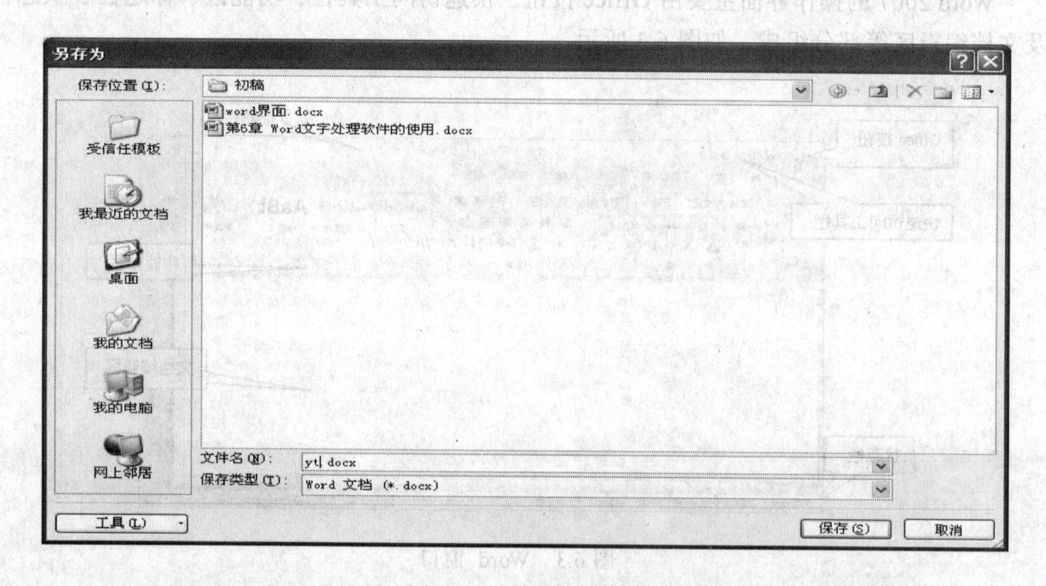

图 6.4　另存为对话框

(2) 保存已有文件。

如果是保存已有文件，则单击快捷工具栏中的“保存”按钮，或者选择 “Office 按钮/保存”命令即可。它的功能是将编辑文档的内容以原有的文件名保存，即用正在编辑的内容覆盖原有文件的内容。如果不想覆盖原有文件的内容，则应该选择菜单“Office 按钮/另存为”命令。

(3) 关闭文档。

对文档完成所有的操作后，要关闭时，可单击“Office 按钮”，在弹出的菜单中选择“关闭”命令，或单击窗口右上角的“关闭”按钮。在关闭文档时，如果没有对文档进行编辑、修改，可直接关闭；如果对文档做了修改，但还没有保存，系统将会打开一个如图 6.5 所示的提示框，询问用户是否保存对文档所做的修改。单击“是”按钮即可保存并关闭该文档。

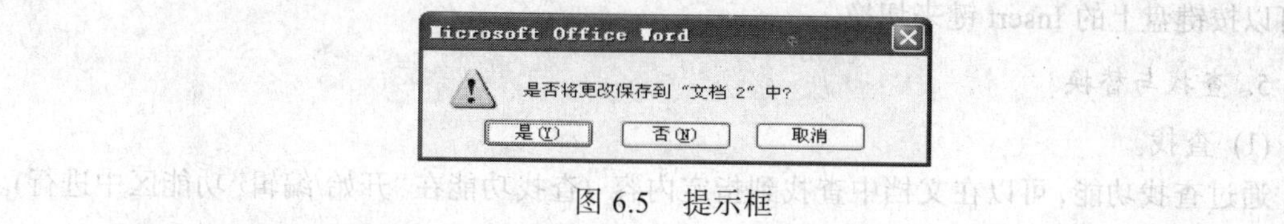

图 6.5 提示框

6.2.5 文档的编辑

1. 选定文档内容

Windows 平台的应用软件都遵循一条操作规则：先选定内容，后对其操作。被选定的内容呈反向显示(黑底白字)。多数情况下是利用鼠标选定文档内容的，常用方法如下。

①选定一行：鼠标指针移至选定区(即行左侧的空白区)，指针呈箭头状，并指向右上时，单击左键。

②选定一段：鼠标指针移至选定区，指针呈箭头状，并指向右上时，双击左键。

③选定整个文档：鼠标指针移至选定区，指针呈箭头状，并指向右上时，三击鼠标左键或按住 Ctrl 键并单击左键，还可以选择菜单“开始/编辑/选择/全选”命令。

④选定需要的内容：在需要选定的内容起始位置单击鼠标左键，并拖动鼠标到需要选定内容的末尾，即可选定文档内容。

⑤取消选定：单击鼠标左键。

2. 删除文档中的内容

常用的删除文档中的内容方法如下：

①选定欲删除文件的内容。

②按 Del 键，即可删除选定的内容。

③如果要删除的仅是一个字，只要将插入点移到这个字的前边或后边，按 Del 键即可删除插入点后边的字，按 Backspace 键可以删除插入点前边的字。

④如果发生误删除，可以单击快速工具栏中的“撤销键入(Ctrl+Z)”按钮。

3. 移动或复制文档中的内容

移动或复制文档中内容的步骤如下(在开始菜单的剪贴板功能分区中进行)：

①选定欲移动或复制文档的内容；

②单击剪贴板功能区的 “剪切(Ctrl+X)(或复制 Ctrl+C)”按钮；

③将鼠标指针移到欲插入内容的目标处，单击左键(即移动插入点到目标处)；

④单击剪贴板功能区的“粘贴”按钮，便实现了移动或复制文档内容的操作。

如果文档内容移动距离不远，则可使用“拖动”的方法进行移动或复制。按住 Ctrl 键的同时“拖动”选定的内容则可实现复制；如果直接“拖动”选定的内容，则可实现移动。另外，剪切 、复制、 粘贴操作也可分别用组合键 Ctrl+X、Ctrl+C、Ctrl+V 实现。

4. 插入状态和改写状态

当状态栏为“插入”按钮时，Word 系统处于插入状态，此时输入的文字会使插入点后面的文字自动右移。当单击“插入”按钮时，Word 系统便转换成改写状态，按钮名称显示为“改写”，这时输入的内容将替换原有的内容。再次单击“改写”按钮，又回到插入状态。也可以按键盘上的 Insert 键来切换。

5. 查找与替换

(1) 查找。

通过查找功能，可以在文档中查找到指定内容 (查找功能在“开始/编辑”功能区中进行)。查找步骤如下：

①单击“查找”按钮，弹出“查找和替换”对话框，如图 6.6 所示。在“查找和替换”对话框中，打开“查找”选项卡。

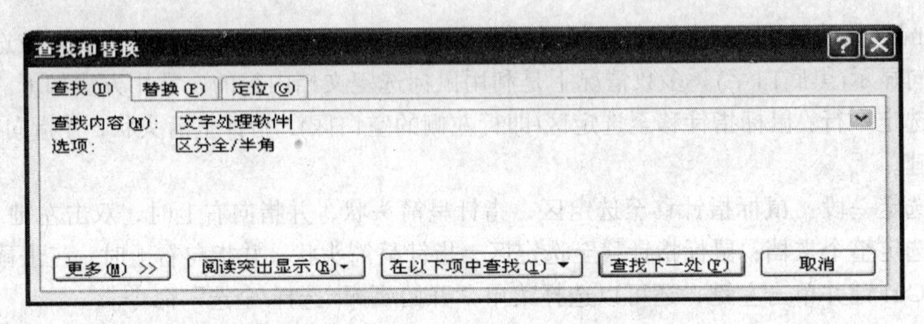

图 6.6 查找和替换对话框中“查找”选项卡

②在“查找内容”右边的文本框中输入要查找的内容，如“文字处理软件”。

③单击“查找下一处”按钮，计算机开始从插入点处往后查找，找到第一个“文字处理软件”则暂停并呈反向显示。

④若要继续查找，则单击“查找下一处”按钮，这时计算机从刚找到的位置再查找下一处出现的“文字处理软件”。

⑤在检索到需要查找的内容后，可进行修改、删除等操作。

注意，若要取消查找，可以按 Esc 键。若要关闭对话框，则可以单击“取消”按钮。

(2) 替换。

利用替换功能，可以将整个文档中给定的文本内容全部替换掉，也可以在选定的范围内进行替换 (替换功能也是在“开始/编辑”功能区中进行)。替换步骤如下：

①单击“替换”按钮，打开“查找和替换”对话框中的“替换”选项卡，如图 6.7 所示。

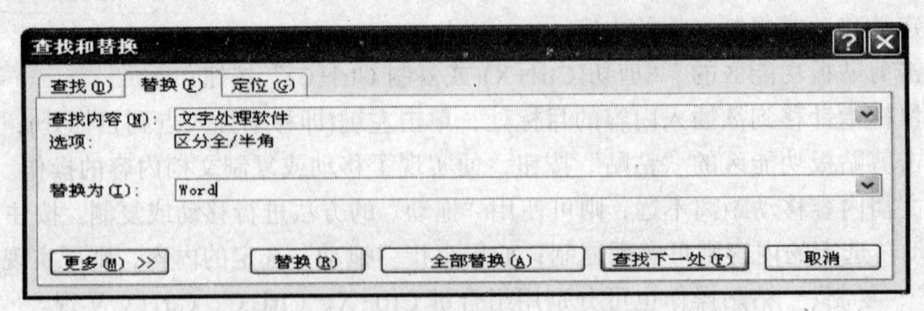

图 6.7 查找和替换对话框中“替换”选项卡

②在“查找内容”文本框中输入要查找的内容(如“文字处理软件”)，在“替换为”文本框中输入要替换的内容(如“Word”)。

③单击“全部替换”按钮，则所有符合条件的内容全部替换；如果需要选择性替换，则单击“查找下一处”按钮，找到后若需要替换，则单击“替换”按钮，若不需要替换，则继续单击“查找下一处”按钮，反复执行，直至文档末尾。

6.3 基本编辑排版技术

在文档中，文字是组成段落的最基本内容，任何一个文档都是从段落文本开始进行编辑的，当输入完所需的文本内容后就可以对相应的段落文本进行格式化编辑，从而使文档成为层次分明、便于阅读的版式。

6.3.1 文字格式设置

字符格式设置是指对英文字母、汉字、数字和各种符号进行格式编辑，以实现所要求的屏幕显示和打印效果。字符格式的设置也称字符格式化，包括以下几方面的内容。

1. 字符基本格式设置

可进行字体、字号(中文字号从初号到八号、英文字号的磅值范围为 5~72)、加粗、倾斜、下划线、删除线、下标、上标、改变大小写、字体颜色、字符底纹、带圈字符、字符边框、空心、阴影等的设置，Word 2007 默认的字体、字号为宋体、5 号。

字符格式编辑同样遵循“先选定，后操作”的原则。字体的设置方法如下：

先选定要设置格式的文字，再选择“开始”菜单中的“字体”功能分区的相应按钮或字体对话框。字体对话框是单击字体功能分区右下角的按钮弹出的，如图 6.8 所示。

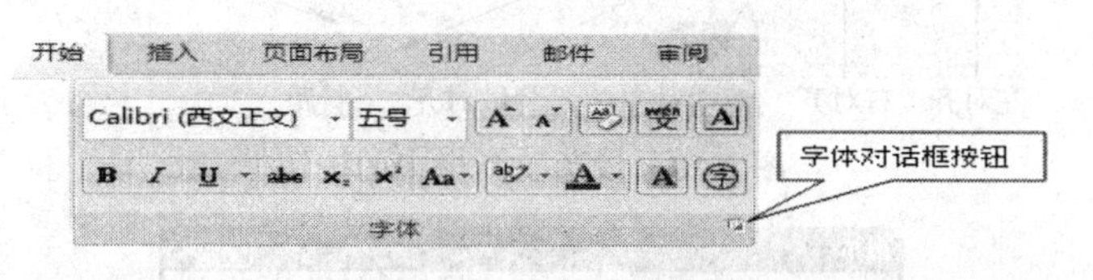

图 6.8 字体对话框按钮

2. 字符间距设置

通常情况下，文本是以标准间距显示的，这样的字符间距适用于绝大多数文本，但有时候为了创建一些特殊的文本效果，需要将文本的字符间距扩大或缩小。字符间距设置在字体对话框中完成，如图 6.9 所示。

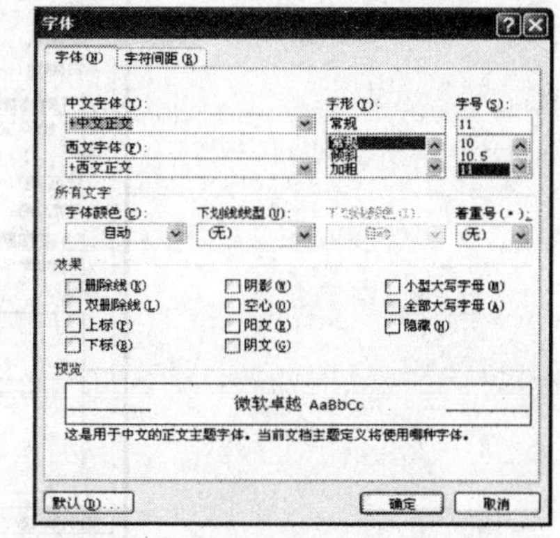

图 6.9 字体对话框

3. 在文档中复制格式

在文档中复制格式的步骤如下(在开始菜单的剪贴板功能分区中进行)：

①选定被复制格式的内容。

②如果仅复制一次，单击剪贴板功能区的“格式刷”按钮；如果需要多次复制，双击“格式刷”按钮，这时，鼠标指针呈“刷子”形状。

③将鼠标指针移动至目标位置，拖动鼠标，则拖动过的文本格式与原来所选的格式相同。

6.3.2　段落格式设置

段落是构成整个文档的骨架，在 Word 的文档编辑中，用户每输入一个回车符，表示一个段落输入完成，同时在屏幕上出现一个回车标记“↵”，也称为段落标记。

1. 段落设置

段落设置包括段落的文本对齐方式、段落的缩进、段落中的行距、段落间距等。段落设置也称段落格式化。

在对段落设置的操作中，必须遵循这样的规律：如果对一个段落进行格式设置，只需在设置前将插入点置于段落中间即可，如果对几个段落进行设置，必须先选定设置范围，再进行段落的设置操作。段落格式设置的方法也有两种：一种是利用段落工具栏中的按钮，如图 6.10 所示；另一种是选择“段落”对话框，利用这个对话框进行设置，如图 6.11 所示。要注意以下两个问题。

①段落对齐指文档边缘的对齐方式，包括左对齐、居中对齐、右对齐、两端对齐、分散对齐。

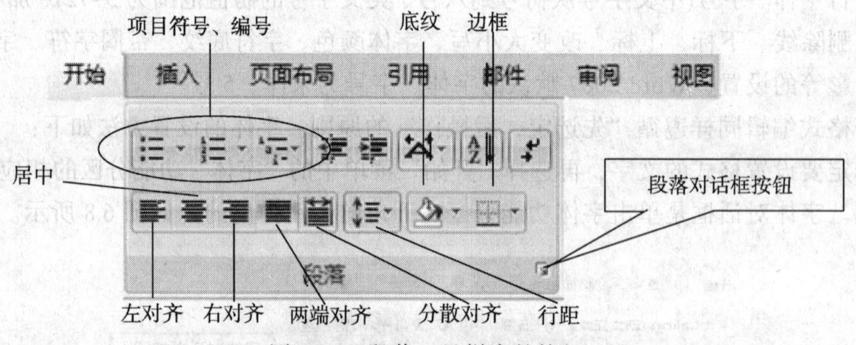

图 6.10　段落工具栏中的按钮

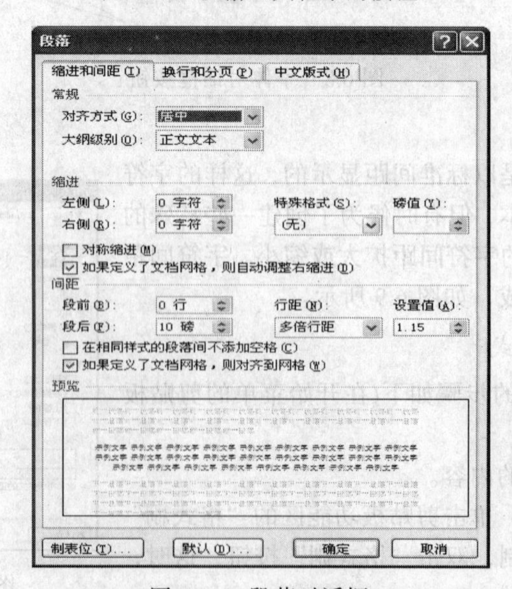

图 6.11　段落对话框

②段落缩进是指段落中的文本与页边距之间的距离。Word 2007 中共有 4 种格式：左缩进、右缩进、悬挂缩进和首行缩进。

- 左缩进：设置整个段落左边界的缩进位置。
- 右缩进：设置整个段落右边界的缩进位置。
- 悬挂缩进：设置段落中除首行以外的其他行的左起始位置。
- 首行缩进：设置段落中首行的起始位置。

设置段落缩进的方法有两种：一种是采用标尺上的 4 个按钮进行缩进，如图 6.12 所示；另外一种是在段落对话框中进行设置。

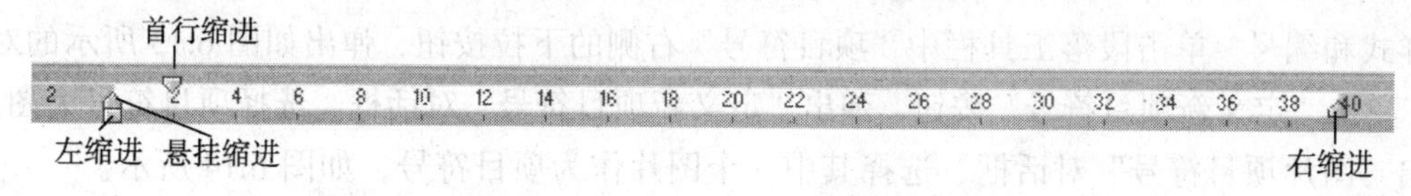

图 6.12　标尺上的缩进按钮

- 首行缩进“▽”：拖动该标志，控制段落中第一行第一个字的起始位置，一般在输入文档的第一段时，就将首行缩进定位，以后只要按回车键就可以自动缩进。
- 悬挂缩进“△”：拖动该标志，控制段落中首行以外的其他行的起始位置。
- 左缩进“□”：拖动该标志，控制段落左边界缩进的位置，包括首行。
- 右缩进“△”：水平标尺的右边，拖动该标志，控制段落右边界缩进的位置。

2. 段落间距的设置

包括文档行间距与段间距的设置。所谓行间距是指段落中行与行之间的距离；所谓段间距，就是指前后相邻的段落之间的距离。段落间距是在段落对话框中进行设置的。

3. 段落格式复制

在处理 Word 文档的过程中，常常需要将某一个段落样式复制到其他段落，即需要复制段落格式(对齐方式、缩进、行距等)。在 Word 文档处理中，可通过格式刷和组合快捷键两种方法实现复制段落格式。

①选中要引用格式的整个段落(可以不包括最后的段落标记)，或将插入点定位到此段落内，也可以仅选中此段落末尾的段落标记。

②单击“开始/剪贴板”工具栏上的“格式刷”按钮，鼠标指针变成刷子形状。

③在目标段落中单击应用该段落格式。即在应用该段落格式的段落中单击，如果同时要复制段落格式和文本格式，则需拖动鼠标选中整个段落(可以不包括最后的段落标记)。

注意，单击“格式刷”按钮，使用一次后，按钮将自动弹起，不能继续使用；如要连续多次使用，可双击“格式刷”按钮。如果要停止使用，可按键盘上的 Esc 键，或再次单击“格式刷”按钮。

6.3.3　设置项目符号和编号

使用项目符号和编号列表，可以对文档中并列的项目进行组织，或者将顺序的内容进行编号，以使这些项目的层次结构更清晰、更有条理。Word 2007 提供了 7 种标准的项目符号和编号，并且允许用户自定义项目符号和编号。

1. 添加项目符号和编号

Word 2007 提供了自动添加项目符号和编号的功能。在以“1.”、“(1)”、“a”、“一、”等字符开始的段落中按回车键，下一段开始将会自动出现“2.”、“(2)”、“b”、“二、”等编号字符。也可以单击段落工具栏中的“项目符号”、“编号”、“多级列表”按钮来实现。

2. 自定义项目符号和编号

在 Word 2007 中，除了可以使用提供的 7 种项目符号和编号之外，还可以自定义项目符号样式和编号。单击段落工具栏中“项目符号”右侧的下拉按钮，弹出如图 6.13 所示的对话框。单击“定义新项目符号”按钮，弹出“定义新项目符号”对话框，选择项目符号为图片，弹出“图片项目符号”对话框，选择其中一个图片作为项目符号，如图 6.14 所示。

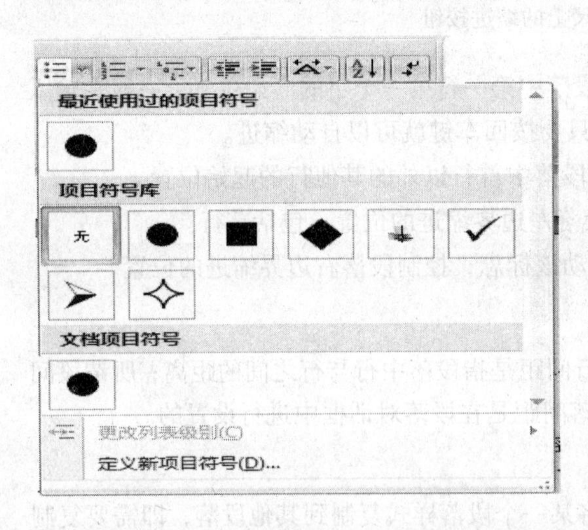

图 6.13　插入项目符号对话框

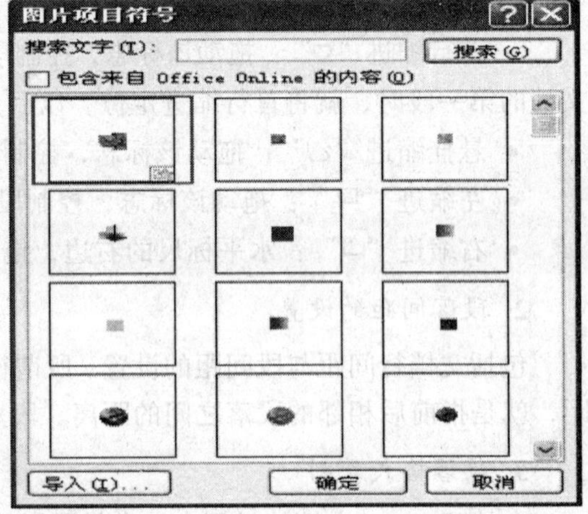

图 6.14　图片项目符号对话框

6.3.4　设置边框和底纹

在进行文字处理时，可以在文档中添加各种各样的边框和底纹，以增加文档的生动性和实用性。设置边框包括字符边框、段落边框和页面边框。

1. 设置边框

选择 “开始/段落”菜单，单击段落工具栏上的下框线右侧的下拉按钮，弹出下拉工具栏，如图 6.15 所示。单击最下边的边框和底纹按钮，弹出“边框和底纹”对话框，如图 6.16 所示。在对话框中进行设置，要注意“应用于”的设置包含文字和段落。

2. 设置底纹

要设置底纹，只需在“边框和底纹”对话框中选择“底纹”选项卡，对填充的颜色和图案等进行设置即可。

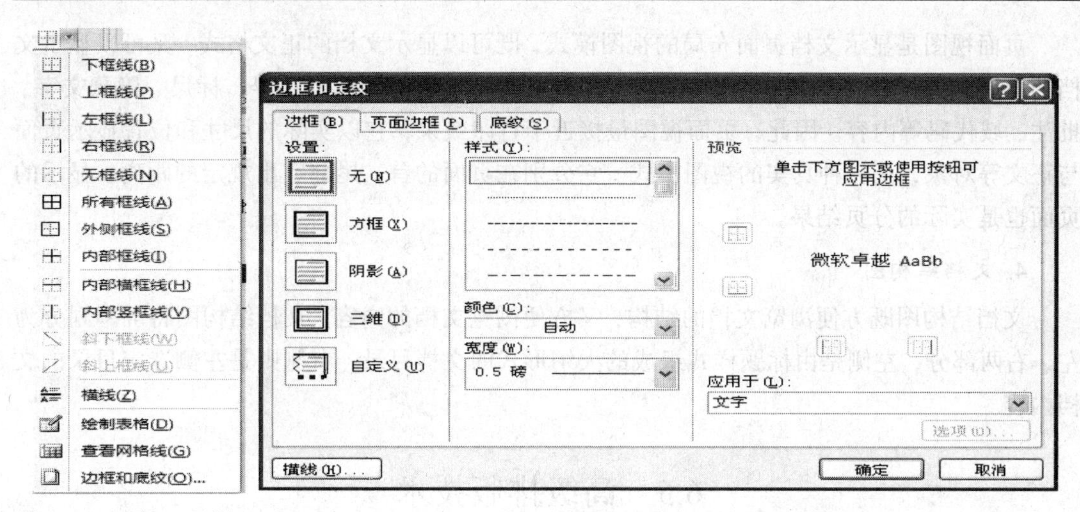

图 6.15　下拉工具栏　　　　　　　　　　图 6.16　边框和底纹对话框

6.4　文档的显示方式

文档的显示方式也称视图。编辑好文档后，以怎样的形式表现在屏幕上，依靠视图才能看到。每当打开文档，也就选择了一种视图模式。Word 软件提供了多种视图模式，可根据需要选择其中的一种，也可以在多种视图模式之间转换，分别完成不同的任务。当然，视图模式的改变并不影响文档的编辑操作。

这些显示方式的选择是通过“视图”菜单来实现的，如图 6.17 所示。

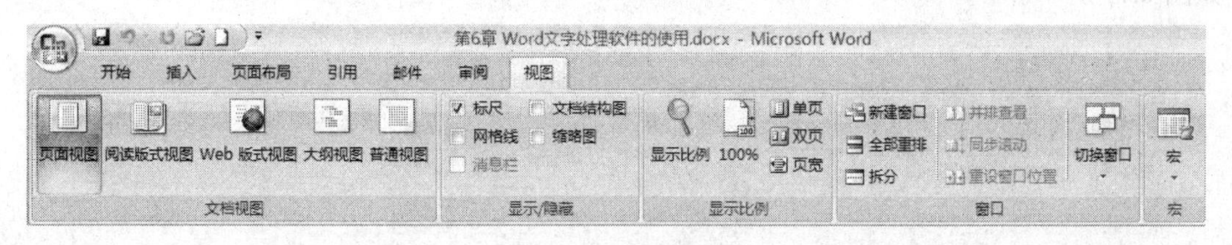

图 6.17　视图菜单

1. 普通视图

新建的文档即是文档的普通视图，普通视图是 Word 软件默认的文本输入和编辑模式。在普通视图模式中，只显示文档的正文格式，即普通视图表示了一种最简化的页面布局。在这种视图模式下，文档内容连续显示，分页符用一条虚线分隔，而且屏幕的左边不出现标尺，可以快速地编辑文档。

2. 大纲视图

如果希望纵览整篇文档的全局，可以采用大纲模式。大纲视图是一种显示文档框架结构的视图模式。在大纲视图下，文档由多级标题和正文文字组成层次，可以根据需要显示相应的层次，隐藏或展开文档，逐级显示文档的内容。

3. 页面视图

若文档显示选择页面视图模式，则显示效果和打印出来的效果基本一致。

页面视图是显示文档页面布局的视图模式，既可以显示文档的正文格式，又可以显示文档的页眉、页脚、栏、图文框等格式的布局，还可以显示每页的页边界、标尺、隐藏文字、批注、域代码等内容。因此，页面视图最接近于打印效果，它以实际的尺寸和位置显示页面与正文等对象，是一种真实的视图模式。它分别在页面的首、尾部空出规定的距离，显示的页面也是实际的分页结果。

4. 文档结构图

文档结构图既方便浏览文档的结构，又方便浏览文档的内容。文档结构图将屏幕划分为左、右两部分，左侧是由标题样式组成的大纲形式的文档目录，右侧则是左侧选定目录的文档内容。

6.5　高级排版技术

6.5.1　页面设置

页面设置包括页边距、纸张大小、页眉版式和页眉背景等。使用 Word 2007 能够排出清晰、美观的版面。文档一般要打印输出到适当大小的纸面上，为保证文档的排版及打印能够顺利完成，必须设置合适的页面格式。页面设置的主要内容是确定纸张大小、页边距、版面格式、页眉页脚、页号等。

在文档窗口中选择“页面布局”菜单，在“页面设置”工具栏中，单击“页面设置”对话框启动器，就可以打开“页面设置”对话框，如图 6.18 所示。该对话框包括 4 个选项卡，如图 6.19 所示。

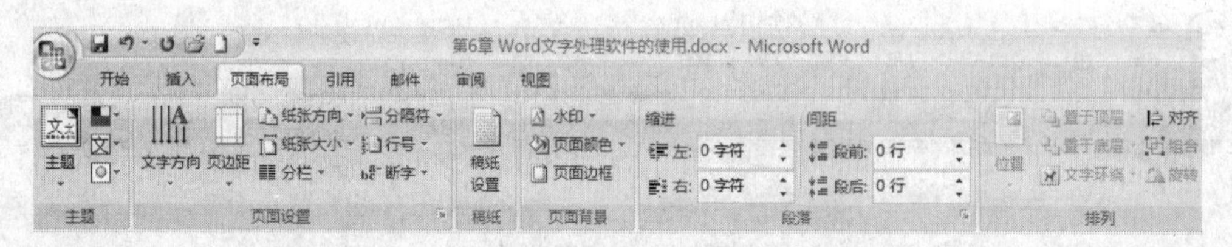

图 6.18　页面布局菜单

图 6.19　页面设置对话框

在编辑文档时，直接用标尺就可以快速设置页边距、版面大小等，但是这种方法不够精确。如果需要制作一个版面要求较为严格的文档，可以使用“页面设置”对话框来精确设置版面、装订线位置、页眉、页脚位置等内容。也可以使用“页面设置工具栏”上的按钮。

6.5.2 设置页眉和页脚

页眉和页脚通常用于显示文档的附加信息，例如页码、日期、作者名称、单位名称、徽标或章节名称等。其中，页眉位于页面顶部，而页脚位于页面底部。Word 可以给文档的每一页建立相同的页眉和页脚，也可以交替更换页眉和页脚，即在奇数页和偶数页上建立不同的页眉和页脚。

1. 设置页眉和页脚位置

在文档窗口中选择“页面布局”菜单，在“页面设置”工具栏中，单击“页面设置”对话框启动器，就可以打开“页面设置”对话框。选择“版式”选项卡，在其中设置页眉和页脚位置，如图 6.20 所示。

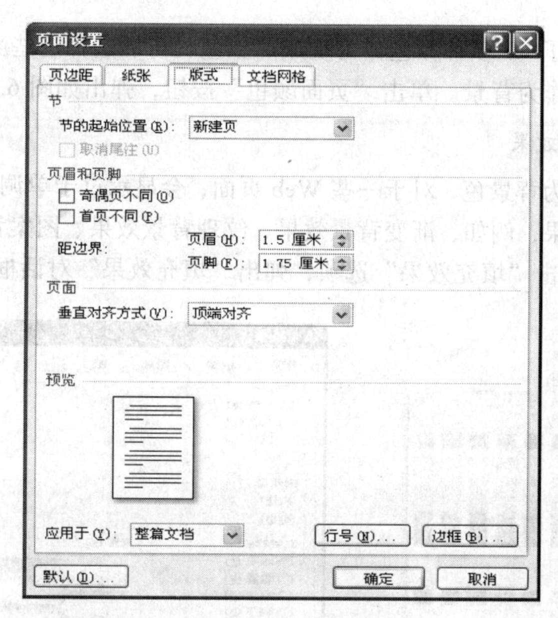

图 6.20 设置页眉页脚位置

2. 设置页眉、页脚内容

在文档窗口中选择“插入”菜单，在“页眉页脚”工具栏中，单击“页眉”或“页脚”按钮进行设置。

6.5.3 插入页码

页码就是给文档每页所编的号码，以便于读者阅读和查找。页码一般添加在页眉或页脚中，当然，也可以添加到其他地方。要在文档中插入页码，选择文档窗口中 “插入”菜单，可在“页眉和页脚”工具栏中，单击“页码”按钮，在弹出的菜单中选择页码的位置和样式，如图 6.21 所示。

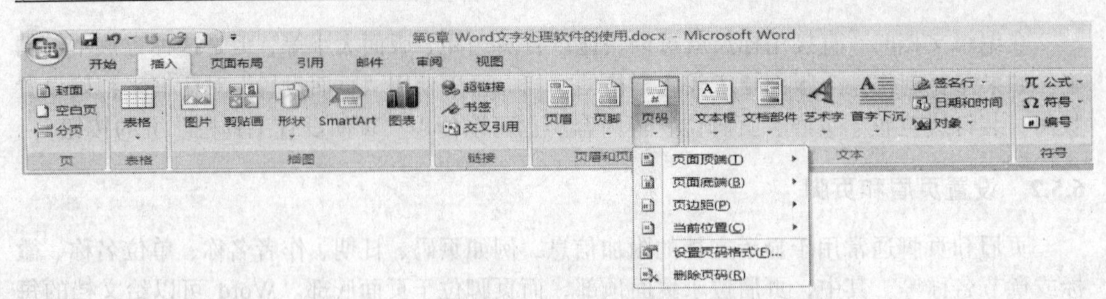

图 6.21　插入页码菜单

6.5.4　设置页面背景

给文档加上丰富多彩的背景，可以使文档更加生动和美观。在 Word 2007 中不仅可以给文档添加页面颜色，还可以制作出水印背景效果。在文档窗口中选择“页面布局”菜单，在“页面背景”工具栏中，有“水印”、“页面颜色”和“页面边框”3 个按钮。

1. 设置背景颜色

Word 2007 提供了 40 多种颜色作为现成的颜色，可以选择这些颜色作为文档背景，也可以自定义其他颜色作为背景。单击“页面颜色”按钮，弹出如图 6.22 所示的色板。

2. 设置背景填充效果

只用一种颜色作为背景色，对于一些 Web 页面，会显示过于单调。Word 2007 还提供了其他多种文档背景效果，例如，渐变背景效果、纹理背景效果、图案背景效果及图片背景效果等。在图 6.22 中单击“填充效果”选项，弹出“填充效果”对话框，如图 6.23 所示。

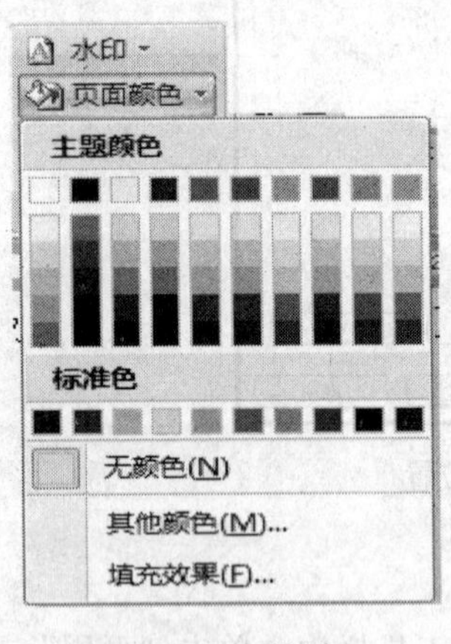

图 6.22　页面颜色

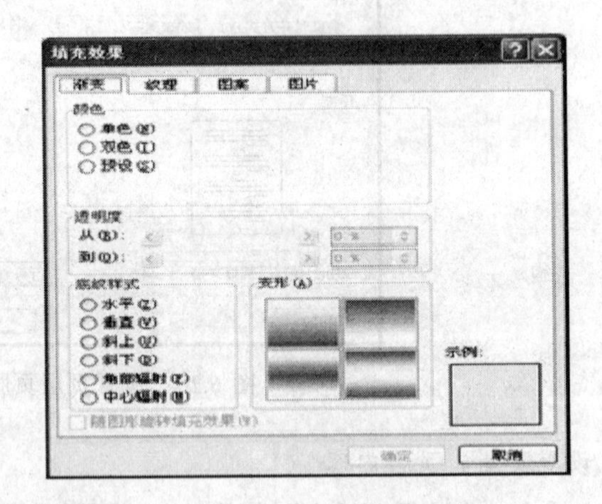

图 6.23　填充效果对话框

6.5.5　设置水印效果

所谓水印，是指印在页面上的一种透明的花纹。水印可以是一幅图画、一个图表或一种艺术字体。当用户在页面上创建水印以后，它在页面上是以灰色显示的，成为正文的背景，从而起到美化文档的作用。在文档窗口中选择“页面布局”菜单，在“页面背景”工具栏中，选择“水印”选项，弹出如图 6.24 所示对话框。

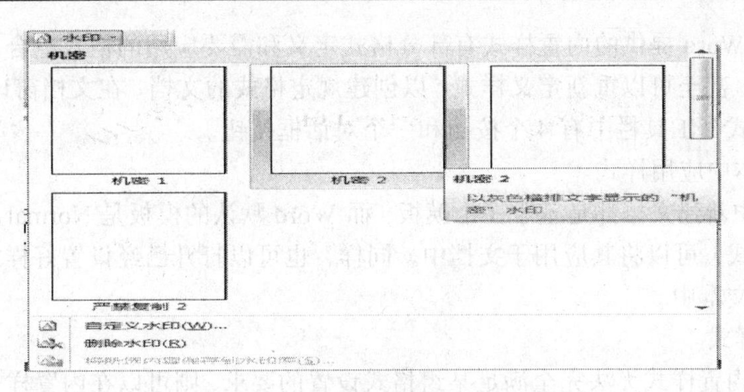

图 6.24　设置水印对话框

6.5.6　模板

模板是一种带有特定格式的扩展名为.dotx 的文档，它包括特定的字体格式、段落样式、页面设置、快捷键方案、宏等格式。在 Word 2007 中，任何文档都是以模板为基础的，模板决定了文档的基本结构和文档设置。当要编辑多篇格式相同的文档时，可以使用模板来统一文档的风格，加快工作速度。

1. 使用模板创建文档

Word 2007 自带了一些常用的文档模板，使用这些模板可以帮助用户快速创建基于某种类型的文档。

要想通过“模板”创建文档，单击 Office 按钮，在弹出的菜单中选择“新建”命令，打开“新建文档”对话框，然后在“模板”列表中选择“已安装的模板”选项，此时窗口中将显示已安装的模板，如图 6.25 所示。

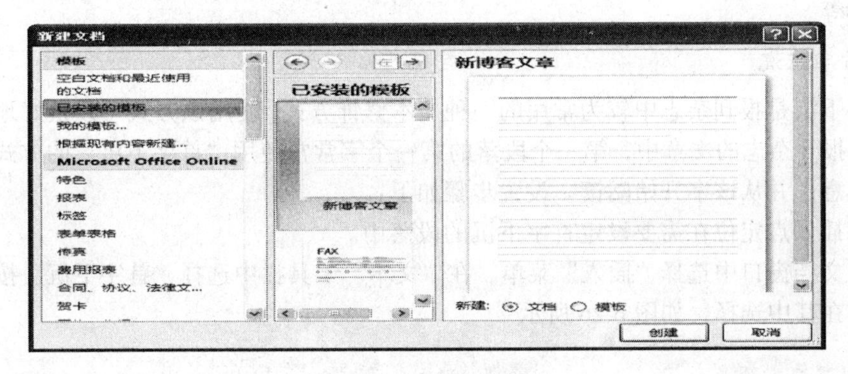

图 6.25　已安装的模板

2. 创建模板

在文档处理过程中，如果经常需要使用同样的文档结构和文档设置时，就可以根据这些设置自定义并创建一个新的模板来进行应用。要创建新的模板，有根据空白文档创建、根据现有文档创建和根据现有模板创建 3 种实现方法。

3. 使用样式

所谓“样式”就是应用于文档中的文本、表格和列表的一套格式特征，它能迅速改变文档的外观。当 Word 提供的内置样式有部分格式定义和需要应用的格式组合不相符时，还可以修改该样式，甚至可以重新定义样式，以创建规定格式的文档。在文档窗口中选择“开始”菜单，在“样式”工具栏中有 4 个按钮和一个对话框按钮。

(1) 在文本中应用样式。

在 Word 中新建文档都是基于一个模板，而 Word 默认的模板是 Normal 模板，该模板中内置了多种样式，可以将其应用于文档中。同样，也可以打开已经设置好样式的文档，将其应用于文档的文本中。

(2) 更改样式。

如果某些内置样式无法完全满足某组格式设置的要求，则可以在内置样式的基础上进行修改。这时可在“样式”任务窗格中，单击样式选项的下拉列表框旁的箭头按钮，在弹出的菜单中选择“修改”命令，在打开的“修改样式”对话框中更改相应的选项即可。

(3) 创建样式。

如果现有文档的内置样式与所需格式设置相去甚远时，那么创建一个新样式将会更有效率。根据需求的不同，可以分别创建字符样式、段落样式等。

(4) 删除样式。

在 Word 2007 中无法删除模板的内置样式。删除自定义样式时，在“样式”窗格中单击需要删除的样式旁的下拉箭头，在弹出的菜单中选择“删除”命令，将打开确认删除对话框。单击对话框中的“是”按钮，即可删除该样式。

6.5.7　特殊排版方式

一般报刊杂志都需要创建带有特殊效果的文档，这就需要使用一些特殊的排版方式。Word 2007 提供了多种特殊的排版方式，例如，首字下沉、带圈字符、合并字符、双行合一、分栏排版等。

1. 首字下沉

首字下沉是报刊杂志中较为常用的一种文本修饰方式，使用该方式可以很好地改善文档的外观。报刊杂志的文章中，第一个段落的第一个字常常使用“首字下沉”的方式，以引起读者的注意，并从该字开始阅读。设置步骤如下：

①将插入点定位在需要设定首字下沉的段落中。

②在文档窗口中选择“插入”菜单，在“文本”工具栏中选择“首字下沉”按钮。弹出工具栏，在其中选择，如图 6.26 所示。

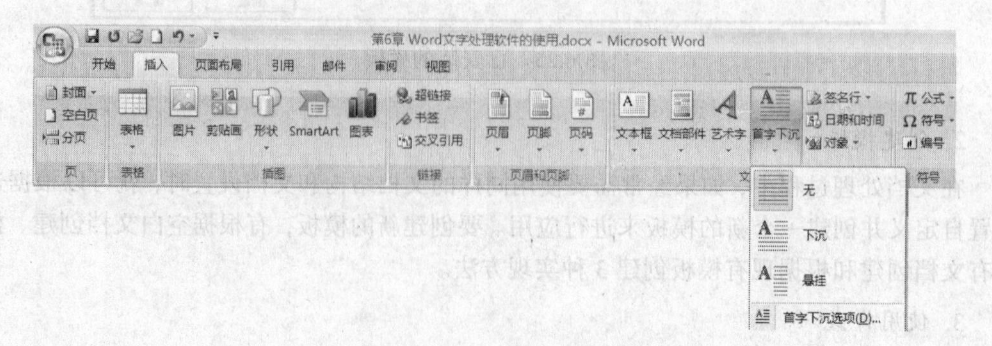

图 6.26　首字下沉工具按钮

如果要取消首字下沉，单击“首字下沉”工具栏中的“无”按钮。

2. 带圈字符

在编辑文字时，有时候要输入一些特殊的文字，像圆圈围绕的数字等，在 Word 2007 中可以使用带圈字符功能，轻松地制作出各种带圈字符。在文档窗口中选择“开始”菜单，在“字体”工具栏中选择“带圈字符”按钮。弹出对话框，在其中设置，如图 6.27 所示。

3. 拼音指南

Word 2007 提供的拼音指南功能，可对文档内的任意文本添加拼音，添加的拼音位于所选文本的上方，并且可以设置拼音的对齐方式。先选择要设置拼音的文字，在文档窗口中选择“开始”菜单，在“字体”工具栏中选择“拼音指南”按钮，弹出“拼音指南”对话框，在其中设置，如图 6.28 所示。

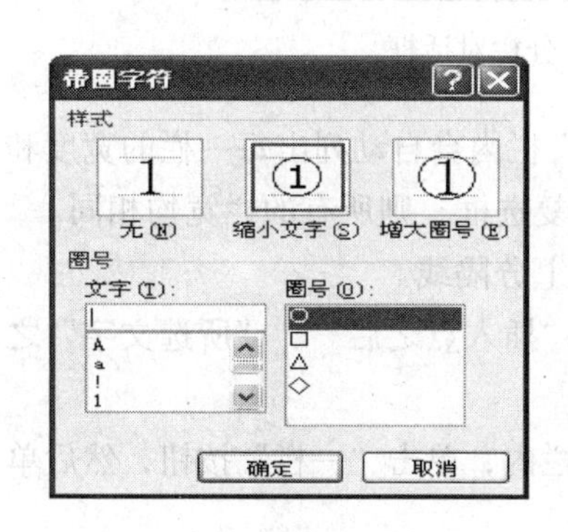

图 6.27 带圈字符对话框

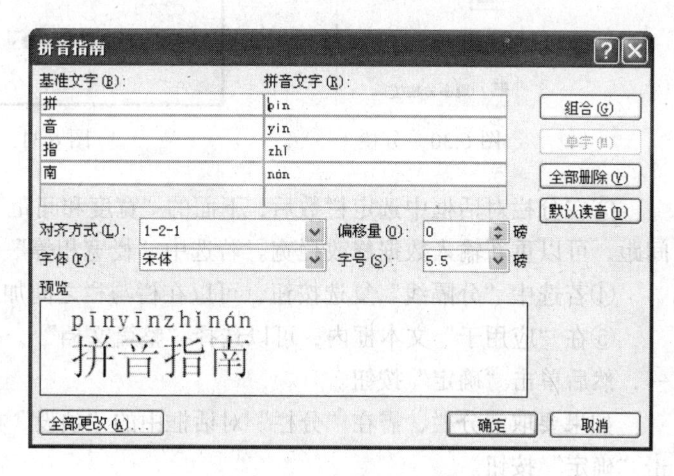

图 6.28 拼音指南对话框

4. 中文版式

Word 2007 提供了具有中文特色的中文版式功能，包括纵横混排、合并字符和双行合一等功能。在文档窗口中选择“开始”菜单，在“段落”工具栏中选择“中文版式”按钮。弹出“中文版式”工具箱，在其中设置即可，如图 6.29 所示。

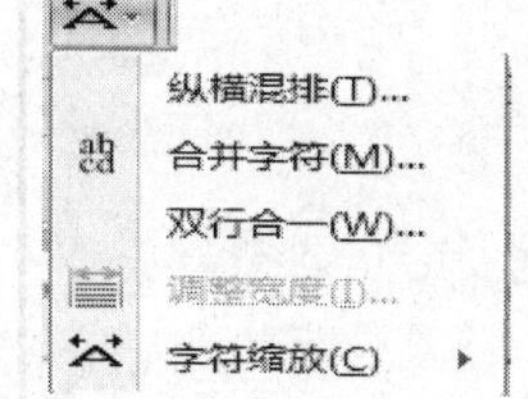

图 6.29 中文版式工具按钮

5. 分栏排版

在编辑报纸、杂志时，经常需要对文章进行分栏排版，将页面被分成多个栏目。这些栏目有的是等宽的，有的是不等宽的，从而使得整个页面布局显示更加错落有致，增加可读性。Word 2007 具有分栏功能，用户可以把每一栏都作为一节对待，这样就可以对每一栏单独进行格式化和版面设计。

分栏设置步骤如下：

①切换到页面视图。

②选定需要分栏的段落；在文档窗口中选择“页面布局”菜单，在“页面设置”工具栏

中单击“分栏”按钮，如图 6.30 所示。在其中内选择需要分的栏数，如果需要分更多栏，单击“更多分栏”选项，弹出“分栏”对话框，如图 6.31 所示。在“列数”文本框内输入要分的栏数，在 Word 内最多可分 11 栏。

图 6.30　分栏

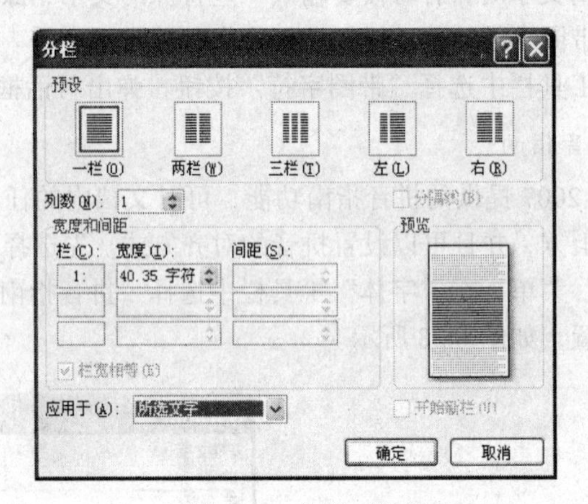

图 6.31　分栏对话框

③在分栏对话框中选定栏数后，下面的“宽度和间距”栏内会自动列出每一栏的宽度和间距，可以重新输入数据修改栏宽。若选中“栏宽相等”复选框，则所有的栏宽均相同。

④若选中“分隔线”复选按钮，可以在栏与栏之间加上分隔线。

⑤在“应用于”文本框内，可以选择“整篇文档”、“插入点之后”、“所选文字”之一，然后单击“确定”按钮。

如果要取消分栏，需在“分栏”对话框中的“预设”栏内，单击“一栏”按钮，然后单击“确定”按钮。

6. 网格、稿纸设置

在文档窗口中选择“页面布局”菜单，单击“稿纸”设置按钮，如图 6.32 所示。

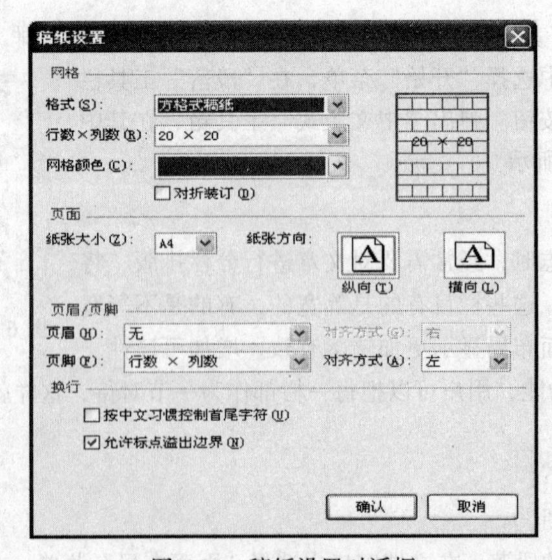

图 6.32　稿纸设置对话框

7. 邮件合并

学期末，学校要为每位学生家长邮寄一份学生本学期学习成绩单，像这样内容的信件主体内容和格式相同，只是学生姓名和各科成绩不同。需要制作一份公有内容和格式的信件，该文件被称为“主文档”，如图 6.33 所示。再制作一份表格，在表格中存放学生姓名和各科成绩等内容，该表格被称为“数据源”，如表 6.1 所示。然后在“主文档”中加入“数据源”中的有关内容，如姓名和各科成绩。通过“邮件合并”功能，就可生成如图 6.34 所示的学生成绩通知单。具体分为如下 6 个步骤。

亲爱的家长同志，您的孩子 本学期成绩如下:

学号:

语文	数学	英语

下学期将于 2012 年 09 月 01 日开学

西安市现代第一中学

二〇一二年七月二十二日

图 6.33　主文档

亲爱的家长同志，您的孩子 刘德华 本学期成绩如下:

学号:　2011345

语文	数学	英语
55	32	33

下学期将于 2012 年 09 月 01 日开学

西安市现代第一中学

二〇一二年七月二十二日

亲爱的家长同志，您的孩子 王思远 本学期成绩如下:

学号:　2011335

语文	数学	英语
99	23	0

下学期将于 2012 年 09 月 01 日开学

西安市现代第一中学

二〇一二年七月二十二日

亲爱的家长同志，您的孩子 李凤兰 本学期成绩如下:

学号:　2011341

语文	数学	英语
33	72	33

下学期将于 2012 年 09 月 01 日开学

西安市现代第一中学

二〇一二年七月二十二日

图 6.34　邮件合并

(1) 创建主文档。

新建文档，然后输入主文档内容并保存文档，文件名为“亲爱的家长同志.docx”，如图6.33所示。

(2) 创建数据源。

建立Excel数据表格，输入内容，如表6.1所示，文件名为“成绩.xlsx”，最后保存文档。

表 6.1　数据源

学号	姓名	语文	数学	英语
2011345	刘德华	55	32	33
2011335	王思远	99	23	0
2011341	李凤兰	33	72	33
2011336	王伟鹏	97	32	22
2011344	李金来	33	56	66
2011337	李增高	91	61	11
2011332	马斯达	92	66	22
2011339	江防卫	55	92	33
2011342	海浪涛	88	61	33
2011338	罗干达	99	82	22

(3) 插入合并域。

打开“主文档”，选择“邮件”菜单，在“开始邮件合并”工具栏中的“开始邮件合并”按钮，选择“信函”按钮。

(4) 合并邮件。

在“开始邮件合并”工具栏中的“选择收件人”按钮，选择“使用现有列表”按钮。弹出“选取数据源”对话框，如图6.35所示。单击对话框中“我的数据源”下拉列表框，选取“成绩.xlsx” 数据源表。

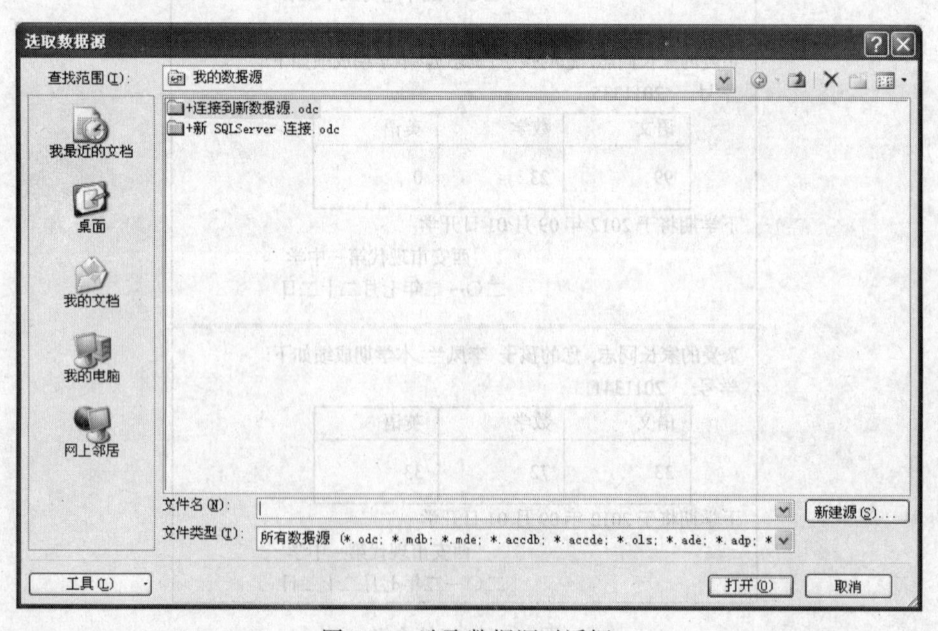

图 6.35　选取数据源对话框

(5) 将插入点定位到要变化的位置。

①将插入点定位到“孩子”之后，单击“编写和插入域”按钮，选择列表中的“姓名”。

②将插入点定位到“学号”之后，单击“编写和插入域”按钮，选择列表中的“学号”。

③将插入点定位到“语文”下边，单击“编写和插入域”按钮，选择列表中的“语文”。

④将插入点定位到“数学”下边，单击“编写和插入域”按钮，选择列表中的“数学”。

⑤将插入点定位到“英语”下边，单击“编写和插入域”按钮，选择列表中的“英语”。如图 6.36 所示。

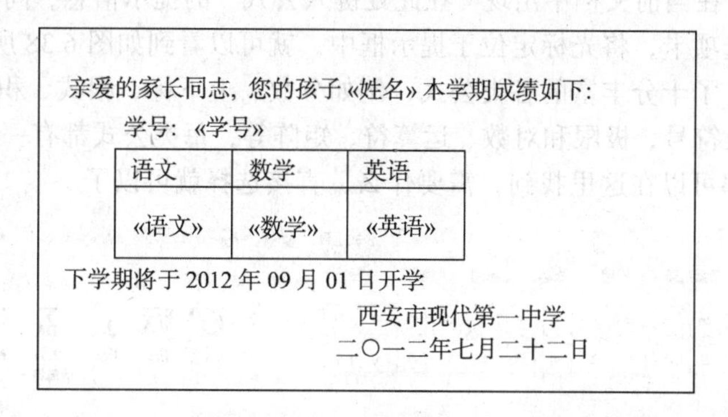

亲爱的家长同志，您的孩子«姓名»本学期成绩如下:

学号: «学号»

语文	数学	英语
«语文»	«数学»	«英语»

下学期将于 2012 年 09 月 01 日开学

西安市现代第一中学

二〇一二年七月二十二日

图 6.36　插入合并域

(6) 完成合并。

单击“完成”对话框中的“完成并合并”按钮。在下拉列表中选择“编辑单个文档”，弹出“合并到新文档”对话框，如图 6.37 所示。在其中选择“全部”，单击“确定”按钮。

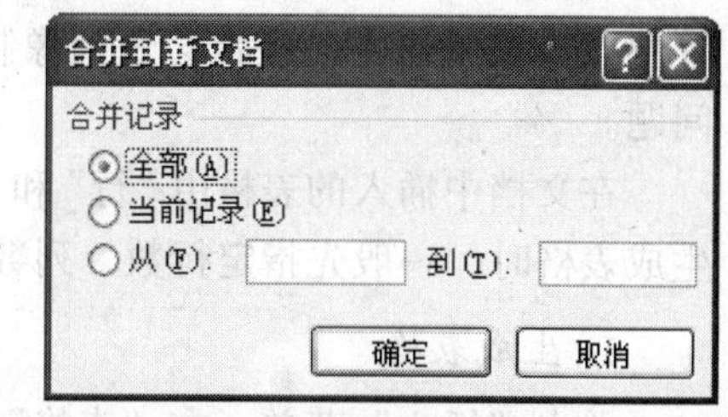

图 6.37　合并到新文档对话框

8. 文本框

文本框是将文字、表格、图形精确定位的有力工具。文本框如同容器，任何文档的内容，无论是一段文字、一张表格、一幅图形还是其综合体，只要被置于方框内，就可以随时被移动到页面的任何地方，也可以让正文环绕而过，还可以进行放大或缩小等操作。

注意：对文本框进行操作时，在页面视图显示模式下才能显示其效果。

(1) 插入文本框。

选中要插入文本框的内容，单击“插入”菜单，在“文本”工具栏中单击“文本框”按钮；也可以先插入文本框，再向文本框中添加内容。

(2) 编辑文本框。

文本框具有图形的属性，对其操作类似于图形的格式设置，单击右键在快捷菜单中选择“设置文本框格式”，可以进行颜色、线条、大小、位置、环绕等设置。

6.5.8　公式编辑器

需要编辑公式时，单击 “插入”菜单，在“符号”工具栏中包括了公式、符号、编号，我们可以使用两种不同的方法插入公式。

1. 直接插入

单击“公式”旁边的下拉箭头，可以看到这里出现了一些公式，包括二次公式、二项式定理、和的展开式、傅立叶级数、勾股定理、三角恒等式、泰勒展开式、圆的面积等内置的公式，选择后直接插入即可。

2. 手工编辑

如果觉得内置的公式样式无法满足需要，可以选择“插入新公式”项，或者直接单击“公式”按钮，此时会在当前文档中出现“在此处键入公式”的提示信息，同时当前窗口中会增加一个“设计”选项卡，将光标定位于提示框中，就可以看到如图 6.38 所示的“公式工具”选项卡，这里包含了十分丰富的各类公式，例如分数、上下标、根式、积分、大型运算符、括号、函数、导数符号、极限和对数、运算符、矩阵等，每类公式都有一个下拉菜单，几乎所有的公式样式都可以在这里找到，需要什么，直接选择就可以了。

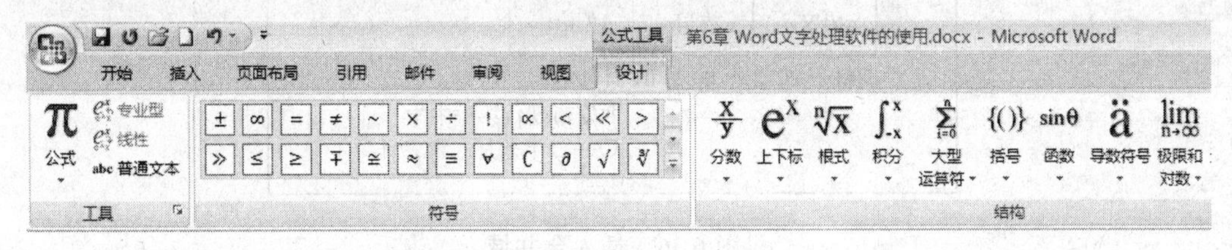

图 6.38　公式工具

6.5.9 表格处理

表格是一种简单明了的文档表达方式，具有整齐直观、简洁明了、内涵丰富、快捷方便等特点。在工作中，经常会遇到像制作财务报表、工作进度表与活动日程表等表格的使用问题。

在文档中插入的表格由“行”和“列”组成，行和列的交叉组成的每一格称为“单元格”。生成表格时，一般先指定行数、列数，生成一个空表，再输入内容。

1. 生成表格

单击“插入”菜单，在“表格”工具栏中完成插入表格，如图 6.39 所示。

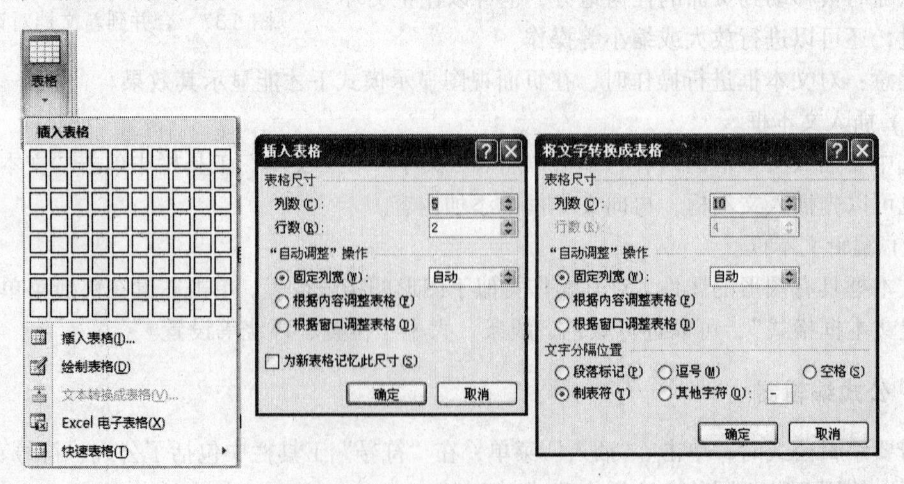

图 6.39　插入表格 3 种方法

生成表格步骤如下：

①将插入点移动到要插入表格的位置。

②单击“插入表格”按钮，弹出“插入表格”对话框，如图 6.39 所示。

③在“表格尺寸”栏中输入表格的列数和行数。

④在“‘自动调整’操作”栏中，选择“自动”，系统会自动地将文档的宽度等分给各个列。单击“确定”按钮，在光标处就生成了 2 行 5 列的表格。在水平标尺上有表格的列标记，可以拖动列标记改变表格的列宽。

2. 文本转换成表格

如果希望将文档中的某些文本的内容以表格的形式表示，利用文字处理软件提供的转换功能，能够非常方便地将这些文字转换为表格数据，而不必重新输入。由于将文本转换为表格的原理是利用文本之间的分隔符(如空格、段落标记、逗号或制表位等)来划分表格的行与列，所以，进行转换之前，需要在选定的文本位置加入某种分隔符。例如，转换如下文本(分隔符为空格)为表格：

姓名 性别 计算机基础 高等数学 英语

李永锋 男 88 65 88

田苗苗 女 58 88 58

杨晋松 男 98 65 60

选中以上文本，单击“表格”菜单下的“文本转换成表格”命令，弹出“将文字转换成表格”对话框，如图 6.39 所示。在其中设置，则生成如表 6.2 所示的表格。

表 6.2　结果表格

姓名	性别	计算机基础	高等数学	英语
李永锋	男	88	65	88
田苗苗	女	58	88	58
杨晋松	男	98	65	60

3. 表格的编辑

表格编辑包括增加或删除表格中的行和列、改变行高和列宽、合并和拆分单元格等操作。

(1) 选定表格。

像其他操作一样，对表格操作也必须“先选定，后操作”。在表格中有一个看不见的选择区，单击该选择区，可以选定单元格、选定行、选定列、选定整个表格。

①选定单元格。当鼠标指针移近单元格内的回车符附近，指针指向右上且呈黑色时，表明进入了单元格选择区，单击左键，反向显示，该单元格被选定。

②选定一行。当鼠标指针移近该行左侧边线时，指针指向右上呈白色，表明进入了行选择区，单击左键，该行呈反向显示，整行被选定。

③选定列。当鼠标指针由上而下移近表格上边线时，指针垂直指向下方，呈黑色，表明进入列选择区，单击左键，该列呈反向显示，整列被选定。

④选定整个表格。当鼠标指针移至表格内的任一单元格时，在表格的左上角出现“田”

字形图案，单击该图案，整个表格呈反向显示，表格被选定。

(2) 插入行、列、单元格。

将插入点移至要增加行、列的相邻的行、列，单击右键，在快捷菜单中选择“插入”命令，单击子菜单中的命令，可分别在行的上边或下边增加一行，在列的左边或右边增加一列。

插入单元格。将插入点移至单元格，单击右键，在快捷菜单中选择“插入/单元格”命令，在弹出的“插入单元格”对话框中选中相应的单选按钮后，再单击“确定”按钮。

如果是在表格的最末增加一行，只要把插入点移到右下角的最后一个单元格，再按 Tab 键即可。

(3) 删除行、列或表格。

选定要删除的行、列或表格，单击右键，在快捷菜单中选择 “删除行(或)列”命令，即可实现相应的删除操作。

(4) 改变表格的行高和列宽。

用鼠标拖动法调整表格的行高和列宽，步骤如下：

①将鼠标指针指向该行左侧垂直标尺上的行标记或指向该列上方水平标尺上的列标记，显示“调整表格行”或“移动表格列”；

②按住鼠标左键，此时，出现一条横向或纵向的虚线，上下拖动可改变相应行的行高，左右拖动可改变相应列的列宽。

注意：如果在拖动行标记或列标记的同时按住 Shift 键不放，则只改变相邻的行高和列宽，表格的总高度和总宽度不变。

4. 合并与拆分单元格

在调整表格结构时，需要将一个单元格拆分为多个单元格，同时表格的行数和列数也增加了，称这样的操作为拆分单元格。相反地，有时又需要将表格中的数据做某种归并，即将多个单元格合并成一个单元格，这样的操作称为合并单元格。

(1) 合并单元格。

合并单元格就是将相邻的多个单元格合并成一个单元格，操作步骤如下：

①选定所有要合并的单元格；

②单击右键，在快捷菜单中选中“合并单元格”命令，该命令使选定的单元格合并成一个单元格。

(2) 拆分单元格。

拆分单元格就是将一个单元格分成多个单元格，操作步骤如下：

①选定要拆分的单元格；

②单击右键，在快捷菜单中选择“拆分单元格”命令，弹出“拆分单元格”对话框，输入要拆分的列数及行数，单击“确定”按钮。

习　题　6

一、填空题

1. 利用 Word 进行文档排版的字符格式化设置是通过使用________工具栏中的有关按钮。

2. 在 Word 中进行段落排版时，如果对一个段落操作，只需在操作前将插入点置于______，若是对几个段落操作，首先应当______，再进行各种排版操作。

3. 使用 Word 对编辑的文档分栏时，必须切换到______显示方式，才能显示分栏效果。

4. 段落对齐方式可以有______、______、______、______、______5 种方式。

5. 水平标尺上的段落缩进有 4 个滑块，其功能分别是______、______、______、______。

6. 要复制已选定的文档，可以在按下______键的同时用鼠标拖动选定的文本到指定的目标位置来完成复制。

7. 如果按 Del 键误删除了文档，应执行______命令恢复所删除的内容。

8. 选择“Office 按钮”菜单中的______命令显示的文档和打印在纸上的效果相同。

9. 双击______按钮或按______键，可以在“插入”或“改写”状态之间转换。

10. 在 Word 编辑中，若看不到段落标记，可以通过单击工具栏上的______按钮来显示。

11. 在 Word 中，利用______可以快速调整页面的上、下、左、右页边距。

12. 在 Word 中，有时为了保持文档的可读性和美观，常常采用人工分页，实现人工分页的方法是：先将插入点移到要分页处，再使用“页面布局”菜单的______工具按钮。

13. Word 的默认字体是______。

14. 想查看文档中各标题或重新组织长文档时，运用______视图最方便。

二、选择题

1. 中文 Word 文字处理软件的运行环境是(　　)。

A. DOS　　B. WPS　　C. Windows　　D. 高级语言

2. 段落的标记是在输入(　　)之后产生的。

A. 句号　　B. Enter 键　　C. Shift+Enter 组合键　　D. 分页符

3. 在 Word 编辑状态下，若要设定左右边界，利用(　　)方法更直接、快捷。

A. 工具栏　　B. 格式栏　　C. 菜单　　D. 标尺

4. 在 Word 编辑状态下，当前输入的文字显示在(　　)位置。

A. 光标插入点　　B. 无法确定　　C. 文件尾部　　D. 当前行尾部

5. 在 Word 编辑状态下，操作的对象经常是先选择内容，若鼠标指针在某行行首的左边选定区，下列(　　)操作可以仅选择光标所在的行。

A. 单击鼠标左键　　B. 三击鼠标左键　　C. 双击鼠标左键　　D. 单击鼠标右键

6. Word 文档文件的扩展名是(　　)。

A. TXT　　B. DOCX　　C. WPS　　D. BLP

7. 在 Word 文档中，每个段落都有自己的段落标记，段落标记的位置在(　　)。

A. 段落的首部　　B. 段落的结尾处

C. 段落的中间位置　　D. 段落中，但用户找不到的位置

8. Word 具有分栏功能，下列关于分栏的说法正确的是(　　)。

A. 最多可以设 4 栏　　B. 各栏的宽度可以不同

C. 各栏的宽度必须相同　　D. 各栏之间的间距是固定的

9. 在 Word 编辑状态下，文档中有一行被选择，当按下 Del 键后(　　)。

A. 删除了光标所在行　　B. 删除了被选择行及其后的所有内容

C. 删除了被选择的行　　D. 删除了光标及其之后的所有内容

10. 欲将修改的 Word 文档保存在 U 盘上，则应该用(　　)。

A. “Office 按钮”菜单中的“另存为”命令　　B. “Office 按钮”菜单中的“保存”命令

C. Ctrl+S 组合键　　D. 工具栏中的“保存”命令

11. 在 Word 中打开了多个文档，要实现多个文档之间的窗口切换，采取的方法(　　)的“窗口

切换”按钮。

A.“视图”菜单的窗口工具栏　B.“页面布局”菜单的页面设置工具栏

C.“Office 菜单”的打印　D.“开始”菜单的段落工具栏

12. Word 窗口中“Office 按钮”菜单右边显示的“最近使用的文件”是(　)。

A. 当前被操作的文件　B. 当前已打开的所有文件

C. 最近被操作过的文件　D. 扩展名是.docx 的文件

13. 在 Word 中，编排完一个文件后，要想知道其打印效果，可以(　)。

A. 选择“模拟显示”命令　B. 选择菜单“Office 按钮/打印/打印预览”命令

C. 按 F8 键　D. 选择“全屏幕显示”命令

14.“视图”菜单中的“显示比例”工具栏中“显示比例”按钮，可以实现(　)。

A. 字符的缩放　B. 字符的缩小　C. 字符的放大　D. 以上均不正确

15. 如果要进行格式复制，在选定格式后，应单击或双击“开始”菜单中“剪贴板”工具栏中的(　)按钮。

A. 格式刷　B. 复制　C. 剪切　D. 粘贴

16. 用 Word 2007 编辑文本时，若要输入“10cm^2”，这里的“2”可以采用上标形式，设置上标用(　)对话框。

A.“格式”菜单“上标”　B.“工具”菜单“上标”

C.“开始”菜单“字体”　D.“表格”菜单“公式”

17. 在 Word 中，下列有关文本框的叙述，(　)是错误的。

A. 文本框是存放文本的容器，且能与文字进行叠放，形成多层效果

B. 用户创建文本框链接时，其下一个文本框应该为空文本框

C. 当用户在文本框中输入较多的文字时，文本框会自动调整大小

D. 文本框不仅可以输入文字，还可以插入图片

三、上机实验题

1. 标题为“计算机名人”的文本编辑与排版练习。

实验目的：掌握页面设置、段落格式设置、边框与底纹的应用。

实验任务：

(1) 将文档的纸张大小设置为自定义(宽：20 cm，高：21 cm)。

(2) 将文档的页边距设置为上边距 2cm、下边距 2cm。

(3) 将文档标题“计算机名人”字体属性设置为：黑体、小三、加粗，对齐方式为居中对齐。

(4) 将正文各段落设置为：左右缩进各 1 个字符，段前、段后间距各为 1 行，首行缩进两个字符，固定行距 14 磅。

(5) 将“冯 · 诺依曼 (John Von Neumann)”文字加波浪下划线，添加白色、深色 15%底纹(应用范围为文字)。

(6) 将“艾伦 · 图灵(Alan Turing)”文字加波浪下划线，添加白色、深色 15%底纹(应用范围为段落)。

(7) 将“高登 · 摩尔(Gordon Moore)”加上方框边框，白色、深色 25%底纹(应用范围为段落)。

(8) 将正文最后一段分为等宽的两栏，栏间距 0.5 字符，加分隔线。

(9) 设置正文最后一段首字的下沉行数为 2，字体为楷体_GB2312，距正文 0.2 cm。

(10) 在输入的文字后面插入日期，格式为“****年**月**日”，右对齐。

(11) 在文档的页脚中插入居中页码，格式为(a, b, c)，最终效果如图 6.40 所示。

(12) 保存到 d:\exam 文件夹中，文件名为“计算机名人.docx”。

计算机名人

计算机发展的历史上曾涌现出很多名人。这些人对计算机技术和人类的贡献是我们不应该忘记的。

冯·诺依曼（John Von Neumann）

1945 年，他写了一篇题为《关于离散变量自动电子计算机的草案》的论文，第一次提出了在数字计算机内部的存储器中存放程序的概念。这成为所有现代计算机的基础理论，被称为“冯·诺依曼结构”。如今，各式各样的电脑无论看起来差别多大，实质上绝大多数是属于冯·诺依曼结构的。

艾伦·图灵（Alan Turing）

英国科学家，他是计算机人工智能技术的鼻祖。1937 年他提出了能思考的计算机——图灵机的概念，推进了计算机理论的发展。图灵机模型是一种抽象计算模型，用来精确定义可计算函数，是实现机器人的最基本的一个理论模型。1950 年，艾伦·图灵发表题为《计算机能思考吗》的论文，设计了著名的图灵测验，解决了如何判定机器人是否具有同人类相等的智力的问题。

高登·摩尔（Gordon Moore）

“每过 18 个月，计算机芯片依赖的集成电路由于内部晶体管数量的几何级数的增长，而使性能几乎提高一倍，同时集成电路的价格也恰好减少为原来的一半。”这就是计算机界著名的摩尔定律，它的发明人就是高登·摩尔。1968 年他与罗伯特·诺伊斯一起率领一群工程师创建了一家叫集成电子的公司，简称“Intel”，这就是当今名震世界的英特尔公司。

王选

作为中国人，我们在这有必要提到他。王选教授是中国现代印刷革命的奠基人，他所主持研制的汉字激光排版系统开创了汉字印刷的一个崭新时代。二十余年来，这一技术在王选教授的指导下，不断推陈出新，引发了我国报业和印刷出版业一场又一场的深刻变革。同时，王选教授的优秀品质和人格魅力也深深影响了方正的广大干部员工。今天，科教兴国成为我们国家的基本国策，方正也已成为中国知识经济崛起的一个典范。王选教授不仅是方正的骄傲，也是我们国家新一代知识分子的杰出代表。

2012 年 6 月 10 日

1

图 6.40　实验题 1 的结果

2. 个人简历的设计。

实验目的：掌握建立表格、编辑表格、设置表格格式、设置表格边框与底纹、拆分和合并单元格等技能。

实验任务：如图 6.41 所示，制作“个人简历”表格，并用“隶书”字体填写个人情况。

个人简历

<table>
<tr><td>姓名</td><td colspan="2"></td><td>性别</td><td></td><td>出生日期</td><td></td><td rowspan="4">照
片</td></tr>
<tr><td colspan="2">身份证件号码</td><td colspan="5"></td></tr>
<tr><td colspan="2">高中毕业学校</td><td colspan="5"></td></tr>
<tr><td colspan="2">高中毕业时间</td><td colspan="2">年　月</td><td>现学专业</td><td colspan="2"></td></tr>
<tr><td colspan="2">通信地址</td><td colspan="6"></td></tr>
<tr><td colspan="2">小学学历</td><td colspan="6">年　月毕业于　学校</td></tr>
<tr><td colspan="2">初中学历</td><td colspan="6">年　月毕业于　学校</td></tr>
<tr><td rowspan="2">个
人
简
历</td><td colspan="2">起止年月</td><td colspan="5">在何地、任何职务(从小学开始填写)</td></tr>
<tr><td colspan="2"></td><td colspan="5"></td></tr>
</table>

图 6.41　实验题 2

3. 设置文档“西安古城墙”。

实验任务：

(1) 设置整篇文档的纸张为 22 cm×14 cm，纵向。

(2) 设置标题文字：楷体_GB2312，小一号，加粗斜体，居中对齐，蓝色，阴文。

(3) 设置标题以外的文字：宋体，四号。分栏，栏宽相等。有分隔线。

(4) 为整篇文档设置 15 磅宽度的绿色的页面边框(艺术图案自选)。

(5) 设置页脚中的页码，字号为四号，居中。

实验结果样式如图 6.42 所示。

西安古城墙

西安古城墙不仅是保存最完整的中国古代城垣建筑，也是世界上现存规模最大、最完整的古代军事城堡设施。西安城墙建于明洪武年间（1370~1378）年，以公元 6 世纪时隋唐皇城墙为基础扩展形成，周长 13912 米。墙体高 12 米，底宽 18 米，顶宽 15 米，厚度大于高度，建筑稳重坚固。自 1983 年开始的环城建设工程，逐步建成以古城墙为主线，辅以环城绿化，护城河环绕，风格古朴、粗犷，有野趣，具有浓郁地方特色的环城公园。以城墙为主体，包括护城河、吊桥、闸楼、箭楼、正楼、角楼、女儿墙垛口、城门等一系列军事设施，构成严密完整的冷兵器时代城市防御体系，为游客直观了解古代战争提供了珍贵的人文景观。

1

图 6.42　实验题 3

第 7 章　Excel 2007 电子表格处理

用户采用电子表格软件可以制作各种复杂的表格，在表格中可以输入数据、显示数据，进行数据计算，并能对表格的数据进行各种统计运算，还能将表格数据转换为图表显示出来，极大地增强了数据的可读性。另外，电子表格还能将各种统计报告和统计图形打印输出。

7.1　电子表格软件简介

7.1.1　电子表格软件的基本功能

一般电子表格软件都具有三大基本功能：制表、计算、统计图。

1. 制表

制表就是画表格，是电子表格软件最基本的功能。电子表格具有极为丰富的格式，能够以各种不同的方式显示表格及其数据，操作简便易行。

2. 计算

表格中的数据常常需要进行各种计算，如统计、汇总等，因而计算是电子表格软件必不可少的一项功能。电子表格的计算功能十分强大，内容也丰富，可以采用公式或函数计算，也可直接引用单元格的值。为了方便计算，电子表格提供了各类丰富的函数。尤其是各种统计函数，为用户进行数据汇总提供了很大的便利。

3. 统计图

图形的方式能直观地表示数据之间的关系。电子表格软件提供了丰富的统计图功能，能以多种图表表示数据，如直方图、饼图等。电子表格中的统计图所采用的数据直接取自工作表，当工作表中的数据改变时，统计图会自动随之变化。

7.1.2　常见的电子表格软件

电子表格软件大致可分为两种形式：一种是为某种目的或领域专门设计的程序，如财务程序，适用于输出特定的表格，但其通用性较弱；另一种是所谓的“电子表格”，它是一种通用的制表工具，能够满足大多数制表需求，它面对的是普通的计算机用户。

1979 年，美国 Visicorp 公司开发了运行于苹果Ⅱ上的 VISICALE，这是第一个电子表格软件。其后，美国 Lotus 公司于 1982 年开发了运行于 DOS 下的 Lotus 1-2-3，该软件集表格、计算和统计图表于一体，成为国际公认的电子表格软件的代表。进入 Windows 时代后，微软公司的 Excel 逐步取而代之，成为目前普及最广的电子表格软件。

在中国，DOS 时代也曾经出现过以 CCED 为代表的电子表格软件，但在进入 Windows 时代后，电子表格软件的开发一度大大落后于国际水平，进而影响了电子表格软件在我国的普及。直到 2000 年 7 月，北京海迅达科技有限公司推出了“HiTable 制表王”，使国产电子表格软件达到了一个新高度，其具有丰富易用的性能、与 Excel 高度兼容的操作，还增加了许多特有的功能，使电子表格更好用，更符合中国人的思维习惯。

中文 Excel 2007 电子表格软件是 Microsoft 公司 Office 办公系列软件的重要组成之一。Excel 主要是以表格的方式来完成数据的输入、计算、分析、制表、统计，并能生成各种统计图形，是一个功能强大的电子表格软件。在这里主要介绍 Excel 2007 软件的使用。

7.2　中文 Excel 的基本操作

7.2.1　中文 Excel 的基本概念

工作簿：Excel 工作簿是由一张或若干张(最多 255 张)表组成的文件，其文件名的扩展名为.xlsx，每一张表称为一个工作表。

工作表：Excel 工作表是由若干行和若干列组成的。行号用数字来表示，最多有 65536 行；列标用英文字母表示，开始用一个字母 A、B、C 表示，超过 26 列时用两个字母的组合 AA、AB、…、AZ、BA、BB、…、IV 表示，最多有 256 列。

单元格：行和列交叉的区域称为单元格。单元格的命名由它所在的列标和行号组成。例如，B 列 5 行交叉处的单元格名为 B5，名为 C6 的单元格就是第 6 行和第 C 列交叉处的单元格。一个工作表最多有 65536×256 个单元格。

7.2.2　Excel 的启动

Excel 的启动方法很多，常用的方法是：选择菜单“开始/所有程序/Microsoft Office/Microsoft Office Excel 2007”命令。

Excel 启动成功后，窗口如图7.1所示。从图中可以看到 Excel 窗口的上面是标题栏、菜

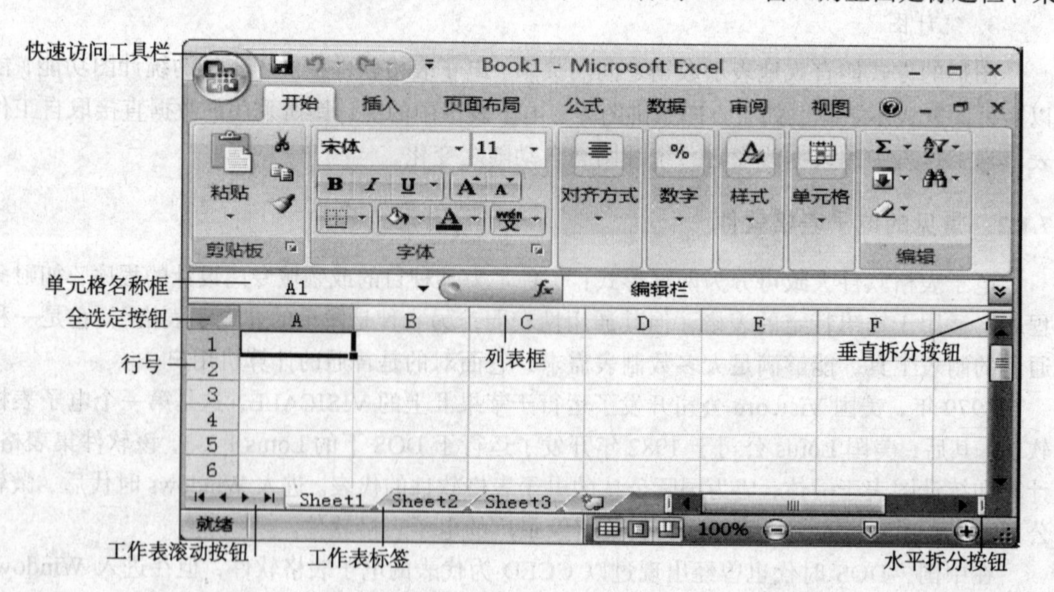

图 7.1　Excel 窗口

单栏、工具栏、格式栏和编辑栏，中间的部分是工作簿窗口，Excel 默认首次启动的工作簿名为 Book1，最下面是 Excel 的状态栏。工作簿窗口包括：标题栏、工作表标签、行号、列标、垂直和水平拆分框及垂直和水平滚动条等。

7.2.3　工作簿的建立、打开和保存

1. 建立新工作簿

Excel 启动后，会自动建立一个名为 Book1 的空工作簿，并预置 3 张工作表(分别命名为 Sheet1、Sheet2、Sheet3)，其中将 Sheet1 置为当前工作表，如图7.1所示。

2. 打开已有工作簿

打开已有工作簿的方法有：

①双击要打开的工作簿文件，即可启动 Excel 并打开该工作簿。

②若 Excel 已启动，则用鼠标单击 Excel 快速工具栏上的“打开”按钮或单击“Office 按钮”选择菜单栏中的“打开”命令，在弹出的对话框中选择要打开的工作簿文件即可。

3. 保存建立好的工作簿

单击“Office 按钮”，在菜单中选择“保存”命令，或者单击快速工具栏上的“保存”按钮。如果是第一次保存工作簿，系统会弹出“另存为”对话框。在“另存为”对话框中选择要保存工作簿的文件夹，并输入保存的文件名，最后单击“保存”按钮。Excel 工作簿以文件的形式保存在磁盘中，其文件名的扩展名默认为.xlsx。

4. 关闭工作簿

在“Office 按钮”菜单中选择“关闭”命令，或者单击工作簿窗口中的“关闭”按钮。

7.2.4　数据的录入与编辑

1. 单个单元格数据的输入

先选择单元格，再直接输入数据。会在单元格和编辑栏中同时显示输入的内容，用回车键、Tab 键或单击编辑栏上的“✓”按钮 3 种方法确认输入。如果要放弃刚才输入的内容，单击编辑栏上的“×”按钮或按键盘上的 Esc 键即可。

①文本输入。输入文本时靠左对齐。若输入纯数字的文本(如身份证号、学号等)，在第一个数字前加上一个单引号即可(如：'00125)。

注意：在单元格中输入内容时，默认状态是文本靠左对齐，数值靠右对齐。

②数值输入。输入数值时靠右对齐，当输入的数值整数部分长度较长时，Excel 用科学计数法表示(如 1.234E+13 代表 1.234×10^{13})，小数部分超过单元格宽度(或设置的小数位数)时，超过部分自动四舍五入后显示。但在计算时，用输入的数值参与计算，而不是用显示的四舍五入后的数值。另外，在输入分数(如 5/7)时，应先输入 0 及一个空格，然后再输入分数，否则 Excel 会把它处理为日期数据(如 5/7 处理为 5 月 7 日)。

③日期和时间输入。Excel 内置了一些常用的日期与时间的格式。当输入数据与这些格式相匹配时，将它们识别为日期或时间。常用的格式有：dd-mm-yy、yyyy/mm/dd、yy/mm/dd、hh:mm AM、mm/dd 等。输入当天的日期，可按组合键 Ctrl+;；输入当天的时间，可按组合

键 Ctrl+Shift+;。

2. 单元格选定操作

要把数据输入到某个单元格中，或对某个单元格中的内容进行编辑，首先就要选定该单元格。

①选定单个单元格。用鼠标单击要选择的单元格，表示选定了该单元格，此时该单元格也被称为活动单元格。

②选定一个矩形(单元格)区域。将鼠标指针指向矩形区域左上角第一个单元格，按下鼠标左键拖动到矩形区域右下角最后一个单元格；或者用鼠标单击矩形区域左上角的第一个单元格，按住 Shift 键，再单击矩形区域右下角最后一个单元格。

③选定整行(列)单元格。单击工作表相应的行号或列标即可。

④选定多个不连续单元格或单元格区域。选定第一个单元格或单元格区域，按住 Ctrl 键不放，再用鼠标选定其他单元格或单元格区域，最后松开 Ctrl 键。

⑤选定多个不连续的行或列。单击工作表相应的第一个选择行号或列标，按住 Ctrl 键不放，再单击其他选择的行号或列标，最后松开 Ctrl 键。

⑥选定工作表全部单元格。单击“全部选定”按钮(工作表左上角所有行号的纵向与所有列标的横向交叉处)。

3. 自动填充数据

利用数据自动输入功能，可以方便快捷地输入等差、等比及预先定义的数据填充序列。如，序列一月、二月、…、十二月；1、2、3、…。

(1) 自动输入数据的方法。

①在一个单元格或多个相邻单元格内输入初始值，并选定这些单元格。

②鼠标指针移到选定单元格区域右下角的填充柄处，此时鼠标指针变为实心“十”字形，按下左键并拖动到最后一个单元格。

如果输入初始数据为文字数字的混合体，在拖动该单元格右下角的填充柄时，文字不变，其中的数字递增。例如，输入初始数据“第 1 组”，在拖动该单元格右下角的填充柄时，自动填充给后继项“第 2 组”、“第 3 组”……

(2) 用户自定义填充序列。

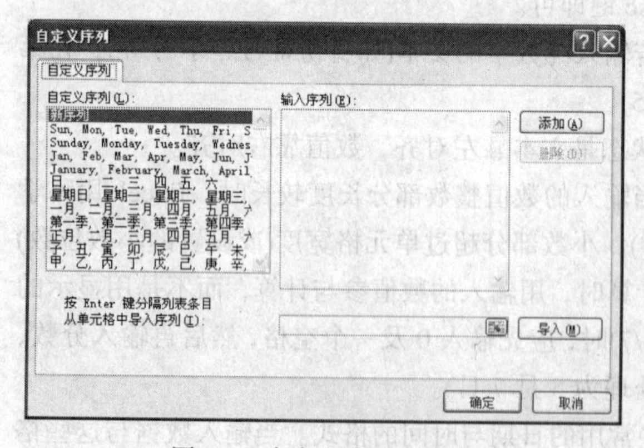

图 7.2　自定义序列对话框

Excel 允许用户自定义填充序列，以便进行系列数据输入。例如，在填充序列中没有第一名、第二名、第三名、第四名、第五名序列，可以由用户将其加入到填充序列中。

方法：单击“Office 按钮”弹出菜单，单击菜单最下边选择“Excel 选项”按钮，弹出“Excel 选项”对话框，在对话框中选择“常规”选项卡。单击“编辑自定义列表”按钮，弹出“自定义序列”对话框，如图 7.2 所示。然后在“输入序列”文本框中输入自定义序列项(如，第一名、第二名、第三名、第四名、第五名)，每输入一项，要按一次回车键作为分隔。整个序列输入完毕后单击“添加”按钮。

7.2.5　工作表的基本操作

1. 数据编辑

(1) 数据修改。

单击要修改的单元格，在编辑栏中直接进行修改；或者双击要修改的单元格，在单元格中直接进行修改。

(2) 数据清除。

数据清除的功能是，将单元格或单元格区域中的内容、格式等删除。数据清除的步骤如下：

①选择要清除的单元格或单元格区域。

②在“开始”选项卡上的“编辑”工具栏组中，单击“清除”按钮旁边的箭头，弹出下拉列表，如图 7.3 所示。然后执行下列操作之一：

要清除所选单元格中包含的全部清除、清除格式、清除内容和清除批注，单击“全部清除”。

只清除应用于所选单元格的格式，单击“清除格式”。

只清除所选单元格中的内容，而保留所有格式和批注，单击“清除内容”。

要清除附加到所选单元格的所有批注，单击“清除批注”。

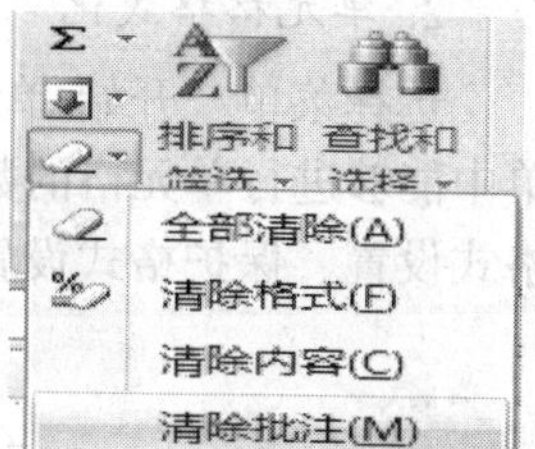

图 7.3　清除下拉列表

(3) 数据复制或移动。

数据复制(或移动)是指将选定区域的数据复制(移动)到另一个位置。

①鼠标拖动法：选定要复制(或移动)的区域，将鼠标移动到选定区域的边框上，鼠标指针变成“花”形箭头，此时按住键盘上的 Ctrl 键(移动时不按)，拖动到复制(移动)的目标位置。

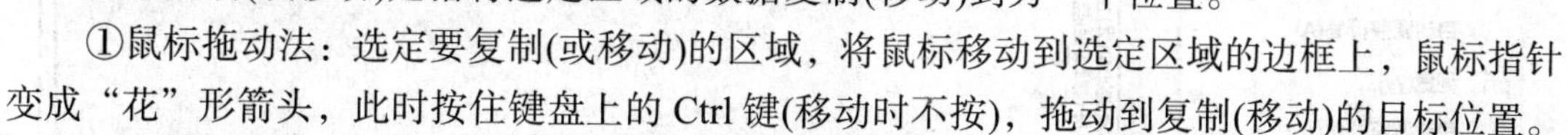

②使用剪贴板法：选定要复制(或移动)的区域，单击“开始”菜单，在剪贴板工具栏上选择“复制(移动)”按钮。然后将插入点设置到目标位置的左上角单元格，单击剪贴板工具栏上的“粘贴”按钮，即可完成。

2. 单元格、行、列的插入和删除

①单元格的插入。选定插入单元格的位置，选择“开始/单元格/插入”菜单命令，如图 7.4 所示。

②工作表的行、列插入。选定插入行或列的位置，单击“开始/单元格/插入工作表行”或“插入工作表列”按钮，即可插入一行或一列。

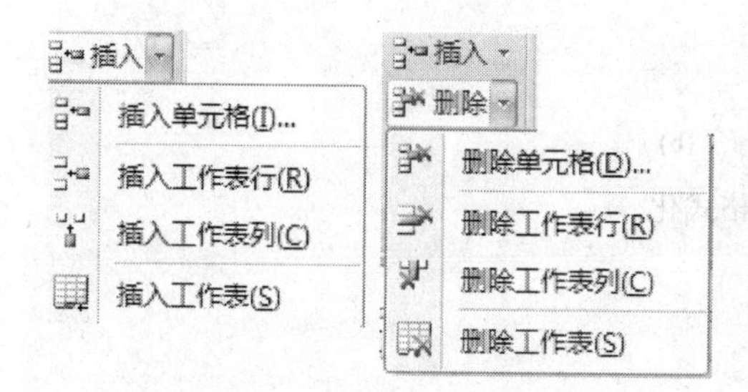

图 7.4　插入和删除

③单元格的删除。单元格的删除是将单元格内容和单元格一起删除，删除后其右侧单元格左移或下方单元格上移。具体做法：先选择要删除的单元格区域，然后在“开始”菜单，单击单元格工具栏中“删除”右边按钮。有“删除单元格”、“删除工作表行”、“删除工作表列”和“删除工作表”4 个选项，如图 7.4 所示。选择“删除单

元格”选项即可。

④工作表行、列的删除。选定工作表中一行或多行(一列或多列)，在“开始”菜单，单击单元格工具栏中“删除”右边按钮，选择“删除工作表行”(或“删除工作表列”)即可。此外，也可先选定要删除行或列中的任意一个单元格，选择“删除工作表行”(或“删除工作表列”)即可。

7.3 工作表的格式编辑

1. 调整行高、列宽

将鼠标指针指向要调整行高或列宽的行号或列标分隔线上，此时鼠标指针变为一个双向箭头形状，按下鼠标左键拖动分隔线至需要的行高或列宽。也可以双击鼠标左键使行高或列宽变为自动适应高度或宽度。

2. 单元格格式化

选择菜单“开始/单元格/格式/设置单元格格式”命令，弹出如图 7.5(a)所示菜单。在菜单中能够进行单元格的数字格式设置、对齐方式设置、字体格式设置、边框格式设置、填充格式设置、保护格式设置等，如图 7.5(b)所示。

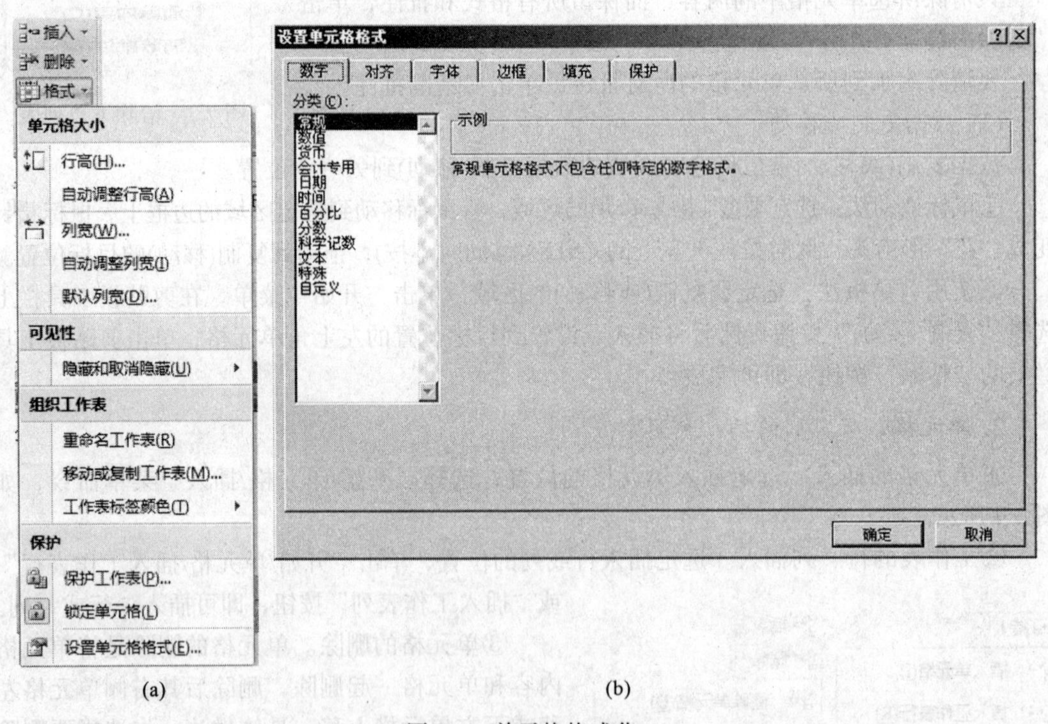

图 7.5 单元格格式化

注意：单元格未设边框，打印出来无边框。

3. 条件格式

条件格式的功能是：通过设置选定区域中满足要求的数据单元格格式，能醒目地展示满足条件的单元格数据。

例如，在如图7.6所示的成绩表中，期中和期末成绩在 70 分以下(不包括 70)的成绩用浅蓝、斜体字形，单元格加灰色底纹图案设置；在 70~90 之间的，字的颜色设置为红色；在 90 以上(包括 90)的，字的颜色设置为紫色，结果如图 7.9 所示。

成绩1.xlsx

	A	B	C	D	E	F	G	H	I
1	成绩表								
2	专业	学号	姓名	性别	程序设计	数学	英语	总评	备注
3	金融数学	2011345	刘德华	男	75	82	60		
4	金融数学	2011335	王思远	女	99	87	80		
5	计算科学	2011341	李凤兰	女	85	72	60		
6	计算科学	2011336	王伟鹏	男	97	60	90		
7	数学	2011344	李金来	女	72	56	66		
8	数学	2011337	李增高	男	91	61	88		
9	金融工程	2011332	马斯达	女	92	66	66		
10	金融工程	2011339	江防卫	男	65	92	90		
11	工程管理	2011342	海浪涛	男	88	61	40		
12	工程管理	2011338	罗千达	女	99	82	68		

成绩表 / 成绩条件格式 / 自动套用格式 / 公

图 7.6　成绩表

方法：在成绩表中，选定设置单元格区域(即 E3:G12)，选择菜单“开始/样式/条件格式”命令，弹出“条件格式”菜单，在条件菜单中选择 “突出显示单元格规则/其他规则”，弹出“新建格式规则”对话框，如图 7.7 所示。在“选择规则类型”框中选“只为包含以下内容的单元格设置格式”，在“编辑规则说明”中第 2 个下拉列表框中选择“小于”，条件值文本框中输入“70”，单击“格式”按钮，弹出“设置单元格格式”对话框，如图 7.8 所示。在对话框的“字体”选项卡中，设置字形为倾斜，颜色为蓝色。再打开“填充”选项卡，选择灰色底纹图案设置，之后单击“设置单元格格式”对话框中的“确定”按钮。以同样的办法设置第二个条件，值介于 70 ~ 90 之间，格式是字形为“常规”，颜色为红色；设置第三个条件，值大于等于 90，字的颜色为紫色。 我们也可以用“条件格式”菜单中的“管理规则”来修改刚设置的格式规则。设置完成后结果如图 7.9 所示。

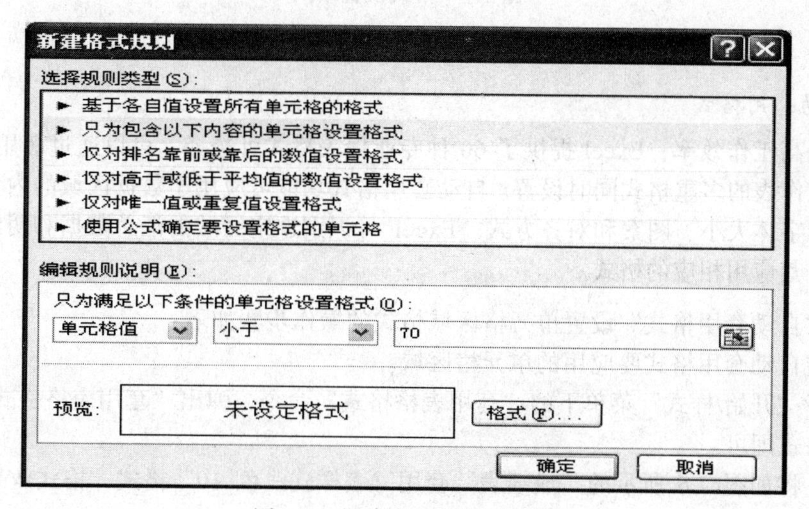

图 7.7　新建格式规则对话框

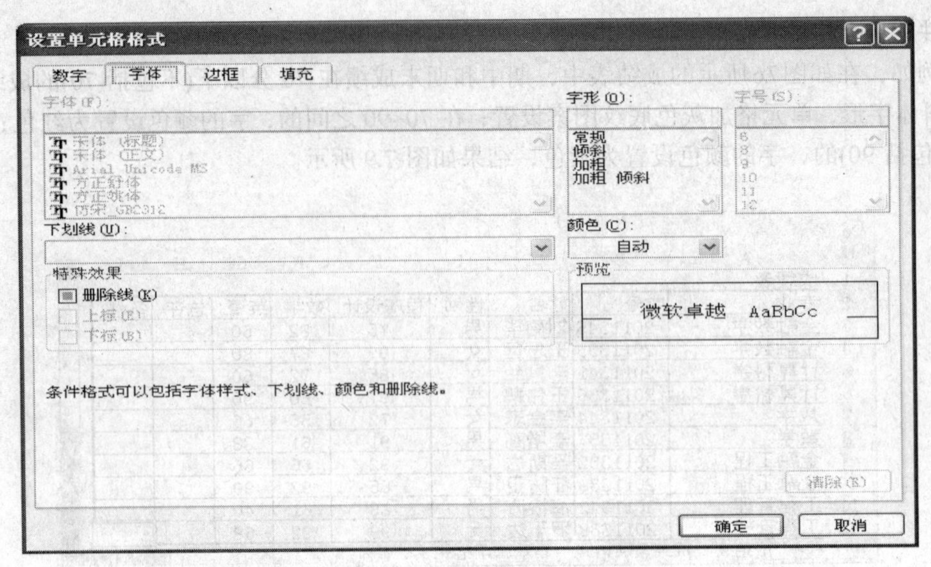

图 7.8　设置单元格格式对话框

成绩1.xlsx

	A	B	C	D	E	F	G	H	I
1	成绩表								
2	专业	学号	姓名	性别	语文	数学	英语	总评	备注
3	金融数学	2011345	刘德华	男	75	82	60		
4	金融数学	2011335	王思远	女	99	87	80		
5	计算科学	2011341	李凤兰	女	85	72	60		
6	计算科学	2011336	王伟鹏	男	97	60	90		
7	数学	2011344	李金来	女	72	56	66		
8	数学	2011337	李增高	男	91	61	88		
9	金融工程	2011332	马斯达	女	92	66	66		
10	金融工程	2011339	江防卫	男	65	92	90		
11	工程管理	2011342	海浪涛	男	88	61	40		
12	工程管理	2011338	罗干达	女	99	82	68		

成绩表　成绩条件格式　自动套用格式

图 7.9　格式设置结果

4. 自动套用格式

为了提高工作效率，Excel 提供了 60 种专业报表格式可选择，可以通过套用这 60 种报表对整个工作表的多重格式同时设置。自动套用格式功能可应用于数据区域的内置单元格格式集合，如字体大小、图案和对齐方式。Excel 可识别选定区域的汇总数据和明细数据的级别，然后对其应用相应的格式。

使用“自动套用格式”设置单元格区域格式的操作步骤如下：

①选定自动套用格式要应用的单元格区域。

②选择“开始/样式”菜单下的“套用表格格式”命令，弹出“套用表格格式”工具栏，选择一个格式即可。

例如，将如图 7.6 所示的“成绩表”套用“表样式浅色 10”格式，格式效果如图 7.10 所示。

成绩1.xlsx

	A	B	C	D	E	F	G	H
1	成绩表							
2	专业	学号	姓名	性别	程序设计	数学	英语	总评
3	金融数学	2011345	刘德华	男	75	82	60	
4	金融数学	2011335	王思远	女	99	87	80	
5	计算科学	2011341	李凤兰	女	85	72	60	
6	计算科学	2011336	王伟鹏	男	97	60	90	
7	数学	2011344	李金来	女	72	56	66	
8	数学	2011337	李增高	男	91	61	88	
9	金融工程	2011332	马斯达	女	92	66	66	
10	金融工程	2011339	江防卫	男	65	92	90	
11	工程管理	2011342	海浪涛	男	88	61	40	
12	工程管理	2011338	罗干达	女	99	82	68	

成绩条件格式　自动套用格式　公式计

图 7.10　自动套用格式效果

7.4　数 据 计 算

Excel 的数据计算是通过公式实现的，可以对工作表中的数据进行加、减、乘、除等运算。

Excel 的公式以等号开头，后面是用运算符连接对象组成的表达式。表达式中可以使用圆括号“()”改变运算优先级。公式中的对象可以是常量、变量、函数及单元格引用，如=C3+C4、=D6/3−B6、=sum(B3:C8)等。当引用单元格的数据发生变化时，公式的计算结果也会自动更改。

7.4.1　公式和运算符

1. 运算符

Microsoft Excel 包含 4 种类型的运算符：算术运算符、比较运算符、文本运算符和引用运算符，如表 7.1 和表 7.2 所示。

例如：　=B2&B3；将 B2 单元格和 B3 单元格的内容连接起来

=＂总计为：＂&G6；将 G6 中的内容连接在“总计为：”之后

注意：要在公式中直接输入文本，必须用英文双引号把输入的文本括起来。

表 7.1　算术运算符、文本运算符和比较运算符及优先级

运算类型	运算符	说明	优先级
算术运算符	−	负号	↑
	%	百分号	
	^	乘方	
	*和/	乘、除	
	+和−	加、减	
文本运算符	&	文字连接	
比较运算符	=、>、<、>=、<=、<>	比较运算	

表 7.2　引用运算符

引用运算符	含　义	举　例
:	区域运算符(引用区域内全部单元格)	=sum(B2:B8)
,	联合运算符(引用多个区域内的全部单元格)	=sum(B2:B5, D2:D5)
空格	交叉运算符(只引用交叉区域内的单元格)	=sum(B2:D3　C1:C5)

2. 编制公式

选定要输入公式的单元格，输入一个等号(=)，然后输入编制的公式内容，确认输入，计算结果自动填入该单元格。

例如，计算刘德华的总评成绩。单击 H3 单元格，输入“=”号，再输入公式内容计算成绩，如图 7.11 所示的公式。最后单击编辑栏上的“✓”按钮，计算结果自动填入 H3 单元格中。若要计算所有人的总分，可先选定 H3 单元格，再拖该单元格填充柄到 H12 单元格即可。

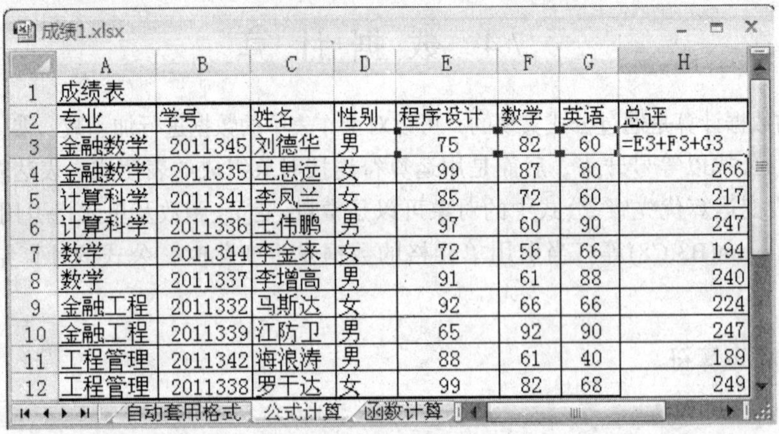

成绩1.xlsx

	A	B	C	D	E	F	G	H
1	成绩表							
2	专业	学号	姓名	性别	程序设计	数学	英语	总评
3	金融数学	2011345	刘德华	男	75	82	60	=E3+F3+G3
4	金融数学	2011335	王思远	女	99	87	80	266
5	计算科学	2011341	李凤兰	女	85	72	60	217
6	计算科学	2011336	王伟鹏	男	97	60	90	247
7	数学	2011344	李金来	女	72	56	66	194
8	数学	2011337	李增高	男	91	61	88	240
9	金融工程	2011332	马斯达	女	92	66	66	224
10	金融工程	2011339	江防卫	男	65	92	90	247
11	工程管理	2011342	海浪涛	男	88	61	40	189
12	工程管理	2011338	罗干达	女	99	82	68	249

自动套用格式　公式计算　函数计算

图 7.11　公式计算成绩

3. 单元格引用

单元格引用分为相对引用、绝对引用和混合引用 3 种。

(1) 相对引用。

相对引用是用单元格名称引用单元格数据的一种方式。例如，在计算刘德华的总评成绩公式中，要引用 E3、F3 和 G3 三个单元格中的数据，则直接写三个单元格的名称即可(“= E3+F3+G3”)。

相对引用方法的好处是：当编制的公式被复制到其他单元格中时，Excel 能够根据移动的位置自动调节引用的单元格。例如，要计算成绩表中所有学生的总评，只需在第一个学生总评单元格中编制一个公式，然后用鼠标向下拖动该单元格右下角的填充柄，拖到最后一个学生总评单元格处松开鼠标左键，所有学生的总评均被计算完成。

(2) 绝对引用。

在行号和列标前面均加上“$”符号。在公式复制时，绝对引用单元格将不随公式位置的移动复制而改变单元格的引用。

(3) 混合引用。

混合引用是指在引用单元格名称时，行号前加“$”符号或列标前加“$”符号的引用方法。即行用绝对引用，而列用相对引用；或行用相对引用，而列用绝对引用。其作用是不加“$”符号的随公式的复制而改变，加了“$”符号的不发生改变。

例如，E$2 表示行不变而列随移动的列位置自动调整；$F2 表示列不变而行随移动的行位置自动调整。

(4) 同一工作簿中不同工作表单元格的引用。

如果要从 Excel 工作簿的其他工作表中(非当前工作表)引用单元格，其引用方法为：“工作表名!单元格引用”。

例如，设当前工作表为“Sheet1”，要引用“Sheet3”工作表中的 D3 单元格，其方法是：Sheet3!D3。

7.4.2　函数引用

函数是为了方便用户对数据运算而预定义好的公式。Excel 按功能不同将函数分为 11 类，分别是财务、日期与时间、数学与三角函数、统计、查找与引用、数据库、文本、逻辑、信息等。

1. 函数引用的方法

函数引用的格式为：函数名(参数 1，参数 2,……)，其中参数可以是常量、单元格引用和其他函数。引用函数的操作步骤如下。

①将插入点定位在要引用函数的位置。例如，要计算成绩表中所有学生的期中平均分，则选定放置平均分的单元格(E13)，输入等号“=”，此时光标定位于等号之后。

②单击工具栏上的“插入函数”按钮 fx，或者选择菜单栏上“公式/函数库/插入函数”命令，弹出如图7.12所示“插入函数”对话框。

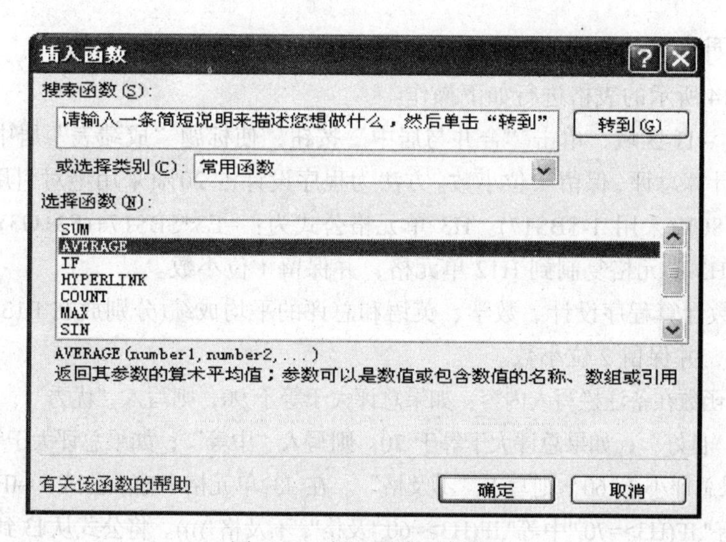

图 7.12　插入函数对话框

③在“插入函数”对话框中选择函数类别及引用函数名。例如，为求平均分，应先选常用函数类别，再选求平均值函数 AVERAGE。然后单击“确定”按钮，弹出如图7.13所示的

“函数参数”对话框。

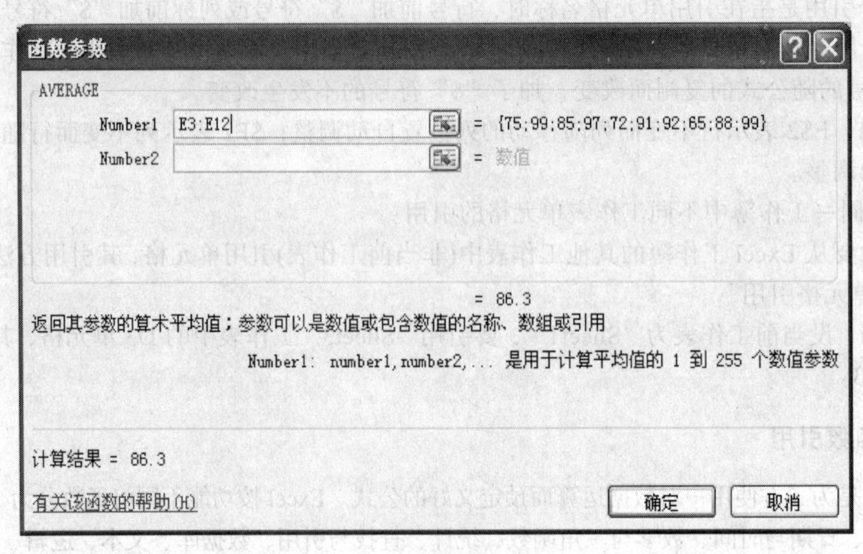

图 7.13　函数参数对话框

④在 AVERAGE 参数栏中输入参数。即在 Number1、Number2 中输入要参加求平均分的单元格、单元格区域。可以直接输入，也可以用鼠标单击参数文本框右面的折叠框按钮，使“函数参数”对话框折叠起来，然后到工作表中选择引用单元格。选好之后，单击折叠后的折叠框按钮，即可恢复“函数参数”对话框，同时所选的引用单元格已自动出现在参数文本框中。

⑤当所有参数输入完后，单击“确定”按钮，此时结果出现在单元格中，而公式出现在编辑栏中。

2. 函数引用应用

对如图 7.14 所示的表格进行如下操作。

①选择 A1 ~ I1 区域，单击“合并与居中”按钮，使标题“成绩表”居中。

②用公式计算总评，保留 1 位小数。方法为程序设计占 20%(采用绝对引用 B17 单元格)、数学和英语占 80%(采用 1-$B$17)。H3 单元格公式为：=E3*$B$17+(F3+G3)*(1-$B$17)/2。然后将公式从 H3 单元格复制到 H12 单元格，并保留 1 位小数。

③采用函数计算程序设计、数学、英语和总评的平均成绩(分别放在 E13、F13、G13 和 H13 单元格中)，并保留 2 位小数。

④采用 IF 函数在备注栏写入内容：如果总评大于等于 90，则写入“优秀”；如果总评大于等于 80，则写入“良好”；如果总评大于等于 70，则写入“中等”；如果总评大于等于 60，则写入“及格”；如果总评小于 60，则写入“不及格”。在 I3 单元格中输入公式：=IF(H3>=90,"优秀",IF(H3>=80,"良好",IF(H3>=70,"中等",IF(H3>=60,"及格","不及格"))))。将公式从 I3 到 I12 进行复制。

⑤将 B17 单元格值 0.2 改为 0.3，观察总评和备注中的内容变化。

⑥计算程序设计、数学、英语和总评的及格率，及格率为及格人数除以总人数。注意先计算及格人数，在 E15 单元格中输入公式：=COUNTIF(E3:E12,">=60")；复制公式从 E15 到

H15。计算总人数用 COUNT( )函数。在 E16 单元格中输入公式：=COUNT(E3:E12)；复制公式从 E16 到 H16。及格率的计算，在 E14 单元格中输入公式：=E15/E16*100；复制公式从 E14 到 H14。

⑦美化工作表，包括字体、字号、对齐方式、边框线等，结果如图7.14所示。

成绩1.xlsx

	A	B	C	D	E	F	G	H	I
1	成绩表								
2	专业	学号	姓名	性别	程序设	数学	英语	总评	备注
3	金融数学	2011345	刘德华	男	75	82	60	72.2	中等
4	金融数学	2011335	王思远	女	99	87	80	88.2	良好
5	计算科学	2011341	李凤兰	女	85	72	60	71.7	中等
6	计算科学	2011336	王伟鹏	男	97	60	90	81.6	良好
7	数学	2011344	李金来	女	72	56	66	64.3	及格
8	数学	2011337	李增高	男	91	61	88	79.5	中等
9	金融工程	2011332	马斯达	女	92	66	66	73.8	中等
10	金融工程	2011339	江防卫	男	65	92	90	83.2	良好
11	工程管理	2011342	海浪涛	男	88	61	40	61.8	及格
12	工程管理	2011338	罗千达	女	99	82	68	82.2	良好
13	平均成绩				86.30	71.90	70.80	75.84	
14	及格率				100	90	90	100	
15	及格人数				10	9	9	10	
16	总人数				10	10	10	10	
17	程序设计比例	0.3							

自动套用格式　公式计算　函数计算　排序

图 7.14　函数计算结果

7.5　工作簿编辑

空白工作簿创建以后，默认创建 3 个工作表 Sheet1、Sheet2 和 Sheet3。根据需要可以增加工作表、删除工作表和对工作表重命名。

7.5.1　工作表的选择

1. 单个工作表的选择

单击工作表标签名或右击工作表标签前面的 4 个标签滚动按钮的任意处，弹出工作表表名列表，从中选择一个工作表即可。

2. 多个工作表的选择

多个连续工作表的选择：单击第一个工作表标签，按住 Shift 键，然后再单击最后一个工作表标签。多个非连续工作表的选择：单击第一个工作表标签，按住 Ctrl 键，然后分别单击其他要选择的工作表标签。选择全部工作表：右击工作表标签的任意处，在弹出的快捷菜单中选择“选定全部工作表”命令。

Excel 将选定的多个工作表组成一个工作组。在工作组中的某一工作表中输入数据或设置格式，工作组中其他工作表的相同位置也将被写入相同的内容。

如果要取消工作组，只需单击任意一个未选定的工作表标签或右击工作表标签的任意处，在弹出的快捷菜单中选择“取消成组工作表”命令即可。

7.5.2 工作表的插入、删除和重命名

1. 插入工作表

当要在某工作表之前插入一张新工作表时，先选定该工作表，然后选择“开始/单元格/插入工作表”命令。这样就在选定的工作表之前插入了一张新工作表，且成为当前工作表。Excel 自动用 Sheet *n* 命名工作表(其中 *n* 为一个正整数)。也可以单击工作表标签右边的“插入工作表”按钮。

2. 删除工作表

选定工作表，选择“开始/单元格/删除工作表”命令。

3. 工作表重命名

在默认情况下，创建工作表的名称为 Sheet1、Sheet2、…，可以利用重命名功能为工作表重新选取一个名字。选定要重命名的工作表，选择菜单“开始/单元格/格式/组织工作表中的重命名工作表”命令，最后在反白显示的工作表标签处删除原名，输入新工作表的表名，按回车键即可。

以上操作也可以通过快捷菜单来完成。

7.5.3 工作表的复制和移动

移动工作表：用鼠标拖动工作表标签到要移动到的工作表标签处即可。

复制工作表：按住 Ctrl 键，用鼠标拖动工作表标签到要复制到的工作表标签处即可。

也可以选择菜单“开始/单元格/格式/组织工作表中的移动或者复制工作表”。

7.5.4 工作表窗口的拆分与冻结

1. 工作表窗口的拆分

工作表建立好后，有的表可能比较大，由于显示器的屏幕大小有限，往往只能看到一部分数据，此时说明数据含义的部分就可能未在显示器上显示出来，为了便于对数据的准确理解，可以将工作表窗口拆分为几个窗口，每个窗口都显示同一张工作表，通过每个窗口的滚动条移动工作表，使需要的部分分别出现在不同的窗口中，这样便于查看表中的数据，不至于出错。

拆分窗口方法为：直接拖动工作簿窗口中的水平拆分按钮或垂直拆分按钮即可，水平拆分按钮可将工作簿窗口拆分为上下两个窗口，垂直拆分按钮可将工作簿窗口拆分为左右两个窗口，两者都用则拆分为上、下、左、右 4 个窗口。

要取消拆分，可双击拆分线，或者选择“视图/窗口/拆分”命令。

2. 工作表窗口的冻结

工作表的冻结是指将工作表窗口的上部或左部固定住，使其不随滚动条的滚动而移动。

例如，如果成绩表中的学生比较多，可以将表头冻结(即表中的姓名、性别、出生年月

等所在的行)。这样，当上下移动垂直滚动条时，被冻结的表头不动，而表中的学生名单随垂直滚动条上下移动。

冻结窗口的方法为：选定冻结行或列的下一行或右边一列，选择“视图/窗口/冻结窗口”命令，在列表中选择。

取消冻结窗口的方法为：选择“窗口/取消冻结窗口”命令。

7.6　数据分析和综合应用

在 Excel 中，数据清单是包含相似数据组并带有标题的一组工作表数据行。可以把“数据清单”看成是最简单的“数据库”，其中行作为数据库中的记录，列作为字段，列标题作为数据库中的字段名的名称。借助数据清单，可以实现数据库中的数据管理功能——筛选、排序等。

Excel 除了具有数据计算功能，还可以对表中的数据进行排序、筛选等操作。

7.6.1　数据的排序

例如，将如图7.11所示的成绩表按男女分开，再按总评从大到小排序，如果总评相同时，再按英语成绩从大到小排序。即排序是按性别、总评、英语 3 列为条件进行的，此时可用下述方法进行操作。

先选择单元格 A2 到 I12 区域，选择菜单栏上的“开始/编辑/排序和筛选/自定义排序”命令，弹出如图7.15所示的“排序”对话框。在该对话框中，选中“数据包含标题”按钮，在主要关键字下拉列表框中选择“性别”字段名，同时选中次序为“降序”；单击“添加条件”按钮，在次要关键字下拉列表框中选择“总评”字段名，同时选中次序为“降序”；在次要关键字(第三关键字)下拉列表框中选择“英语”字段名，同时选中次序为“降序”；最后单击“确定”按钮，排序结果如图7.16所示。

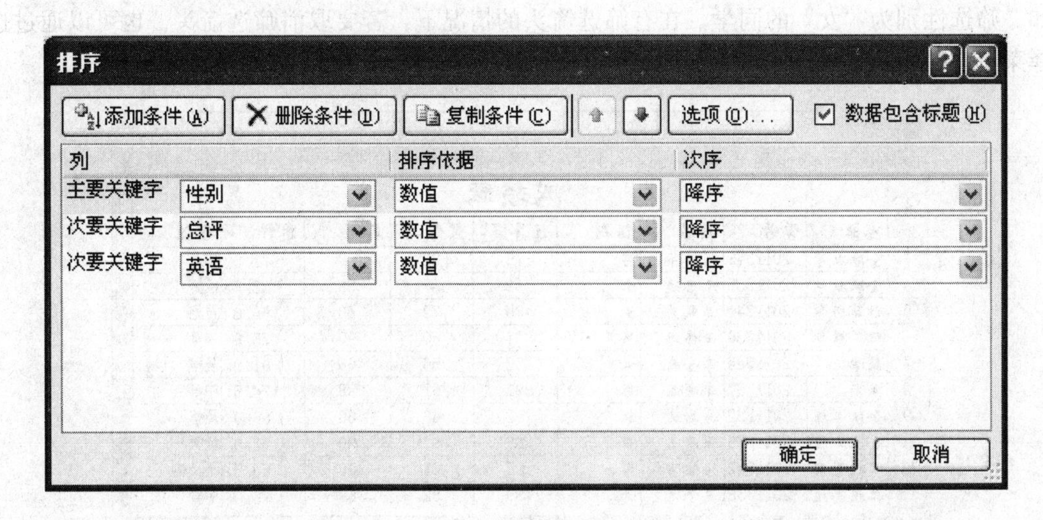

图 7.15　排序对话框

成绩1.xlsx

成绩表

专业	学号	姓名	性别	程序设计	数学	英语	总评	备注
金融数学	2011335	王恩选	女	99	87	80	83.5	良好
工程管理	2011338	罗千达	女	99	82	68	75.0	中等
金融工程	2011332	马斯达	女	92	66	66	66.0	及格
计算科学	2011341	李凤兰	女	85	72	60	66.0	及格
数学	2011344	李金来	女	72	56	66	61.0	及格
金融工程	2011339	江防卫	男	65	92	90	91.0	优秀
计算科学	2011336	王伟鹏	男	97	60	90	75.0	中等
数学	2011337	李增高	男	91	61	88	74.5	中等
金融数学	2011345	刘德华	男	75	82	60	71.0	中等
工程管理	2011342	海浪涛	男	88	61	40	50.5	不及格

自动套用格式　公式计算　函数计算　排序　筛选

图 7.16　成绩表排序结果

7.6.2　数据的筛选

如果想从工作表中选择满足要求的数据，可用筛选数据功能将不用的数据行暂时隐藏起来，只显示满足要求的数据行。

1. 自动筛选

例如，对成绩表进行筛选数据。将如图7.11所示的成绩表单元格 A1 到 I12 区域组成的表格进行如下的筛选操作：

先选择单元格 A2 到 I12 区域，选择菜单栏上的“数据/排序和筛选/筛选”(或“开始/编辑/排序和筛选/筛选”)命令，则出现如图 7.17 所示的数据筛选窗口。可以看到每一列标题右边都出现一个向下的筛选箭头，单击筛选箭头打开下拉菜单，从中选择筛选条件即可完成。如，筛选性别为“女”的同学。在有筛选箭头的情况下，若要取消筛选箭头，也可以通过选择菜单“数据/排序和筛选/筛选”命令完成。

成绩1.xlsx

成绩表

专业	学号	姓名	性别	程序设	数学	英语	总评	备注
金融数学	2011345	刘德华	男	75	82	60	71.0	中等
金融数学	2011335	王恩选	女	99	87	80	83.5	良好
计算科学	2011341	李凤兰	女	85	72	60	66.0	及格
计算科学	2011336	王伟鹏	男	97	60	90	75.0	中等
数学	2011344	李金来	女	72	56	66	61.0	及格
数学	2011337	李增高	男	91	61	88	74.5	中等
金融工程	2011332	马斯达	女	92	66	66	66.0	及格
金融工程	2011339	江防卫	男	65	92	90	91.0	优秀
工程管理	2011342	海浪涛	男	88	61	40	50.5	不及格
工程管理	2011338	罗千达	女	99	82	68	75.0	中等

公式计算　函数计算　排序　筛选　高级筛选　汇总

图 7.17　数据筛选窗口

2. 高级筛选

高级筛选的筛选条件不在列标题处设置，而是在另一个单元格区域设置，筛选的结果既可以放在原来位置，又可以放在工作表的其他位置。具体操作如下：

①将数据清单的所有列标题复制到数据清单以外的单元格区域(称条件区域)。

②在条件区域输入条件。要注意的是：凡是表示“与”条件的，都写在同一行上；凡是表示“或”条件的，都写在不同行上。

③选择菜单栏上的“数据/排序和筛选/高级筛选”命令，弹出“高级筛选”对话框，选择设置筛选结果放置位置“方式”和“列表区域”(原数据区域$A$2:$I$12)、“条件区域”($A$15:i17)及“复制到”(筛选结果区域$A$19:i19)选项，如图7.18所示。

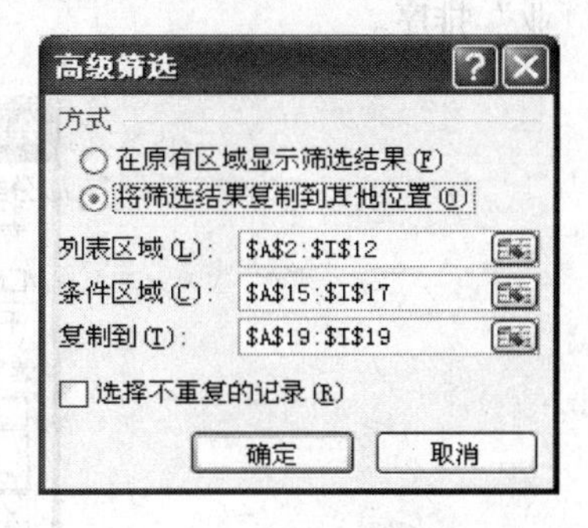

图 7.18　高级筛选对话框

④单击“确定”按钮，筛选结果如图7.19所示。

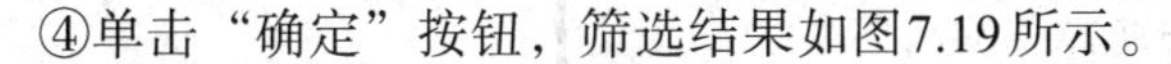

	A	B	C	D	E	F	G	H	I
1					成绩表				
2	专业	学号	姓名	性别	程序设计	数学	英语	总评	备注
3	金融数学	2011345	刘德华	男	75	82	60	71.0	中等
4	金融数学	2011335	王思远	女	99	87	80	83.5	良好
5	计算科学	2011341	李凤兰	女	85	72	60	66.0	及格
6	计算科学	2011336	王伟鹏	男	97	60	90	75.0	中等
7	数学	2011344	李金来	女	72	56	66	61.0	及格
8	数学	2011337	李增高	男	91	61	88	74.5	中等
9	金融工程	2011332	马斯达	女	92	66	66	66.0	及格
10	金融工程	2011339	江防卫	男	65	92	90	91.0	优秀
11	工程管理	2011342	海滚涛	男	88	61	40	50.5	不及格
12	工程管理	2011338	罗干达	女	99	82	68	75.0	中等
13									
14									
15	专业	学号	姓名	性别	程序设计	数学	英语	总评	备注
16					>=90				
17						>=80	>=80		
18									
19	专业	学号	姓名	性别	程序设计	数学	英语	总评	备注
20	金融数学	2011335	王思远	女	99	87	80	83.5	良好
21	计算科学	2011336	王伟鹏	男	97	60	90	75.0	中等
22	数学	2011337	李增高	男	91	61	88	74.5	中等
23	金融工程	2011332	马斯达	女	92	66	66	66.0	及格
24	金融工程	2011339	江防卫	男	65	92	90	91.0	优秀
25	工程管理	2011338	罗干达	女	99	82	68	75.0	中等

公式计算　函数计算　排序　筛选　高级筛

就绪　85%

图 7.19　高级筛选结果

7.6.3　数据的分类汇总

所谓分类汇总，就是对数据清单按某字段进行分类，将字段值相同的连续记录作为一类，进行求和、平均和计数等汇总运算。在分类汇总前，必须对要分类的字段进行排序，否则分类汇总无意义。操作步骤如下：

①对数据清单按分类字段进行排序；选择“数据/排序和筛选/排序”命令来完成。

②选种整个数据清单或将活动单元格置于欲分类汇总的数据清单之内。

③选择菜单栏上的“数据/分级显示/分类汇总”命令，弹出“分类汇总”对话框。

④在“分类汇总”对话框中依次设置“分类字段”、“汇总方式”和“选定汇总项”等，

然后单击“确定”按钮。

例如，对如图7.11所示的成绩表进行按专业分类汇总，求程序设计、英语和数学的平均值。“分类汇总”对话框和汇总结果如图7.20、图7.21所示。注意，在分类汇总之前先以“专业”排序。

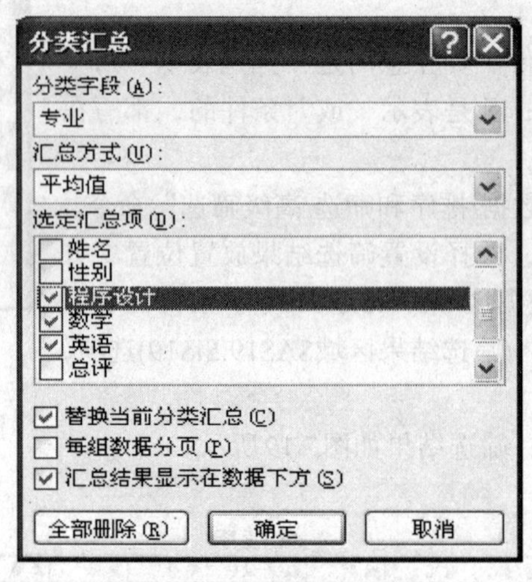

图 7.20　分类汇总对话框

成绩1.xlsx

	A	B	C	D	E	F	G	H	I
1	成绩表								
2	专业	学号	姓名	性别	程序设计	数学	英语	总评	备注
3	工程管理	2011342	海浪涛	男	88	61	40	50.5	不及格
4	工程管理	2011338	罗干达	女	99	82	68	75.0	中等
5	工程管理 平均值				93.5	71.5	54		
6	计算科学	2011341	李凤兰	女	85	72	60	66.0	及格
7	计算科学	2011336	王伟鹏	男	97	60	90	75.0	中等
8	计算科学 平均值				91	66	75		
9	金融工程	2011332	马斯达	女	92	66	66	66.0	及格
10	金融工程	2011339	江防卫	男	65	92	90	91.0	优秀
11	金融工程 平均值				78.5	79	78		
12	金融数学	2011345	刘德华	男	75	82	60	71.0	中等
13	金融数学	2011335	王思远	女	99	87	80	83.5	良好
14	金融数学 平均值				87	84.5	70		
15	数学	2011344	李金来	女	72	56	66	61.0	及格
16	数学	2011337	李增高	男	91	61	88	74.5	中等
17	数学 平均值				81.5	58.5	77		
18	总计平均值				86.3	71.9	70.8		

公式计算　函数计算　排序　筛选　高级筛选　汇总　图表

图 7.21　数据分类汇总结果

7.6.4　数据透视表

“数据透视表”能够将筛选、排序和分类汇总等操作依次完成，并生成汇总表格。汇总表格能帮助用户分析、组织数据。利用它可以很快地从不同角度对数据进行分类汇总。不是所有工作表都有建立数据透视表的必要，对于记录数量众多、结构复杂的工作表，为了将其中的一些内在规律显现出来，可用工作表建立数据透视表。

例如，有一张工资工作表，字段有姓名、院系名称、职称、基本工资、津贴等。为此，需要建立数据透视表，以便将不同单位和不同职称的内在规律显现出来。以此为例介绍数据透视表的创建过程，如图 7.22 所示。

①在 Excel 的菜单栏上选择“插入/表/数据透视表”命令，弹出“创建数据透视表”对话框，如图7.23所示。

2	姓名	性别	院系名称	职称	基本工资	津贴
3	郭亚平	女	机械学院	教授	1980	1560
4	顾可佳	女	管理学院	讲师	1640	1380
5	范伟	男	机械学院	副教授	1860	1420
6	任丽辉	女	自动化学院	教授	1980	1500
7	盛况	男	教育学院	副教授	1786	1390
8	周亚洲	男	机械学院	讲师	1648	1280
9	杨悦	女	教育学院	教授	2020	1480
10	何群	男	管理学院	副教授	1890	1500
11	万冬冬	女	教育学院	副教授	1730	1360
12	孟立夫	男	教育学院	教授	1960	1680
13	孔杰	男	自动化学院	讲师	1680	1360
14	邱红	女	管理学院	教授	1960	1460

图 7.22　工资表

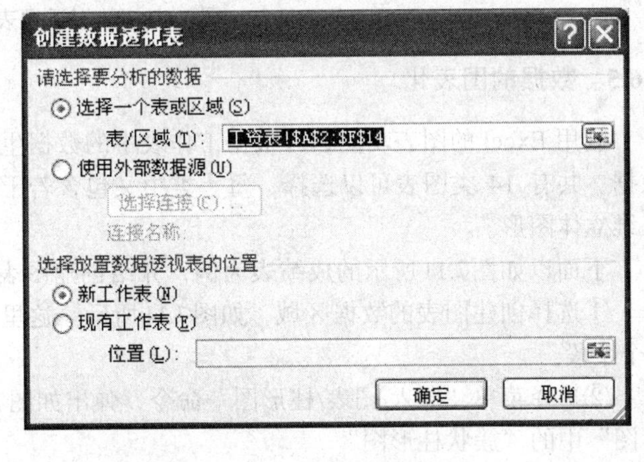

图 7.23　创建数据透视表对话框

②在“创建数据透视表”对话框中设置选定区域为“$A$2:$E$14”，选择“新工作表”，然后单击“确定”按钮。

③在弹出的“数据透视表——布局”对话框中定义数据透视表布局，如图 7.24 所示。步骤为：将“院系名称”字段拖入“页”栏；将“性别”字段拖入“行”栏；将“职称”字段拖入“列”栏；将“基本工资”和“津贴”字段拖入“数据”栏。

④可以双击数据区的统计字段来改变统计算法。

新建立的数据透视表如图7.25所示。

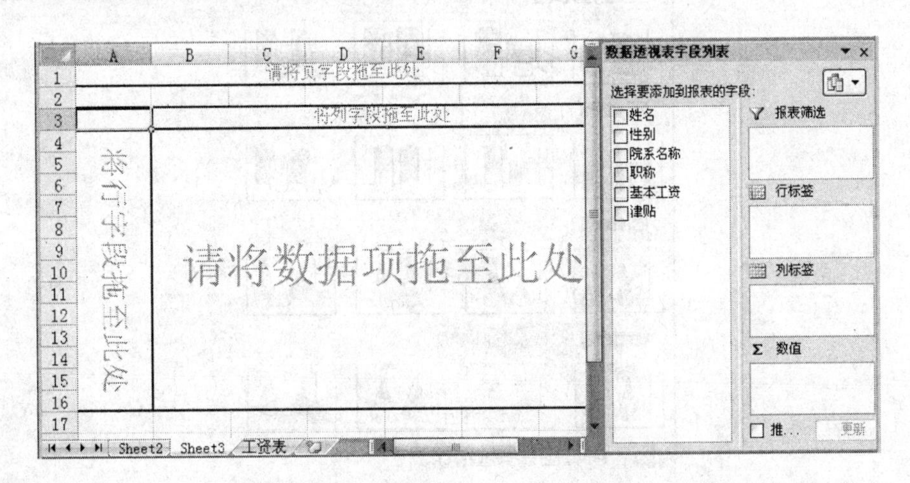

图 7.24　数据透视表——布局

	A	B	C	D	E	F
1	院系名称	(全部)				
2						
3			职称			
4	性别	数据	副教授	讲师	教授	总计
5	男	平均值项:基本工资	1845.3	1664	1960	1804
6		平均值项:津贴	1436.7	1320	1680	1438.33
7	女	平均值项:基本工资	1730	1640	1985	1885
8		平均值项:津贴	1360	1380	1500	1456.67
9	平均值项:基本工资汇总		1816.5	1656	1980	1844.5
10	平均值项:津贴汇总		1417.5	1340	1536	1447.5

图 7.25　数据透视表

7.6.5　数据的图表化

利用 Excel 的图表功能，可根据工作表中的数据生成各种各样的图形，以图的形式表示数据。共有 14 类图表可以选择，每一类中又包含若干种图表式样，有二维平面图形，也有三维立体图形。

下面以如图7.11所示的成绩表为例，介绍创建图表的方法。

①选择创建图表的数据区域，如图7.11所示。这里选择了姓名、程序设计、数学和英语 4 个字段。

②选择菜单“插入/图表/柱形图”命令，弹出如图7.26“图表类型”。选择其中“二维柱形图”中的“簇状柱形图”。

③拖动可以改变图标大小和位置。

④选择柱形图，单击右键，弹出快捷菜单，选择“设置数据系列格式”，如图 7.27 所示。

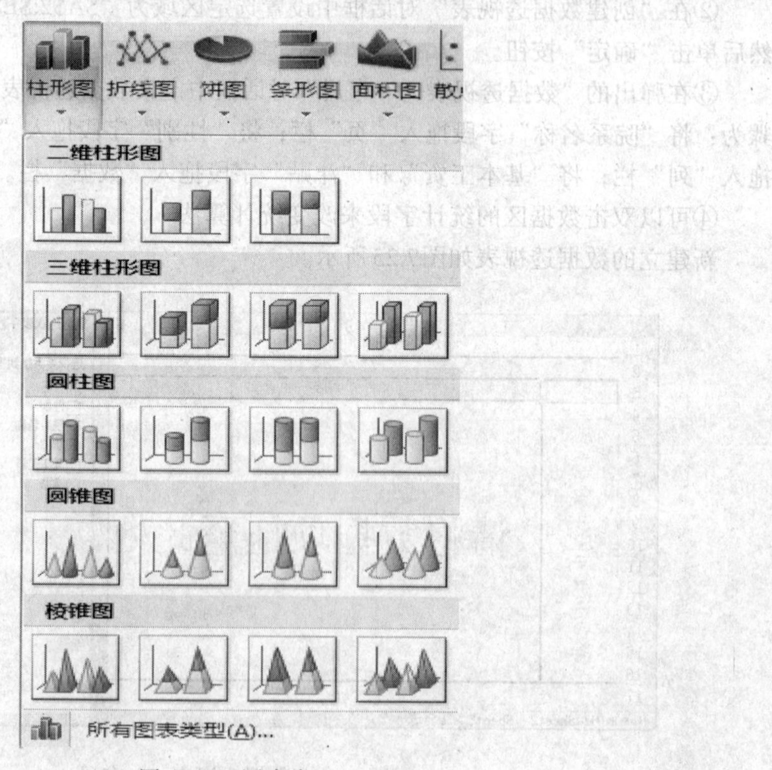

图 7.26　图表类型

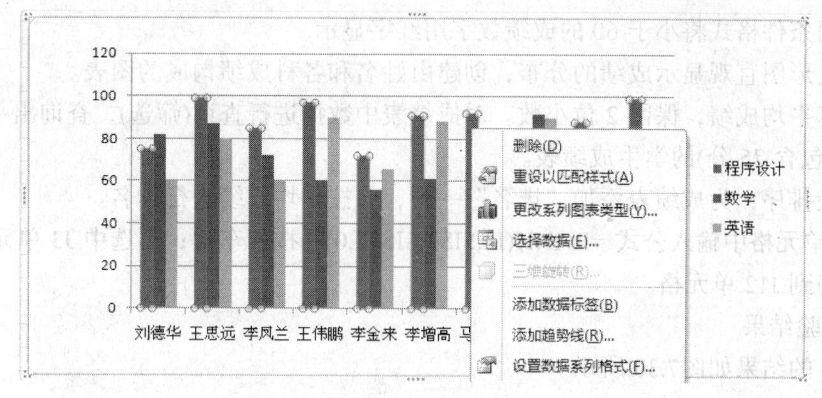

图 7.27 图表快捷菜单

注意：独立图表和其中对象图表之间可以互相转换。方法：右键单击图表，在快捷菜单中选择“移动图表”命令，弹出如图 7.28 所示的对话框，选择要转换的图表位置。

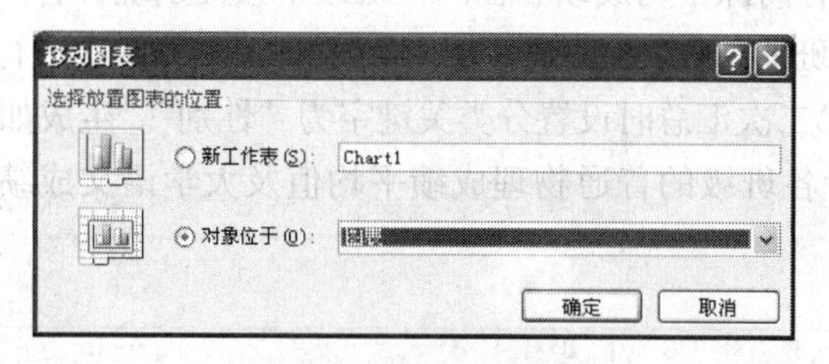

图 7.28 移动图表对话框

7.7 应用实例

采用 Excel 电子表格软件完成下列任务。

实例 1 制作学生成绩表。

(1) 实验要求

①设计成绩表并输入数据。成绩表由“班别、学号、姓名、性别、普通物理、大学语文、英语、高等数学”等字段构成。原始数据如图7.29 所示。

②成绩表的编辑和美化，将成绩表加上表格标题“现代科技学院学生成绩表”，并设置居中对齐方式；给整个表格数据添加边框，给标题行设置填充(图案颜色和图案样式)；给表格设置合适的高度和宽度。

	A	B	C	D	E	F	G	H	I	J
1	现代科技学院学生成绩表									
2	班别	学号	姓名	性别	普通物理	大学语文	英语	高等数学	平均	排名
3	01	2011345	刘德华	女	86	68	63	99		
4	02	2011335	王思远	女	75	86	86	86		
5	03	2011341	李凤兰	女	65	65	78	76		
6	01	2011336	王伟鹏	男	53	63	85	67		
7	02	2011344	李金来	男	54	67	56	69		
8	03	2011337	李增高	男	25	86	53	68		
9	01	2011332	马斯达	男	98	87	85	65		
10	03	2011339	江防卫	男	88	83	68	86		
11	01	2011342	海浪涛	男	78	86	76	89		
12	02	2011338	罗干达	女	75	84	78	87		

图 7.29 实例 1 原始数据

③利用条件格式将小于 60 的成绩数字用红字显示。

④用柱形图直观显示成绩的分布，创建由姓名和各科成绩构成的图表。

⑤计算平均成绩，保留 2 位小数。对成绩表中数据进行查询(筛选)，查询出平均成绩在 75 分以上(包含 75 分)的学生成绩表。

⑥成绩排序，为成绩表添加“排名”一列，并按平均成绩进行排名。

在 J3 单元格中输入公式:=RANK(I3,$I$3:$I$12,0)并按回车键；再选中 J3 单元格，从 J3 单元格复制到 J12 单元格。

(2) 实验结果

实例 1 的结果如图7.30 所示。

实例 2　表格统计。

(1) 实验要求。

在实例 1 的学生成绩表上分别完成以下任务。

①分别按班别统计各门课平均成绩和在同一班级中按性别统计各门课平均成绩。注意：排序时设置主关键字为“班别”，次要关键字为“性别”；汇总分两次进行，第一次汇总时设置分类关键字为“班别”，第二次汇总时设置分类关键字为“性别”。生成如图 7.31 所示的汇总表。

②按性别分类统计各班级的普通物理成绩平均值及大学语文成绩求和，生成如图7.32 所示的统计数据透视表。

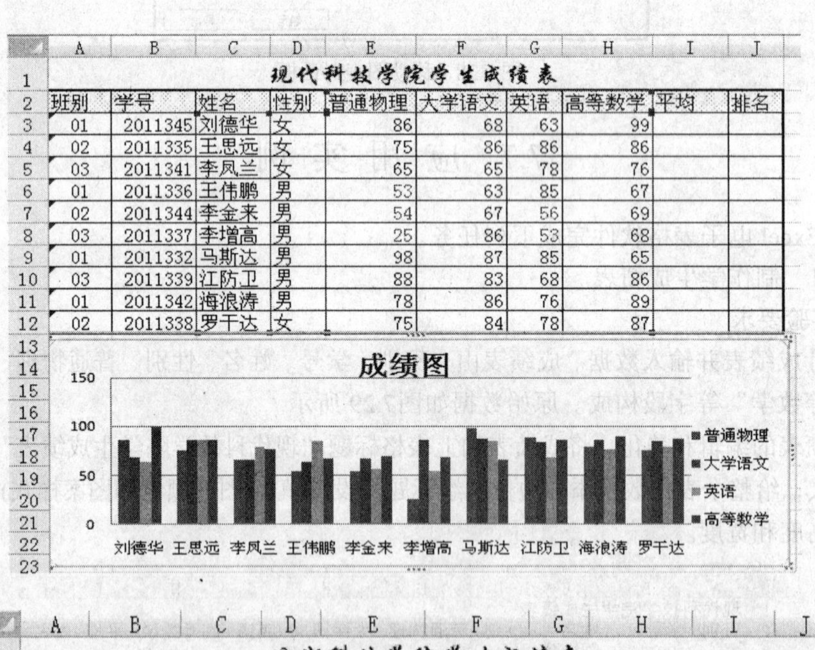

现代科技学院学生成绩表

班别	学号	姓名	性别	普通物理	大学语文	英语	高等数学	平均	排名
01	2011345	刘德华	女	86	68	63	99		
02	2011335	王思远	女	75	86	86	86		
03	2011341	李凤兰	女	65	65	78	76		
01	2011336	王伟鹏	男	53	63	85	67		
02	2011344	李金来	男	54	67	56	69		
03	2011337	李增高	男	25	86	53	68		
01	2011332	马斯达	男	98	87	85	65		
03	2011339	江防卫	男	88	83	68	86		
01	2011342	海浪涛	男	78	86	76	89		
02	2011338	罗干达	女	75	84	78	87		

现代科技学院学生成绩表

班别	学号	姓名	性别	普通物理	大学语文	英语	高等数学	平均	排名
01	2011345	刘德华	女	86	68	63	99	79.00	
02	2011335	王思远	女	75	86	86	86	83.25	
01	2011332	马斯达	男	98	87	85	65	83.75	
03	2011339	江防卫	男	88	83	68	86	81.25	
01	2011342	海浪涛	男	78	86	76	89	82.25	
02	2011338	罗干达	女	75	84	78	87	81.00	

	A	B	C	D	E	F	G	H	I	J
1	现代科技学院学生成绩表									
2	班别	学号	姓名	性别	普通物理	大学语文	英语	高等数学	平均	排名
3	01	2011345	刘德华	女	86	68	63	99	79.00	6
4	02	2011335	王思远	女	75	86	86	86	83.25	2
5	03	2011341	李凤兰	女	65	65	78	76	71.00	7
6	01	2011336	王伟鹏	男	53	63	85	67	67.00	8
7	02	2011344	李金来	男	54	67	56	69	61.50	9
8	03	2011337	李增高	男	25	86	53	68	58.00	10
9	01	2011332	马斯达	男	98	87	85	65	83.75	1
10	03	2011339	江防卫	男	88	83	68	86	81.25	4
11	01	2011342	海浪涛	男	78	86	76	89	82.25	3
12	02	2011338	罗干达	女	75	84	78	87	81.00	5

图 7.30　实例 1 结果

(2) 实验结果。

实验结果如图7.31 和图 7.32 所示。

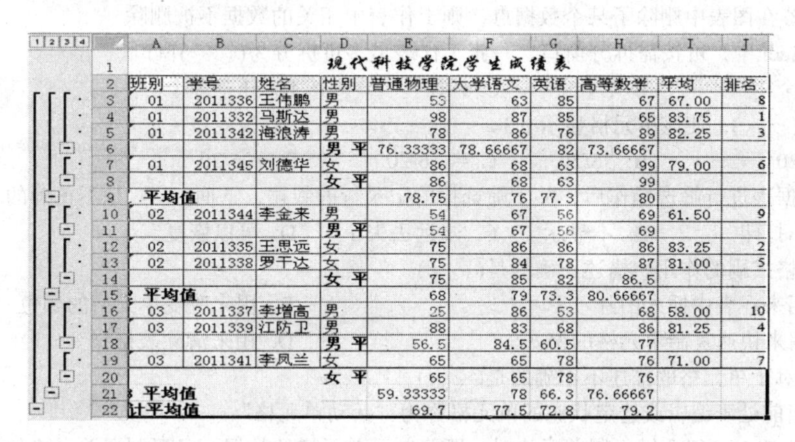

	A	B	C	D	E	F	G	H	I	J
1	现代科技学院学生成绩表									
2	班别	学号	姓名	性别	普通物理	大学语文	英语	高等数学	平均	排名
3	01	2011336	王伟鹏	男	53	63	85	67	67.00	8
4	01	2011332	马斯达	男	98	87	85	65	83.75	1
5	01	2011342	海浪涛	男	78	86	76	89	82.25	3
6				男 平	76.33333	78.66667	82	73.66667		
7	01	2011345	刘德华	女	86	68	63	99	79.00	6
8				女 平	86	68	63	99		
9	平均值				78.75	76	77.3	80		
10	02	2011344	李金来	男	54	67	56	69	61.50	9
11				男 平	54	67	56	69		
12	02	2011335	王思远	女	75	86	86	86	83.25	2
13	02	2011338	罗干达	女	75	84	78	87	81.00	5
14				女 平	75	85	82	86.5		
15	平均值				68	79	73.3	80.66667		
16	03	2011337	李增高	男	25	86	53	68	58.00	10
17	03	2011339	江防卫	男	88	83	68	86	81.25	4
18				男 平	56.5	84.5	60.5	77		
19	03	2011341	李凤兰	女	65	65	78	76	71.00	7
20				女 平	65	65	78	76		
21	平均值				59.33333	78	66.3	76.66667		
22	计平均值				69.7	77.5	72.8	79.2		

图 7.31　实例 2 汇总结果

3			班别			
4	性别	数据	01	02	03	总计
5	男	平均值项:普通物理	76.333	54	56.5	66
6		求和项:大学语文	236	67	169	472
7	女	平均值项:普通物理	86	75	65	75.25
8		求和项:大学语文	68	170	65	303
9	平均值项:普通物理汇总		78.75	68	59.33	69.7
10	求和项:大学语文汇总		304	237	234	775

图 7.32　实例 2 统计数据透视表

习　题　7

一、填空题

1. Excel 的工作簿默认包含______张工作表；单元格名称是由工作表的______和______命名的。

2. 当选定一个单元格后，其单元格名称显示在______。

3. Excel 的公式以______为开头。

4. 要引用工作表中 B1, B2, …, B10 单元格，其相对引用格式为______，绝对引用格式为______。

5. Excel 在数据排序中，排序依据默认有_______个字段(列)，但还可以添加条件或删除条件。

6. Excel 工作簿文件名默认的扩展名为_______。

7. Excel 为用户预置了_______类图表。当对工作表中的数据创建图表后，可以有_______和_______放置图表的方法，两者之间_______转换。

8. 当对某个单元格输入数据之后，可用 3 种方法确认输入，它们是_______、_______、_______。如果要放弃输入，可用_______和_______方法。

9. 要复制单元格的格式，最快捷的方法是用工具栏上的_______按钮。

10. 当向一个单元格粘贴数据时，粘贴数据将_______单元格中原有的数据。

二、选择题

1. 当对建立图表的引用数据进行修改时，下列叙述正确的是(　　)。
   A. 先修改工作表的数据，再对图表进行相应的修改
   B. 先修改图表的数据，再对工作表中相关数据进行修改
   C. 工作表的数据和相应的图表是关联的，用户只要对工作表的数据进行修改，图表就会自动地做相应的更改
   D. 若在图表中删除了某个数据点，则工作表中相关的数据不被删除

2. 在 Excel 中，可按需拆分窗口，一张工作表最多可拆分为(　　)窗口。
   A. 3 个　　B. 4 个　　C. 5 个　　D. 任意多个

3. 输入(　　)，使该单元格显示 0.3。
   A. 6/20　　B. "6/20"　　C. = "6/20"　　D. =06/20

4. 对数据表进行筛选操作后，关于筛选掉的记录行的叙述，下面(　　)是不正确的。
   A. 不打印　　B. 不显示　　C. 永远丢失了　　D. 可以恢复

5. 关于格式刷的作用，描述正确的是(　　)。
   A. 用来在表中插入图片　　B. 用来改变单元格的颜色
   C. 用来快速复制单元格的格式　　D. 用来清除表格线

6. 下列对于单元格的描述不正确的是(　　)。
   A. 当前处于编辑或选定状态的单元格称为"活动单元格"
   B. 用 Ctrl+C 组合键复制单元格时，既复制了单元格的数据，又复制了单元格的格式
   C. 单元格可以进行合并或拆分
   D. 单元格中的文字可以纵向排列，也可以呈一定角度排列

7. 在 Excel 中，(　　)是单元格的绝对引用。
   A. B10　　B. $B$10　　C. B$10　　D. 以上都不是

三、简答题

1. 简述 Excel 的主要功能和特点。
2. 简述单元格、单元格区域、工作表、工作组及工作簿的含义。
3. Excel 的单元格引用有相对引用和绝对引用，请简述两者的主要区别。
4. Excel 中清除单元格和删除单元格有何区别？

四、上机实验题

1. Excel 的基本操作。

实验目的：通过本实验的练习，熟悉 Excel 的基本操作，掌握数据的输入和编辑方法，以及工作簿文件的保存。

实验任务：

(1) 启动 Excel;

(2) 建立工作簿，其中有一个工作表名为："实验 1";

(3) 输入工作表数据内容，如图 7.33 所示；

(4) 将姓名是“姚亚锋”的“高数”成绩“53”修改为“89”；

(5) 删除姓名为“孙艳雪”的行；

(6) 保存工作簿，文件名为：shyan1.xlsx。

2. 函数的使用。

实验目的：通过本实验的练习，掌握函数计算。

实验任务：

(1) 打开工作簿文件 shyan1.xlsx；

(2) 复制“实验 1”工作表，产生“实验 2”工作表；

(3) 在“实验 2”工作表中插入“出生日期”列，并输入每个人的出生日期；

(4) 利用函数求总分和平均分，结果保留一位小数；

(5) 利用函数在总评栏中填入内容，条件为：当总分>=180 时填入“及格”，否则什么也不填；

(6) 设置工作表格式、边框、底色；

(7) 利用函数在表格的下方求高数、英语、计算机的最高分；

(8) 保存工作簿，文件名为：shyan1.xlsx。结果如图 7.34 所示。

地质系考试成绩表								
学号	姓名	性别	高数	英语	计算机	总分	平均	总评
2010110136	郝晋峰	男	89	78	98			
2010110137	田　苗	女	85	98	78			
2010110138	张晓英	女	82	85	76			
2010110139	孙艳雪	女	73	63	65			
2010110140	李柳柳	女	64	58	63			
2010110141	姚亚锋	男	53	54	61			
2010110142	宋晓辉	男	32	36	51			

图 7.33　实验题 1

地质系考试成绩表									
学号	姓名	性别	出生日期	高数	英语	计算机	总分	平均	总评
2010110136	郝晋峰	男	1991-1-6	89	78	98	265.0	88.3	及格
2010110137	田　苗	女	1990-8-6	85	98	78	261.0	87.0	及格
2010110138	张晓英	女	1992-12-20	82	85	76	243.0	81.0	及格
2010110140	李柳柳	女	1990-7-23	64	58	63	185.0	61.7	及格
2010110141	姚亚锋	男	1993-5-1	89	54	61	204.0	68.0	及格
2010110142	宋晓辉	男	1988-1-12	32	36	51	119.0	39.7	
最高分				89	98	98			

图 7.34　实验题 2

3. 多张工作表的计算。

实验目的：通过本实验的练习，掌握多张工作表单元格的引用。

实验任务：

打开工作簿文件 shyan1.xlsx。

(1) 在一个工作簿中建立两张新工作表并输入数据，表名分别为期中、期末，它们的内容为每个同学期中和期末两次考试的成绩(期中成绩如图 7.35 所示，期末成绩如图 7.36 所示)。注意，新工作表的内容和单元格格式尽可能从其他工作表中复制。

(2) 建立“平均”工作表，并计算每个学生每门课的平均成绩(保留一位小数)，如图 7.37 所示。

地质系考试成绩表						
学号	姓名	性别	出生日期	高数	英语	计算机
2010110136	郝晋峰	男	1991-1-6	89	78	98
2010110137	田　苗	女	1990-8-6	85	98	78
2010110138	张晓英	女	1992-12-20	82	85	76
2010110140	李柳柳	女	1990-7-23	64	58	63
2010110141	姚亚锋	男	1993-5-1	89	54	61
2010110142	宋晓辉	男	1988-1-12	32	36	51

图 7.35　期中成绩

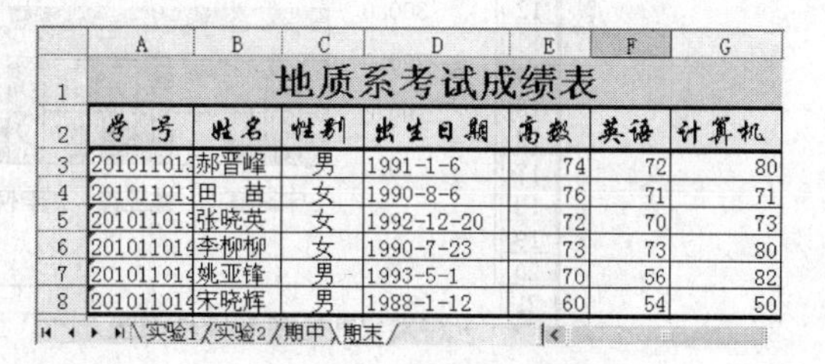

地质系考试成绩表						
学号	姓名	性别	出生日期	高数	英语	计算机
201011013	郝晋峰	男	1991-1-6	74	72	80
201011013	田　苗	女	1990-8-6	76	71	71
201011013	张晓英	女	1992-12-20	72	70	73
201011014	李柳柳	女	1990-7-23	73	73	80
201011014	姚亚锋	男	1993-5-1	70	56	82
201011014	宋晓辉	男	1988-1-12	60	54	50

图 7.36　期末成绩

地质系考试成绩表

学号	姓名	性别	出生日期	高数	英语	计算机
2010110142	宋晓辉	男	1988-1-12	46.0	45.0	50.5
2010110141	姚亚锋	男	1993-5-1	79.5	55.0	71.5
2010110140	李柳柳	女	1990-7-23	68.5	65.5	71.5
2010110136	郝晋峰	男	1991-1-6	81.5	75.0	89.0
2010110138	张晓英	女	1992-12-20	77.0	77.5	74.5
2010110137	田　苗	女	1990-8-6	80.5	84.5	74.5

实验1 / 实验2 / 期中 / 期末 / 平均

图 7.37　计算的平均成绩

(3) 在“平均”工作表中，利用条件格式将高数、英语、计算机成绩在 60 分以下(不含 60)的单元格背景用玫瑰红颜色显示，如图 7.37 所示。

(4) 对“平均”工作表中的数据排序，排序原则为：主要关键字“英语”，升序；次要关键字“高数”，降序；次要关键字“计算机”，升序。

(5) 保存工作簿，文件名为：shyan1.xlsx。

4. 图表的应用

实验目的：通过本实验的练习，掌握插入图表的方法。

实验任务：

打开工作簿文件 shyan1.xlsx。

(1) 在“平均”工作表中，计算每个学生的总分和平均分(保留一位小数)。

(2) 美化表格。

(3) 利用姓名、总分和平均分数据创建图表(柱状图)。

(4) 输入图表标题、分类轴名称和数值轴名称，分别为：“学生成绩图表”、“姓名”、“分数”。输入数据。

(5) 为图表添加边框。

(6) 保存工作簿文件名为：shyan1.xlsx，如图 7.38 所示。

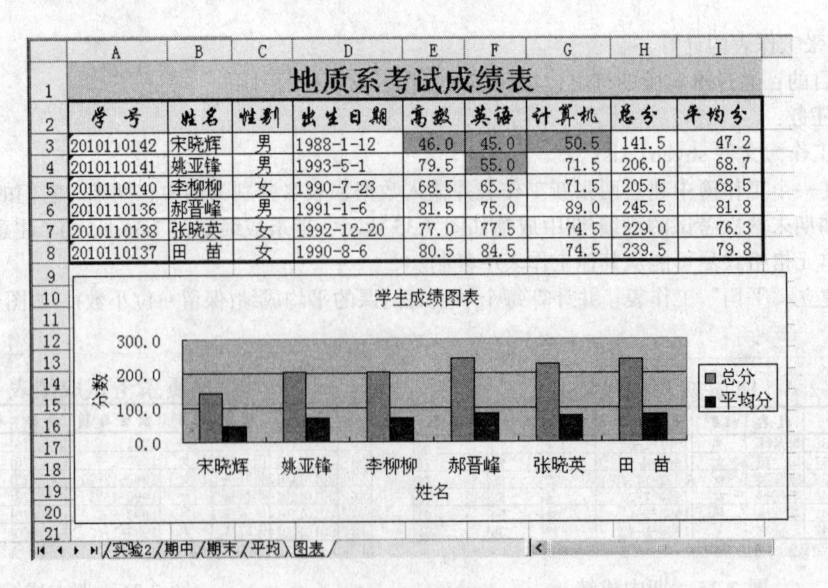

地质系考试成绩表

学号	姓名	性别	出生日期	高数	英语	计算机	总分	平均分
2010110142	宋晓辉	男	1988-1-12	46.0	45.0	50.5	141.5	47.2
2010110141	姚亚锋	男	1993-5-1	79.5	55.0	71.5	206.0	68.7
2010110140	李柳柳	女	1990-7-23	68.5	65.5	71.5	205.5	68.5
2010110136	郝晋峰	男	1991-1-6	81.5	75.0	89.0	245.5	81.8
2010110138	张晓英	女	1992-12-20	77.0	77.5	74.5	229.0	76.3
2010110137	田　苗	女	1990-8-6	80.5	84.5	74.5	239.5	79.8

图 7.38　实验题 4

第 8 章　PowerPoint 2007 演示文稿

演示文稿是由多张幻灯片组成的计算机上的信息载体。每张幻灯片上可以包含文字、图形、图像、声音以及视频剪辑等多媒体元素。可以将自己所要表达的信息组织在一组图文并茂的画面中，用于介绍公司的产品、展示自己的学术成果等。用户不仅可以在投影仪或者计算机屏幕上进行演示，也可以将演示文稿打印出来，制作成胶片，以便应用到更广泛的领域中。

8.1　演示文稿软件简介

8.1.1　演示文稿的作用

网络资料介绍，心理学家关于人类获取信息来源的实验结论表明：人类获取的信息 83%来自视觉，11%来自听觉，两方面之和为 94%。这就说明多媒体技术刺激感官所获取的信息量，比单一地听讲多得多。如果采用演示文稿展示信息就能起到刺激听众视觉的功效。那是不是把所有报告内容都做成演示文稿就可以了？并不是这样。演示文稿与发言者是互相补充、互相影响的。演示文稿只是起到一个画龙点睛、展示一些关键信息的作用。发言者必须对演示文稿展开说明，才能收到好的效果。要特别注意的是，创建幻灯片演示文稿的目的是支持口头演讲。

8.1.2　演示文稿的内容

在演示文稿中一般用文字表达的是报告的标题与要点，一方面可以方便听者笔录，另一方面通过文稿的文字内容来表达报告会的内容进程以及表达报告中的关键信息。在制作演示文稿时，图片、动画、图表都是些很好的内容表现形式，都能给听众以很好的视觉刺激。但并不是将所有内容都做成图片、动画就是最好的。要注意的是每种表达方式都有它的局限性，要清楚它们之间的特点才能用好它们。在多媒体中，文本、图形、图像适合传递静态信息，动画、音频、视频适合传递过程性信息。

8.1.3　演示文稿的设计原则

1. 整体性原则

幻灯片的整体效果的好坏，取决于幻灯片制作的系统性、幻灯片色彩的配置等。幻灯片一般以提纲的形式出现。制作幻灯片时要将文字做提炼处理，起到将要点强化、文字简练、重点突出的效果。

2. 主题性原则

在设计幻灯片时，要注意突出主题，通过合理的布局有效地表现内容。在每张幻灯片内都应注意构图的合理性，可使用黄金分割构图，使幻灯片画面尽量做到均衡与对称。从可视性方面考虑，还应当做到视点(即每张幻灯片的主题所在明确)。利用多种对比方法来为主题服务，例如黑白色对比、互补色对比(红和青、绿和品、蓝和黄)、色彩的深浅对比、文字的大小对比等。

3. 规范性原则

幻灯片的制作要规范，特别是在文字的处理上，力求使字数、字体、字号的搭配做到合理、美观。

4. 以少胜多原则

一般比较合理的作法是，视屏上应大致留出 1/3 左右的空白，特别是在视屏的底部应该留有较多的空白。这样安排的原因有两个：一是比较符合听众观看演示的心态和习惯。如果幻灯片上信息太多，满篇文字，那么听众要用比较长的时间才能看完内容。二是有利于建立演示者和听众间的交流气氛。幻灯片上满篇文字的另一个缺点是，会使演示者的“念”比听众的“看”慢得多，容易造成听众的长时间的等待，同时还使演示者长时间背对观众，破坏了演示者和听众之间的交流气氛。

5. 醒目原则

一般，可以通过加强色彩的对比度来达到使视屏信息醒目的目的。例如，蓝底白字的对比度强，其效果较好；蓝底红字的对比度要弱一些，效果也要差一些；而如果采用红色作为白字的阴影色放在蓝色背景上，那么就会更加醒目和美观。

6. 完整性原则

完整性是指力求把一个完整的概念放在一张幻灯片上，不要跨越几张幻灯片，因为这样当幻灯片由一张切换到另一张时，会导致受众原先的思绪被打断。此外，在切换以后，上一张幻灯片中的概念已经结束，下面所等待的是另外一个新概念。

7. 一致性原则

所谓一致性，就是要求演示文稿的所有幻灯片上的背景、标题大小、颜色、幻灯片布局等，尽量做到保持一致。

8.1.4　演示文稿的制作步骤

①准备素材：主要是准备演示文稿中所需要的一些图片、声音、动画等文件。

②确定方案：对演示文稿的整个构架做一个设计。

③初步制作：将文本、图片等对象输入或插入到相应的幻灯片中。

④装饰处理：设置幻灯片中的相关对象的要素(包括字体、大小、动画等)，对幻灯片进行装饰处理。

⑤预演播放：设置播放过程中的一些要素，然后播放查看效果，满意后正式输出播放。

8.1.5　PowerPoint 2007 演示文稿制作软件简介

PowerPoint 2007 是 Microsoft Office 2007 的一个套装软件，利用它可以轻松地制作出集文字、图形、图像、声音、视频及动画于一体的多媒体演示文稿。

1. PowerPoint 演示文稿的基本概念

(1) 演示文稿。

一个演示文稿就是一个文件，其扩展名为.pptx。一个演示文稿是由若干张幻灯片组成的。

制作一个演示文稿的过程就是依次制作每一张幻灯片的过程。

(2) 幻灯片。

视觉形象页，幻灯片是演示文稿的一个个单独的部分。每张幻灯片就是一个单独的屏幕显示。制作一张幻灯片的过程就是制作其中每一个被指定对象的过程。

(3) 对象。

是制作幻灯片的原材料，可以是文字、图形、表格、图表、声音、影像等。

(4) 版式。

幻灯片的“布局”涉及其组成对象的种类与相互位置的问题。系统提供了自动版式可供选用。

(5) 模板。

是指一个演示文稿整体上的外观设计方案，它包含预定义的文字格式、颜色，以及幻灯片背景图案等。

2. PowerPoint 的启动

在 Windows 系统中，当计算机上安装了 PowerPoint 软件，就可以使用它制作演示文稿。启动 PowerPoint 有多种方法，最常见的启动步骤如下：

①单击“开始”按钮，弹出开始菜单。

②依次选择菜单“程序/Microsoft Office/Microsoft Office PowerPoint 2007”命令，即可启动 PowerPoint，启动后的屏幕窗口如图 8.1 所示。主要包括大纲、幻灯片制作区、备注区。

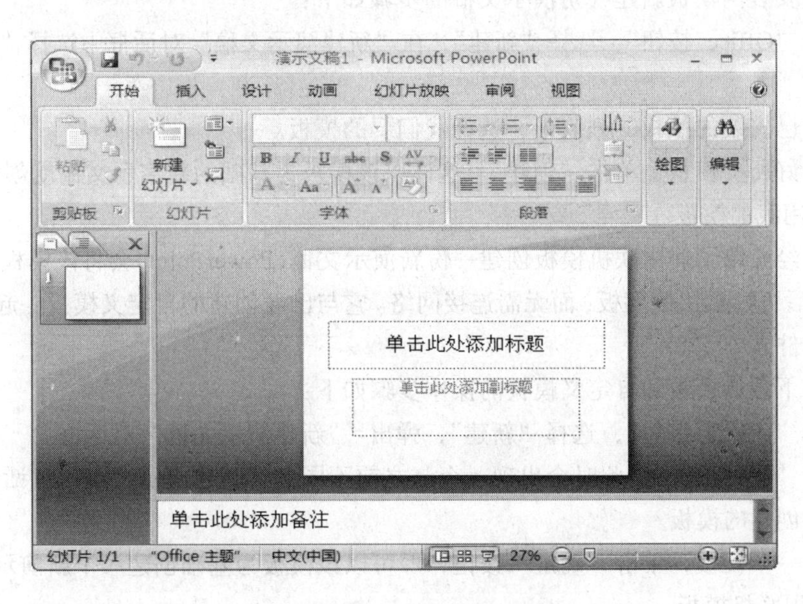

图 8.1　启动后的 PowerPoint 窗口

8.2　演示文稿制作

当 PowerPoint 启动成功后，就可以利用它创建演示文稿了。通常有多种方法创建演示文稿，分别是空演示文稿、根据设计模板、根据现有内容新建和 Microsoft Office Online 提供的模板创建。

8.2.1 常用创建演示文稿的方法

1. 根据设计模板创建演示文稿

模板就是一个包含初始设置(有的还有初始内容)的文件，可以根据它来新建演示文稿。模板所提供的具体设置和内容有所不同，但可能包括一些示例幻灯片、背景图片、自定义颜色和字体主题，以及对象占位符的自定义定位。

对于模板，PowerPoint 2007 提供以下几种选择方法。

①已安装的模板：Microsoft 提供的模板，随 PowerPoint 预安装。

②我的模板：已创建并保存的模板，以及此前从 Microsoft Office Online 下载的模板。

③Microsoft Office Online 模板：Microsoft 提供的模板，可按照自己的需求从 Microsoft 的网站手动下载。

(1) 使用已安装的模板。

已安装的模板很少，因为 Microsoft 认为如今大多数人都有随时在线的链接。每个已安装的模板都示范了一种特定用途的演示文稿，例如相册、宣传手册或小测验短片等。还有一些商务演示文稿模版，如果我们对标准商务演示文稿模板感兴趣，那么就可以去查看联机提供的模板。

根据已安装的模板新建一份演示文稿的步骤如下：

①单击“Office 按钮”，选择“新建”，在“新建演示文稿”对话框中选择“已安装的模板”。

②在“已安装的模板”列表中，选择我们要的模板。

③选择好所要模板，单击“创建”。这样以该模板为基础的新演示文稿就创建完了。

(2) 使用我的模板。

前边已经介绍了使用联机模板创建一份新演示文稿，PowerPoint 会将该模板复制到硬盘上，所以此后可以重用该模板，而无需连接网络。它与已经创建的自定义模板一起存储在“我的模板”文件夹中。

访问已下载的模板和自定义模板的操作步骤如下：

①单击“Office 按钮”，选择“新建”，弹出 “新建演示文稿”对话框。

②单击“我的模板”，此时会出现一个与之前不同的“新建演示文稿”对话框，其中包含已下载或创建的模板。

③选择一个模板，单击“确定”按钮，即可以该模板为基础创建一个新演示文稿。

(3) 使用联机模板。

在网上可以找到许多演示文稿的模板。可以上网访问联机模板库。按以下步骤操作：

①单击“Office 按钮”，选择“新建”，弹出“新建演示文稿”对话框。

②在“模板”列表的 Microsoft Office Online 部分中单击所需模板的类型。如果需要的是标准商务演示文稿，可单击“演示文稿”。其他大多数类型都有自己的特殊用途。

③选择所需模板，单击“下载”。此时将以该模板为基础创建一个新演示文稿。

2. 创建空演示文稿

启动 PowerPoint 时， 带有一张幻灯片的新空白演示文稿将自动创建。只需添加内容、按需添加更多幻灯片、设置格式，然后就可以完成了。

如果需要新建另一个空白演示文稿，可按照以下步骤操作：

①单击“Office 按钮”，选择“新建”，在“新建演示文稿”对话框中选择“空白文档和最近使用的文档”中的“空白演示文稿”，如图 8.2 所示。

②此时“空白演示文稿”已选中，单击“创建”按钮即可。

注意：用 Ctrl + N 快捷键可新建演示文稿。

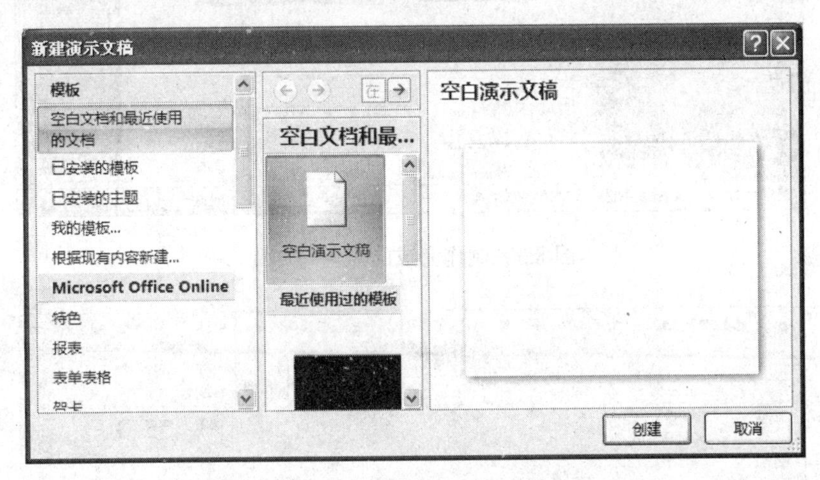

图 8.2 “新建演示文稿”对话框

8.2.2 创建一个简单的演示文稿

这一节将从“空演示文稿”开始，设计一个简单的“贾平凹文学艺术馆”演示文稿。

每一个演示文稿的第一张幻灯片通常都是标题幻灯片。创建标题幻灯片的步骤如下：

①单击“Office 按钮”，选择“新建”，在“新建演示文稿”对话框中选择“空白文档和最近使用的文档”中的“空白演示文稿”。

②单击“创建”按钮。

③单击“单击此处添加标题”框，输入主标题的内容“贾平凹文学艺术馆”。

④单击“单击此处添加副标题”框，输入子标题内容：

“JIAPINGWA GALLERY OF LITERATURE AND ART

资料来源：http://www.jpwgla.com/ ”

⑤单击“主标题”和“子标题”以外的任何区域，即完成标题幻灯片的制作，如图 8.3 所示。

⑥单击菜单“开始/幻灯片/新建幻灯片”右侧的下拉按钮，选择“标题和内容”版式，如图 8.4 所示。在“单击此处添加标题”中输入“贾平凹文学艺术馆概况”；在“单击此处添加文本”中输入：“贾平凹文学艺术馆于 2006 年 9 月建成开放。贾平凹文学艺术馆是以全面收集、整理、展示、研究贾平凹的文学、书法、收藏等艺术成就及其成长经历为主旨的非营利性文化场馆”。

图 8.3　制作完成的标题幻灯片

图 8.4　概况幻灯片

⑦单击菜单“开始/幻灯片/新建幻灯片”按钮，选择“标题和内容”版式，在“单击此处添加标题”中输入“贾平凹文学艺术馆开馆典礼”；在“单击此处添加文本”中输入：“2006 年 9 月 23 日上午，贾平凹文学艺术馆在西安建筑科技大学开馆，数百名省内外各界人士参加开馆。”

⑧单击菜单“开始/幻灯片/新建幻灯片”按钮，选择“标题和内容”版式，在“单击此处添加标题”中输入“平凹书画”，在下边插入两张图用。用同样的方法再插入一张幻灯片，标题为“平凹著作”。

⑨单击下边的“幻灯片放映”按钮即可查看放映的效果。

在演示文稿的编辑过程中，必须随时注意保存演示文稿，否则，可能会因为误操作或软硬件的故障等原因而前功尽弃。不管一个演示文稿有多少张幻灯片，都可以将其作为一个文件保存起来，文件的扩展名为.pptx。

注意：将前面创建的演示文稿保存为“贾平凹文学艺术馆.pptx”文件。

8.2.3　浏览演示文稿幻灯片

在幻灯片的编辑状态下(即幻灯片视图)通过 Page Up 和 Page Down 键或拖动滚动条可以在幻灯片间进行切换，但一次只能看到一张幻灯片，无法看到多个幻灯片的概貌。PowerPoint 提供了普通视图和幻灯片浏览视图，可以用不同的方式浏览和编辑多个幻灯片。

1. 普通视图

单击屏幕左下角▣按钮可切换到普通视图，普通视图中包括大纲和幻灯片 2 个选项卡，它们主要用于对幻灯片上的文字进行编辑。

2. 幻灯片浏览视图

单击屏幕下边的▣按钮可切换到幻灯片浏览视图。幻灯片的浏览视图主要用于对幻灯片的编辑和动画设计，如图 8.5 所示就是幻灯片的浏览视图。

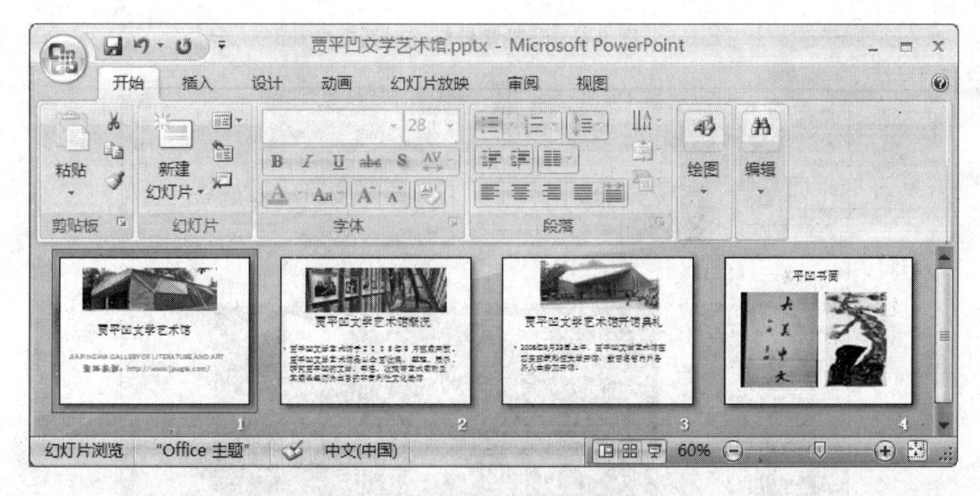

图 8.5　幻灯片的浏览视图

8.2.4　给幻灯片添加背景

幻灯片的背景由背景的颜色和背景图案组成，可以采用设计模板为所有的幻灯片设置统一的背景，也可以为每一张幻灯片设置不同的背景。本节中以前面创建的“贾平凹文学艺术馆.pptx”文件为例，介绍如何给幻灯片添加背景。在进行具体的操作前，应先在 PowerPoint 窗口中打开“贾平凹文学艺术馆.pptx”文件。

选择一张幻灯片，单击菜单“设计/背景”的对话框命令，弹出如图 8.6 所示的“设计背景格式”对话框。左边有 2 个功能(填充和图片)，即可以选择的背景有两种，一种是设定背景为某种颜色，另一种是背景为图片。我们选择前一种。

对话框中的“全部应用”按钮的含义是指将选择的背景应用到所有幻灯片页面中，“关闭”是指将选择的背景只应用在当前的幻灯片页面，结果如图 8.7 所示。

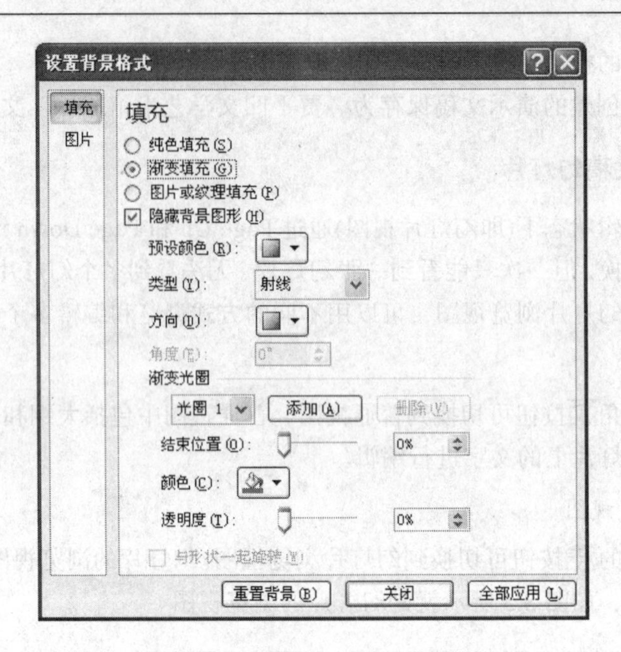

图 8.6　设置背景格式对话框

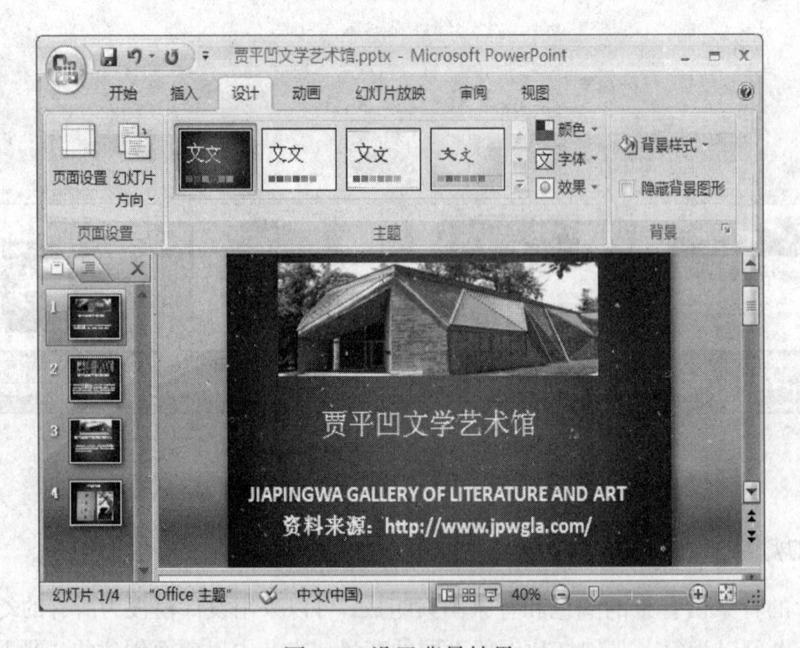

图 8.7　设置背景结果

8.2.5　幻灯片的编辑

幻灯片的编辑操作主要有：幻灯片的删除、复制、移动和幻灯片的插入等，这些操作通常都是在幻灯片浏览视图下进行的。因此，在进行编辑操作前，首先切换到幻灯片浏览视图。

1. 插入点与幻灯片的选定

首先在 PowerPoint 中打开“贾平凹文学艺术馆.pptx”文件，然后切换到幻灯片浏览视图。

(1) 插入点

幻灯片浏览视图下，单击任意一个幻灯片左边或右边的空白区域，一条黑色的竖线出现，这条竖线就是插入点。

(2) 幻灯片的选定

幻灯片浏览视图下，单击任意一张幻灯片，则该幻灯片的四周就出现黑色的边框，表示该幻灯片已被选中；若要选定多个连续的幻灯片，先单击第一个幻灯片，再按下 Shift 键用鼠标单击最后一张幻灯片；若要选定多个不连续的幻灯片，按下 Ctrl 键用鼠标单击每一张幻灯片；利用菜单“开始/编辑/选择/全选”命令可选中所有的幻灯片。若要放弃被选中的幻灯片，单击幻灯片以外的任何空白区域，即可放弃被选中的幻灯片。

2. 删除幻灯片

在幻灯片浏览视图中，选定要删除的幻灯片，按 Delete 键即可删除。

3. 复制(或移动)幻灯片

在 PowerPoint 中，可以将已设计好的幻灯片复制(或移动)到任意位置。其操作步骤如下：

①选中要复制(或移动)的幻灯片。

②单击“开始/剪贴板/复制(或移动)”工具栏上按钮。

③确定插入点的位置，即移动(或移动)幻灯片的目标位置。

④单击“开始/剪贴板/粘贴”工具栏上按钮，即完成了幻灯片的复制(或移动)。

更快捷的复制(或移动)幻灯片的方法是：选中要复制(或移动)的幻灯片，按 Ctrl 键(移动不按 Ctrl 键)，将鼠标拖动到目标位置，放开鼠标左键，即可将幻灯片复制(或移动)到新位置。在拖动时有一条长竖线出现即目标位置。

4. 插入幻灯片

插入幻灯片的操作步骤如下：

①选定插入点位置，即要插入新幻灯片的位置。

②单击“开始/幻灯片/新建幻灯片”右边的下拉按钮，选择幻灯片的版式。

③输入幻灯片中的相关的内容。

5. 在幻灯片中插入对象

PowerPoint 最富有魅力的地方就是支持多媒体幻灯片的制作。制作多媒体幻灯片的方法有两种：一是在新建幻灯片时，为新幻灯片选择一个包含指定媒体对象的版式；二是在普通视图情况下，利用“插入”菜单，向已存在的幻灯片中插入多媒体对象。在这里我们介绍后者，如图 8.8 所示。

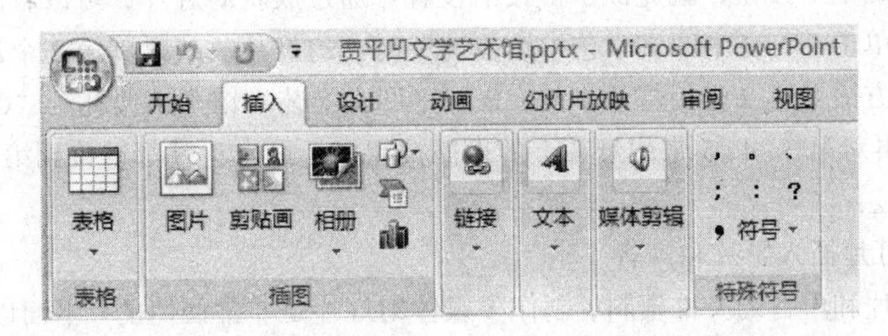

图 8.8 插入对象

(1) 向幻灯片上插入图形对象

可以在幻灯片上插入艺术字体、自选图形、文本框和简单的几何图形。最简单的方法是单击菜单“插入/插图”，可以插入图片、剪贴画、相册、图形、SmartArt 图形和图表。

(2) 为幻灯片中的对象加入链接

PowerPoint 可以轻松地为幻灯片中的对象加入各种动作。例如，可以在单击对象后跳转到其他幻灯片，或者打开另一个幻灯片文件等。在这里将为前面实例中的第 2、3、4 张幻灯片插入自选的形状图形，并为其增加一个动作，使得在单击该自选图形后，将跳回到标题幻灯片继续放映。设置步骤如下：

①在第一张幻灯片后插入一张“导读”幻灯片，并在第 3、4、5 张幻灯片上插入自选图形对象，作为返回按钮。

②在第 2 张幻灯片中选择“A 贾平凹文学艺术馆概况”，并用右键单击该对象，在弹出的快捷菜单中选择“编辑超链接”，将会弹出一个“插入超链接”对话框，如图 8.9 所示。

③在“插入超链接”对话框中，单击“链接到”中的“本文档中的位置”选项，然后在右边的“请选择文档中的位置”中选择“3. 贾平凹文学艺术馆概况”幻灯片，如图 8.9 所示。

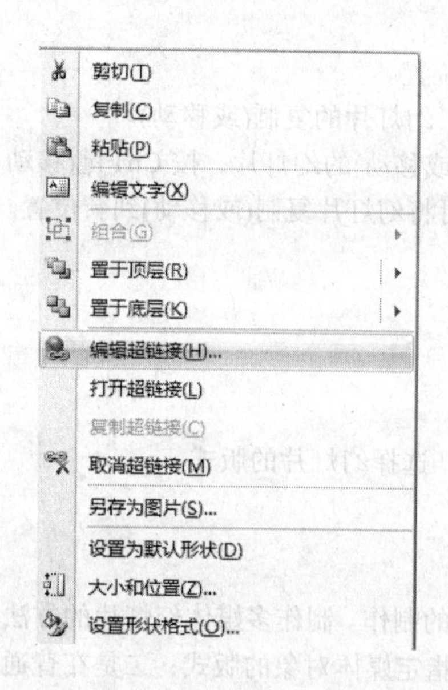

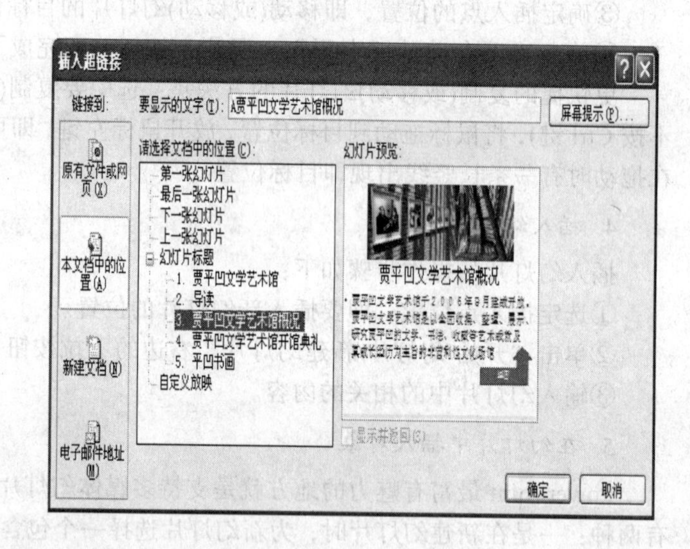

图 8.9　插入超链接对话框

④单击“确定”按钮，就完成了链接的设置。通过放映幻灯片，可以看到当放映到第 2 张幻灯片时，单击“A 贾平凹文学艺术馆概况”时，幻灯片放映跳到第 3 个幻灯片了。

⑤同样的方法对第 2 张幻灯片中的“B 贾平凹文学艺术馆开馆典礼”、“C 平凹书画”分别进行设定。再对第 3、4、5 张幻灯片上的返回按钮进行设定让其都链接到第 2 张幻灯片上，如图 8.10 所示。

(3) 向幻灯片插入影片和声音

只要有影片和声音的文件资料，制作多媒体幻灯片是非常便捷的。下面以插入背景音乐对象为例说明操作步骤：

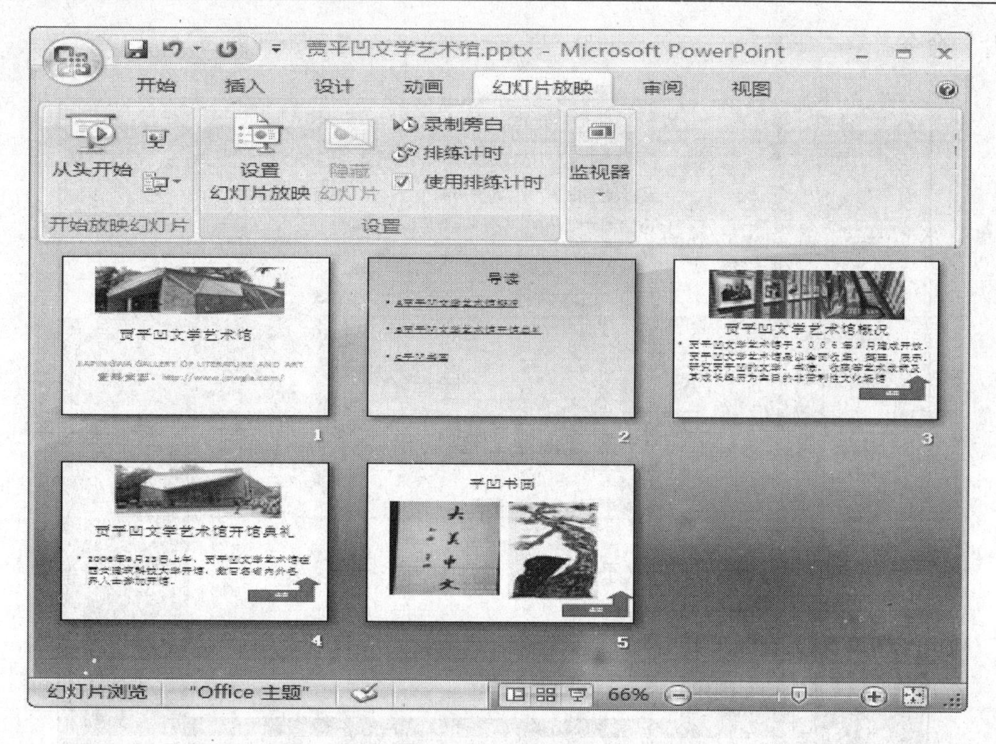

图 8.10　超级链接

①在幻灯片视图下，切换到第 2 张幻灯片。

②选择菜单“插入/媒体剪辑/声音”命令，弹出“插入声音”对话框。

③选择要插入声音的文件，单击“确定”按钮，会弹出一个提示框询问如何播放声音，如图 8.11 所示。选择“自动”按钮，即可将声音插入幻灯片上。

对于声音文件，建议选择 midi 文件，即文件扩展名为*.mid 的文件，它们的文件较小，音质也很优美，很适合作为背景音乐。

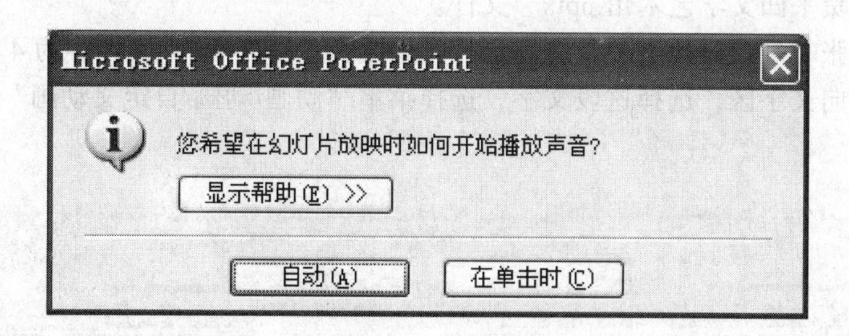

图 8.11　自动播放选择

④播放时，会显示声音图标，如果不想在播放窗口中看到图标，可以把它拖动到演示窗口外，如图 8.12 所示。

⑤放映幻灯片进行检查，可以看到已经完成了背景音乐的插入。

注意，插入影片文件的方法与插入声音的方法基本相同，即选择菜单“插入/媒体剪辑/

影片”命令。

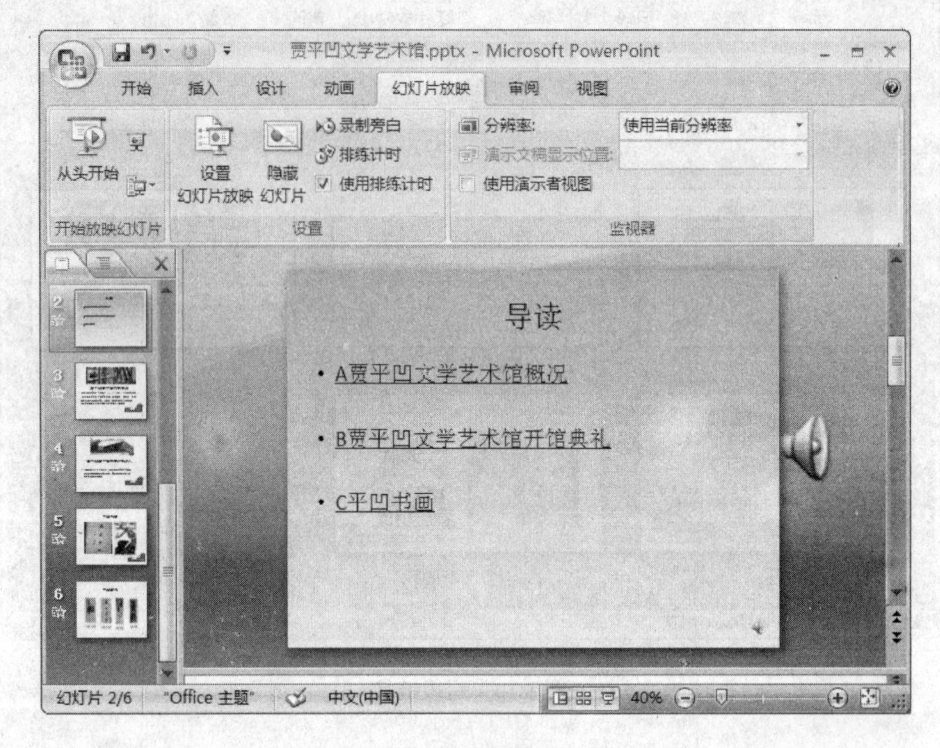

图 8.12　不显示声音图标

6. 为对象设置动画

PowerPoint 为幻灯片中的对象设置动画效果的两种方法是“预设动画”和“自定义动画”。

在“贾平凹文学艺术馆.pptx”文件中增加一张幻灯片内容为“平凹著作”，并采用动画的方式显示。采用“自定义动画”命令设计动画效果的步骤如下：

①打开“贾平凹文学艺术馆.pptx”文件。

②在第 5 张幻灯片后插入一张新幻灯片，标题为“平凹著作”，内容为 4 张照片。

③鼠标指向文字区，选择这段文字，选择菜单“动画/动画/自定义动画”命令项，如图 8.13 所示。

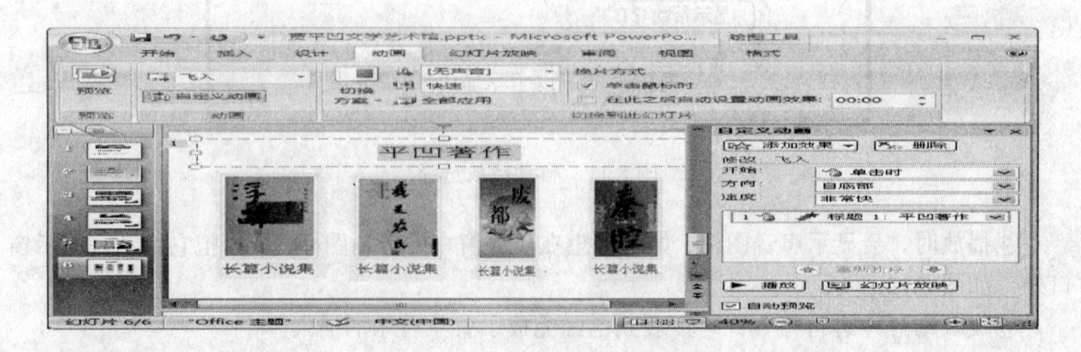

图 8.13　选择“自定义动画”

④在“自定义动画”对话框中，首先在“添加效果”设置动画进入、强调、退出和动作路径，然后再设置动画的开始、速度、尺寸、速度等。

⑤可以单击对话框中的“播放”按钮查看效果，直至选到满意的动画为止。

8.3　幻灯片放映

8.3.1　为幻灯片录制旁白

录制声音旁白的具体操作步骤如下：

①选择某一幻灯片，选择菜单“幻灯片放映/设置/录制旁白”命令，出现“录制旁白”对话框。

②在“录制旁白”对话框中，可以选择其中的“浏览”按钮，进入“选择目录”对话框，从中选定需链接旁白的文件夹名称；可通过单击“改变质量”按钮控制录音的质量、设置录音格式和属性等。

③单击“确定”按钮，即可进入幻灯片播放的形式。在播放的同时可以对着麦克风讲话录音，为演示文稿录制旁白。

④若录制完毕，单击鼠标右键，在快捷菜单中选择“结束放映”，则结束放映返回。

⑤保存文件，旁白会同演示文稿一起保存。

8.3.2　排练计时

通过设定每张幻灯片的放映时间来实现演示文稿的自动放映。设定步骤如下：

①打开要创建自动放映的演示文稿。

②选择菜单“幻灯片放映/设置/排练计时”命令，激活排练方式，演示文稿自动进入放映方式。

③使用鼠标单击“下一项”来控制速度，放映到最后一张时，系统会显示这次放映的时间，若单击“确定”按钮，则接受此时间，若单击“取消”按钮，则需要重新设置时间。

这样设置以后，我们可以在放映演示文稿时，可以单击菜单“幻灯片放映/开始放映幻灯片/从头开始”命令，即可按设定时间自动放映。

习　题　8

一、填空题

1. 可以通过选择菜单________的命令在幻灯片上插入剪贴画。

2. 可以对幻灯片进行移动、删除、复制、设置动画效果，但不能对单独的幻灯片的内容进行编辑的视图是________。

3. 使用________菜单中的“背景”命令设置幻灯片的背景。

4. PowerPoint 允许在幻灯片上插入________________等多媒体信息。

5. 要创建自动放映演示文稿，可以通过________来实现。

二、选择题

1. 下列视图方式中，不属于 PowerPoint 2007 视图的是________。

A. 幻灯片浏览　　B. 备注页　　C. 普通视图　　D. 页面视图

2. 保存 PowerPoint 演示文稿的磁盘文件扩展名一般是______。

A. DOCX　　B. XLSX　　C. PPTX　　D. TXTX

3. ______视图方式下，显示的是幻灯片的缩图，适用于对幻灯片进行组织和排序、插入、删除等功能。

A. 幻灯片放映　　B. 普通　　C. 幻灯片浏览　　D. 备注页

4. 如果要从第 3 张幻灯片跳转到第 8 张幻灯片，需要在第 3 张幻灯片上插入一个对象并设置其______。

A. 超链接　　B. 预设动画　　C. 幻灯片切换　　D. 自定义动画

5. 演示文稿中的每张幻灯片都是基于某种______创建的，它预定义了新建幻灯片的布局情况。

A. 版式　　B. 模板　　C. 母板　　D. 幻灯片

上机实验题

1. 创建演示文稿，只设计一张幻灯片。

实验目的：学会创建演示文稿，设置背景，保存。

实验要求：

(1) 制作一个显示晚会主题的幻灯片，只需要一张幻灯片；

(2) 要求有一个跟主题相关的背景；

(3) 要求有一个适合主题的背景音乐；

(4) 保存文件。

完成后的效果如图 8.14 所示。

图 8.14　晚会主题幻灯片效果

2. 个人简历演示文稿的制作。

实验目的：在演示文稿中设置多个动画。

实验任务：

(1) 制作一张个人简历幻灯片，包含标题、照片、个人情况说明。

(2) 各种内容都要以动画的形式出现。

(3) 动画的出现顺序是“标题、照片、个人情况说明”。

3. 在演示文稿中建立有选择的新歌欣赏。

实验目的：在演示文稿内设置超链接，实现幻灯片之间的跳转。

实验任务：查找 3 首歌曲文件和 3 幅与其对应的图片文件。

(1) 建立 4 张幻灯片。

(2) 第 1 张为导航幻灯片，标题为“新歌欣赏”，在其上有 3 首歌的歌名，第 1 首歌名超链接到第 2 张幻灯片；第 2 首歌名超链接到第 3 张幻灯片；第 3 首歌名超链接到第 4 张幻灯片。

(3) 在第 2 张幻灯片上添加第 1 首背景歌曲音乐及与音乐有关的背景图片。

(4) 在第 3 张幻灯片上添加第 2 首背景歌曲音乐及与音乐有关的背景图片。

(5) 在第 4 张幻灯片上添加第 3 首背景歌曲音乐及与音乐有关的背景图片。

注意，在 2、3、4 张幻灯片上的标题为歌名，且都有跳转到第 1 张幻灯片的超链接。

第 9 章 Adobe Photoshop 图像编辑

Photoshop 可以把数字化摄影图片、剪辑、绘画、图形以及现有的美术作品结合在一起，并进行处理，使之产生各种绚丽甚至超越想象的艺术效果。

本章主要介绍图像编辑基础知识及用 Adobe Photoshop CS5 进行图像编辑的基本操作。

9.1 基 础 知 识

在图像编辑中最基础的知识内容是对颜色和图像存储格式的理解，只有真正掌握了色彩的运用及图像存储的格式，才能很好地使用相应的图像编辑软件进行图像的编辑处理。

9.1.1 色彩模式

要在图像编辑中选择正确的颜色，必须首先懂得色彩模式。色彩模式是用来提供一种将颜色翻译成数字数据的方法，从而使颜色能在多种媒体中得到连续的描述。

图像是由具有某种内在联系的各种色彩组成的一个完整统一的整体，形成画面色彩总的趋向，称为色调，也可以理解为色彩状态。色彩给人的感觉与氛围是影响配色视觉效果的决定因素。要准确地为一个图像配色，就应掌握颜色的三属性和三原色知识，即色彩的 HSB 和 RGB 模式。除了 HSB 和 RGB 模式外还应了解 CMYK、Lab 等色彩模式。

1. 颜色的三属性

颜色是因为光的折射而产生的，颜色可以分为非彩色和彩色两大类。非彩色指黑色、白色和各种深浅不一的灰色，而其他所有颜色均属于彩色。从心理学和视觉的角度出发，彩色具有 3 个属性：色相、明度和纯度，即 HSB。

(1) 色相(Hue)。

色相也叫色调，指颜色的种类和名称，是指颜色的基本特征，是一种颜色区别于其他颜色的因素。色相和色彩的强弱及明暗没有关系，只是纯粹表示色彩相貌的差异，如图 9.1 色环所示。在可见光谱中，红、橙、黄、绿、蓝、紫每一种色相都有自己的波长和频率，人们给这些可以相互区别的色定出名称，当称呼到其中某一色的名称时，就会有一个特定的色彩印象，这就是色相的概念。如红、黄、绿、蓝、紫等为不同的基本色相。

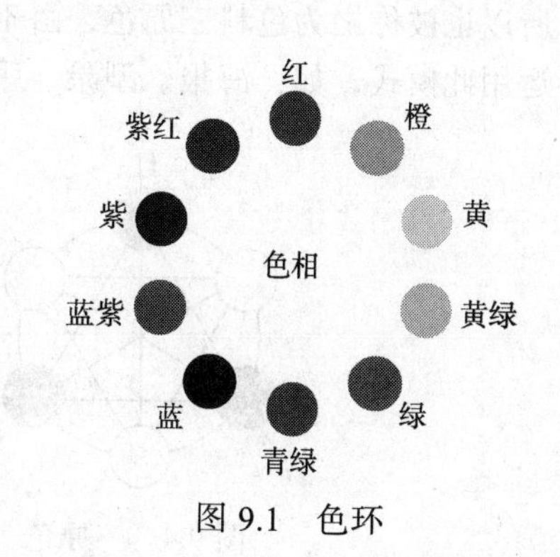

图 9.1 色环

(2) 明度(Value)。

明度也叫亮度，指颜色的深浅、明暗程度，没有色相和饱和度的区别。通常说颜色“淡了”、“浅了”，就是指明度的高低。不同的颜色，反射的光量强弱不一，因而会产生不同程度的明暗。非色彩的黑、灰、白较能形象地表达这一特质。从图 9.2 所示的图中可以看到，最左边是白色，最右边是黑色，中间是由浅到深的灰色。而图 9.3 是单蓝色彩的明暗对比图，从中可以看出最左边是白色，最右边是黑色，中间是由浅蓝到深蓝的颜色。

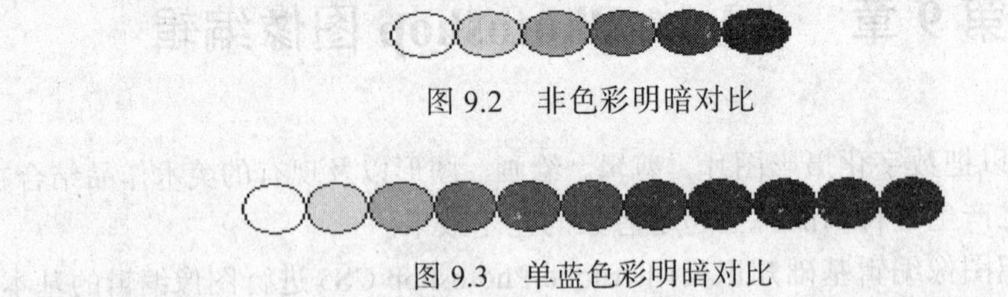

图 9.2　非色彩明暗对比

图 9.3　单蓝色彩明暗对比

(3) 纯度(Chroma)。

纯度也叫饱和度，指色彩的鲜艳程度。原色最纯，颜色的混合越多则纯度逐渐减低。混入白色，鲜艳度降低，明度提高；混入黑色，鲜艳度降低，明度变暗；混入明度相同的中性灰时，纯度降低，明度没有改变。如某一鲜亮的颜色，加入了白色或者黑色，使得它的纯度低，颜色趋于柔和、沉稳。

在色相、明度、纯度 3 个因素中，纯度高色彩较艳丽，纯度低色彩就接近灰色，明度高色彩明亮，明度低色彩暗淡，明度最高得到纯白，最低得到纯黑。一般浅色的纯度低，明度较高，而深色的纯度高而明度低。不同的色相不但明度不等，纯度也不相等，纯度最高为红色，黄色纯度也较高，绿色纯度为红色的一半左右。同一色相，纯度即使发生了细微的变化，也会立即带来色彩的变化。

2. 三原色模式(RGB)

可见光谱中的大部分颜色可以由三种基本色光按不同的比例混合而成， 这三种基本色光的颜色就是红(Red)、绿(Green)、蓝(Blue)，这里的红，绿，蓝就是三原色，如图 9.4 所示。其他的色彩都可以用这三种色彩调和而成。

RGB 模式是显示器的物理色彩模式。这就意味着无论在软件中使用何种色彩模式，只要是在显示器上显示的，图像最终就是以 RGB 方式出现。

3. CMYK 模式

CMYK 颜色模式的基础并不是增加光线、而是减去光线。CMYK 是由青(Cyan)、红(Magenta)、黄(Yellow)三种色料组合而成，每种颜色的数值范围为 0~100%，如图 9.5 所示。所以也被称之为色料三原色，由于是用油墨所组成，所以只要图像要透过平面呈现时，就需运用此模式，如：海报、型录、手册等。由于 CMYK 都是以油墨构成的，所以当油墨相互

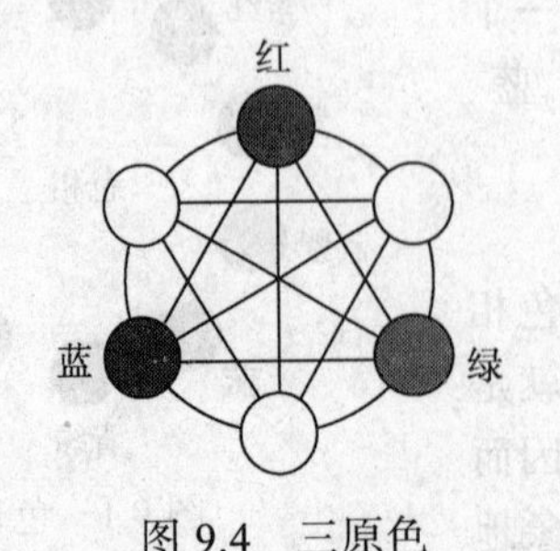

图 9.4　三原色

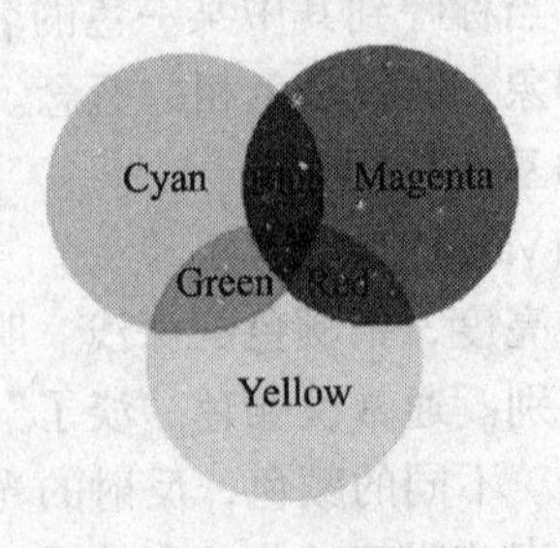

图 9.5　CMYK 颜色模式

混色时，颜色则会愈混浊，学理上称为减法混合，同时当 CMY 等比混合时则会产生出黑，也就是所谓的 K，所以 K 是经由 CMY 混合出来的。一般打印机及印刷设备使用的油墨都是 CMYK 模式，因此这种模式主要用于打印输出。

4. Lab 模式

Lab 模式是一种与设备无关的模式，不受任何硬件的性能或特性的影响。Lab 模式由一个明度(Lightness)和两个颜色轴组成，如图 9.6 所示。其中：明度(Lightness)，从 0 到 100，主要用来控制图片的亮暗反差；颜色轴 a 表示从绿色到品红色，从–120(低亮度)到+120(高亮度)；另一个颜色轴 b 代表从蓝色到黄色，从–120(低亮度)到+120(高亮度)。

Lab 的色域是最广的，所以图像中的层次更为漂亮；RGB 的色域仅次于 Lab；而 CMYK 的色域最窄，主要的原因就在于，CMYK 是由色料所组成，因油墨关系，许多颜色无法混合出来。

5. Grayscale(灰度)模式

灰度模式可以使用多达 256 级灰度来表现图像，使图像的过渡更平滑细腻。灰度图像的每个像素有一个 0(黑色)到 255(白色)之间的亮度值。灰度值也可以用黑色油墨覆盖的百分比来表示(0%等于白色，100%等于黑色)。如图 9.7 所示就是用 Grayscale 模式表现的一幅图片。

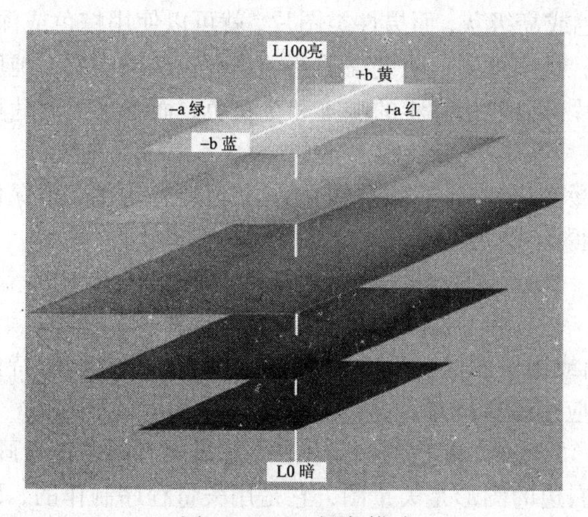

图 9.6　Lab 颜色模式

图 9.7　灰色模式图片

9.1.2　Photoshop 的颜色模式及转换

1. Photoshop 支持的颜色模式

Photoshop 提供支持 RGB、CMYK、Lab、Indexed Color(索引颜色)、Grayscale(灰度)、Bitmap(位图)、Duotone(双色调)、MultiChannel(多通道)等多种颜色模式，使用时应根据需要选择一种合适的颜色模式。

2. 颜色模式转换

为了能够在不同场合正确地输出图像，有时需要把图像从一种模式转换为另一种模式。Photoshop 提供了通过执行“图像/模式”菜单中的命令，来转换需要的颜色模式。

注意：颜色模式的转换有时会永久性地改变图像中的颜色值。例如，将彩色模式转换为灰度模式图像时，Photoshop 会扔掉原图像中所有的色彩信息，而只保留像素的灰度级。由于有些颜色模式在转换后会损失部分颜色信息，因此在转换前最好为其保存一个备份文件，以便在必要时恢复图像。

9.1.3　色彩的搭配

色彩是最先也是最持久地能够给浏览者留下深刻印象的因素，一张图片应具有亮丽和谐的色彩，而彩色的搭配可以说是千变万化，但要搭配得好却需要一些色彩搭配的知识。

色彩有冷暖的感觉。将色彩按“红、橙、黄、绿、蓝、紫、红”依次过渡渐变，就可以得到一个色彩环，如图 9.8 所示。色环的两端是暖色和寒色，当中是中性色。

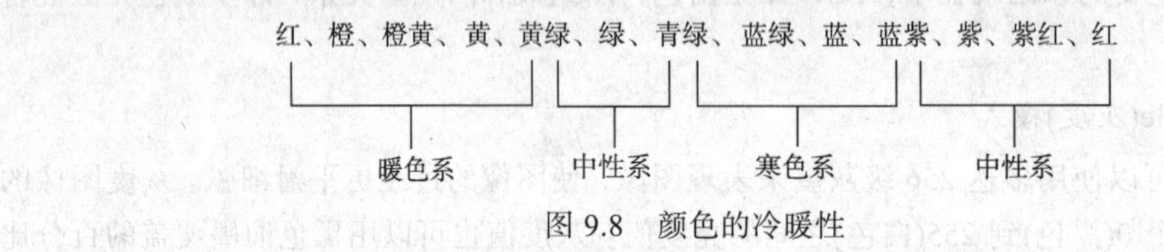

图 9.8　颜色的冷暖性

色彩还有柔软和坚硬感。同色相，明度高，则有柔软感；明度低，则会有坚硬感。对于女性类图片，应适量选用柔美的淡粉色或高级灰，而男性类图片，就可以使用棕色或深蓝色。

从色相看，暖色给人的感觉华丽；从明度看，明度高的感觉华丽；从纯度看，纯度高的色彩给人的感觉艳丽。因此首饰类图片可以使用高雅的咖啡和金黄色，而香水类图片可以用明度高的淡绿或浅蓝色。

每种色彩在饱和度、透明度上略微变化就会产生不同的感觉。以绿色为例，黄绿色有青春、旺盛的视觉意境，而蓝绿色则显得幽宁、阴深。

9.1.4　位图与矢量图

计算机绘图分为位图(又称点阵图或栅格图像)和矢量图形两大类，认识它们的特色和差异，有助于创建、输入、输出编辑和应用数字图像。

图 9.9 所示显示了位图和矢量图形的区别。左边的圆是位图，它是用有限的像素画出的，将其放大时可以看到一个个的像素。右边的图形是矢量图，它是用矢量程序制作的，即使将其放大 10 倍，图像的质量也丝毫不受影响。

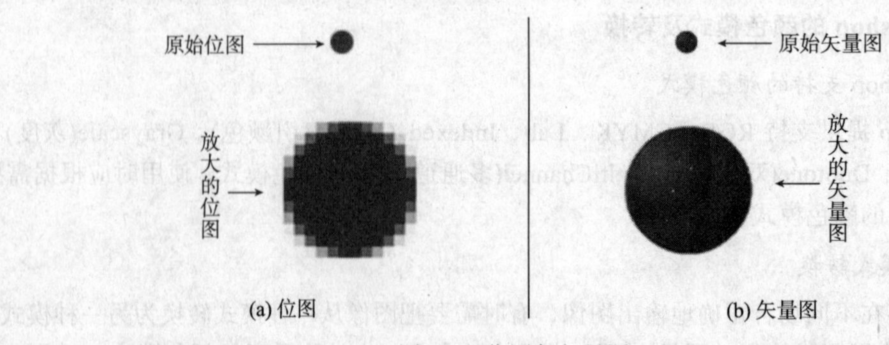

(a) 位图　(b) 矢量图

图 9.9　位图与矢量图

1. 位图

位图图像是与分辨率有关的，即在一定面积的图像上包含有固定数量的像素。因此，如果在屏幕上以较大的倍数放大显示图像，或以过低的分辨率打印，位图图像会出现锯齿边缘。在图 9.9 中，可以清楚地看到将左边位图图像放大的效果。

当处理位图图像时，可以优化微小细节，进行显著改动，以及增强效果。当放大位图时，可以看见赖以构成整个图像的无数单个方块。扩大位图尺寸的效果是增多单个像素，从而使线条和形状显得参差不齐。由于每一个像素都是单独染色的，可以通过以每次一个像素的频率操作选择区域而产生近似相片的逼真效果，诸如加深阴影和加重颜色。由于位图图像是以排列的像素集合体形式创建的，所以不能单独操作(如移动)局部位图。

2. 矢量图

矢量图使用直线和曲线来描述图形，这些图形的元素是一些点、线、矩形、多边形、圆和弧线等，它们都是通过数学公式计算获得的。例如图 9.9(b)中的原图，只需在制图程序中设置“生成直径为 100 像素的圆”，就可以画出所要的圆。

矢量图像，也称为面向对象的图像或绘图图像，在数学上定义为一系列由线连接的点。矢量文件中的图形元素称为对象。每个对象都是一个自成一体的实体，它具有颜色、形状、轮廓、大小和屏幕位置等属性。既然每个对象都是一个自成一体的实体，就可以在维持它原有清晰度和弯曲度的同时，多次移动和改变它的属性，而不会影响图例中的其他对象。基于矢量的绘图同分辨率无关。这意味着它们可以按最高分辨率显示到输出设备上。

由于矢量图形可通过公式计算获得，所以矢量图形文件体积一般较小。由于矢量图不受分辨率的影响，所以矢量图形无论放大、缩小或旋转等都不会失真。

矢量图存盘后文件的大小与图形中元素的个数和每个元素的复杂程度成正比，而与图形面积和色彩的丰富程度无关(元素的复杂程度指的是这个元素的结构复杂度，如五角星就比矩形复杂、一个任意曲线就比一个直线段复杂)。

3. 位图与矢量图的特点

位图图像和矢量图形没有好坏之分，只是用途不同而已。因此，掌握位图图像和矢量图形的特点，是进行数字图像创作的基础。

矢量图只能表示有规律的线条组成的图形，如工程图、三维造型或艺术字等，适合建立几何类型等的图形，特别适用于文字设计、图案设计、版式设计、标志设计、计算机辅助设计(CAD)、工艺美术设计、插图等。

位图可以表现的色彩比较多，表现力强、细腻、层次多、细节多，能够制作出颜色和色调变化丰富的图像，可以逼真地表现出自然界的景观，特别适合于制作由无规律的像素点组成的图像，如风景、人物、山水。

位图更多的应用在作图中(比如 Photoshop)，而矢量图更多的用于工程作图中(如 AutoCAD)。

位图图像在缩放和旋转时会产生失真现象，同时文件较大，对内存和硬盘空间容量的需求也较高。矢量图不易制作色调丰富或色彩变化太多的图像。

通过软件，矢量图可以轻松地转化为位图，而位图转化为矢量图就需要经过复杂而庞大的数据处理，而且生成的矢量图的质量绝对不能和原来的图形比拟。

9.1.5 图像文件格式简介

图像存储的文件格式有很多类型，如*.bmp、*.jpg、*.gif、*.pcx、*.tif、*.pcd 等。同样的图像，存储成以上几种不同文件格式时文件的字节数会有一些差别，尤其是 jpg 格式，它的大小只有同样的 bmp 格式的 1/35~1/20，这是因为它们的点矩阵经过了复杂的压缩算法的缘故。

Photoshop 支持多种格式的图像文件格式，下面将介绍一些常用的图像文件格式。

1. PSD(Photoshop Standard)

这是 Photoshop 缺省的文件格式，它可以保存编辑文件的一切信息，如层、通道、路径等，适用于一切色彩模式。缺点是通用性不够，且文件过大。

2. TIFF(Tagged-Image File Format)

TIFF 常被用于 MAC、PC 及一些图形工作站，具有相当的通用性，同时提供 LZW(Lempel-Ziv-Welch)压缩方式。

3. BMP(BitMap)

BMP 是 Windows 及 OS/2 下的标准图形文件格式，有多种颜色深度可以选择。它提供 RLE(Run-Lengthe Encording)压缩方式。这种格式的特点是包含的图像信息较丰富，几乎不进行压缩，但文件占用了较大的存储空间。BMP 格式支持 RGB、索引颜色、灰度和位图颜色模式，但不支持 Alpha 通道。基本上绝大多数图像处理软件都支持此格式。

4. GIF(Graphis Interchange Format)

GIF 是 CompuServer 信息服务中心设计的一种 8 位图形格式，使用 LZW(Lempel-Ziv-Welch)压缩方式。GIF 格式同时支持线图、灰度和索引图像，但最多支持 256 种色彩的图像。GIF 格式的特点是压缩比高，磁盘空间占用较少，下载速度快，可以存储简单的动画。这是由于 GIF 图像格式采用了渐显方式，即在图像传输过程中，用户先看到图像的大致轮廓，然后随着传输过程的继续而逐步看清图像中的细节。

5. JPEG(Joint Photographic Experts Group)

JPEG 是由联合照片专家组开发的。它既是一种文件格式，又是一种压缩技术。JPEG 作为一种很灵活的格式，具有调节图像质量的功能，允许用不同的压缩比例对这种文件压缩。作为先进的压缩技术，它用有损压缩方式去除冗余的图像和彩色数据，在获取极高的压缩率的同时能展现十分丰富生动的图像。JPEG 应用非常广泛，大多数图像处理软件均支持此格式。本章最后一节示例中所使用的图像素材都是采用 JPEG 格式保存的。

6. Photo CD

将底片直接变成数字化图像的 CD-ROM 光盘，能装载 25~100 幅 35mm 图像。

7. PICT

这种文件格式为 MAC 上常用的文件格式之一。可将保存图像保存为 4 色 2 位、单色 4 位或 256 色 8 位的灰度图像，16 位或 32 位的彩色图像。提供 JPEG 压缩方式。缺点是在 PC 机上不通用。

8. EPS(Encapsulated PostScript)/AI

EPS 和 AI 是矢量图形格式，可以通过这两种格式与矢量绘图软件交换信息。

9.2　Photoshop CS5 概述

Adobe 公司出品的 Photoshop 是目前使用最广泛的图像处理软件，常用于广告、平面设计、美术设计、彩色印刷、排版、摄影等诸多领域，也广泛用于网页设计和三维效果图的后期处理。

Photoshop 是真正独立于显示设备的图形图像处理软件，使用该软件可以非常方便地绘制、编辑、修复图像以及创建图像的特效。

9.2.1　Photoshop CS5 简介

Photoshop CS5 提供 32 位版和 64 位版,32 位版本和 64 位版本没有外观或者功能上的区别，但是内在有一点不同，即 64 位技术可更流畅地处理高分辨率对象。Photoshop CS5 具有支持宽屏显示器、集 20 多个窗口于一身的 dock、占用面积更小的工具栏、多张照片自动生成全景、灵活的黑白转换、更易调节的选择工具、智能的滤镜、改进的消失点等特性。另外，Photoshop 从 CS5 开始首次分为两个版本,分别是常规的标准版和支持 3D 功能的 Extended(扩展)版。

Photoshop CS5 的组件和技术都引入了大量全新技术和特性, 下面简单介绍几个新技术。

①可将好几张不同曝光的照片结合成单一高动态范围照片(HDR)，并由用户自行微调最后结果。

②自动镜头校正。根据 Adobe 对各种相机与镜头的测量自动校正, 可更轻易地消除桶状和枕状变型、相片周边暗角，以及造成边缘出现彩色光晕的色相差。此功能把先前必须手动调整的校正自动化。

③更新对高动态范围摄影技术的支持。此功能可把曝光程度不同的影像结合起来，产生想要的外观。Photoshop CS5 的此功能可用来修补太亮或太暗的画面，也可用来营造阴森的、仿佛置身另一世界的景观。

④内容自动填补能删除相片中某个区域(如不想要的物体), 遗留的空白区块由 Photoshop 自动填补，即使是复杂的背景也没问题。此功能也适用于填补相片四角的空白。

⑤一个先进的智能型选择工具，能轻易地把某些物件从背景中隔离出来。先前的 Photoshop 使用者必须花费大量时间做这项繁琐的事，有时还必须购买外挂程序来协助完成任务。

⑥Puppet warp 功能，能根据控制点和锚点，以自由式的调整方式，来搬移某一场景的元素。

⑦画家工具箱新增符合物理定律的画笔与调色盘，包括墨水流动、细部笔刷形状等属性。这个过程靠计算机的绘图处理器加速。

9.2.2　Photoshop CS5 工作界面

Photoshop CS5 的工作界面主要由快速切换栏、菜单栏、属性和样式栏、工具箱、面板组、状态栏和图像编辑区等组成，如图 9.10 所示。熟练掌握各组成部分的基本作用和使用，就可以自如地对图形图像进行操作。

图 9.10　Photoshop CS5 工作界面

1. 快速切换栏

快速切换栏在 Photoshop CS5 工作界面窗口的最上面，如图 9.11 所示。这是 Photoshop CS5 新增的一个内容。

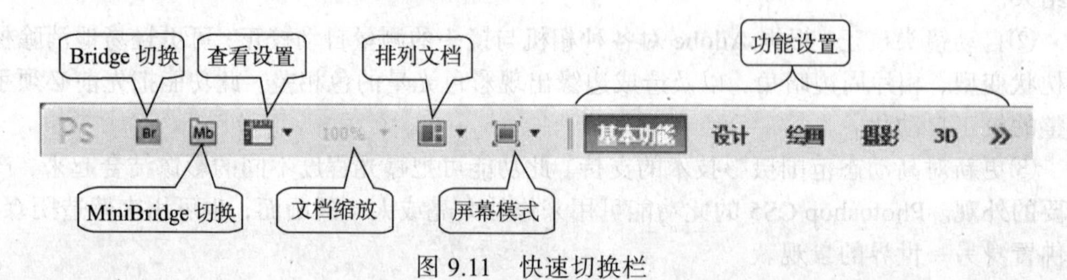

图 9.11　快速切换栏

单击其中的按钮后，可以快速切换视图显示，如：全屏模式、显示比例、网格、标尺等。功能设置可以切换设计模式，如 3D 或动画设计。

注：Bridge 是 Adobe Creative Suite 的控制中心，使用它可以组织、浏览和寻找所需的资源，用于创建供印刷、网站和移动设备使用的内容。Bridge 提供了方便地访问本地 PSD、AI、INDD 和 Adobe PDF 文件以及其他 Adobe 和非 Adobe 应用程序文件的方法，也可以将资源按照需要拖移到版面中进行预览，甚至向其中添加元数据。

2. 菜单栏

菜单栏由文件、编辑、图像、图层、选择、滤镜、分析、3D、视图、窗口和帮助 11 类菜单组成。菜单栏提供了完成工作所需的全部命令项。

3. 工具箱

将常用的命令以图表形式汇集在工具箱中，Photoshop CS5 默认使用单栏工具栏，单击顶部的扩展按钮即可将其变为双栏，反之收缩为单栏状态，如图 9.12 所示。用鼠标右键单击或按住工具图标右下角的符号，就会弹出功能相近的隐藏工具。

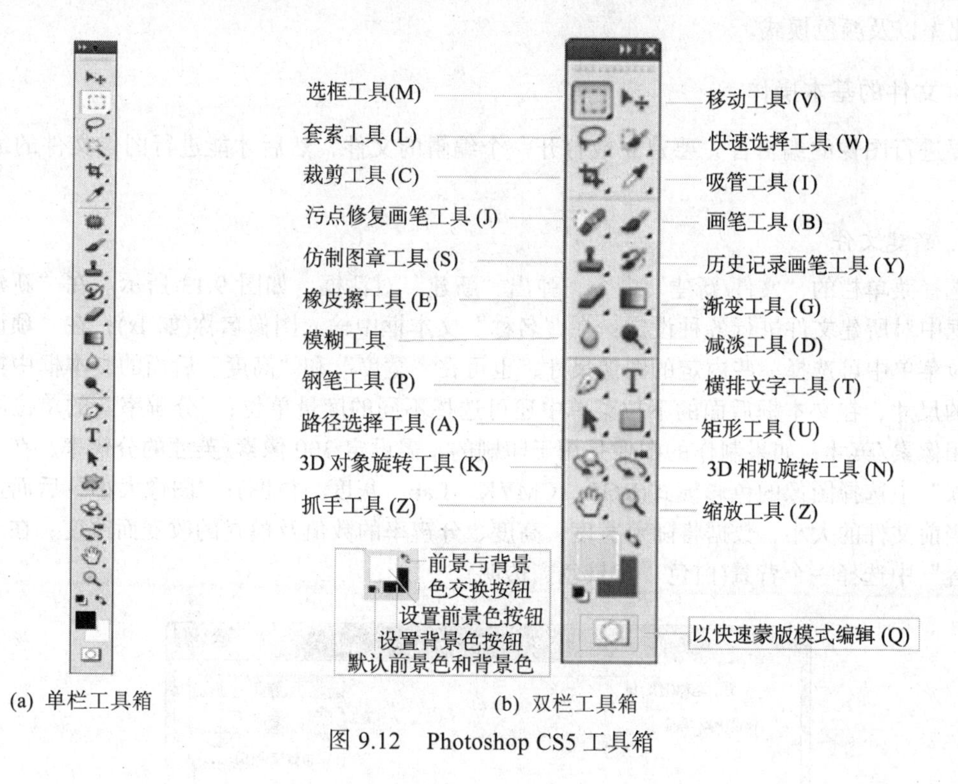

(a) 单栏工具箱　　(b) 双栏工具箱

图 9.12　Photoshop CS5 工具箱

4. 属性和样式栏

在属性和样式栏中可设置在工具箱中选择的工具的选项。根据所选工具的不同，属性和样式栏所提供的选项也有所区别，即该栏会随工具栏选择的具体工具，提供其相应的属性和样式。

5. 面板组

为了更方便地使用 Photoshop 的各项功能，将其以面板形式提供给用户。面板中汇集了图像操作时常用的选项或功能。在编辑图像时，选择工具箱中的工具或者执行菜单栏上的命令以后，使用面板可以进一步细致调整各项选项，也可以将面板中的功能应用到图像上。Photoshop CS5 中根据各种功能的分类提供了 3D 面板、调整面板、导航器面板、测量记录面板、段落面板、动作面板、仿制源面板、字符面板、动画面板、路径面板、历史记录面板、工具预设面板、色板面板、通道面板、图层面板、信息面板、颜色面板、样式面板以及直方图面板等。

Photoshop 的面板也可以进行伸缩，对于已展开的面板，单击其顶部的扩展按钮，可以将其收缩为图标状态；反之，如果单击未展开的扩展按钮，则可以将该栏中的全部面板都展开。

6. 状态栏

状态栏用于显示当前编辑的图像文件大小，以及图片的各种信息说明。

7. 图像编辑区

这是显示 Photoshop 中正在编辑的图像的窗口。在标题栏中显示文件名称、文件格式、缩放比率以及颜色模式。

9.2.3　文件的基本操作

要进行图像的编辑首先要建立或打开一个编辑的文件，然后才能进行图像文件的编辑操作。

1. 新建文件

选择菜单栏的“文件/新建”命令，弹出“新建”对话框，如图 9.13 所示。在“新建”对话框中对所建文件进行各种设定：在“名称”文本框中输入图像名称(如 lx)；在“预设”的下拉菜单中可选择一些内定的图像尺寸，也可在“宽度”和“高度”后面的文本框中输入自定的尺寸，在文本框后面的下拉菜单中还可选择不同的度量单位；“分辨率”的单位习惯上采用像素/英寸，如果制作的图像是用于印刷的，需设定 300 像素/英寸的分辨率；在“颜色模式”中选择图像的色彩模式(RGB、CMYK、Lab、灰度、位图)；“图像大小”后面显示的是当前文件的大小，数据将随着宽度、高度、分辨率的数值及模式的改变而改变；在“背景内容”中选择一个背景(白色、背景色、透明)。

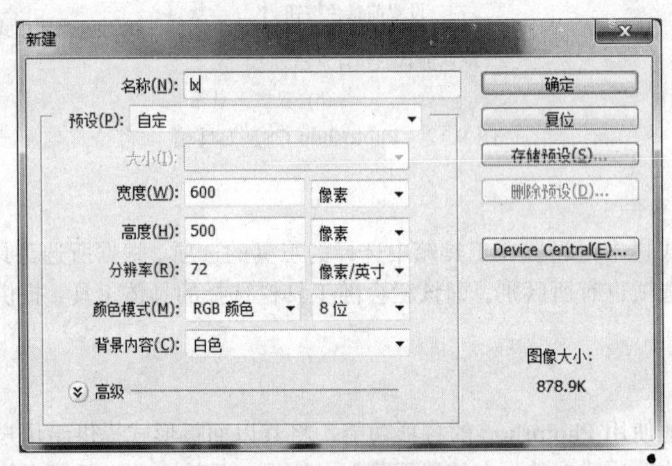

图 9.13　新建对话框

2. 打开文件

选择菜单栏的“文件/打开”命令，在“打开”对话框中选择要编辑的图像文件。要想连续或跳跃打开多个文件，在选择时可按下 Shift 键或 Ctrl 键进行选择，然后单击“打开”按钮即可。

3. 置入文件

置入文件是在当前正在编辑的图像中叠加一个已有的图像文件。

选择菜单栏的“文件/置入”命令，在“置入”对话框中选择要置入的图像文件即可。

4. 保存文件

选择菜单栏的“文件/存储”或“存储为”命令，选择存储位置、图片格式及名称。

注意：Photoshop 保存文件系统默认的格式是 Photoshop 的固有格式的 PSD 格式，除图像外它还可以保存图层、通道等信息。由于用 PSD 格式保存图像时，图像没有压缩，所以文件较大。当然用户在保存时也可以选择将其保存为其他格式的文件，如 jpg 格式，但这些格式不保存图层、通道等信息，这样就不能再对图像进行修改，所以在编辑图像过程中通常应保存其PSD格式(以便将来进一步修改图像用)，然后再保存一个所需要的其他格式的文件。

9.3　Photoshop CS5 工具箱的使用

9.3.1　属性和样式设置

大多数图像编辑工具都拥有一些共同属性，如色彩混合模式、不透明度、动态效果、压力和笔刷形状等。

1. 色彩混合模式

混合模式指将一种颜色根据特定的混合规则作用到另一种颜色上，从而得到结果颜色的方法，这种规格就叫混合模式，也叫混色模式。

色彩混合模式决定了进行图像编辑(包括绘画、擦除、描边和填充等)时，当前选定的绘图颜色如何与图像原有的底色进行混合，或当前层如何与下面的层进行色彩混合。表 9.1 所示给出了 Photoshop CS5 提供的主要色彩混合模式。

表 9.1　色彩混合模式

正常模式	颜色加深模式
溶解模式	变暗模式
背后模式	变亮模式
正片叠底模式	差值模式
叠加模式	排除模式
重叠模式	色度模式
柔光模式	饱和度模式
强光模式	颜色模式
颜色减淡模式	亮度模式

要设置色彩混合模式，对于绘图工具而言，可通过该工具的属性和样式栏选择，对于图层而言，可利用图层控制面板选择。

2. 设置不透明度

通过设置不透明度，可以决定底色透明程度，其取值范围是 1%~100%，值越小，透明度越大。

对于工具箱中的很多种工具，在属性和样式栏中都有设置不透明度项，设置不同的值，作用于图像的力度不同。此外，在图层控制面板中也有不透明度这一项，除了背景层之外的图层都能设置不同的透明度，透明度不同，叠加在各种图层上的效果也不一样。

如图 9.14(a)所示是将人所在图层的不透明度设为 100%的效果，而图 9.14(b)是将不透明度设为 50%的效果。

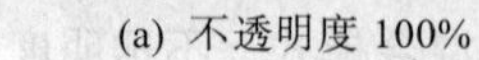
(a) 不透明度 100%

(b) 不透明度 50%

图 9.14　不透明度 100%与 50%设置比较

3. 设置流动效果

利用此功能可以绘制出由深到浅逐渐变淡的线条，该参数仅对画笔、喷枪、铅笔和橡皮擦工具有效，它的取值范围是 1%~100%。流量值越大，由深到浅的效果越匀称，褪色效果越缓慢，但是如果画线较短或此数值较大，则无法表现褪色效果。

4. 设置力度效果

对于模糊、锐化和涂抹工具而言，还可以通过力度(强度)参数来设置图像处理时的透明度，力度越小，颜色变化越少。

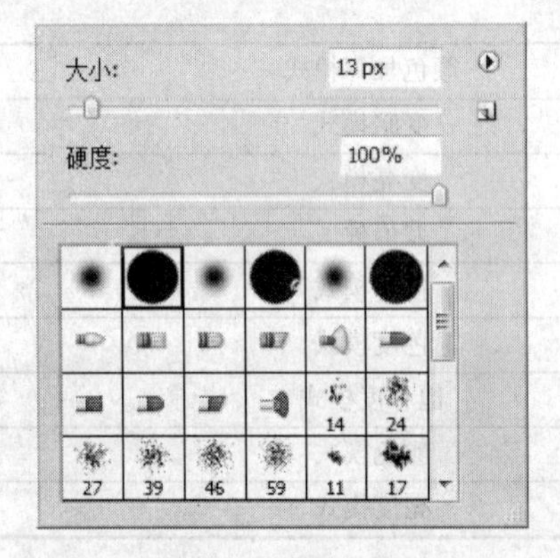

图 9.15　画笔预设

5. 设置画笔

在使用画笔、图章、铅笔等工具时，可通过画笔预设板预设，如图 9.15 所示。选择画笔笔尖的形状(硬边笔刷和软边笔刷)和尺寸，以便修饰图像细节。此外，还可以通过画笔控制面板安装设置画笔，更改画笔的大小和形状，以便自定义专用画笔。

Photoshop CS5 将画笔控制面板单独列出来，当使用需要画笔的工具时，打开该控制面板单击选定需要的画笔即可；当使用不需要画笔的工具时，画笔控制面板中画笔为灰色不可用状态。

9.3.2　色彩控制器

1. 颜色拾色器

Adobe 颜色拾色器如图 9.16 所示，是专门用于颜色的设置或选择的。在使用绘图工具时，可以使用 HSB、RGB、Lab 和 CMYK 四种颜色模型来选取颜色。使用颜色拾色器可以设置前景色、背景色和文本颜色，也可以为不同的工具、命令和选项设置目标颜色。

在颜色拾色器中选择颜色时，会同时显示 HSB、RGB、Lab、CMYK 和十六进制数的数值。这对于查看各种颜色模型描述颜色的方式非常有用。

选中“只有 Web 颜色”，则颜色拾色器提供 Web 安全颜色调板中的颜色。

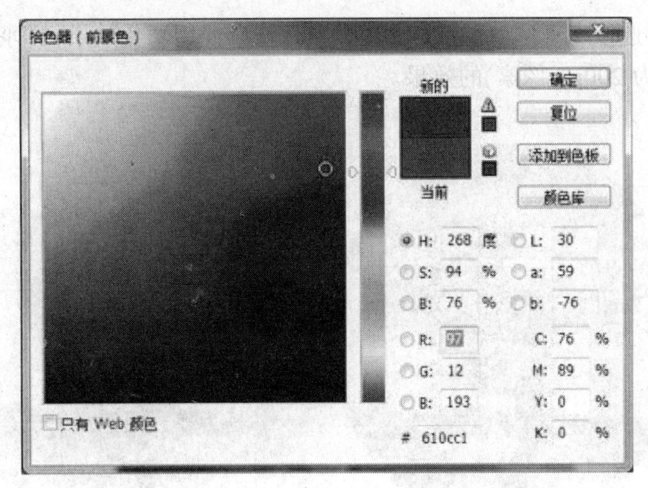

图 9.16　Adobe 拾色器

2. 前景色、背景色

在 Photoshop 中，当使用绘图工具时，可将前景色绘制在图像上，前景色也可以被用来填充选区或选区边缘。当使用橡皮工具或删除选区时，图像上就会删除前景色而出现背景色。当初次使用 Photoshop 时，前景色和背景色用的是默认值，即分别为黑色和白色。

如果想改变前景色或背景色，只需单击工具箱中前景色或背景色色块，即可调出颜色拾色器，然后重新设计一种颜色即可。

9.3.3　选取工具

选取工具是用来选择图像编辑区域的一个区域或元素，包括规则选取工具、任意形状选取工具、基于颜色选择工具。

1. 规则选取工具

规则选取工具用于在编辑图形中选出一个规则区域，如矩形、椭圆等。单击此类选取工具，属性和样式栏出现相应的选项，如图 9.17 所示是矩形选取工具的属性和样式栏，其中选择、添加、减去和交叉 4 个按钮，分别用于选择新区域、增加选择区域、去除已选择区域及与选区交叉。

图 9.17　矩形选取工具的属性和样式栏

(1) 矩形选取工具。

矩形选取工具用于在被编辑的图像中或在单独的图层中选出一个矩形区域。其中：属性和样式栏中的消除锯齿可以使选区边缘更加光滑，也可以设置其羽化值。

(2) 椭圆选取工具。

椭圆选取工具用于在被编辑的图像中或在单独的图层中选出一个圆或椭圆区域。如图

9.18 所示是用椭圆选取工具选取的椭圆，其中：(a) 没有使用羽化效果，即羽化值为 0px(像素)；(b) 是将羽化值设为 200px(像素)的效果。

(a) 没有羽化的椭圆效果　　(b) 羽化的椭圆效果

图 9.18　椭圆选取工具选取效果

(3) 单行选框和单列选框工具。

单行选框和单列选框工具用于在被编辑的图像中或在单独的图层中选出 1 个像素宽的横行区域或竖行区域。

对于单行或单列选框工具，要建立一个选区，可以在要选择的区域旁边单击，然后将选框拖动到准确的位置。如果看不到选框，则增加图像视图的放大倍数。

2. 任意形状选取工具

任意形状选取工具包括：套索工具、多边套索工具和磁性套索工具。

(1) 套索工具。

拖拉套索工具，可以选择图像中任意形态的部分。

(2) 多边套索工具。

多边形套索工具的使用方法是单击鼠标形成起始固定点，然后移动鼠标就会拖出直线，在下一个点再单击鼠标就会形成第二个固定点，如此类推直到形成完整的选取区域，当终点与起始点重合时，在图像中多边形套索工具的小图标右下角就会出现一个小圆圈，表示此时单击鼠标可与起始点连接，形成封闭的、完整的多边形选区。也可在任意位置双击鼠标，自动连接起始点与终点形成完整的封闭选区。

(3) 磁性套索工具。

磁性套索工具可以轻松地选取具有相同对比度的图像区域。使用方法是按住鼠标在图像中不同对比度区域的交界附近拖拉，Photoshop 会自动将选区边界吸附到交界上，当鼠标回到起始点时，磁性套索工具的小图标的右下角会出现一个小圆圈，这时松开鼠标即可形成一个封闭的选区。

3. 基于颜色选择工具

(1) 快速选择工具。

快速选择工具是一种基于色彩差别但却是用画笔智能查找主体边缘的方法。

使用方法是选择合适大小的画笔，在主体内按住画笔并稍加拖动，选区便会自动延伸，查找到主体的边缘。在其属性和样式栏中有选择、添加和减去 3 个按钮，分别用于选择新的区域、在已选择区域扩大选择区域、在已选择区域减去选择区域，如图 9.19 所示。

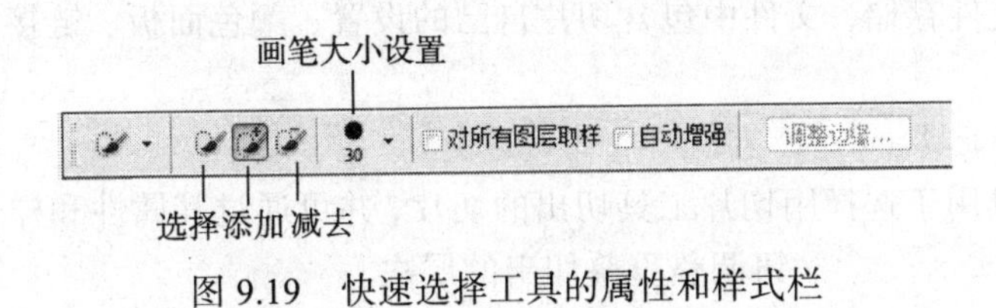

图 9.19　快速选择工具的属性和样式栏

(2) 魔棒工具。

魔棒工具是根据相邻像素的颜色相似程度来确定选区的选取工具。

当使用时，Photoshop 将确定相邻近的像素是否在同一颜色范围容许值之内，所有在容许值范围内的像素都会被选上。这个容许值可以在其属性和样式栏中定义，如图 9.20 所示。其中容差的范围为 0~255，默认值为 32。

在其属性和样式栏中有选择、添加、减去和交叉 4 个按钮，如图 9.20 所示，分别用于选择新区域、增加选择区域、去除已选择区域及与选取交叉。而“对所有图层取样”选项和 Photoshop 中特有的图层有关，当选择此选项后，不管当前是在哪个图层上操作，所使用的魔棒工具将对所有的图层都起作用，而不是仅仅对当前图层起作用。

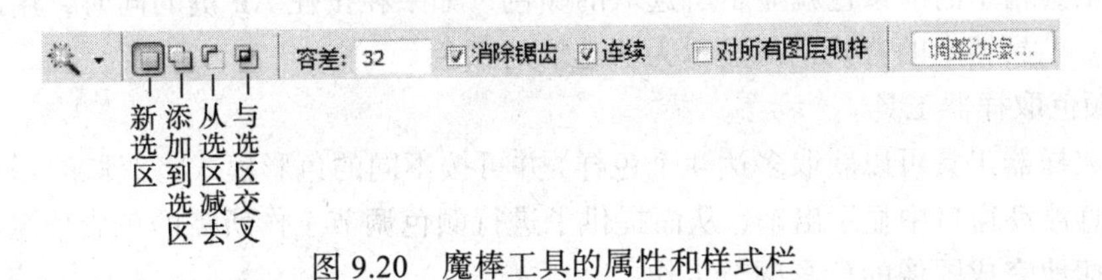

图 9.20　魔棒工具的属性和样式栏

注意：使用上面几种选取工具时，如果按住 Shift 键，可以添加选区，如果按住 Alt 键，则可以减去选区。

4. 裁切类工具

(1) 裁剪工具。

裁剪工具是将图像中被选取的图像区域保留而将没有被选中的图像区域删除的一种编辑工具。在裁剪工具对应的属性和样式栏中“裁切区域”后面有两个选项，如图 9.21 所示。如果选择“删除”选项，执行裁剪命令后，裁切框以外的部分被删除；如果选择“隐藏”选项，裁剪框以外的部分被隐藏起来，使用工具箱中的抓手工具可以对图像进行移动，隐藏的部分可以被移动出来。如果“裁剪区域”后面的两个选项不可选，说明当前的图像只有一个背景层，可在图层调板中将背景层转为普通图层。

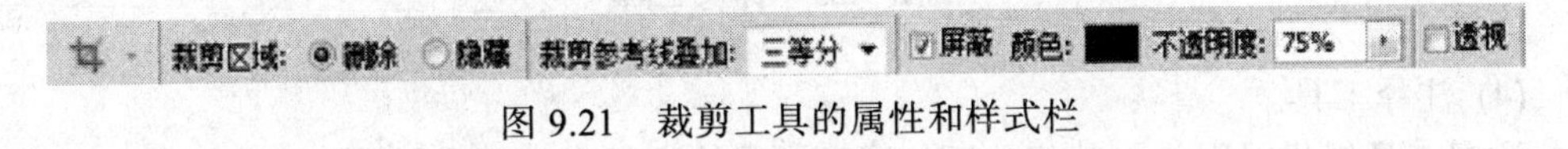

图 9.21　裁剪工具的属性和样式栏

选中“透视”选项后，裁剪框的每个角把手都可以任意移动，调整裁剪框形状。确认后可以使正常的图像具有透视效果；也可以使具有透视效果的图像变成平面的效果。

(2) 切片工具。

切片工具，主要用来将源图像分成许多的功能区域。将图像存为 Web 页时，每个切片作为一个独立的文件存储，文件中包含切片自己的设置、颜色面板、链接、翻转效果及动画效果。

(3) 切片选择工具。

切片选择工具用于选择用切片工具切出的切片，并可通过其属性和样式栏的层次调整按钮调整重叠切出的层次。

5. 取样与测量工具

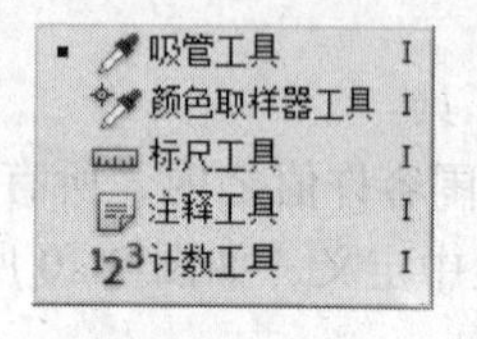

图 9.22　取样与测量类工具

Photoshop CS5 提供了颜色取样功能，利用取样工具可以精确地采取图像中像素点的颜色参数值，并以此来设定颜色或作为色彩控制参考。Photoshop CS5 还提供了距离和角度测量功能，利用测量工具可以测量图像中任意两点的距离和相对角度，也可以使用两条测量线来创建一个量角器，以测定角度。该类工具包括的具体工具如图 9.22 所示。

(1) 吸管工具。

可以利用吸管工具在图像中取色样以改变工具箱中的前景色或背景色。用此工具在图像上单击，工具箱中的前景色就显示所选取的颜色，如果在按住 Alt 键的同时，用此工具在图像上单击，工具箱中的背景色就显示为所选取的颜色。

(2) 颜色取样器工具。

颜色取样器工具可以获取多达 4 个色样，并可按不同的色彩模式将获取的每一个色样的色值在信息浮动窗口中显示出来，从而提供了进行颜色调节工作所需的色彩信息，能够更准确、更快捷地完成图像的色彩调节工作。

在使用颜色取样器工具之前应先在“窗口”菜单下选择信息命令将信息浮动窗口调出，然后在工具箱中选取颜色取样器工具，在图像的 4 个不同区域分别单击 4 次，图像的相对区域即会出现 4 个标有 1、2、3、4 的色样点图标。

(3) 标尺工具。

标尺工具是非常精准的测量及图像修正工具。当用这个工具拉出一条直线后，会在属性和样式栏显示这条直线的详细信息，如直线的起点坐标、宽、高、长度、角度等，如图 9.23 所示。这些都是以水平线为参考的。有了这些数值，就可以判断一些角度不正的图形的偏斜角度，以方便精确校正。

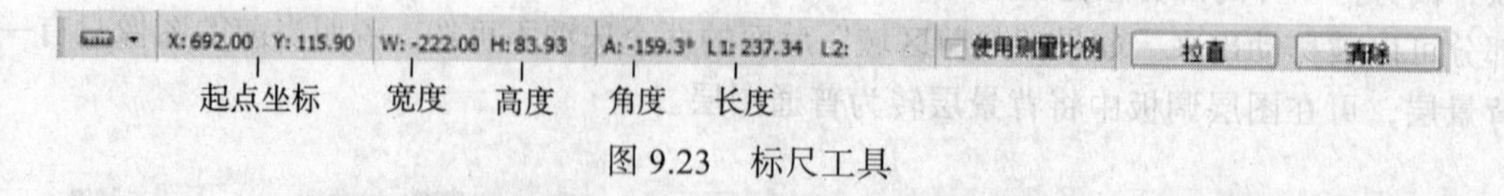

图 9.23　标尺工具

(4) 注释工具。

注释工具提供对图像上某部分添加注释，当然注释内容写在另外的地方，即加入的注释不会影响图像的内容。浏览时单击注释即可打开注释。

(5) 计数工具。

计数工具用于统计画面中一些重复使用的元素。使用的时候只需要在需要标注的地方点一下，就会出现一个数字，再多点几下这些数字会按阿拉伯数字递增。

9.3.4　位图类绘图工具

Photoshop 提供的绘图工具分为位图和矢量图两大类工具，用矢量绘图工具绘制的图形可以方便地转换为位图模式。

1. 修复类工具

修复工具主要用于对图像的颜色、污点等进行修复。

(1) 污点修复画笔工具。

污点修复画笔工具可移去污点和对象，它自动从修饰区域的周围取样来修饰污点及对象。如图 9.24 所示是使用污点修复画笔工具对原图片树干上的一个疤痕进行修复的对比图，其中(a)为原图，(b)为修饰后的效果图。

(a) 原始图

(b) 修复后图

图 9.24　污点修复画笔工具

(2) 修复画笔工具。

修复画笔工具可以将破损的照片进行仔细的修复。首先要按下 Alt 键，利用光标定义好一个与破损处相近的基准点，然后放开 Alt 键，反复涂抹就可以了。

(3) 修补工具。

修补工具可以从图像的其他区域或使用图案来修补当前选中的区域。和修复画笔工具相同之处是修复的同时也保留图像原来的纹理、亮度及层次等信息。

方法是先勾勒出一个需要修补的选区，会出现一个选区虚线框，移动鼠标时这个虚线框会跟着移动，移动到适当的位置(如与修补区相近的区域)单击即可。

(4) 红眼工具。

使用红眼工具能够简化图像中特定颜色的替换，可以用校正颜色在目标颜色上绘画，如人物的红眼。

2. 画笔类工具

画笔类工具将以画笔或铅笔的风格在图像或选择区域内绘制图像。

在使用该类工具的时候，在各自的属性和样式栏中会涉及一些共同的选项，如不透明度、流量、强度或曝光度。

①不透明度：用来定义画笔工具、铅笔工具、仿制图章工具、图案图章工具、历史记录画笔工具、历史记录艺术画笔工具、渐变工具和油漆桶工具绘制的时候，笔墨覆盖的最大程度。

②流量：用来定义画笔工具、仿制图章工具、图案图章工具及历史记录画笔工具绘制的时候，笔墨扩散的量。

③强度：用来定义模糊、锐化和涂抹工具作用的强度。

④曝光度：用来定义减淡和加深工具的曝光程度，类似摄影技术中的曝光量，曝光量越大，透明度越低，反之，线条越透明。

虽然以上的各项具有不同的名称，但实际上它们控制的都是工具的操作力度。通常“强度”和“曝光度”的默认值(即第一次安装软件，软件自定的设置值)都是 50%，而“不透明度”和“流量”的默认值都为 100%。

(1) 画笔工具。

画笔工具可以创建出较柔和的笔触，笔触的颜色为前景色。其属性和样式栏如图 9.25 所示。

图 9.25　画笔工具的属性和样式栏

画笔效果可以通过画笔预设和切换画笔面板设定项来实现。当选中喷枪效果时，即使在绘制线条的过程中有所停顿，喷笔中的颜料仍会不停地喷射出来，在停顿处出现一个颜色堆积的色点。

如果想使绘制的画笔保持直线效果，可在画面上单击鼠标，确定起始点，然后在按住 Shift 键的同时将鼠标键移到另外一处，再单击鼠标键，两个击点之间就会自动连接起来形成一条直线。

(2) 铅笔工具。

铅笔工具可以创建出硬边的曲线或直线，它的颜色为前景色。铅笔工具的属性和样式与画笔工具基本相同，其中自动抹掉选项被选定以后，如果鼠标的起点处是工具箱中的背景色，铅笔工具将用前景色绘图。

(3) 颜色置换工具。

颜色置换工具可以用一种新的颜色来代替选定区域的颜色。

(4) 混合器画笔工具。

混合器画笔工具可模拟真实的绘画技术(例如混合画布颜色和使用不同的绘画湿度)。

3. 图章工具

图章工具根据其作用方式被分成仿制图章和图案图章两个独立的工具，其功能分别是将选定的内容复制或填充到另一个区域。

(1) 仿制图章工具。

仿制图章可以复制图像的一部分或全部从而产生某部分或全部的拷贝，它是修补图像时经常要用到的编辑工具。

用仿制图章工具复制图像，首先要按下 Alt 键，利用图章定义好一个基准点，然后放开 Alt 键，反复涂抹就可以复制了。

(2) 图案图章工具。

图案图章工具可将各种图案填充到图像中。

方法是：先选择一个填充复制的区域，再在图案图章工具的属性和样式栏中的“图案”拾色器中选择预定好的图案，然后使用图案图章工具在选定的区域用鼠标拖动复制即可，如图 9.26 所示。

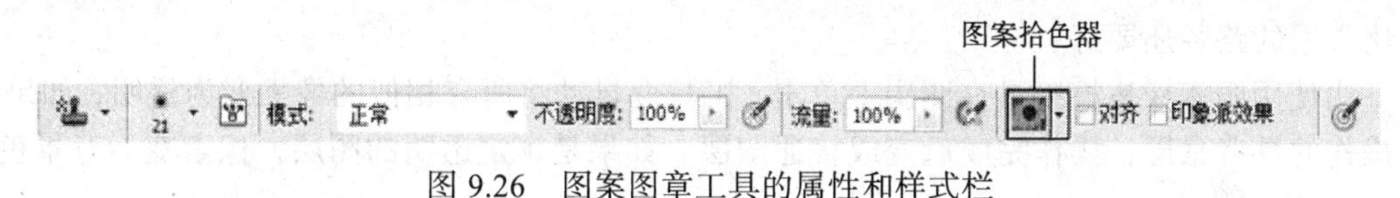

图 9.26　图案图章工具的属性和样式栏

注意：“图案”拾色器中的图案也可以自定义，方法是：用没有羽化设置(羽化值为 0px)的矩形选取工具在图像中选取要的图案区域，再选择“编辑”菜单下的“定义图案”命令，即可定义一个图案到“图案”拾色器中。

4. 历史记录工具

在 Photoshop CS5 中历史记录工具包括历史记录画笔工具和历史记录艺术画笔工具。该类工具要与 Photoshop 的历史记录面板配合使用。

(1) 历史画笔工具。

当历史记录面板中某一步骤前的历史画笔工具图标被点中后，用工具箱中的历史画笔工具可将图像修改恢复到此步骤时的图像状态。

(2) 历史记录艺术画笔工具。

历史记录艺术画笔工具主要用来绘制不同风格的油画质感图像。

在历史记录艺术画笔工具的属性和样式栏中的“样式”用于设置画笔的风格样式，“模式”用于选择绘图模式，“区域”用于设置画笔的渲染范围，“容差”用于设置画笔的样式显示容差，如图 9.27 所示。

图 9.27　历史记录艺术画笔工具的属性和样式栏

在进行绘画时，应先在属性和样式栏中进行艺术画笔的属性设置和样式的选择，然后再在绘图区中进行艺术绘画。

历史画笔与历史记录艺术画笔的区别是，历史记录画笔工具只是将绘画源中的数据照搬，而历史记录艺术画笔工具参照绘画源数据信息，并根据属性和样式栏中的设定创建不同的艺术效果。

5. 橡皮工具

Photoshop CS5 中提供橡皮擦、背景橡皮擦和魔术橡皮擦 3 类工具。

(1) 橡皮擦工具。

橡皮擦工具可将图像擦除至工具箱中的背景色，并可将图像还原到历史记录调板中图像的任何一个状态。

(2) 背景橡皮擦工具。

背景橡皮擦工具可将被擦除区域的背景色擦掉，被擦除的区域将变成透明的，使用背景橡皮擦可以有选择地擦除图像，主要通过设置采样色，然后擦除图像中颜色和采样色相近的部分。

(3) 魔术橡皮擦工具。

魔术橡皮擦工具可根据颜色近似程度来确定将图像擦成透明的程度，而且它的去背景效果比常用的路径还要好。

当使用魔术橡皮擦工具在图层上单击，工具会自动将所有相似的像素变为透明，如果当前操作的是背景层，操作完成后变成普通图层。如果是锁定透明的图层，像素变为背景色。

6. 填充颜色工具

填充颜色工具包括渐变填充工具和油漆桶工具。

(1) 渐变填充工具。

渐变填充工具可以在图像区域或图像选择区域填充一种渐变混合色。此类工具的使用方法是按住鼠标拖动，形成一条直线，直线的长度和方向决定渐变填充的区域和方向。如果在拖动鼠标时按住 Shift 键，可保证渐变的方向是水平的、竖直的或成 45°角。

其属性和样式栏的“渐变”拾色器提供了填充颜色的选择，同时属性和样式栏还提供线性渐变、径向渐变、角度渐变、对称渐变和菱形渐变 5 种基本渐变模式，如图 9.28 所示。

图 9.28　渐变填充工具的属性和样式栏

(2) 油漆桶工具。

油漆桶工具可以根据图像中像素颜色的近似程度来填充前景色或连续图案。

油漆桶工具的属性和样式栏提供前景和图案选择，前景表示在图中填充的是工具箱中的前景色；图案表示可选择指定图案来填充，如图 9.29 所示。图案的定义见“图案图章工具”中的介绍。

图 9.29　油漆桶工具的属性和样式栏

7. 调焦工具

调焦工具包括模糊工具、锐化工具和涂抹工具，此组工具可以使图像中某一部分像素边缘模糊或清晰，可以使用此组工具对图像细节进行修饰。

(1) 模糊工具。

模糊工具可以降低图像中相邻像素的对比度，将较硬的边缘柔化，使图像变得柔和。

(2) 锐化工具。

锐化工具可以增加相邻像素的对比度，将模糊的边缘锐化，使图像聚焦。

(3) 涂抹工具。

涂抹工具模拟用手指涂抹油墨的效果，以涂抹工具在颜色的交界处作用，会有一种相邻颜色互相挤入而产生的模糊感。

8. 色彩微调工具

色彩微调工具包括减淡、加深和海绵 3 种工具。使用此组工具可以对图像的细节部分进行调整，可使图像的局部变亮、变深或色彩饱和度降低。

(1) 减淡工具。

减淡工具可使图像的细节部分变亮，类似于加光的操作，使图像的某一部分淡化。

(2) 加深工具。

加深工具可使细节部分变暗，类似于遮光的操作。

(3) 海绵工具。

海绵工具用来增加或降低图像中某种颜色的饱和度。海绵工具的属性和样式栏提供有“降低饱和度”和“饱和”模式选项，如图 9.30 所示。其中：“饱和”选项增加图像中某部分的饱和度；“降低饱和度”选项减少图像中某部分的饱和度。“流量”值用来控制加色或去色的程度，另外也可选择喷枪效果。

图 9.30　海绵工具的属性和样式栏

如果在画面上反复使用海绵的降低饱和度效果，则可能使图像的局部变为灰度；而使用饱和方式修饰人像面部的变化时，又可起到绝好的上色效果。

9.3.5　矢量绘图工具

矢量绘图工具提供创建、编辑矢量图形功能。矢量图形是由一条条的直线和曲线构成的，在填充颜色时，系统将按照用户指定的颜色沿曲线的轮廓线边缘进行着色处理。矢量图形的颜色与分辨率无关，图形被缩放时，对象能够维持原有的清晰度以及弯曲度，颜色和外形也都不会发生偏差和变形。

1. 绘制路径工具

这组路径工具主要用来绘制路径或给图像中的物体描边。主要包括：钢笔工具、自由钢笔工具、添加锚点工具、删除锚点工具、转换点工具。

钢笔工具除了用来绘制几何形状外，更多的是用来选择图像中的物体，即将物体的轮廓用钢笔工具勾画出来后转换成选区，钢笔工具是创建精确选区的一种方法。

关于路径工具组的详细内容在 9.6 节中讲述路径时讲解。

2. 路径选择工具

路径选择工具组主要用于路径的选择。包括路径选择工具和直接选择工具，一般要结合路径面板一起使用，具体使用方法在 9.6 节路径里面详细讲解。

3. 文字工具

Photoshop CS5 的文字工具组中主要包括横排文字工具、直排文字工具、横排文字蒙版工具和直排文字蒙版工具。文字工具主要用来进行输入文字、选取文字、更改字体、文字排列、改变文字的颜色及文字大小等操作。

使用这些工具可创建点文本、创建区域文字、路径文本等。输入文字后，通过“字符”调板可设置文本的字符格式。使用“段落”调板可设置文本的段落格式。另外，还可以创建丰富的文字特效，如变形文字、应用预设样式，或在文本中插入图形，使文本围绕图形进行排列，以获得图文并茂的效果。

(1) 输入点文字。

点文字是一种不会自动换行的文本，可以通过按回车键进入下一行。输入点文字按以下步骤操作：

①选择横排文字或直排文字。

②用鼠标在图像中单击，为文字设置光标插入点。

③在文字字符调板和段落调板中设置文字选项。

④输入所需要的文字。

(2) 输入段落文字。

段落文字是一以区域边框来确定文字的位置与换行情况的文字，边框里的文字会自动换行。输入段落文字按以下步骤操作：

①选择文字工具。

②在编辑的图像中按住并拖动鼠标，松开鼠标后就会创建一个区域。文字输入符显示在段落区域边框里。

③创建完段落文字框后，就可以直接输入文字，也可以从其他地方把文字复制过来。

注意：段落文字区域有 8 个控制大小的控制点，用于调整区域框的大小和旋转。具体操作如下：

①按住 Ctrl 键的同时拖拉段落文字边框四角的控制点，不仅可以放大或缩小文字框，文字也同时被放大或缩小。若同时按着 Shift 键，可以成比例缩放，文字不会变形。

②按着 Ctrl 键，将鼠标放在文字框各边框中间的边框控制点上拖动，可以使文字发生倾斜变形。若同时按着 Shift 键，可限定变形的方向。

③在不按任何键时，当鼠标移动到段落文字区域框四个顶点角的任意一个控制点时，都会变成双向弯曲箭头，拖动鼠标，可以旋转段落文字区域框。

(3) 输入路径文字。

路径文字是沿着一个路径来输入文字的，如使用钢笔、直线或形状等工具绘制路径，然后沿着路径输入文字。另外可以根据需要移动或更改路径的形状，使文字顺应新的路径或形状进行排列。如图 9.31 所示为沿着一条用钢笔绘制的曲线输入文字的效果。

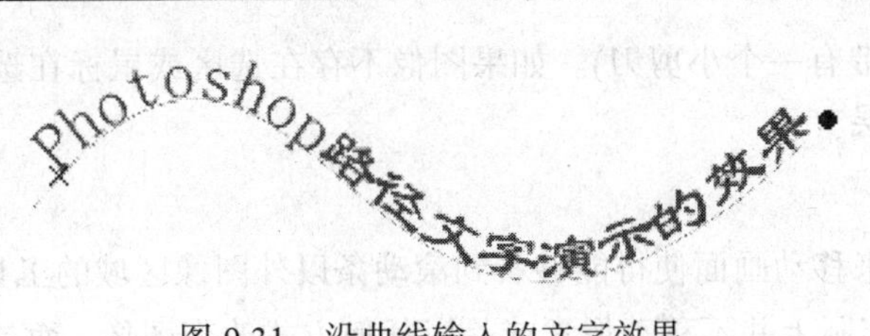

图 9.31　沿曲线输入的文字效果

使用文字工具输入文字，Photoshop 都会先自动建立一个文字图层，然后在文字图层中放输入的文字。关于图层的概念详见 9.5 节中的介绍。

使用横排文字蒙版工具，在图像中单击，同样会出现输入符，但整个图像会被蒙上一层半透明的红色，相当于快速蒙版，可以直接输入文字，并对文字进行编辑和修改。单击其他工具，蒙版状态的文字会转换为虚线的文字边框，相当于创建的文字选区。使用直排文字蒙版工具，表示创建垂直的文字选区。关于蒙版的概念详见 9.5.2 中的介绍。

4. 形状绘图工具

形状绘图工具包括：矩形工具、圆角矩形工具、椭圆工具、多边形工具、直线工具和自定形状工具，用它们可以方便地绘制出各种常见的形状及其路径。该类工具组具有基本相同的属性和样式栏，如图 9.32 所示。其中：选择“形状图形”按钮，则可以画出所选图形的矢量图形；选择“路径”按钮，则只画出一个路径；选择“填充像素”按钮，可以画出所选图形的位图图形。

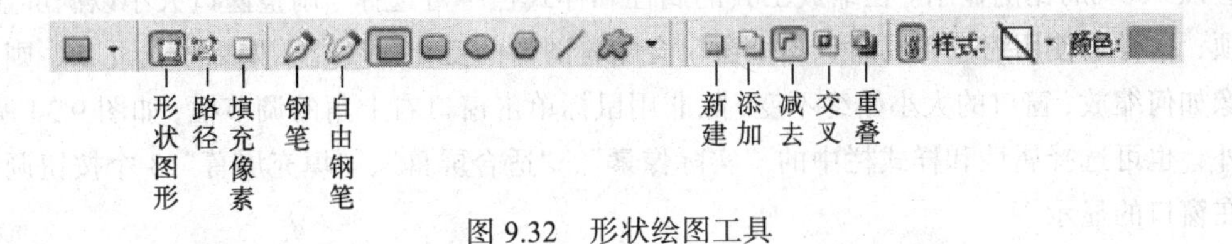

图 9.32　形状绘图工具

另外，自定形状工具提供了更多的形状，如图 9.33 所示。

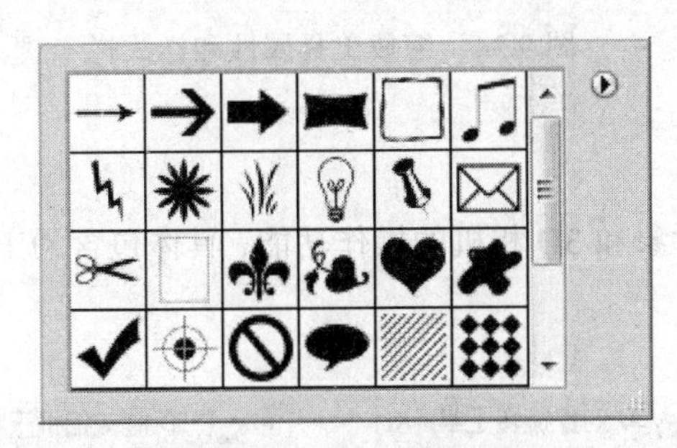

图 9.33　自定形状工具

9.3.6　元素和画布移动工具

1. 移动工具

使用移动工具可以将图像中被选取的区域移动(此时鼠标必须位于选区内，其图标表现为黑箭头的右下方带有一个小剪刀)。如果图像不存在选区或鼠标在选区外，那么用移动工具可以移动整个图层。

2. 抓手工具

抓手工具是用来移动画面使得能够看到滚动条以外图像区域的工具。抓手工具与移动工具的区别在于：它实际上并不移动像素或是以任何方式改变图像，而是将图像的某一区域移到屏幕显示区内。可双击抓手工具，将整幅图像完整地显示在屏幕上。如果在使用其他工具时想移动图像，可以按住 Ctrl+空格键，此时原来的工具图标会变为手掌图标，图像将会随着鼠标移动而移动。

3. 旋转视图工具

旋转视图工具用于旋转画布。选择工具后用鼠标轻轻按住拖动，画布就会旋转。同时在属性和样式栏中有个复位按钮，便于做好效果后快速回到之前位置。

注意：菜单栏的旋转画布旋转任意角度的时候会改变画布大小，而旋转视图工具则不会改变画布大小。

4. 缩放工具

缩放工具是用来放大或缩小画面的工具，可以非常方便地对图像的细节加以修饰。如果选择工具箱中的缩放工具并在图像中单击鼠标，图像就会以单击点为中心放大两倍。如果在单击时按着 Alt 键再单击，则图像会缩为原来的一半。如果双击工具箱中的缩放工具，图像就会以 100%的比例显示。在缩放工具的属性和样式栏中可选择“调整窗口大小以满屏显示”选项，这样当使用缩放工具时，图像窗口会随着图像的变化而变化，如果不选此项，则无论图像如何缩放，窗口的大小始终不变，除非用鼠标单击窗口右上角的调节框，如图 9.34 所示。另外，也可选择属性和样式栏中的“实际像素”、“适合屏幕”、“填充屏幕”3 个按钮调整图像在窗口的显示。

图 9.34　缩放工具属性和样式栏

9.3.7　3D 工具

3D 工具提供对 3D 对象和 3D 相机的操作功能，具体包含的工具命令如图 9.35 所示。具体作用如表 9.2 所示。

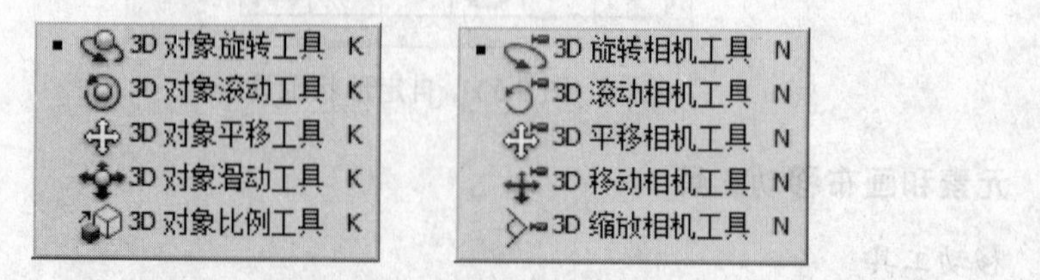

图 9.35　3D 对象和 3D 相机工具命令

表 9.2　3D 工具的作用

工具	作　用
3D 对象旋转工具	可使对象围绕其 x 轴旋转
3D 对象滚动工具	可使对象围绕其 z 轴旋转
3D 对象平移工具	可使对象沿 x 或 y 方向平移
3D 对象滑动工具	可沿水平方向拖动对象时横向移动对象，或沿垂直方向拖动时前进和后退
3D 对象比例工具	对象缩放工具可增大或缩小对象
3D 旋转相机工具	可将相机沿 x 或 y 方向环绕移动
3D 滚动相机工具	可将相机围绕 z 轴旋转
3D 平移相机工具	可将相机沿 x 或 y 方向平移
3D 移动相机工具	可沿水平方向拖动相机时横向移动相机，或沿垂直方向拖动时前进和后退
3D 缩放相机工具	可拉近或拉远视角

9.4　图像色彩的调整

颜色在图像的修饰中是很重要的内容，它可以产生对比效果使图像更加绚丽。正确运用颜色能使黯淡的图像明亮绚丽，使毫无特色的图像充满活力。在进行图形处理时，经常需要进行图像颜色的调整，比如调整图像的色相、饱和度或明暗度等。Photoshop CS5 提供了大量的色彩调整和色彩平衡功能，使用它们可以非常方便地完成图像色彩的调整。

9.4.1　色阶

色阶是指图像中颜色或颜色中的某一组成部分的亮度范围。在 Photoshop 中选择菜单栏的“图像/调整/色阶”命令项(或 Ctrl+L)，会弹出如图 9.36 所示的“色阶”对话框。

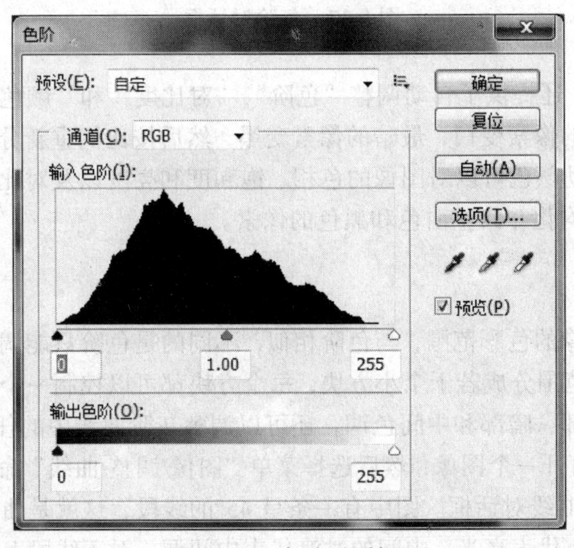

图 9.36　色阶对话框

图 9.36 是根据每个亮度值(0~255)处像素点的多少来划分的，最暗的像素点在左边，最亮的像素点在右边。其中：

- **通道**：其右侧的下拉列表中包括了图像所使用的所有色彩模式，以及各种原色通道。如：图像应用 RGB 模式，即在该下拉列表中包含 RGB、红、绿和蓝 4 个通道，在通道中所做的选择将直接影响该对话框中的其他选项。
- **输入色阶**：用来指定选定图像的最暗处(左边的框)、中间色调(中间的框)、最亮处(右边的框)的数值，改变数值将直接影响色调分布图三个滑块的位置。
- **色调分布图**：用来显示图像中明、暗色调的分布示意图。在“通道”中选择的颜色通道不同，其分布图的显示也不同。
- **输出色阶**：通过对右侧的两个出入框进行数值输入，可以调整图像的亮度和对比度。
- **吸管工具**：该对话框有 3 个吸管工具，由左至右依次是“设置黑场”、“设置灰点”和“设置白场”工具。单击鼠标左键，可以在图像中以取样点作为图像的最亮点、灰平衡点和最暗点。
- **自动**：单击该按钮，将自动对图像的色阶进行调整。

例如：图 9.37(a)是未调色阶的原始图，而图 9.37(b)是调整最暗处(左边的框)的值为 60 后得到的效果图。

(a) 未调色阶的原始图

(b) 调整色阶后的效果图

图 9.37　色阶对话框

另外，Photoshop 还提供了自动调整“色阶”、“对比度”和“颜色”命令。自动色阶可以自动使图像中最亮的像素变白，最暗的像素变黑，然后按比例重新分配其像素值，合适调整简单的灰阶图；自动颜色可以对图像的色相、饱和度和亮度以及对比度进行自动调整，将图像的中间色调进行均化并修整白色和黑色的像素。

9.4.2　曲线

曲线用来调整图像的色彩范围，与色阶相似，不同的是色阶只能调整亮部、暗部和中间色调，而曲线将颜色范围分成若干个小方块，每个方块都可以控制一个亮度层次的变化，不仅可以调整图像的亮部、暗部和中间色调，还可以调整灰阶曲线中的任何一个点。

在 Photoshop 中打开一个图像，然后选择菜单“图像/调整/曲线”命令(或 Ctrl+M)，就会弹出如图 9.38 所示的曲线对话框。图中有一条呈 45°的线段，这就是曲线，左下角的端点代表暗调，右上角的端点代表高光，中间的过渡代表中间调。对于线段上的某一个点来说，往上移动就是加亮，往下移动就是减暗。加亮的极限是 255，减暗的极限是 0。左方和下方有两条从黑到白的渐变条，位于下方的渐变条代表绝对亮度的范围，所有的像素都分布在 0 至 255 之间。

在图 9.38 的最上方有一个预设选项，提供了一些直接将图像变成某种特殊图像效果的选项，如图 9.39 所示。下面是当前选择的通道，这里是 RGB。

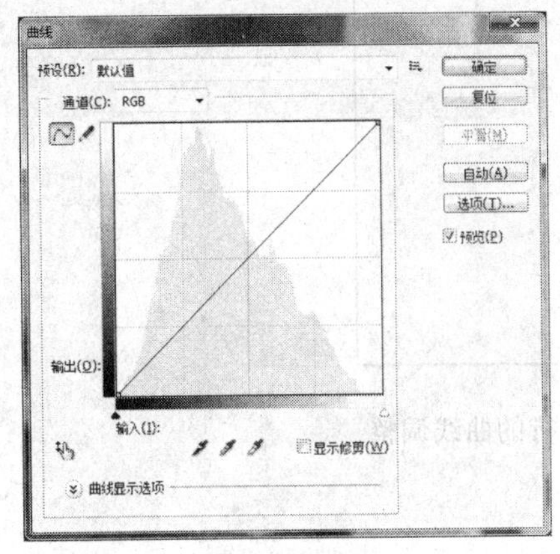

图 9.38　曲线对话框

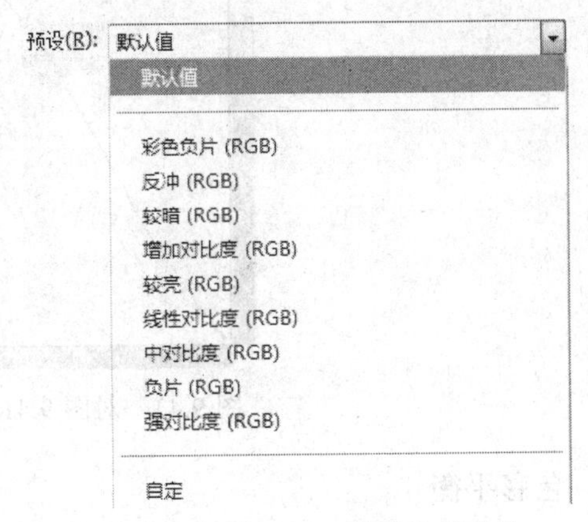

图 9.39　预设选项菜单

选择“”工具(编辑点以修改曲线)，用鼠标单击图中曲线上的任一位置，会出现一个控制点，拖曳该控制点可以改变图像的色调范围。选择“”工具(通过绘制修改曲线)，可以直接用笔在图中绘制自由形状的曲线。

在如图 9.40 所示的曲线中假设有 a、b、c 三点，其中：a 是图像中较暗的部分，c 是较亮的，b 位于两者中间。调整 a、b、c 三点移动到 a^2、b^2、c^2 三点，即都往 y 轴上方移动了一段距离，由于往上移动是加亮，所以图像中较暗部分、中间部分和较亮部分都加亮，从而使图像整体变亮。

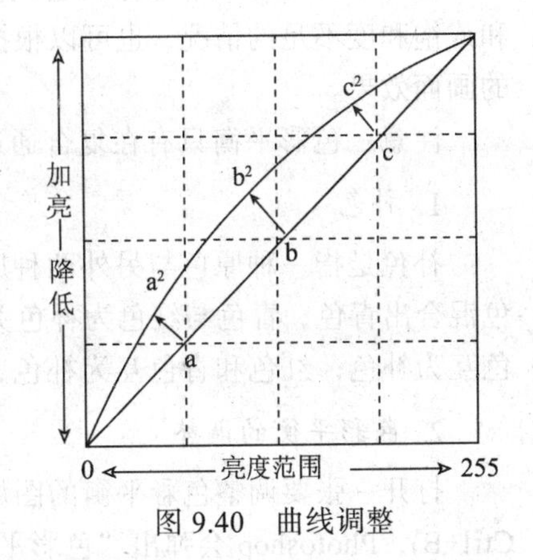

图 9.40　曲线调整

但 a、b、c 三点在 y 轴方向上的移动距离不同，位于中间的 b 增加幅度最大，而靠近暗的 a 和靠近高光的 c 增加的幅度相对小些，这使原图中越暗或越亮的部分，加亮的幅度越小，位于曲线两端的点并没有移动，这意味着：如果原图中有些地方是纯黑或纯白的，那么它们并没有被加亮。

如图 9.41 所示是一幅没有用曲线调整色彩的原图，而图 9.42 是对原图的曲线进行如图 9.43 所示的调整后获得的效果图。

图 9.41　未进行曲线调整的原图

图 9.42　曲线调整后的效果图

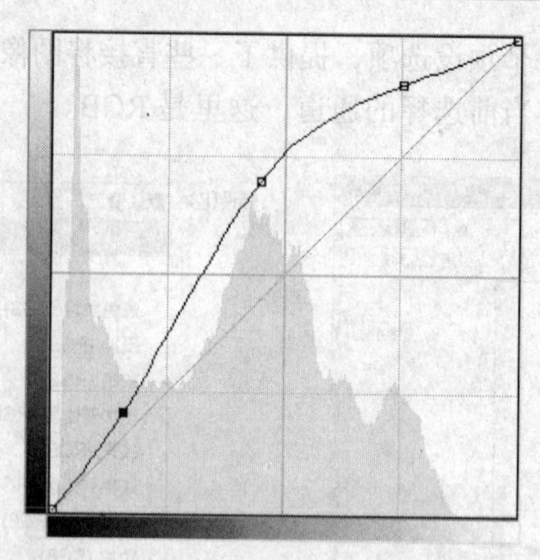

图 9.43　对图 9.41 进行的曲线调整

9.4.3　色彩平衡

色彩平衡可以调节图像的色调，通过对图像的色彩平衡处理，可以校正图像色偏、过饱和或饱和度不足的情况，也可以根据自己的喜好和制作需要，调制需要的色彩，设计出更好的画面效果。

注意：色彩平衡只有在复合通道中才可用。

1. 补色

补色是指一种原色与另外两种原色混合而成的颜色形成互为补色关系。例如：蓝色与绿色混合出青色，青色与红色为补色关系。在标准色轮上，绿色和洋红色互为补色，黄色和蓝色互为补色，红色和青色互为补色，如图 9.44 所示。

2. 色彩平衡的调整

打开一张要调整色彩平衡的图像，然后选择菜单栏中的“图像/调整/色彩平衡”命令项(或 Ctrl+B)，Photoshop 会弹出“色彩平衡”对话框，如图 9.45 所示。在“色彩平衡”对话框中有 3 个滑标条，用来控制各主要色彩的变化。可以选择“阴影”、“中间调”和“高光”3 个单选按钮，对图像的不同部分进行调整，选中“预览”可以在调整的同时随时观看生成的效果。选择“保持明度”，图像像素的亮度值不变，只有颜色值发生变化。

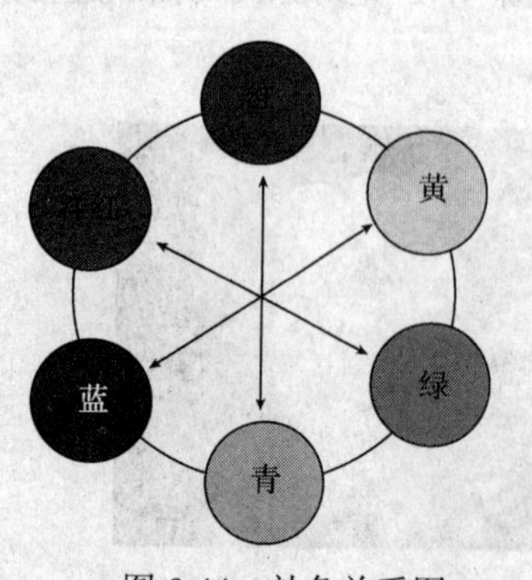

图 9.44　补色关系图

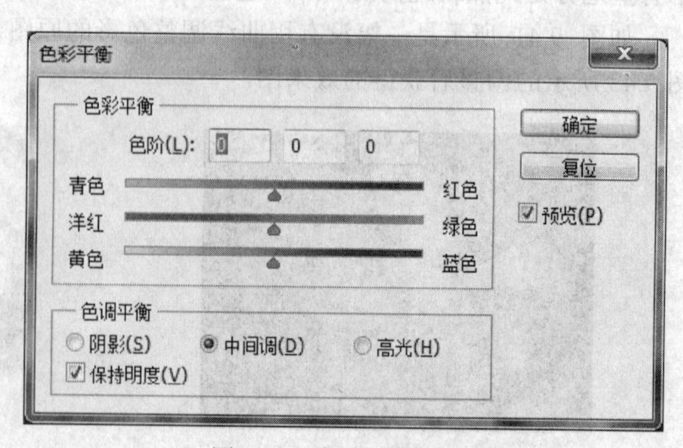

图 9.45　色彩平衡对话框

调整图像的颜色时，根据颜色的补色原理，要减少某个颜色，就增加这种颜色的补色。

色彩校正就是通过在图 9.44 所示的“色彩平衡”对话框中移动三角滑块或在“色阶”提供的数值框输入数值实现的。三角形滑块移向需要增加的颜色，或拖离想要减少的颜色，就可改变图像中的颜色组成。与此同时，3 个“色阶”数值框中的数值会在–100~100 之间不断变化(出现相应数值，3 个数值框分别表示 R、G、B 通道的颜色变化，如果是 Lab 色彩模式下，这 3 个值代表 A 和 B 通道的颜色)。将色彩调整到满意，单击“确定”按钮即可完成。

9.4.4　亮度/对比度

“亮度/对比度”可以对图像的亮度和对比度进行直接的调整，类似调整显示器的亮度/对比度的效果。但是使用此命令调整图像颜色时，将对图像中所有的像素进行相同程度的调整；从而容易导致图像细节的损失，所以在使用此命令时要防止过度调整图像。

9.4.5　色相/饱和度

“色相/饱和度”不但可以调整整个图像的色相、饱和度和明度，还可以调整图像中单个颜色成分的色相、饱和度和明度，或使图像成为一幅单色调图形。

打开一张要调整“色相/饱和度”的图像，然后选择菜单栏中的“图像/调整/色相/饱和度”命令项(或 Ctrl+U)，Photoshop 会弹出“色相/饱和度”对话框，如图 9.46 所示。

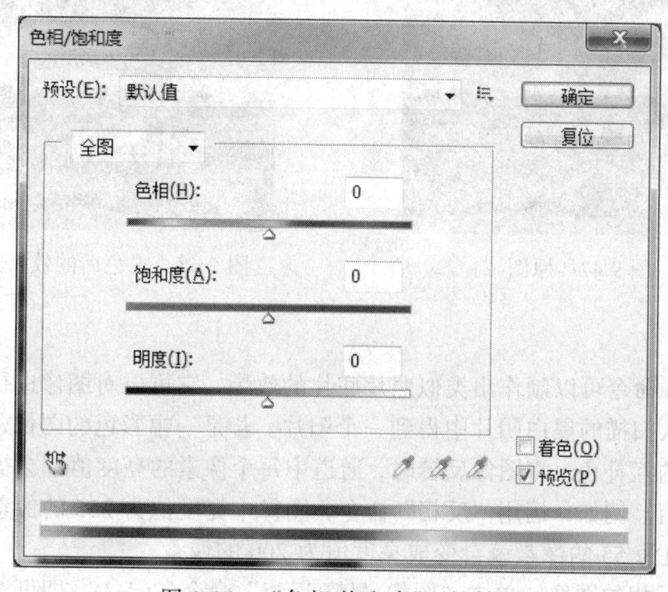

图 9.46　“色相/饱和度”对话框

在图 9.46 所示的对话框的左上方有一个下拉文本框，默认显示的选项是“全图”，单击右边的下拉列表按钮会弹出红色、绿色、蓝色、青色、洋红和黄色 6 种颜色选项，可选择一种颜色单独调整，也可以选择“全图”选项，对图像中的所有颜色整体调整。另外如果将对话框右下角的“着色”复选框选中，还可以将彩色图像调整为单色调图像。下面列出“色相/饱和度”对话框其他设计项的含义。

- 色相：拖动滑块或在数值框中输入数值可以调整图像的色相。

- **饱和度**：拖动滑块或在数值框中输入数值可以增大或减小图像的饱和度。
- **明度**：拖动滑块或在数值框中输入数值可以调整图像的明度，设定范围是–100~100。对话框最下面有两个色谱，上面的表示调整前的状态，下面表示调整后的状态。
- **着色**：选中后，可以对图像添加不同程度的灰色或单色。
- **吸管工具**：该工具可以在图像中吸取颜色，从而达到精确调节颜色的目的。
- **添加到取样**：该工具可以在现在被调节颜色的基础上，增加被调节的颜色。
- **从取样中减去颜色**：该工具可以在现在被调节颜色的基础上，减少被调节的颜色。

9.4.6　去色

“去色”可以去掉图像中的所有颜色值，并将其转换为相同色彩模式的灰度图像。选择菜单栏中的“图像/调整/去色”命令项(或 Shift+Ctrl+U)，Photoshop 会直接去掉图片的颜色。如图 9.47 所示是原图，而图 9.48 是去色后的图。

图 9.47　原图

图 9.48　去色后的效果图

9.4.7　反相

使用“反相”命令可以制作出类似照片底片的效果，它可以对图像进行反相，即将黑色变为白色，或者从扫描的黑白阴片中得到一个阳片。若是一幅彩色的图像，它能够将每一种颜色都反转成它的互补色。将图像反转时，通道中每个像素的亮度值都会被转换成 256 级颜色刻度上相反的值。例如，运用“反相”命令，图像中亮度值为 255 的像素会变成亮度值为 0 的像素，亮度值为 55 的像素就会变成亮度值为 200 的像素。

选择要进行反相的图像，单击“图像/调整/反相”命令(Ctrl+I)，即可对图像进行反相调整。如图 9.49 所示是使用“反相”命令前后的效果对比图。

9.4.8　色调均化

色调均化是查找图像中最亮和最暗的像素，并以最暗处像素值表示黑色(或相近的颜色)，以最亮处像素值表示白色，然后对图像的亮度进行色调均化。

当扫描的图像显得比原稿暗且要平衡这些值以产生较亮的图像时，可使用色调均化，它能够清楚地显示亮度的前后比较结果。

(a) 反相前

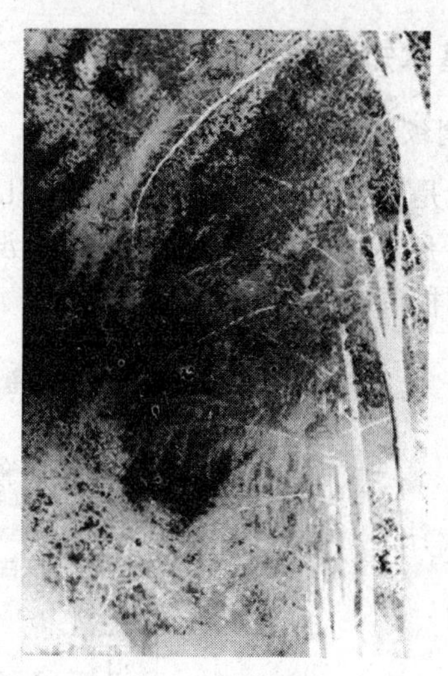

(b) 反相后

图 9.49　反相效果对比

9.4.9　HDR 色调

HDR(High Dynamic Range，高动态范围)色调是 Photoshop CS5 中新增的色彩调整命令，使用此命令可用来修补太亮或太暗的图像，制作出高动态范围的图像效果，主要用于三维制作软件里面的环境模拟的贴图。

HDR 色调的调节可以把图像亮部调得非常亮，暗的部分调节得很暗，而且亮部的细节会被保留，这和曲线、色阶、对比度等的调节是不同的。

如图 9.50 所示是使用“HDR 色调”前后的效果对比图。

(a) 原图

(b) HDR 色调效果

图 9.50　HDR 色调效果对比

9.5　图　　层

图层是为了方便图像的编辑，将图像中的各个部分独立起来，使任何一部分的编辑操作对其他图层内容不起作用。Photoshop 中的图像可以由多个图层和多种图层组成，图像在打开的时候通常只有一个背景图层，在设计过程中可以利用建立新的图层放置不同的图像元素，通过调整图层对图像的全部或局部进行色彩调节，通过填充图层创建不同的填充效果。

9.5.1　图层基本知识

1. 图层调板功能介绍

图层调板是用来管理和操作图层的，几乎所有和图层有关的操作都可以通过图层调板完成，如图 9.51 所示。如果在浮动面板组上没有显示图层调板，可选择菜单栏的“窗口/图层”命令将图层调板调出。

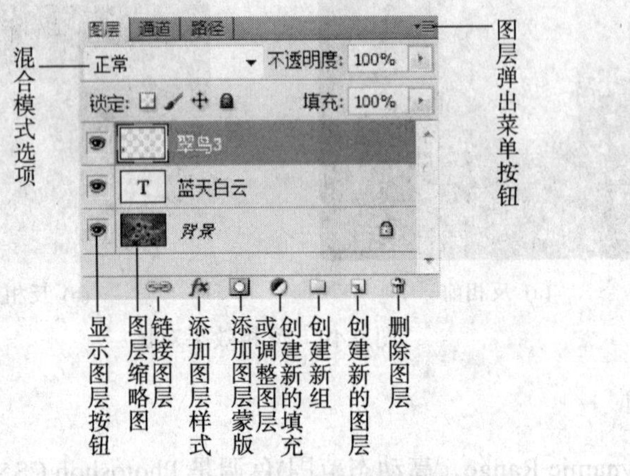

图 9.51　Photoshop CS5 图层调板

(1) 混合模式选项。

在图 9.51 的“正常”右侧的下拉列表中提供了设定图层之间的 6 种混合类型模式选项，其具体模式和作用如表 9.3 所示。

(2) 锁定选项。

在图 9.51 中“锁定”右侧的 4 个锁定选项分别表示锁定透明度、锁定图像像素、锁定位置和锁定全部。

- 锁定透明度：表示图层的透明区域能否被编辑。当选择本选项后，图层的透明区域被锁定，不能对图层的透明区域编辑。
- 锁定图像像素：当前图层被锁定，除了可以移动图层上的图像外，不能对图层进行任何编辑。
- 锁定位置：当前图层不能被移动，但可对图层进行编辑。
- 锁定全部：表示当前图层被锁定，不能对图层进行任何编辑。

2. 创建新图层

在 Photoshop CS5 中可以使用下列几种方法建立新的图层：

①单击图层调板下方的“创建新的图层”按钮建立新图。

②通过粘贴命令建立新图层。在当前图像上执行“粘贴”命令，Photoshop 软件会自动给所粘贴的图像建一个新图层。

③通过拖放建立新图层。同时打开两张图像，然后选择工具箱右上角的移动工具，按住鼠标将当前图像拖曳到另一张图像上，拖曳过程中会有虚线框显示。

④从菜单栏中的“图层”菜单中建立新图层。

表 9.3 6 种混合类型模式和作用

混合模式	类型	作 用
正常 溶解	基础型	利用图层的不透明度及图层填充值来控制下层的图像，达到与底色溶解在一起的效果
变暗 正片叠底(Multiply) 颜色加深(ColorBurn) 线性加深(LinearBurn) 深色(Deep Colour)	降暗型	主要通过滤掉图像中的亮调图像，从而达到使图像变暗的目的
变亮(Lighten) 滤色(Screen) 颜色减淡(ColorDodge) 线性减淡(LinearDodge) 浅色(LightColor)	提亮型	与降暗型的混合模式相反，它通过滤掉图像中的暗调图像，从而达到使图像变亮的目的
叠加(Overlay) 柔光(SoftLight) 强光(HardLight) 亮光(Light) 线性光(LinearColor) 点光 实色混合	融合型	主要用于不同程度地融合图像
差值(Difference) 排除(Exclusion) 减去 划分	色异型	主要用于制作各种另类、反色效果
色调(Hue) 饱和度(Saturation) 颜色(Color) 明度(Luminosity)	蒙色型	主要依据上层图像的颜色信息，不同程度地映衬下层图像

3. 改变图层的排列顺序

在图层调板中，可以直接用鼠标拖曳来任意改变各图层的排列顺序，也可以通过菜单栏的“图层/排列”命令来实现图层的排列顺序。

4. 图层的合并

在图层调板(如图 9.51 所示)右边的弹出菜单中有“向下合并”、“合并可见图层”和“拼合图层”3 个命令。在图层主菜单中也有这 3 个命令。

(1) 向下合并。

向下合并是将选择的图层向下合并一层。如果在图层调板中将图层链接起来，原来的“向下合并”命令就变成了“合并链接图层”命令，可将所有的链接图层合并。如果在图层调板中有“图层组”，原来的“向下合并”命令就变成了“合并图层组”命令，可将当前选中的图层组内的所有图层合并为一个图层。

(2) 合并可见图层。

如果要合并的图层处于显示状态，而其他的图层和背景隐藏，可以选择“合并可见图层”命令，将所有可见图层合并，而隐藏的图层不受影响。

(3) 拼合图层。

拼合图层可将所有的可见图层都合并到背景上，隐藏的图层会丢失，但选择“拼合图层”命令后会弹出对话框，提示是否丢弃隐藏的图层，所以选择“拼合图层”命令时一定要注意。

5. 图层组

图层组是将相关的图层放在一起的管理图层，可以理解为一个装有图层的器皿。图层在图层组内进行编辑操作与没有使用图层组是相同的。

在图层调板(如图 9.51 所示)中单击□按钮，或在调板的弹出菜单中选择“新图层组”命令，或选择菜单栏的“图层/新建/图层组”命令，都可以创建一个新的图层组。

可将不在图层组内的图层直接拖曳到图层组中，或是将原本在图层组中的图层拖曳出图层组。

直接将图层组拖曳到图层调板下面的垃圾桶图标上，可将整个图层组以及其中包含的图层全部删除。如果只想删除图层组，而保留其中的图层，可在图层调板右上角的弹出菜单中选择“删除图层组”命令，或在主菜单中选择“图层/删除/图层组”命令，会弹出如图 9.52 所示的对话框。单击“仅组”按钮，只删除图层组，但保留其中的的图层；如果单击“组和内容”按钮，可将图层组和其中的图层全部删除。

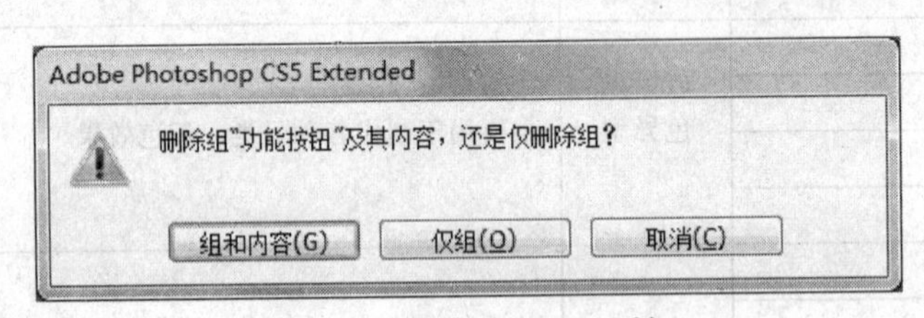

图 9.52　删除图层组对话框

6. 图层的样式

(1) 图层效果设置。

图层样式提供了更强的图层效果控制和更多的图层效果。单击图 9.51 中的“添加图层样式”按钮或选择菜单栏中的“图层/图层样式”命令，可打开“图层样式”菜单。共有多达 10 种的不同效果，包括：投影、内阴影、外发光、内发光、斜面和浮雕、光泽、颜色叠加、渐变叠加、图案叠加和描边效果等。当要对某图层中的对象(如文字等)设置效果时，就可以使用图层样式中的一个或多个样式。如图 9.53 所示是对“福”字所在的文字图层设置了效果的示例，从左到右分别是：(a) 使用了“外发光”、(b) 使用了“内发光”、(c) 使用了“投影”和“斜面和浮雕”。

(2) 样式调板。

将各种图层样式集合起来完成一个设计后，为了方便其他的图像使用相同的图层效果，可以将其存放在“样式”调板中随时调用。执行“窗口/样式”命令，就可以弹出“样式”调板，如图 9.54 所示。

(a) 外发光效果　　(b) 内发光效果　　(c) 投影效果

图 9.53 对“福”字图层使用图层样式示例

样式调板中已经有了一些预制的样式存在，但是也可以通过样式调板提供的“创建新样式”按钮来建立自己的样式。

对于用不到的样式可以将其拖曳到样式调板下方的垃圾桶图标上将此样式删除。

在样式调板中除了可以用方形的缩略图显示之外，还可以显示样式的名字，并且可以在样式调板右上角的弹出菜单中选择不同的方式进行浏览。

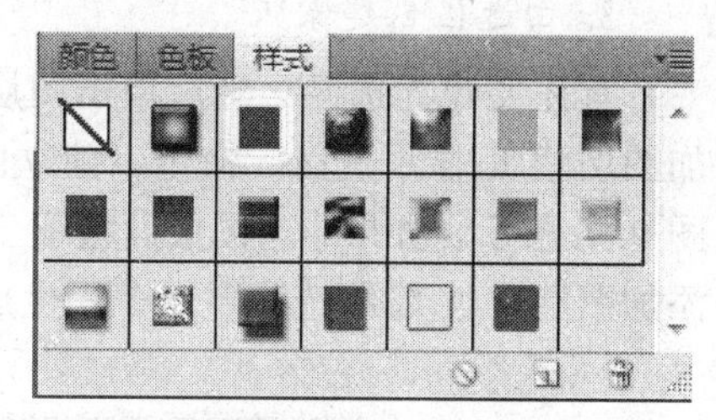

图 9.54 样式调板

9.5.2 图层蒙版

蒙版是一种通常为透明的模板(即一个独立的灰度图)，覆盖在图像上保护某一特定的区域，从而允许其他部分被修改。蒙版的作用就是把图像分成两个区域：一个是可以编辑处理的区域；另一个是被“保护”的区域，在这个区域内的所有操作都是无效的。从这个意义上讲，任何选区都是蒙版，因为创建选区后所有的绘图操作都只能在选区内进行，对选区之外是无效的，就像是被蒙住了一样。但是选区与蒙版又存在着区别，选区只是暂时的，而蒙版可以在图像的整个处理过程中存在。实际上，将选区保存之后，它就变成了一个蒙版通道，打开通道面板，就可以发现它。相反也可以把蒙版通道载入为选区。

1. 图层蒙版

图层蒙版是在当前图层上创建的蒙版，它用来显示或隐藏图像中的不同区域。在为当前图层建立了蒙版以后，可以使用各种编辑或绘图工具在图层上涂抹以扩大或缩小它。

一个图层只能有一个蒙版，图层蒙版和图层一起保存，激活带有蒙版的图层时，则图层和蒙版一起被激活。

2. 创建图层蒙版

选择要建立图层蒙版的层，然后单击图层调板下的“添加图层蒙版”按钮，见图 9.51 所示。或选择菜单栏“图层/添加图层蒙版/显示全部”命令，系统生成的蒙版将显示全部图像。如果单击图层调板下的“添加图层蒙版”按钮的同时按住 Alt 键，或选择菜单栏“图层/添加图层蒙版/隐藏全部”命令，系统生成的蒙版将是完全透明的，该图层的图像将不可见。图 9.55 是对具有 3 个图层的图像设置图层蒙版的示例，其中(a)是未设置图层蒙版；(b)是对 3 个图层中的 airplane 层设置图层蒙版的效果，可以看到图像中右上角的飞机被隐藏起来；(c)为设置后的图层调板情况。

(a) 未设置图层蒙版

(b) 对 airplane 层设置隐藏蒙版

(c) 设置蒙版后的图层调板

图 9.55　创建图层蒙版示例

3. 由选区创建蒙版

首先要建立选区，然后单击图层面板下面的“添加图层蒙版”按钮，或选择“图层/添加图层蒙版/显示选区”命令，建立的蒙版将使选区内的图像可见而选区外的图像透明，如图 9.56 所示。如果单击图层面板下“添加图层蒙版”按钮的同时按住 Alt 键，或选择“图层/添加图层蒙版/隐藏选区”命令，生成的蒙版将使选区内的图像透明而选区外的图像可见。

(a) 建立选区

(b) 选区内的图像可见

图 9.56　建立选区创建蒙版示例

4. 编辑图层蒙版

(1) 图层蒙版调整。

激活图层蒙版(此时在面板的第二列上有带圆圈的标记)，当用黑色涂抹图层上蒙版以外的区域时，涂抹之处就变成蒙版区域，从而扩大图像的透明区域；而用白色涂抹被蒙住的区域时，蒙住的区域就会显示出来，蒙版区域就会缩小；而用灰色涂抹将使得被涂抹的区域变得半透明。

(2) 显示和隐藏图层蒙版。

当按住 Alt 键的同时单击图层蒙版缩略图时，系统将关闭所有图层，以灰度方式显示蒙版。再次按住 Alt 键并单击图层蒙版缩略图或直接单击虚化的眼睛图标，将恢复图层显示。

当按住 Alt + Shift 键并单击图层蒙版缩略图时，蒙版区域将被透明的红色所覆盖。再次按住 Alt + Shift 键并单击图层蒙版缩略图时，将恢复原来的状态。

(3) 停用图层蒙版。

在图层面板上右击图层蒙版缩略图，在弹出的快捷菜单中选择“停用图层蒙版”命令，或直接选择菜单栏的“图层/停用图层蒙版”命令，或在按住 Shift 键的同时，单击图层蒙版缩略图，都可以暂时停用(隐藏)图层蒙版，此时，图层蒙版缩略图上有一个红色 X。如果想要再重新显示图层蒙版，选择菜单栏的“图层/启用图层蒙版”命令即可。

(4) 应用图层蒙版。

要使用图层蒙版编辑后形成的图像，只要使用菜单栏中的“图层/图层蒙版/应用”命令即可。如图 9.57 所示是对原图(a)使用“完全透明图层蒙版”，然后用画笔工具选取鹦鹉，最后使用“应用图层蒙版”获得的鹦鹉图(b)。

(a) 原图　　(b) 选取的鹦鹉

图 9.57　使用完全透明图层蒙版抠出的鹦鹉

5. 删除图层蒙版

选择要删除的图层蒙版，然后选择“图层/图层蒙版/删除”命令，将会弹出两个子菜单选项，分别为“扔掉”和“应用”。“扔掉”表示直接删除图层蒙版，“应用”表示在删除图层蒙版之前将效果应用到图层，相当于使图层与蒙版合并。

6. 快速蒙版

快速蒙板是用来创建选区的。它可以通过一个半透明的覆盖层观察自己的作品。图像上被覆盖的部分被保护起来不受改动，其余部分则不受保护。在快速蒙版模式中，非保护区域能被 Photoshop 的绘图和编辑工具编辑修改。

在工具箱中有一个“以快速蒙板模式编辑”的按钮，单击这个按钮，可以创建快速蒙板。同时该按钮转换为“以标准模式编辑”，如单击则移除建立的快速蒙板，且非保护区域将转化为一个选区。

9.6　路　　径

路径在 Photoshop 中是使用贝赛尔曲线所构成的一段闭合或者开放的曲线段，主要用于复杂图像区域(对象)的选取及创作矢量图。路径在特殊图像的选取、特效字的制作、图案制作、标记设计等方面的应用最为广泛。

9.6.1　路径的基本元素

1. 贝赛尔曲线

贝赛尔是 1962 年法国雷诺汽车公司的 PEB 构造的一种以“无穷相近”为基础的参数曲线，以此曲线为基础，完成了一种曲线与曲面的设计系统 UNISURF，并于 1972 年在该公司应用。贝赛尔的方法将函数无穷逼近同集合表示结合起来，使得设计师在计算机上绘制曲线就像使用常规作图工具一样得心应手。

图 9.58 所示是一条标准的贝赛尔曲线效果。

一条贝赛尔曲线是由 4 个点进行定义的，其中 P_0 与 P_1 定义了曲线的起点与终点，又称为节点(一般用一个小方块表示)，而 P_2 与 P_3 则是用来调节曲率的控制方向点，也称句柄(一般用一个小圆圈表示)。通过调节 P_0 与 P_1 节点，可以调节贝赛尔曲线的起点与终点，而通过调节 P_2、P_3 的位置则可以灵活地控制整条贝赛尔曲线的曲率，以满足实际需要。

2. 路径、节点和句柄

路径是由直线或曲线组合而成，节点就是这些线段的端点，当选中一个节点，这个节点上就会显示一条或两条方向线，而每一条方向线的端点都有一个控制方向点(句柄)，曲线的大小形状都是通过控制方向点来调节的，如图 9.59 所示。

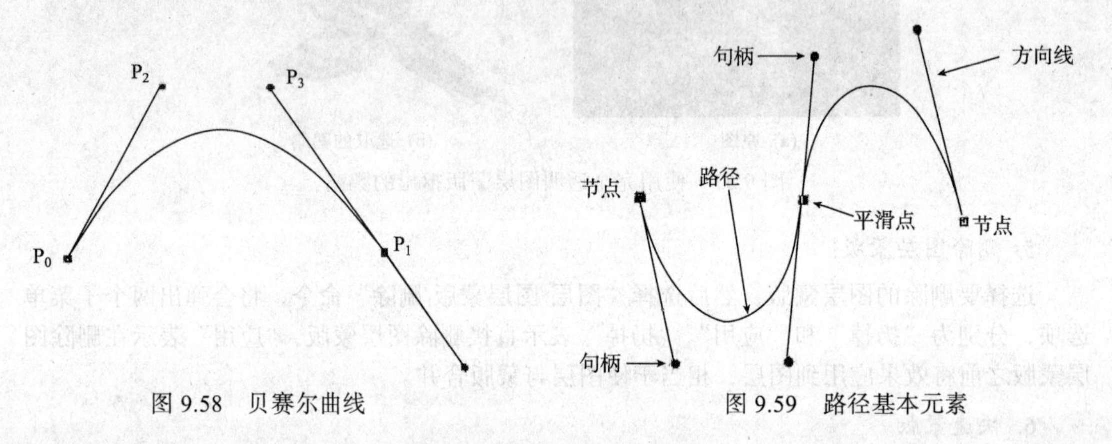

图 9.58　贝赛尔曲线　　图 9.59　路径基本元素

3. 平滑点

平滑点为两段曲线的自然连接点，这类节点的两侧各伸出一个方向线和句柄，当调节句柄时另一个句柄也随之做对称的运动，如图 9.60 所示。

4. 角点

角点两侧的线段可以同为曲线、同为直线或各为曲线和直线，这类节点两侧路径线不在一个方向线，如图 9.61 所示。

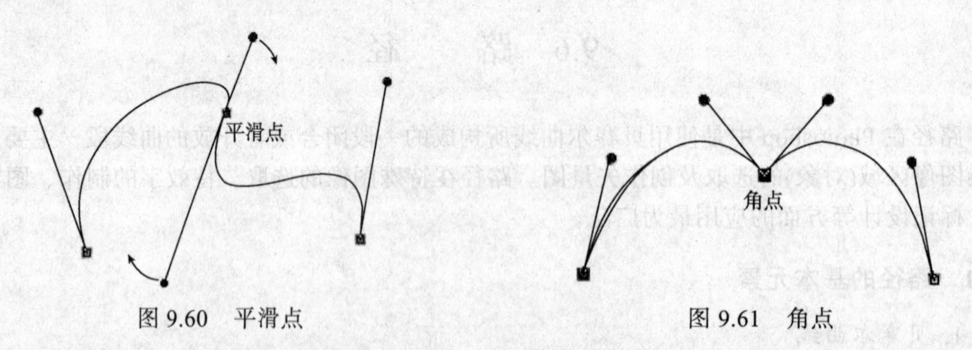

图 9.60　平滑点　　图 9.61　角点

平滑点转为角点的方法是：按住 Alt 键拖曳平滑点两侧伸出的方向线的句柄，平滑点就变成角点，此时调节一条方向线时与它相邻的方向线不受影响。

9.6.2　路径绘制工具

Photoshop 提供了一组用于生成、编辑、设置“路径”的工具组，它们位于 Photoshop 的工具箱中，主要有钢笔工具组和路径选择工具，如图 9.12 所示。

1. 钢笔工具组

Photoshop 工具箱中的钢笔工具组默认情况下，其图标呈现为“钢笔图标”，如图 9.12 所示。用鼠标左键点击此图标保持两秒钟，系统将会弹出隐藏的工具组，包括钢笔工具、自由钢笔工具、添加节点工具、删除节点工具和转换点工具，用它们可以绘制出直线或光滑的曲线路径，并可以对其进行精确的调整。

- 钢笔工具:可精确地画出直线或平滑流动的曲线,并且自动调整直线段的角度和长度,以及曲线段的倾斜度。用钢笔工具画路径时，若采用单击第 1 点，然后再单击后继各点，则 Photoshoph 会在各单击点之间建立直线路径；若单击后拖曳，则 Photoshoph 会改变路径线形方向，建立曲线路径。
- 自由钢笔工具：可以拖动鼠标自由地绘制线条或曲线。
- 添加节点工具：单击已有的路径线，则在单击处增加一个平滑点。
- 删除节点工具:单击已有的路径线的节点处,则删除点击的节点(包括平滑点和角点)。
- 转换点工具：可以在平滑曲线转折点和直线转折点之间进行转换。

2. 路径选择工具组

路径选择工具组包括路径选择工具和直接选择工具，将鼠标放置在路径选择工具按钮下，按住停留一会，可以看到路径选取工具组。

- 路径选择工具：用于选择整个路径及移动路径。
- 直接选择工具：用于选择路径节点和改变路径的形状(通过拖曳句柄)。如果按住 Alt 键拖曳平滑点两侧伸出的方向线的句柄，平滑点就变成角点，如图 9.61 所示。

3. 路径调板

路径调板可以将图像文件中绘制的路径与选择区域进行相互转换，然后通过描绘或填充，制作出各种美丽的作品。另外将选择区域转化为路径，还可以对其进行更精密的调整，使制作的作品更加精确。

选择菜单栏的“窗口/显示路径”命令，可以打开路径调板，如图 9.62 所示。当建立了

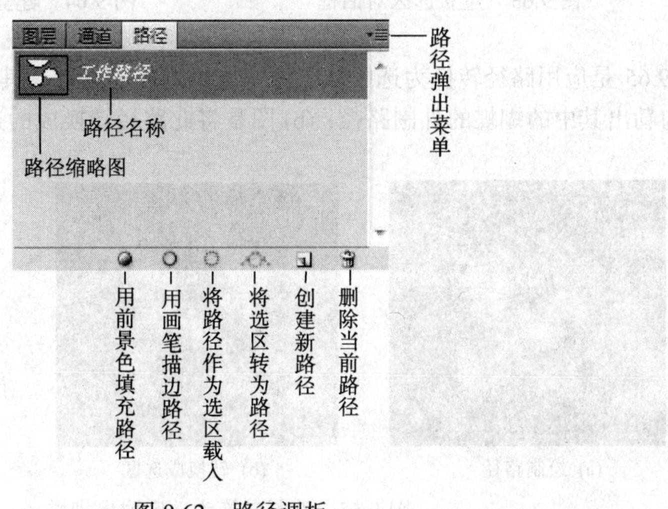

图 9.62　路径调板

路径之后就会在路径调板中显示出该路径。

4. 编辑路径

可以利用路径工具和路径菜单命令对路径进行各种编辑，如修改直线路径长度和取向或曲线路径的形状，增加或删除锚点，移动或复制路径，也可以为路径填充或描边以制作图像。

在路径调板中选择要调整的路径名以显示该路径。在路径上显示所选择部分上的所有节点、方向线和方向点。方向点显示为实心圆圈，所选锚点显示为实心正方形，未选择的锚点显示为空心正方形。

9.6.3 路径的简单应用

1. 路径与选区的转换

在路径调板中，选择要转换为选区的路径名。按住 Alt 键单击路径调板底部的“将路径作为选区载入”按钮，如图 9.62 所示。或从路径弹出菜单中选择“建立选区”命令，便可打开“建立选区”对话框，如图 9.63 所示。如果直接单击路径调板底部的“将路径作为选区载入”按钮，则可以将路径直接转换为选区而不打开该对话框。

在图像中建立一个选区，按住 Alt 键单击路径调板底部的“将选区转为路径”按钮或从路径弹出菜单中选择“建立工作路径”命令，即可打开“建立工作路径”对话框，如图 9.64 所示。

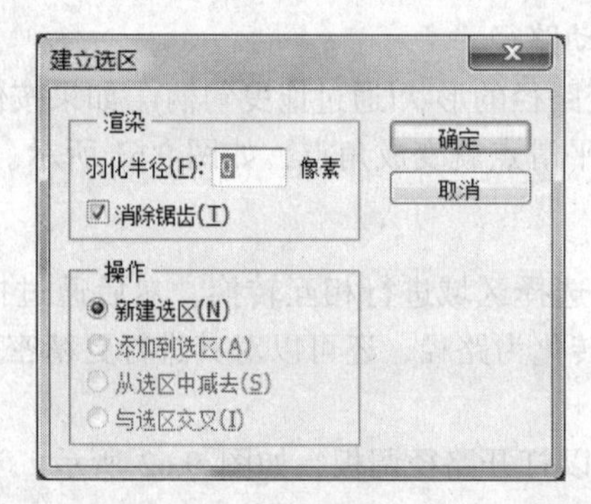

图 9.63 建立选区对话框

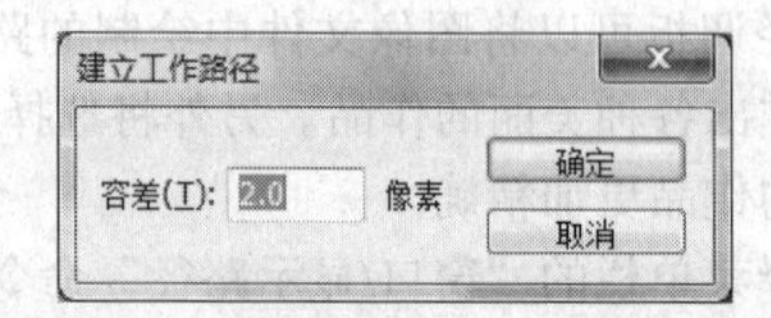

图 9.64 建立工作路径对话框

图 9.65 是应用路径转换为选区从图像中取出蝴蝶的示例，其中：(a) 图是用“自由钢笔工具”勾勒出其中的蝴蝶的外围路径；(b) 图是将此路径转换成的选区；(c) 图是取出的蝴蝶。

(a) 绘制路径

(b) 转换成选区

(c) 取出的蝴蝶

图 9.65 路径转换为选区取出蝴蝶

2. 路径的填充

同对选择区域进行填充和描边一样，对路径也可以进行填充和描边。可以用指定的颜色、图像状态或图案填充路径，也可以绘制一个路径描边。方法是：选择要进行填充的路径，然后单击路径调板底部的“用前景色填充路径”按钮，即可完成路径的填充，如图 9.62 所示。如果要改变填充效果，则可以选择路径调板弹出菜单中的“填充路径”命令，或按住 Alt 键单击路径调板底部的“用前景色填充路径”按钮，可打开“填充路径”对话框，如图 9.66 所示。在对话框中可进行内容、混合和渲染的设计，最后单击“确定”按钮，即可按此设置效果填充路径。

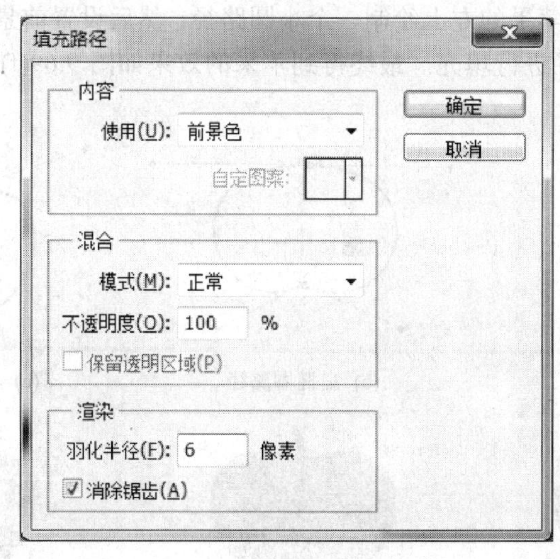

图 9.66　填充路径对话框

如图 9.67 所示是对路径填充效果示例，其中(a)图是用钢笔工具绘制的一条路径，(b)图是对(a)图的路径设置前景色为蓝色，羽化半径为 6 像素，然后对路径进行填充得到的效果。

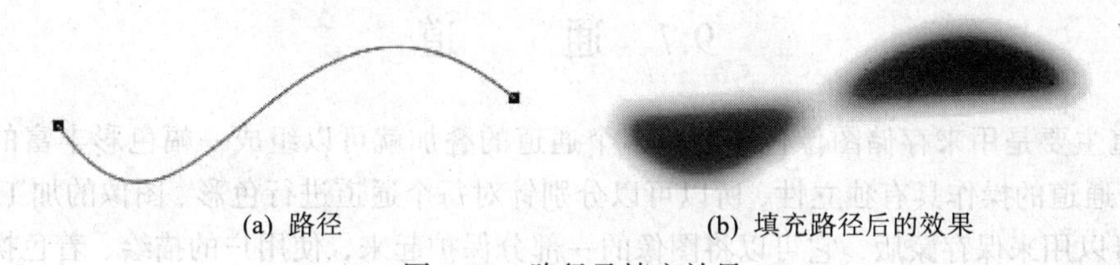

(a) 路径　　(b) 填充路径后的效果

图 9.67　路径及填充效果

3. 路径的描边

在路径调板中选择要进行描边的路径。然后再选择用来描边的绘画或编辑工具，在选项控制面板中设置工具选项，并在笔刷面板中指定一个笔刷的大小，然后，按住 Alt 键单击“路径”控制面板底部的“描边路径”按钮，或从“路径”控制面板菜单中选择“描边路径”命令可进行描边。如图 9.68 所示是对图 9.67(a)图中路径描边的效果示例。

图 9.68　对路径描边的效果

4. 制作苹果图案

①用钢笔工具绘制如图 9.69(a)中所示的椭圆路径。

②用直接选择工具拖曳两个平滑点两边方向线的句柄，使长椭圆变为一个扁椭圆，然后按下 Alt 键同时拖曳下面某一个方向线的句柄，使其产生一个向上的弯转路径，再直接拖曳另一个方向线的句柄，最终使椭圆路径下面出现一个小窝的效果，如图 9.69(b)所示。

③用同样的方法在椭圆路径上面也产生一个小窝，效果如图 9.69(c)所示。

④设置前景色为绿色，然后对图 9.69(c)中的路径进行填充，效果如图 9.69(d)所示。

⑤在苹果的上面绘制一个如图 9.69(e)所示的小棒。

⑥用椭圆工具在绿苹果的左上绘制一个小圆路径，然后设置前景色为金黄色，羽化半径为 13 像素，对小圆路径进行填充。最终得到苹果的效果如图 9.69(f)所示。

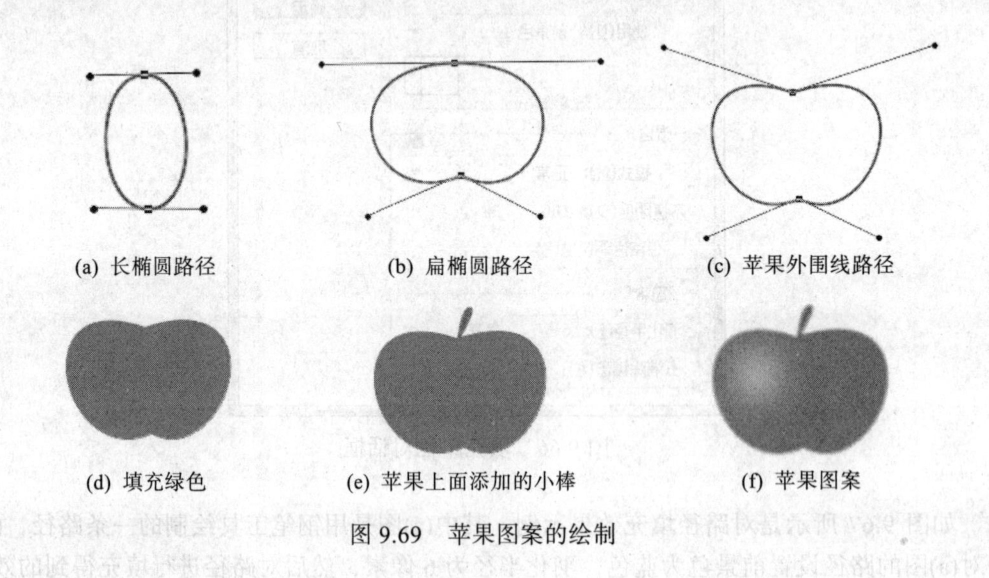

图 9.69　苹果图案的绘制

9.7　通　　道

通道主要是用来存储图像色彩的，多个通道的叠加就可以组成一幅色彩丰富的全彩图像。由于通道的操作具有独立性，所以可以分别针对每个通道进行色彩、图像的加工。此外，通道还可以用来保存蒙版，它可以将图像的一部分保护起来，使用户的描绘、着色操作仅仅局限在蒙版之外的区域。

9.7.1　通道类型

在 Photoshop 中，通道可以分为颜色通道、专色通道和 Alpha 通道 3 种，它们均以图标的形式出现在通道调板当中。

1. 颜色通道

Photoshop 处理的图像都有一定的颜色模式。不同的颜色模式，表示图像中像素点采用的不同颜色描述方法。换句话说，在 Photoshop 中，同一图像中的像素点在处理和存储时都必须采用同样的颜色描述方法(如：RGB、CMYK、Lab 等)。这些不同的颜色描述方式实际上就是图像的颜色模式。不同的颜色模式具有不同的呈色空间和不同的原色组合。

在一幅图像中，像素点的颜色就是由这些颜色模式中的原色信息来进行描述的。那么，所有像素点所包含的某一种原色信息，便构成了一个颜色通道。例如，一幅 RGB 图像中的“红”通道便是由图像中所有像素点的红色信息所组成的，同样，“绿”通道或“蓝”通道则是由所有像素点的绿色信息或蓝色信息所组成的，它们都是颜色通道，这些颜色通道的不同信息配比便构成了图像中的不同颜色变化。

所以，可以在 RGB 图像的通道调板中看到红、绿、蓝 3 个颜色通道和一个 RGB 的复合通道，如图 9.70 所示。在 CMYK 图像的通道调板中将看到黄、洋红、青、黑 4 个颜色通道和一个 CMYK 的复合通道，如图 9.71 所示。而位图、灰度和索引模式的图像只有 1 个通道。通道调板顶端的一层代表叠加图像每一个通道后的复合通道，其下面的各层分别代表拆分后的单色通道。

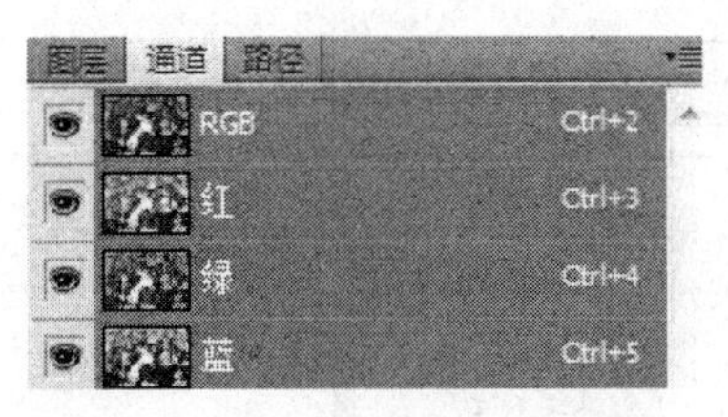

图 9.70　RGB 图像的通道调板

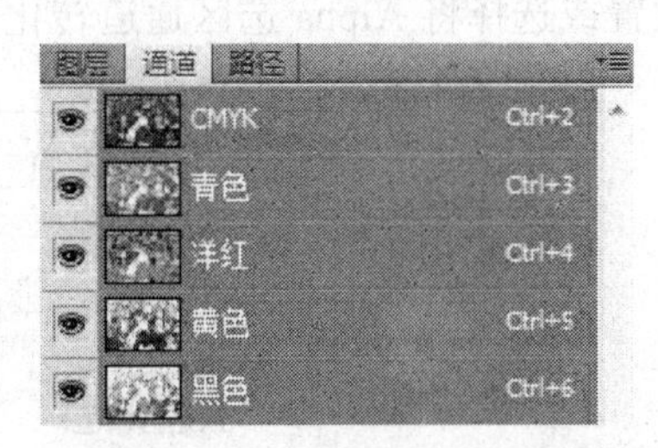

图 9.71　CMYK 图像的通道调板

2. 专色通道

专色通道扩展了通道的含义，同时也实现了图像中专色版的制作。

专色是特殊的预混油墨，用来替代或补充印刷色(CMYK)油墨。每种专色在付印时要求专用的印版。也就是说，当一个包含有专色通道的图像进行打印输出时，这个专色通道会成为一张单独的页(即单独的胶片)被打印出来。

使用“通道”调板弹出菜单中的“新专色通道”命令，或按住 Ctrl 键，单击“创建新通道”按钮。可弹出“新专色通道”对话框，在“油墨特性”选项组中，单击“颜色”框可以打开“拾色器”对话框，选择油墨的颜色。该颜色将在印刷图像时起作用，只不过这里的设置能够为用户更容易地提供一种专门油墨颜色而已；在“密度”文本框中则可输入 0~100%的数值来确定油墨的密度。

3. Alpha 选区通道

在以快速蒙版制作选择区域时，通道调板中会出现一个以斜体字表示的临时蒙版通道，它表示蒙版所代替的选择区域，切换回正常编辑状态时，这个临时通道便会消失，而它所代表的选择区域便重新以虚线框的形式出现在图像之中。实际上，快速蒙版就是一个临时的选区通道。如果制作了一个选择区域，然后执行菜单栏的“选择/存储选区”命令，便可以将这个选择区域存储为一个永久的 Alpha 选区通道。此时，通道调板中会出现一个新的图标，它通常会以 Alpha1、Alpha2、…方式命名，这就是所说的 Alpha 选区通道。Alpha 选区通道是存储选择区域的一种方法，需要时，只要选择菜单栏的“选择/载入选区”命令，即可调出通道表示的选择区域。

9.7.2 通道基本操作

1. 通道调板操作

在通道调板(如图 9.70 及图 9.71 所示)中可以同时显示出图像中的颜色通道、专色通道及 Alpha 选区通道，每个通道以一个小图标的形式出现，以便控制。

同时选中图像中所有的颜色通道与任何一个 Alpha 选区通道前的眼睛图标，便会看到一种类似于快速蒙版的状态：选择区域保持透明，而没有选中的区域则被一种具有透明度的蒙版色所遮盖，可以直接区分出 Alpha 选区通道所表示的选择区域的选取范围。

也可以改变 Alpha 选区通道使用的蒙版色颜色，或将 Alpha 选区通道转化为专色通道，它们均会影响该通道的观察状态。直接在通道调板上双击任何一个 Alpha 选区通道的图标，或选中一个 Alpha 选区通道后使用调板菜单中的“通道选项”命令，均可调出 Alpha 选区通道的选项对话框，如图 9.72 所示。其中可以确定该 Alpha 选区通道使用的蒙版色、蒙版色所标示的位置或选择将 Alpha 选区通道转化为专色通道。

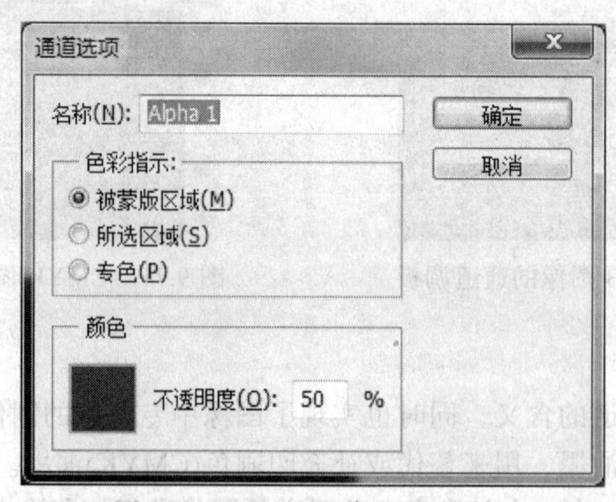

图 9.72　Alpha 通道选项对话框

2. 选择通道作为活动通道

可见的通道并不一定都是可以操作的通道。如果需要对某一个通道进行操作，必须选中这一通道，即在通道调板中单击某一通道，使该通道处于被选中的状态。此时，通道标题栏将以亮色显示，同时图像区就以该通道模式显示图像。

按住 Shift 键，然后单击颜色通道名称，则可以在列表中选择任意多个颜色通道，而再次单击该颜色通道的名称，则可撤销对该颜色通道的选择。

3. 复制与删除通道

(1) 复制通道。

在通道调板中用鼠标将要复制的通道拖动到调板底部的“创建通道”按钮上，就可以将该通道复制在同一图形中。还可以先在通道控制面板中选择要复制的通道，然后从通道调板的弹出菜单中选择“复制通道”命令或在按下 Alt 键的同时用鼠标将选中的通道拖到通道控制面板底部的“创建通道”按钮上释放鼠标，均可实现复制通道。

(2) 删除通道。

在通道控制面板中选择要删除的通道，然后用鼠标将其拖到通道控制面板底部的“删除通道”按钮上，再释放鼠标，即可将该通道删除。还可以在选中要删除的通道后，直接单击“删除通道”按钮或直接执行通道调板弹出菜单中的“删除通道”命令，也可以将所选的通道删除。

习　题　9

一、填空题

1. 图像是由具有某种内在联系的各种色彩组成的一个完整统一的整体，形成画面色彩总的趋向，称为________，也可以理解为色彩状态。

2. 颜色是因为光的折射而产生的，颜色可以分为________和________两大类。

3. 色彩有冷暖的感觉。将色彩按“红、橙、黄、绿、蓝、紫、红”依次过渡渐变，就可以得到一个色彩环。色环的两端是________和________，当中是中型色。

4. 位图图像在缩放和旋转时会产生________现象。

5. 色彩混合模式决定了进行图像编辑(包括绘画、擦除、描边和填充等)时，________进行混合，或当前层如何与下面的层进行色彩混合。

6. 图章工具根据其作用方式被分成仿制图章和图案图章两个独立的工具，其功能分别是将选定的内容________。

7. 图层是为了方便图像的编辑，将图像中的各个部分独立起来，对任何一部分的编辑操作而对其他________。

8. 钢笔工具可精确地画出直线或平滑流动的曲线，并且自动调整直线段的________，以及曲线段的________。

9. 蒙版是一种通常为________，覆盖在图像上保护某一特定的区域，从而允许其他部分被修改。

10. 在一幅图像中，像素点的颜色是由这些颜色模式中的________信息来进行描述的。

11. 路径调板可以将图像文件中绘制的路径与________进行相互转换，然后通过描绘或填充，制作出各种美丽的作品。

12. 专色是特殊的预混油墨，用来替代或补充________。

13. 在标准色轮上，绿色和洋红色互为补色，黄色和________互为补色，红色和________互为补色。

14. 减淡工具可使图像的部分________变亮，类似于加光的操作，使图像的某一部分淡化。

15. 修复画笔工具可以将________的照片进行仔细的修复。

二、选择题

1. Photoshop 保存文件系统默认的格式是(　　)格式。

A. jpg　　B. bmp　　C. psd　　D. gif

2. Photoshop 中的色阶命令主要用于调整图像的(　　)。

A. 明度　　B. 色相　　C. 对比度　　D. 以上都对

3. 在色相、明度、纯度 3 个因素中，纯度高色彩较艳丽，纯度低色彩就(　　)。

A. 较艳丽　　B. 明亮　　C. 接近灰色　　D. 暗淡

4. 磁性套索工具可以轻松地选取具有(　　)的图像区域。

A. 相同颜色　　B. 相同对比度　　C. 接近色　　D. 主体边缘

5. 色彩深度是指在一个图像中(　　)的数量。

A. 颜色　　B. 饱和度　　C. 明度　　D. 灰度

6. 路径中的(　　)为两段曲线的自然连接点，这类节点的两侧各伸出一个方向线和句柄，当调节句柄时另一个句柄也随之做对称的运动。

A. 节点　　B. 平滑点　　C. 角点　　D. 句柄

7. 用于制作各种另类、反色效果的混合类型模式选项是(　　)。

A. 溶解　B. 深色　C. 色调　D. 差值

8. 补色是指一种原色与另外(　　)原色混合而成的颜色形成互为补色关系。

A. 1 种　B. 2 种　C. 3 种　D. 多种

9. 下面对通道功能描述错误的是(　　)。

A. 通道最主要的功能是保存图像的颜色数据。

B. 通道除了保存图像的颜色数据外，还可用来保存蒙版。

C. 在“通道”调板中可以建立 Alpha 和专色通道。

D. 要将选取范围永久地保存在“通道”调板中，可以使用快速蒙版功能。

10. HDR 色调的调节，可以把图像亮部(　　)，且亮部的细节会被保留。

A. 调得非常亮　B. 变暗　C. 去掉　D. 减弱

11. CMYK 模式的图像有(　　)个颜色通道。

A. 1　B. 2　C. 3　D. 4

12.下面对模糊工具功能的描述(　　)是正确的。

A. 模糊工具只能使图像的一部分边缘模糊。

B. 模糊工具的压力是不能调整的。

C. 模糊工具可降低相邻像素的对比度。

D. 如果在有图层的图像上使用模糊工具，只有所选中的图层才会起变化。

13. 当编辑图像时，使用减淡工具可以达到(　　)的目的。

A. 使图像中某些区域变暗　B. 删除图像中的某些像素

C. 使图像中某些区域变亮　D. 使图像中某些区域的饱和度增加

14. 下面(　　)可以减少图像的饱和度。

A. 海绵工具　B. 减淡工具　C. 加深工具

D. 任何一个在选项调板中有饱和度滑块的绘图工具

15. 下列(　　)可以选择连续的相似颜色的区域。

A. 矩形选择工具　B. 椭圆选择工具　C. 磁性套索工具　D. 魔术棒工具

16. (　　)工具不能在选项调板中使用选区运算。

A. 矩形选择　B. 单行选择　C. 自由套索　D. 喷枪

17. 在路径曲线线段上，方向线和方向点的位置决定了曲线段的(　　)。

A. 角度　B. 形状　C. 方向　D. 像素

18. (　　)不是 Photoshop 的通道。

A. 颜色通道　B. 路径通道　C. 专色通道　D. Alpha 通道

19. 下面(　　)对图层上蒙板的描述是错误的。

A. 图层上的蒙板相当于一个 8 位灰阶的 Alpha 通道。

B. 当按住 Alt 键的同时单击图层调板中的蒙板，图像就会显示蒙板。

C. 在图层上建立蒙板只能是白色的。

D. 在图层调板的某个图层中设定了蒙板后，会发现在通道调板中有一个临时的 Alpha 通道。

20. (　　)命令用来调整色偏。

A. 色彩平衡　B. 阈值　C. 色调均化　D. 亮度/对比度

三、简答题

1. 简述颜色的三属性和三原色。
2. 简述 psd 与 bmp 图像文件格式的区别。
3. 简述快速蒙版的功能和使用方法。
4. 简述画笔工具的使用。
5. 在 Photoshop 中，通道可以分为 3 种，简述这 3 种通道的作用。

第 10 章　Adobe Premiere 视频处理

Premiere 是 Adobe 公司出品的一款基于非线性编辑设备的多媒体编辑软件，广泛地应用于电视台、广告制作、电影剪辑等领域。Premiere 可以在各种平台下和硬件配合使用，专业人员结合专业系统的配合可以制作出广播级的视频作品；而在普通的计算机上，配以比较廉价的压缩卡或输出卡也可制作出专业级的视频作品和 MPEG 压缩影视作品。

10.1　数字视频基础

利用多媒体计算机和网络的数字化、大容量、交互性以及快速处理能力，对视频信号进行采集、处理、传播和存储是多媒体技术不断追求的目标。

10.1.1　基本概念

1. 数字视频

数字视频(digital video)包括运动图像(visual)和伴音(audio)两部分。一般说来，视频包括可视的图像和可听的声音，由于伴音处于辅助地位，并且在技术上，视像和伴音是同步合成在一起的，因此，有时把视频 (video)与视像(visual)等同，而声音或伴音则总是用 audio 表示。

2. 视频制式

各个国家对电视和视频工业制定的标准不同，其制式也有一定的区别。现行的彩色电视制式主要有 3 种：NTSC、PAL 和 SECAM，各种制式的帧速率各不相同。

(1) NTSC(正交平衡调幅制式)。

NTSC 由美国全国电视标准委员会制定，分为 NTST-M 和 NTSC-N 等类型。影像格式的帧速率为 29.97 帧/秒，主要被美国、加拿大等大部分西半球国家以及日本和韩国采用。

(2) PAL(正交平衡调幅逐行倒相制式)。

PAL 分为 PAL-B、PAL-I、PAL-M、PAL-N、PAL-D 等类型，影像格式的帧速率为 25 帧/秒，主要在英国、中国、澳大利亚、新西兰等地采用。中国采用的是 PAL-D 制式。

(3) SECAM(顺序传送彩色信号与存储恢复彩色信号制式)。

SECAM 也被称为轮换调频制式，帧速率为 25 帧/秒。隔行扫描，画面比例 4:3，分辨率为 720×576，主要被法国、东欧、中东及部分非洲国家采用。

3. 视频序列的表示单位

从一段视频的起始帧到终止帧，其间的每一帧都有一个唯一的时间码地址。时间码用于识别和记录视频数据流中的每一帧。动画和电视工程师协会(SMPTE)使用的时间码格式是：小时：分钟：秒：帧(hours：minutes：seconds：frames)。 一段长度为 00：05：30：15 的视频片段的播放时间为 5 分钟 30 秒 15 帧，如果以每秒 30 帧的速率播放，则播放时间为 5 分钟 30.5 秒。

需要注意的是，NTSC 制式实际使用的帧率是 29.97fps 而不是 30fps，因此在时间码与实际播放时间之间有 0.1%的误差。对于此误差问题，通过设计丢帧(drop-frame)格式来解决，即在播放时每分钟要丢 2 帧(实际上是存在 2 帧，而不显示)，这样可以保证时间码与实际播放时间的一致。

4. 线性编辑

传统的视频编辑是线性编辑，主要在编辑机系统上进行。编辑机系统一般由一台或多台放像机和录像机、编辑控制器、特技发生器、时基校正器、调音台、字幕机等设备组成。编辑人员在放像机上重放磁带上早已录好的影像素材，并选择一段合适的素材打点，把它记录到录像机中的磁带上，然后再在放像机上找下一个镜头打点、记录，这样反复播放和录制，一直到把所有合适的素材按照需要全部以线性方式记录下来。

由于磁带记录画面是顺序的，其缺点是无法在已录好的画面之间插入素材，也无法在删除某段素材之后使画面连贯播放，而是必须把这之后的画面全部重新录制一遍，工作量巨大，且影像素材画面质量也会随录制次数的增多而下降。

5. 非线性编辑

相对遵循时间顺序的线性编辑而言，非线性编辑具有编辑方式非线性、信号处理数字化和素材随机存取三大特点。非线性编辑的优点是节省时间，并且视频质量基本无损失，可以充分发挥编辑制作人员的想象力和创造力，可实现更为复杂的编辑功能和效果。非线性编辑的工作过程是数字化的，编辑、声音、特技、动画、字幕等功能可以一次完成，十分灵活、方便。无论对录入的素材怎样进行反复编辑和修改，无论进行多少层画面合成，都不会造成图像质量大幅下降。同时，非线性编辑可根据预先采集的视音频内容从素材库中选择素材，并可选取任意的时间点非常方便地加入各种特技效果，从而大大提高制作效率。

在非线性编辑中，所有的素材都以文件的形式存储，这些素材除了视频和音频之外还可以是图像、图形和文字。非线性编辑的工作流程基本是：首先，创建一个编辑过程平台，将数字化的素材导入过程平台中。然后，调用编辑软件中提供的各种手段，如添加或删除素材、对素材进行剪辑、添加特效、字幕、动画等，这些过程可反复调整，直到达到用户的要求为止。最后将节目输出到录像带、VCD 或 DVD 等视频载体。

10.1.2 视频编辑常用术语

在视频编辑过程中，经常会有一些比较专业的术语，下面简单介绍一些常用的专业术语。

1. 剪辑

剪辑也称为素材，它可以是一部电影或者视频项目中的原始素材，也可是一段电影、一幅静止图像或者一段声音文件。将由多个剪辑组合成的复合剪辑称为剪辑序列。

2. 帧、帧速率和关键帧

帧是组成视频或动画的单个图像，是构成动画的最小单位。当一些内容差别很小的静态画面以一定的速率在显示器上播放的时候，根据视觉暂留现象，人的眼睛会认为这些图像在连续不间断的运动。构成这种运动效果的每一幅静态画面就是“帧”。

帧速率是指每秒被捕获的帧数，或每秒播放的视频或动画序列的帧数，单位是 fps(帧/秒)。帧速率的大小决定了视频播放的平滑程度，帧速率越高，动画效果越平滑。

关键帧是素材中的特定帧，主要用于控制动画的回放或其他特性。例如，应用视频滤镜对开始帧和结束帧指定不同的效果，可以在视频素材从开始到结束的过程中，展现视频的显示变化。另一方面，创建视频时，为数据传输要求较高的部分指定关键帧有助于控制视频回放的平滑程度。

3. 场景

一个场景也称为一个镜头，它是视频作品的基本元素，大多数情况下是摄像机一次拍摄的一小段内容。对专业人员来说一个场景大多不会超过十几秒，但业余人员往往连续拍摄十几分钟也很常见，所以在编辑过程中经常需要对冗长的场景进行剪切。

4. 转场过渡

两个场景如果直接过渡会感觉有些突兀，这时如果使用一个切换效果在两个场景之间进行过渡就会显得自然很多，这种切换就是转场过渡。最简单的切换就是淡入淡出效果，复杂一点的则可以把后一个场景用多种几何分割方式展示出来，或者让后面的画面以 3D 方式飞进等。切换是视频编辑中相当常用的一个技巧。

5. 滤镜

滤镜又称为 Filter 或 Effect，滤镜效果可以快速修改原始影像内容，可以调整素材的亮度、对比度与色温，也可以直接做出特殊的视觉，如“雨滴”、“云雾”、“泡泡”等粒子效果。适当地使用滤镜效果可以做出令人赞叹的作品。

6. 时间轴

时间轴是影片按时间顺序的图形化呈现，素材在时间轴上的相对大小可使使用者精确掌握媒体素材的长度。

7. 时间码

视频文件的时间码是视频中位置的数字呈现方法。时间码可用于精确编辑。

8. 故事板

故事板是一种以照片或手绘的方式形象说明情节发展和故事概貌的分镜头画面集合。在 Premiere 中，可以将“项目”面板的剪辑缩略图作为故事板，协助编辑者完成粗编。

9. 导入和导出

导入是将一组数据(素材)从一个程序引入另一个程序的过程。数据被导入到 Premiere 中后，源文件内容保持不变。导出是将数据转换为能被其他应用程序分享的格式的过程。

10.1.3　MPEG 数字视频

MPEG(Moving Picture Experts Group)标准名称为动态图像专家组，用于速率小于每秒约 1.5 兆比特的数字存储媒体。MPEG 的最大压缩比可达 1 : 200，目标是把广播视频信号压缩到能够记录在 CD 光盘上并能够用单速的光盘驱动器来播放，并具有电视显示质量和高保真立体伴音效果。VCD 或小影碟采用 MPEG-1 标准，而 DVD 采用的是 MPEG-2 标准。

MPEG 采用有损和不对称的压缩编码算法。MPEG 标准包括三个部分：MPEG 视频、MPEG 音频和 MPEG 系统。

1. MPEG 视频

MPEG 视频是标准的核心。它采用多种压缩算法，压缩后的数据率为 1.2~3MB/s。可以实时播放存储在光盘上的数字视频图像。

2. MPEG 音频

MPEG-1 标准支持高压缩的音频数据流，还原后声音质量接近于原来的声音质量。比如 CD 音质，其音频数据率约为 1.333 兆位(1.333MB/s)，采用 MPEG-1 音频压缩算法可以把单声道位速率降到 0.192MB/s，甚至更低，而声音的质量又无明显的下降。目前在网络上广泛使用的 MP3 音频文件，就是利用 MPEG-3 的音频技术，实现了 1 : 10 甚至 1 : 12 的压缩率，而且失真很小。

3. MPEG 系统

MPEG 系统通过采用同步和多路复合技术，用来把数字电视图像和伴音复合成单一的、位速率为 1.5MB/s 的数据位流。MPEG 的数据位流分成内外两层，外层为系统层，内层为压缩层。系统层提供在一个系统中使用 MPEG 数据位流所必需的功能，包括定时、复合和分离视频图像和伴音，以及在播放期间图像和伴音的同步。压缩层包含压缩的视频和伴音数据位流。

虽然 MPEG-1 具有标准化、高压缩、视频质量好的特点，但 MPEG 文件只能解压后回放，且不能用绝大多数的视频编辑软件进行编辑。

10.1.4　AVI 数字视频

在 AVI 文件中，运动图像和伴音数据是以交替的方式存储(按交替方式组织音频和视像数据能更有效地从存储媒介得到连续的信息)，并独立于硬件设备。与 MPEG 标准不同的是，AVI 采用的压缩算法并无统一的标准。也就是说，同样是以 AVI 为后缀的视频文件，其采用的压缩算法可能不同，需要相应的解压缩软件才能识别和回放。Microsoft 公司在推出 AVI 文件格式和 VFW 软件时，也推出了一种压缩算法。由于 AVI 和 VFW 的开放性，其他的公司也相应推出了别的压缩算法，只要把该算法的驱动加到 Windows 系统中，用 VFW 就可以播放用该算法压缩的 AVI 文件。

1. AVI 文件的组成

构成一个 AVI 文件的主要参数包括视像参数、伴音参数和压缩参数等。

(1) 视像参数。

视像参数包括视窗尺寸和帧速率。

①视窗尺寸：根据不同的应用要求，AVI 的视窗大小或分辨率可按 4 : 3 的比例或随意调整：大到全屏 640 × 480，小到 160 × 120 甚至更低。当然，窗口越大，视频文件的数据量

就会越大。

②帧速率：帧速率也可以调整，且与数据量成正比。不同的帧速率会产生不同的画面连续效果。

(2) 伴音参数。

在 AVI 文件中，视像和伴音分别存储，因此可以把一段视频中的视像与另一段视频中的伴音组合在一起。因为 WAV 文件是 AVI 文件中伴音信号的来源，所以伴音的基本参数也就是 WAV 文件的参数。除此以外，AVI 文件还包括与音频有关的其他参数，主要包括视像与伴音的交织参数、同步控制参数、压缩参数。

①视像与伴音的交织参数：是指 AVI 格式中每 X 帧交织存储的音频信号。X 的最小值是一帧，即每个视频帧与音频数据交织组织，这是 CD-ROM 上使用的默认值。交织参数越小，回放 AVI 文件时读到内存中的数据流越少，回放越容易连续。

②同步控制：在 AVI 文件中，视像和伴音能够很好地同步。但计算机在回放 AVI 文件时，则有可能出现视像和伴音不同步的现象。

(3) 压缩参数。

在采集原始模拟视频时可以采用不压缩的方式，这样可以获得最合适的图像质量，编辑后应根据应用环境选择合适的压缩参数。

2. AVI 数字视频的特点

AVI 视频数据具有如下特点。

(1) 提供硬件无关视频回放功能。

根据 AVI 格式的参数，其视窗的大小和帧速率可以根据播放环境的硬件能力和处理速度进行调整。这样，VFW 就可以适用于不同的硬件平台，使用户可以在普通的 PC 上进行数字视频信息的编辑和重放，而不需要昂贵的专门硬件设备。

(2) 实现同步控制和实时播放。

AVI 可以通过调整同步控制参数来适应重放环境，如果计算机的处理能力不够高，而 AVI 文件的数据率又较大，在 Windows 环境下播放文件时，播放器可以通过丢掉某些帧，调整 AVI 的实际播放数据率来达到视频、音频同步的效果。

(3) 可以高效地播放存储在硬盘和光盘上的 AVI 文件。

由于 AVI 数据的交叉存储，VFW 播放 AVI 数据时只需占用有限的内存空间，因为播放程序可以一边读取一边播放。这种方式不仅可以提高系统的工作效率，同时也可以快速启动播放程序，减少用户的等待时间。

(4) 开放的 AVI 数字视频文件结构。

AVI 文件结构不仅解决了音频和视频的同步问题，而且具有通用和开放的特点。它可以在任何 Windows 环境下工作，而且还具有扩展环境的功能。用户可以开发自己的 AVI 视频文件，在 Windows 环境下可随时调用。

(5) AVI 文件可以再编辑。

AVI 一般采用帧内有损压缩，可以用一般的视频编辑软件如 Adobe Premiere 或 Media Studio 进行再编辑和处理。

10.2　Premiere 简介

10.2.1　Premiere 概述

Premiere 是一种基于非线性编辑设备的视音频编辑软件，广泛应用于广告制作和电视节目制作中。最早的版本是 1993 年推出的 Premiere for Windows，2007 推出的版本叫 Premiere Pro CS3，其最新版本为 Adobe Premiere Pro CS5。

1. 基本功能

Premiere 集视频和音频处理于一体，能将视频、动画、声音、图形、图像、文字等多种素材进行编辑合成，并可以根据需要添加各种特效和运动效果，最后输出为多种形式的作品。主要功能如下：

(1) 从摄像机或者录像机上捕获视频资料，从麦克风或者录音设备上捕获音频资料。

(2) 将视频、音频、图形图像等素材剪辑成完整的影视作品。

(3) 在前、后两个镜头画面间添加转场特效，使镜头平滑过渡。

(4) 利用视频特效，制作视频的特殊效果。

(5) 对音频素材进行剪辑，添加各种音频特效，产生各种微妙的声音效果。

(6) 输出多种格式的文件，既可以输出.avi、.mov 等格式的电影文件，也可以直接输出到 DVD 光盘或者录像带上。

(7) 可以和 Adobe Photoshop、After Effects、Adobe Illustrator 等软件结合使用，共同完成影片的编辑制作。

2. 新增特性

本部分内容以 Premiere Pro CS3 为基础进行内容的组织。相比较与早期的版本，Premiere Pro CS3 具有以下新特性。

(1) 增加了素材查找功能的快捷方式。

在实际操作编辑中，要调用很多素材，受项目窗口的限制，素材无法一一显示，用素材查找功能有助于快速调用。素材查找快捷方式摆脱了繁琐的操作程序，有助于提高工作效率。

(2) 窗口显示更加灵活。

在每个窗口左上角，都有一个黑色的上三角，通过点击可以选择窗口的显示类型。

(3) 素材替换功能。

素材替换功能的调用是通过单击时间线的剪辑素材的右键实现的，它最大的优点是继承了替换前的各种物质属性，用户不必再一一添加。

(4) 时间重置。

时间重置功能是效果控制面板上一个新增加的固定功能，其下有一个速度控制和打点按钮。通过调整速度控制，可以自由控制速度，实现快放、慢放和倒放功能。当然，速度发生变化，素材长度也会跟着发生变化。

(5) 时间线导出增加了“输出到 Encore”功能。

“输出到 Encore”功能是新增加的，通过这个按钮，可以自己创作 DVD 的菜单、场景。

(6) 增加了多种输出压缩格式。

新增的有“MPEG2 Blu-ray”蓝光盘、“H 264”、“H 261Blu-ray”等格式。通过这些格式，可以发现，Premiere Pro CS3 输出格式更加广泛，而且，首次支持用于多媒体会议传输的 H 264 等多种格式。

10.2.2　Premiere 界面介绍

1. Premiere 的启动

双击 Premiere 快捷方式，使其开始运行，弹出界面如图 10.1 所示。

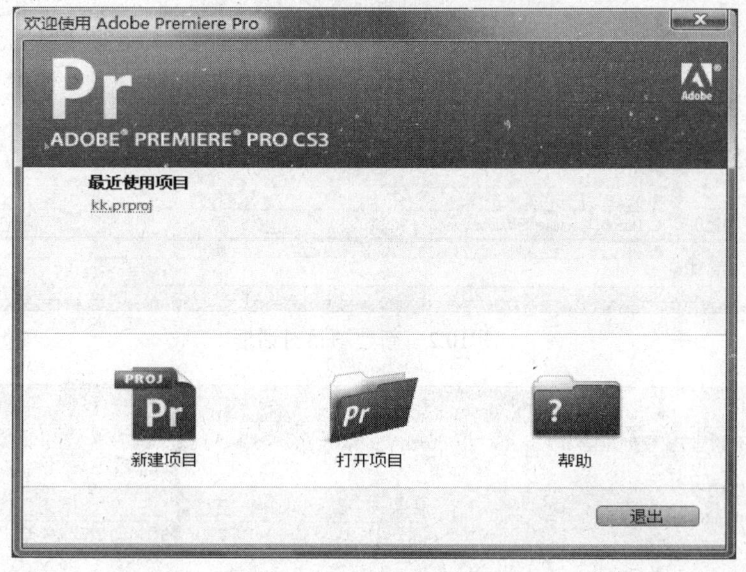

图 10.1　Premiere 启动界面

在开始界面中，如果最近使用并创建了 Premiere 的项目工程，会在“最近使用项目”下显示出来，只要单击即可进入。要打开之前已经存在的项目工程，单击“打开项目”，然后选择相应的工程即可打开。

要新建一个项目，则点击“新建项目”，系统弹出“新建项目”对话框，如图 10.2 所示。

现在，可以配置项目的各项设置，使其符合我们的需要，选择“DVCPRO50 NTSC 宽银幕”预置模式来创建项目工程。还可以修改项目文件的保存位置，在名称栏中输入工程的名字。

这里，新建一个名为“终南山隐士”的项目，如图 10.3 所示。这时，系统会自动创建一个名为“终南山隐士.prproj”的项目文件。

单击“确定”按钮，程序会自动进入基本操作界面，如图 10.4 所示。

2. 基本操作界面

Premiere 的默认操作界面主要分为项目窗口、监视器窗口、效果调板、时间线窗口和工具箱 5 个主要部分。在效果调板中，通过选择不同的选项卡，可以显示信息调板和历史调板。

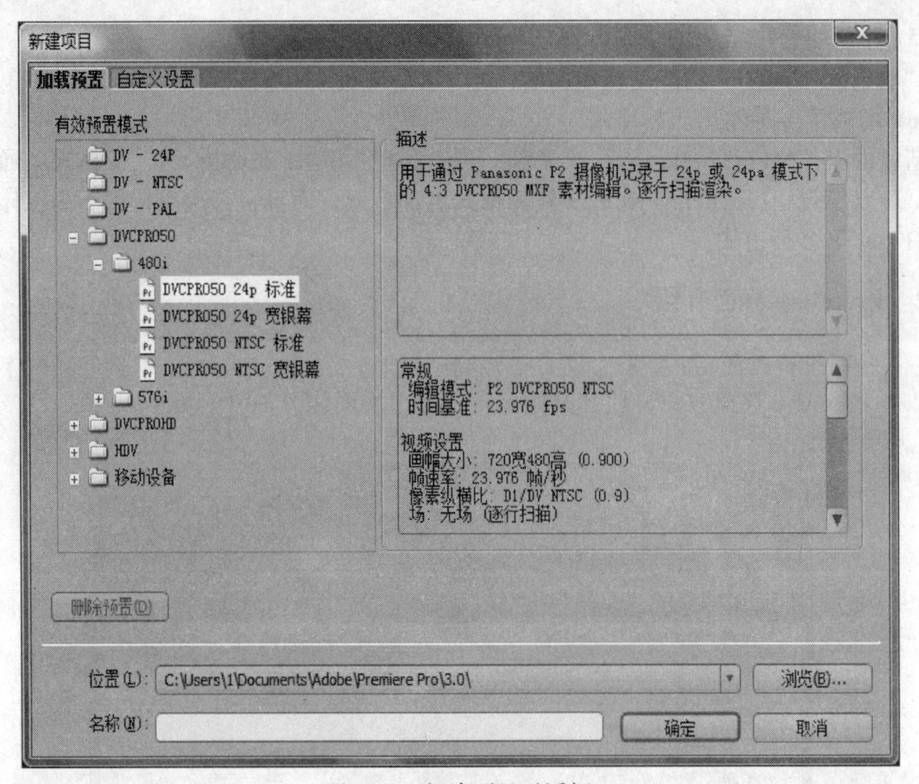

图 10.2　新建项目对话框

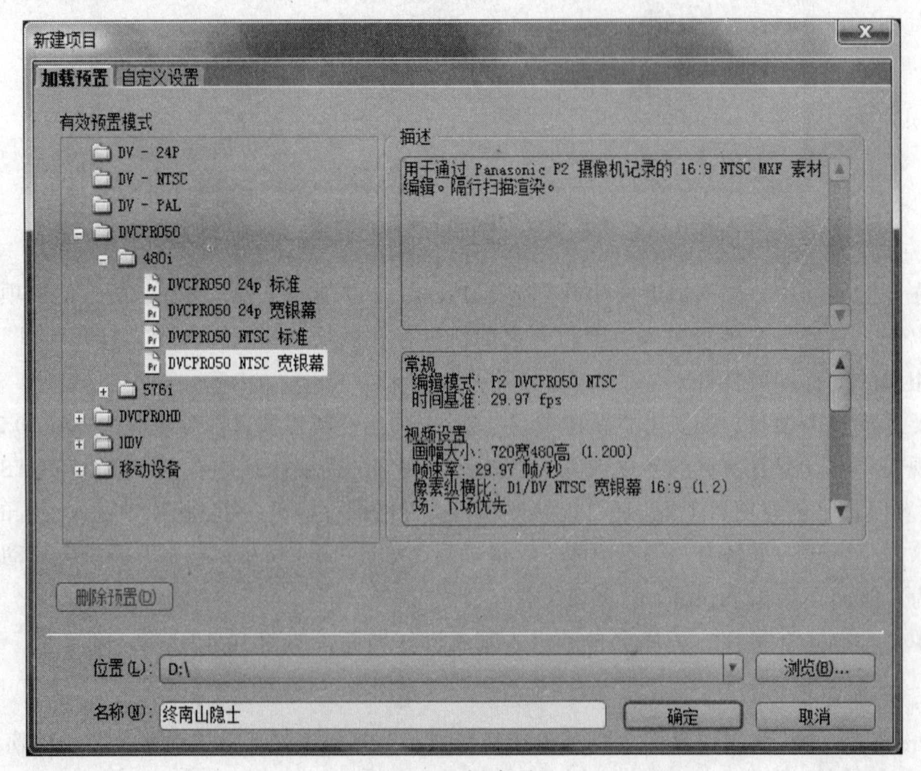

图 10.3　创建项目

图 10.4　Premiere 基本操作界面

(1) 项目窗口。

导入、新建素材后，所有的素材都存放在项目窗口里，用户可以随时查看和调用项目窗口中的所有文件(素材)。项目窗口的素材可以用列表和图标两种视图方式来显示，也可以为素材分类、重命名或新建一些类型的素材。在项目窗口双击某一素材可以打开素材监视器窗口。

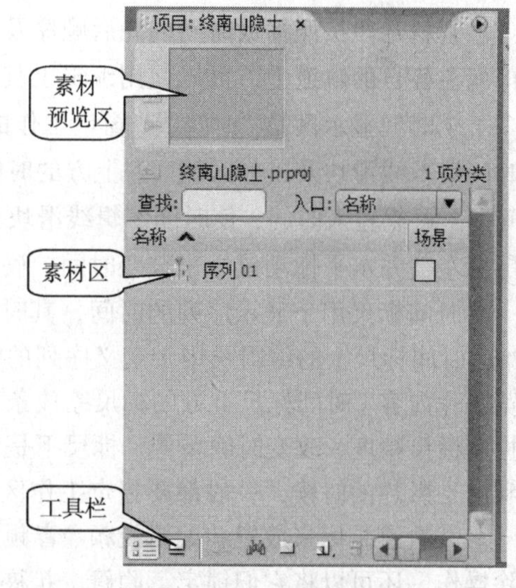

图 10.5　项目窗口

项目窗口主要由 3 部分组成：素材预览区，素材区和工具栏，如图 10.5 所示。

①项目窗口的上部分是预览区。在素材区单击某一素材文件，就会在预览区显示该素材的缩略图和相关的文字信息。对于影片、视频素材，选中后按下预览区左侧的“播放/停止切换按钮(▶)”，可以预览该素材。当播放到该素材有代表性的画面时，按下播放按钮上方的“标识帧”按钮，便可将该画面作为该素材缩略图，便于用户识别和查找。

此外，还有“查找”和“入口”两个用于查找素材区中某一素材的工具。

②素材区位于项目窗口中间部分，主要用于排列当前编辑的项目文件中的所有素材，可以显示包括素材类别图标、素材名称、格式在内的相关信息。默认显示方式是列表方式，如果单击项目窗口下部的工具条中的“图标视图”按钮，素材将以缩略图方式显示；再单击工

具条中的“列表视图”按钮，可以返回列表方式显示。

③位于项目窗口最下方的工具栏提供了一些常用的功能按钮，如“自动匹配到序列…”、“查找…”、“新建分类”、“容器”和“清除”等图标按钮。例如，单击“新建分类”图标按钮，会弹出快捷菜单，用户可以在素材区中快速新建如“序列”、“脱机文件”、“字幕”、“彩条”、“黑场”、“彩色蒙版”、“通用倒计时片头”、“透明视频”等类型的素材。

(2) “时间线”窗口。

“时间线”窗口以轨道的方式实施视频音频编辑，用户的编辑工作都需要在该窗口中完成。“时间线”窗口分为上下两个区域，上方为时间显示区，下方为轨道区。“时间线”窗口默认包含 3 个视频轨道和 4 个立体声音频轨道，如图 10.6 所示。

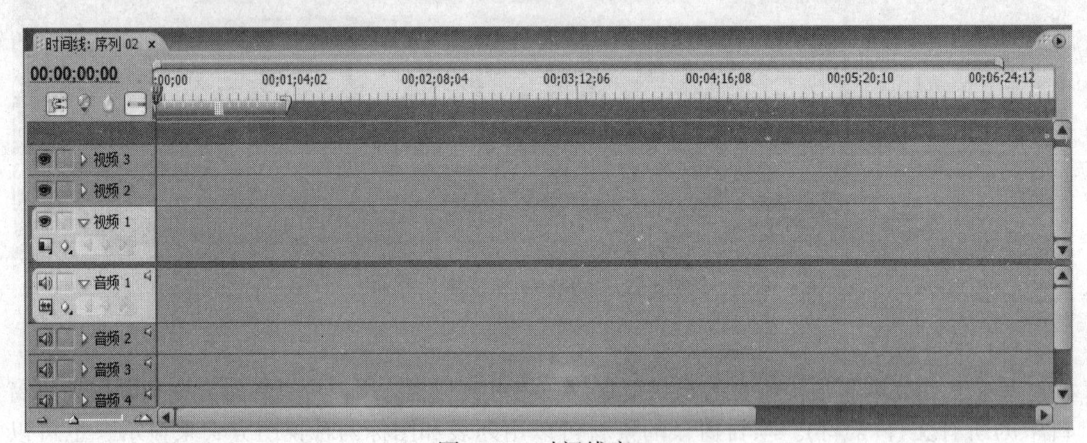

图 10.6　时间线窗口

素材片段按照播放时间的先后顺序及合成的先后层顺序在时间线上从左至右、由上及下排列在各自的轨道上，可以使用编辑工具对这些素材进行编辑操作。

①时间显示区是“时间线”窗口工作的基准，承担着指示时间的任务。它包括时间标尺、时间编辑线滑块及工作区域。左上方的时间码显示的是时间编辑线滑块所处的位置。单击时间码，可以输入时间，使时间编辑线滑块自动停到指定的时间位置。也可以在时间栏中按住鼠标左键并水平拖动鼠标来改变时间，确定时间编辑线滑块的位置。

时间标尺用于显示序列的时间，其时间单位以项目设置中的时基设置(一般为时间码)为准。时间标尺上的编辑线用于定义序列的时间，拖动时间线滑块可以在节目监视器窗口中浏览影片内容。时间标尺上方的标尺缩放条工具和窗口下方的缩放滑块工具效果相同，都可以控制标尺精度，改变时间单位。标尺下是工作区控制条，它确定了序列的工作区域，在预演和渲染影片的时候，一般都要指定工作区域，控制影片输出范围。

②轨道是用来放置和编辑视频、音频素材的地方。用户可以对现有的轨道进行添加和删除操作，还可以将它们锁定、隐藏、扩展和收缩。

在轨道的左侧是轨道控制面板，里面的按钮可以对轨道进行相关的控制设置。它们是：开关轨道输出按钮、轨道锁定开关按钮、设置显示风格(及下拉菜单)、显示关键帧(及下拉菜单)选择按钮，还有到前一关键帧和到后一关键帧按钮。轨道区右侧上半部分是 3 条视频轨道，下半部分是 4 条音频轨道。在轨道上可以放置视频、音频等素材片段。在轨道的空白处单击右键，在弹出的菜单中可以选择添加轨道、删除轨道命令来实现轨道的增减。

(3) 工具栏。

工具栏如图 10.7 所示。

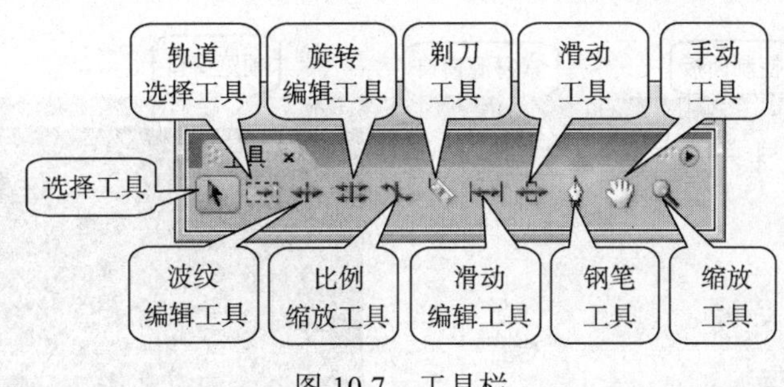

图 10.7　工具栏

各工具的基本功能如下：

①选择工具：使用选择工具可以选中轨道上的一段剪辑，并可以拖曳一段剪辑的左右边界，改变入点或出点。按 Shift 键不放，通过选择工具可以选中轨道上的多个剪辑。

②轨道选择工具：使用轨道选择工具单击轨道上的剪辑，被单击的剪辑及其右边的所有剪辑全部被选中。按 Shift 键单击轨道上的剪辑，所有轨道上单击处右边的剪辑都被选中。

③波纹编辑工具：使用波纹编辑工具拖曳一段剪辑的左右边界时，可以改变该剪辑的入点或出点。相邻的剪辑随之调整在时间线的位置，入点和出点不受影响。使用波纹编辑工具调整之后，影片的总时间长度发生变化。

④旋转编辑工具：与波纹编辑工具不同，使用旋转编辑工具拖曳一段剪辑的左右边界，改变入点或出点时，相邻素材的出点或入点也相应改变，影片的总长度不变。

⑤比例缩放工具：使用比例缩放工具拖曳一段剪辑的左右边界，该剪辑的入点和出点不发生变化，而该剪辑的速度将会加快或减慢。

⑥剃刀工具：使用剃刀工具单击轨道上的剪辑，该剪辑在单击处被截断。按 Shift 键单击轨道上的剪辑，所有轨道里的剪辑都在该处被截断。

⑦滑动编辑工具：使用滑动编辑工具选中轨道上的剪辑拖曳，可以同时改变该剪辑的出点和入点，而剪辑总长度不变，前提是出点后和入点前有必要的余量可供调节使用。同时相邻剪辑的出入点及影片长度不变。

⑧滑动工具：和滑动编辑工具正好相反，使用滑动工具选中轨道上的剪辑并拖曳，被拖曳的剪辑的出入点和长度不变，而前一相邻剪辑的出点与后一相邻剪辑的入点随之发生变化，前提是前一相邻剪辑的出点后与后一相邻剪辑的入点前要有必要的余量可以供调节使用。

⑨钢笔工具：使用钢笔工具可以在节目监视器中绘制和修改遮罩。用钢笔工具还可以在时间线面板对关键帧进行操作，但只可以沿垂直方向移动关键帧的位置。

⑩手动工具：使用手动工具可以拖曳时间线面板的显示区域，轨道上的剪辑不会发生任何改变。

⑪ 缩放工具：使用缩放工具在时间线面板中单击，时间标尺将放大并扩展视图。按 Alt 键的同时使用缩放工具在时间线面板中单击，时间标尺将缩小并缩小视图。

(4) 监视器窗口。

通过监视器窗口可以实时预览所编辑的项目，该窗口由 3 部分组成：素材源窗口、预览窗口和嵌入的特效控制面板，如图 10.8 所示。

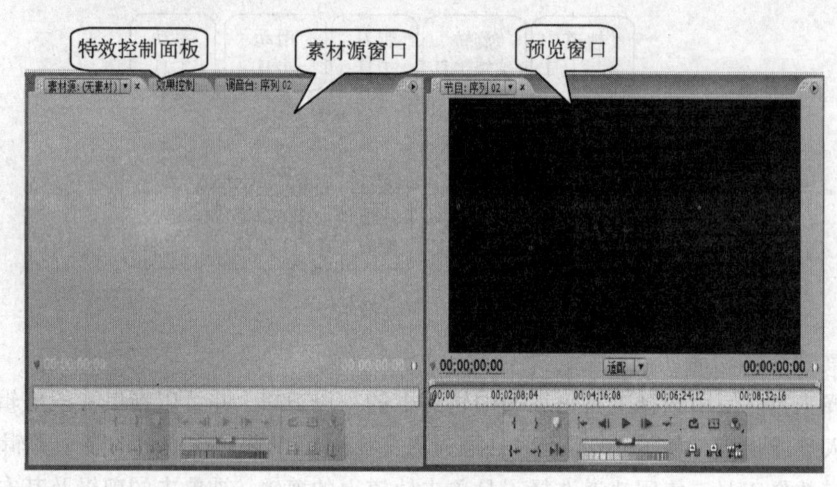

图 10.8　监视器窗口

10.2.3　素材的导入和基本操作

1. Premiere 支持的基本素材类型

素材是 Premiere 中非常重要的操作对象，在 Premiere 中可以使用的素材主要有图像、动画、视频和音频几大类。

(1) 静态图像文件。

Premiere 支持的静态图像文件主要有以下几种：

JPG 格式、PSD 格式、BMP 格式、GIF 格式、TIF 格式、PCX 格式、AI 格式。

(2) 动画文件。

Premiere 支持的动画文件主要有以下几种：

AI 格式、PSD 格式、GIF 格式的动画文件、FLI 格式的动画文件、TIP 格式的动画文件、TGA 格式的序列文件、PIC 格式的序列文件、BMP 格式的序列文件。

(3) 视频格式文件。

Premiere 支持的视频格式文件主要有以下几种：

AVI 文件、MOV 文件、DV 文件、Windows Media Player 文件(*.wma，*.wmv，*.asf)。

(4) 音频格式文件。

Premiere 支持的音频格式文件主要有以下几种：

MP3 格式、WAV 格式、AIF 格式、SDI 格式、Quick Time 格式。

2. 素材的导入

创建一个工程文件，命名为：秦岭山水.prproj。

工程文件创建后，在项目窗口中会出现一个空白的序列片段素材夹。现在就可以导入素材，在项目窗口中导入素材主要有以下几种方法：

方法一：选择菜单命令“文件→导入”，其快捷键为 Ctrl + I。在弹出的“导入”对话框中选择所要导入的素材文件后单击“打开”按钮即可，如图 10.9 所示。

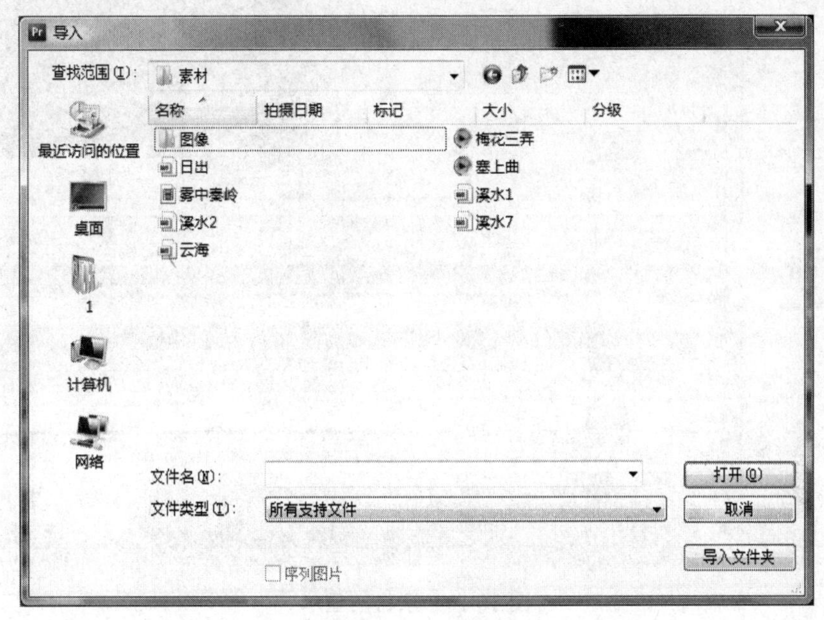

图 10.9　导入对话框

方法二：在项目窗口中的空白处双击鼠标左键(或者单击鼠标右键，在弹出的菜单中选取“导入”命令)，在弹出的“导入”对话框中选择所要导入的素材文件后单击“打开”按钮即可。

方法三：如果需要导入包括若干素材的文件夹，选中文件夹后单击“导入”面板右下角的“导入文件夹”按钮就可以。

注意：如果要同时导入多个素材，按住 Ctrl 键的同时逐个选择所需素材即可。

3. 在监视器窗口中显示素材

导入视频素材“雾中秦岭.AVI”，在进行编辑之前，需要把所用的素材添加到“时间线”窗口中序列的轨道上，以便进行正式的编辑工作。方法是：用鼠标选取该素材，按住鼠标左键不放将它拖到到“时间线”窗口中的轨道上。

Premiere 监视器窗口有 3 种显示模式，即单显、双显和修改模式。当导入素材之后，在监视器窗口左边的素材源窗口中不会自动显示素材，如图 10.10 所示。

对素材的预览是通过双视频显示实现的。要在监视器的素材源窗口中预览素材，可以通过以下几种方式实现。

方法一：在项目窗口中选中素材，按住鼠标左键不放并将它拖放到素材源窗口，这时，素材源窗口内就出现了素材的预览画面，如图 10.11 所示。

方法二：在项目窗口中用鼠标左键双击素材名称或图标，即可在监视器窗口中出现素材的预览画面。

方法三：在“时间线”窗口中用鼠标左键双击素材，也可将素材在监视器窗口中打开。

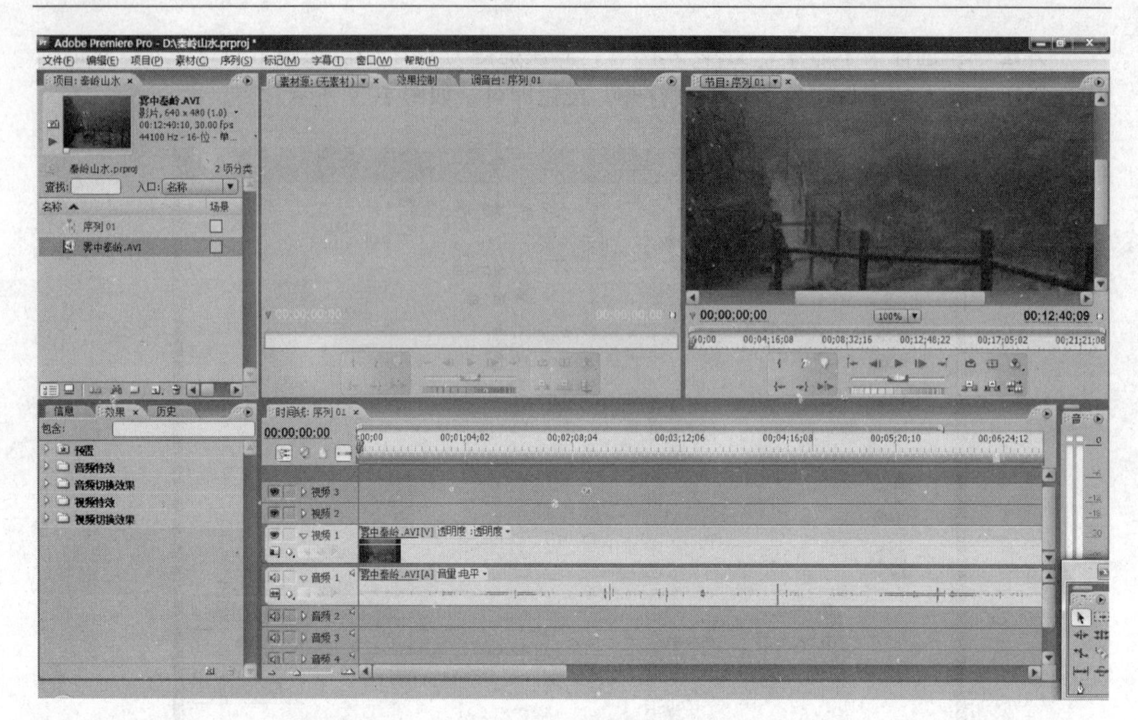

图 10.10　素材的显示

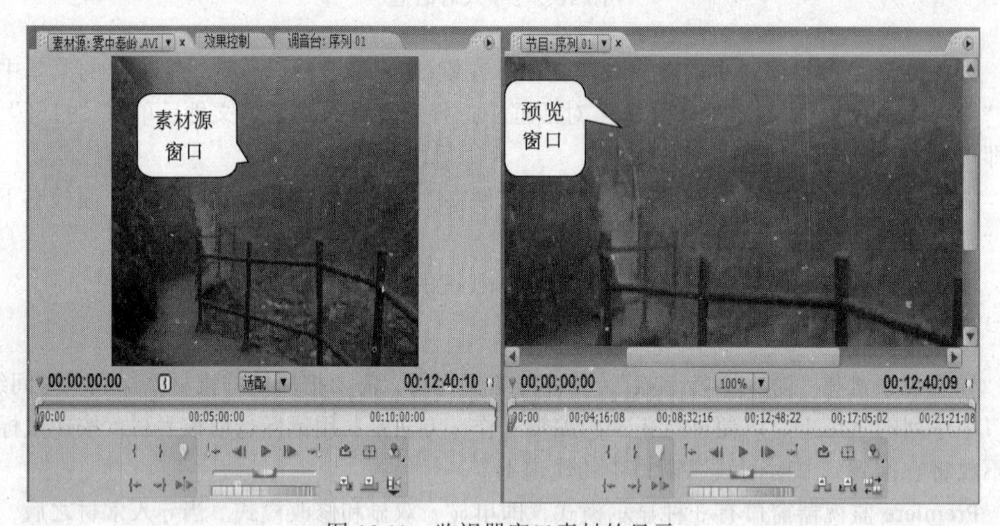

图 10.11　监视器窗口素材的显示

4. 素材的管理

在编辑影片、查找和调用素材时，由于素材种类多、数量大，使用起来很麻烦，因此在编辑之前对素材进行有效的管理，对提高工作效率是非常有帮助的。

(1) 查看素材信息。

素材包含了供用户查看的详细信息，包括素材的名称、文件路径、类型、文件大小、格式、尺寸、持续时间等。用户可以快速、直接查看到素材的相关信息，以便合理地规划、使用和管理素材。

在项目窗口，右键点击所要查看的某个素材图标，在弹出的快捷菜单中，选择“属性”命令，弹出“属性”面板，显示素材的详细信息。还可以在项目窗口点击某个素材图标，再打开信息面板，查看该素材的相关信息。

(2) 定义影片。

用户不仅可以查看素材的属性，还可以通过“定义影片”命令修改素材的属性，使其更符合影片编辑要求。

在项目窗口，右键点击某个素材图标，在弹出的快捷菜单中，选择“定义影片”命令，弹出“定义影片”对话框，如图 10.12 所示。在“帧速率”选项组中可以设置影片的帧速率，如果“使用来自文件的帧速率”单选按钮被选中，影片使用原始的帧速率。用户可以在“假定帧速率为”文本框中填入所需要的数值(我国的电视制式为 25fps)。如果帧速率改变，影片的“持续时间”(长度)也将发生相应的变化。在“像素纵横比”选项组中，默认“使用来自文件的像素纵横比”单选按钮被选中，用户可以在“符合为”下拉菜单中重新选择所需要的像素纵横比，来改变素材尺寸比例。“方形像素(1.0)”是供计算机显示器屏幕观看的，若在电视机上观看，应选择“D1/DV PAL(1.0940)”或者“D1/DV PAL 宽银幕 16∶9(1.4587)”。一个素材(图片、视频)若没有正确的像素纵横比，画面会因被拉长或被压缩而变形。

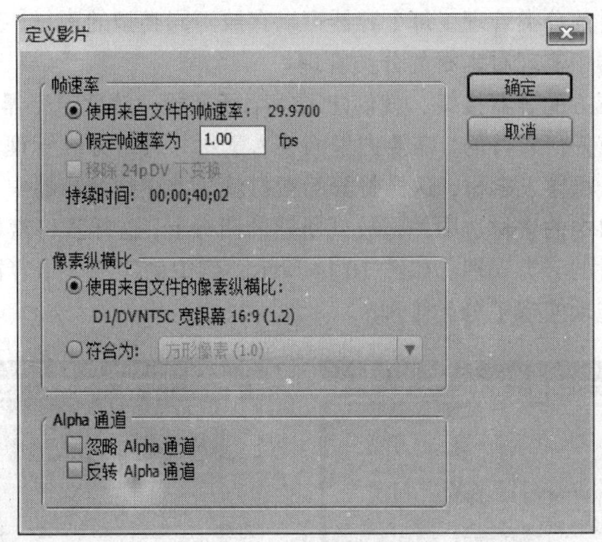

图 10.12 定义影片对话框

(3) 编辑附加素材。

在项目窗口可以对素材进行基本的剪切编辑工作，缩短素材持续时间。

在项目窗口右击素材，弹出快捷菜单，执行“编辑附加素材…”命令，弹出“编辑附加素材”对话框，如图 10.13 所示。

用户可以在“附加素材”选项组中，用鼠标拖动(或直接设置)改变素材的开始或结束时间码。按“确定”按钮后，在项目窗口的源素材便缩短了持续时间，即将源素材的一部分(开始至结束间)保留在项目窗口中，对源素材进行了剪切编辑。

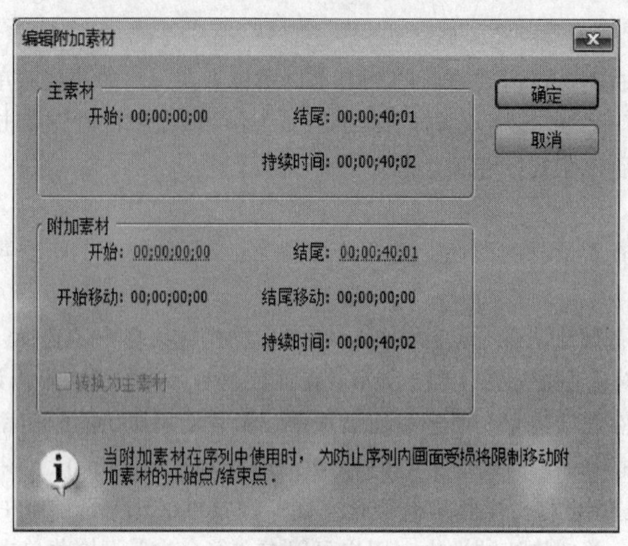

图 10.13 编辑附加素材对话框

(4) 素材的分类管理。

在项目窗口中，当素材文件数量和种类较多时，可以按照素材的种类、格式或内容等特征进行分类管理，这样在编辑过程中查找、调用素材会十分方便。在素材的管理上，容器管理功能就可实现素材的分类管理，每个容器可以存放不同类型的素材，这样，就可以把同类型素材放入一个容器中实现对素材的分类管理。

单击项目窗口下方的容器按钮，就创建了一个新容器。然后给容器取一个合适的名字。新建容器里面是没有任何素材的，需要向里面装入素材并进行分类管理，双击素材夹名称或图标，打开文件夹后再导入素材，这样打开的素材就归类在这个容器中了。另外，还可以将已经导入到项目窗口中的素材选中并拖放到所建的图标上，这样就将素材放置在所建的容器中了，从而实现素材的分类管理。如图 10.14 所示，例中创建了 3 个容器：图片、视频、音频，并将素材通过拖动实现了分类管理。

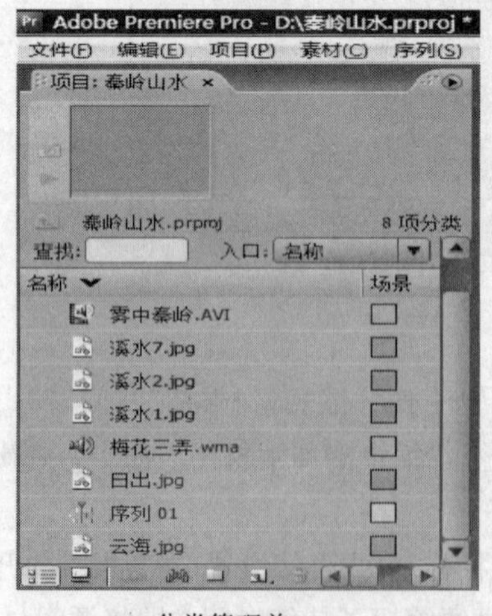

(a) 分类管理前

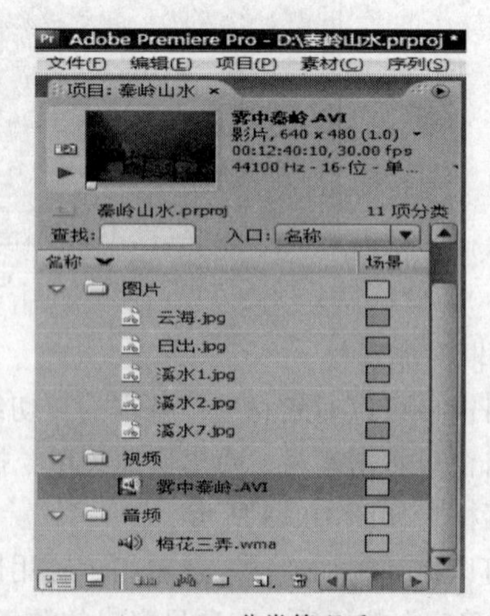

(b) 分类管理后

图 10.14 素材的容器分类管理

(5) 素材重命名。

为了使素材查找方便，有时需要对素材进行重命名。用户可以在项目窗口中左键单击需要重命名的素材名称，执行菜单栏“素材 / 重命名”命令，弹出的“重命名素材”对话框。在“素材名”栏中填入新的素材名称，单击“确定”按钮后，项目窗口中的原素材名称被改变。用同样的方法，用户也可以给文件夹进行重命名。

(6) 素材的清除。

对于在项目窗口中影片不会用到的素材，或者是错误导入的素材，用户可以在项目窗口中将其清除。如果该素材已在序列中使用，则在序列中该素材的位置留下空位。因此清除素材时需要慎重。

清除过程如下：

在项目窗口中点击某个素材图标，再执行菜单栏“编辑 / 清除”命令即可。也可以在项目窗口某个素材图标上单击鼠标右键，在弹出的快捷菜单中，执行“清除”命令。

5. 素材的剪辑

在 Premiere 中可以利用“时间线”窗口来进行素材的剪辑，这种剪辑更注重的是处理各种素材之间的关系，特别是位于“时间线”窗口中不同轨道上素材之间的关系，从宏观上把握各段素材在时间线上的进度。但在很多时候，用户在剪辑素材时更注重的是素材的内容。

素材的剪辑实际上就是设置该素材片段入点(InPoint)和出点(OutPoint)的过程。所谓入点，就是指素材剪辑完成后的开始点，对于视频素材而言，就是第一帧画面。出点则是指素材剪辑完成后的结束点，即视频素材片段的最后一帧画面。通过改变入点出点的位置，即可实现素材长短的改变。

素材入点和出点的设置既可以在素材导入到“时间线”窗口之前进行，也可在素材导入到“时间线”窗口之后再进行。具体设置方法如下：

(1) 在素材源窗口设置素材入点和出点。

设置入点的过程如下：

①在素材源窗口显示素材“雾中秦岭.AVI”。

②放映素材至用户想要设立入点的位置。可以用鼠标指针拖动放映区下方的游标和履带条来进行素材画面的定位，用退帧按钮和进帧按钮可进行更为精确的定位。

③单击入点按钮“{”为素材设定入点(即起始点)。

设置出点的过程如下：

①放映素材至用户想要设立出点的位置。可以用鼠标指针拖动放映区下方的游标和履带条来进行素材画面的定位，用退帧按钮和进帧按钮可进行更为精确的定位。

②单击出点按钮“}”为素材设定出点(即终止点)。

结果如图 10.15 所示。

设定好入出点之后，这段素材的剪辑就完成了，如有不合意之处可以按 G 键将素材恢复至剪辑前的状态。

设置了入点和出点的视频片段并没有导入“时间线”窗口，可以通过单击素材窗口工具栏上的“插入”按钮，将视频片段导入“时间线”窗口中。

(2) 在“时间线”窗口进行入点和出点设置。

①将素材导入“时间线”窗口。

图 10.15　设置素材入点和出点

②在预览窗口中设置入点和出点，如图 10.16 所示。

③单击预览窗口上的“提取”按钮，可将视频片段导入“时间线”窗口。

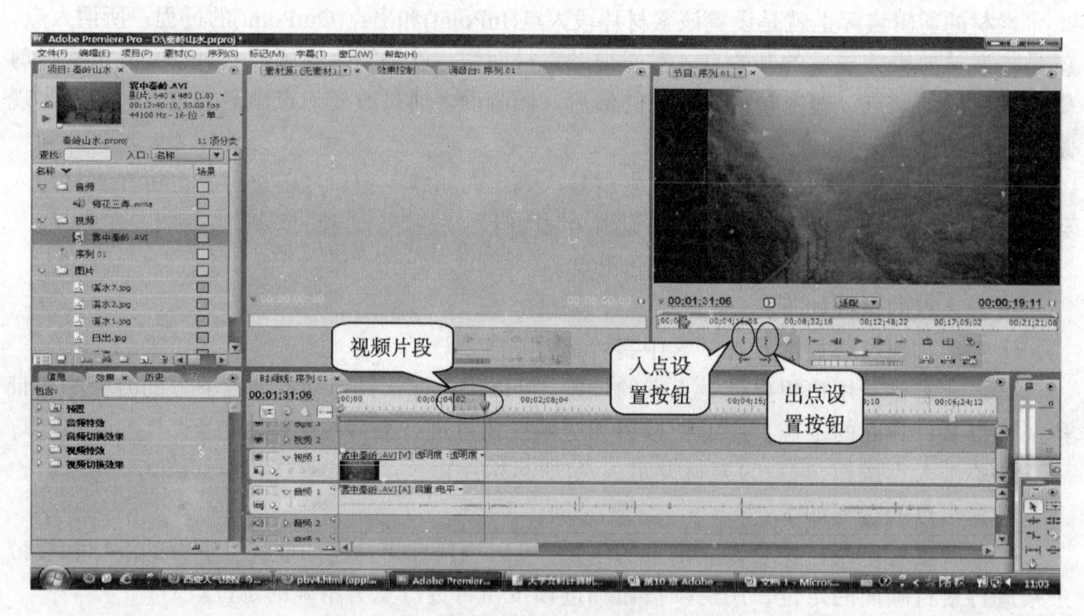

图 10.16　在预览窗口设置素材入点和出点

6. 调整素材速率

在影视作品中经常会看到快动作和慢动作，对于已经摄制好的素材，可以利用速率调整工具来实现这种效果。速率调整工具的功能就是改变某段素材在“时间线”窗口中的持续时间，同时对素材放映的速率进行调整，使之与新的持续时间相适应。

如果用户对素材的持续时间或速率变化的要求不那么精确，那么使用速率调整工具是个明智的选择。但有时候对某段素材的速率调整必须用具体倍数来控制，此时就应当使用快捷菜单栏中的“速度/持续时间”命令。通过该命令，用户可以用具体的加速倍数和持续时间数(帧数)来控制素材的播放速率。

调整素材速率的过程如下：

①在“时间线”窗口鼠标右键单击需要改变速率的素材，在弹出的快捷菜单中选择“速度/持续时间”选项。

②系统弹出“素材速度/持续时间”对话框，如图 10.17 所示。可以根据需要进行相应的设置。

10.2.4　简单的应用举例

要完成一个视频的处理，大致需要经过以下步骤：

①导入素材。

②将素材放到“时间线”窗口并进行编辑。

③添加转场。

④添加音乐。

⑤导出影片。

下面，通过制作一个介绍秦岭山水的简单视频来说明 Premiere 的使用。

1. 导入素材

创建项目文件“秦岭山水.prproj”，然后导入素材，素材包括一段视频、若干图片和一段音乐。建立容器进行素材的分类管理，结果如图 10.18 所示。

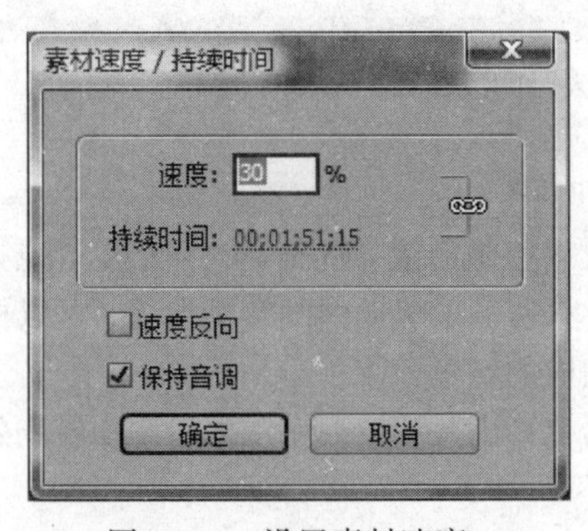

图 10.17　设置素材速度

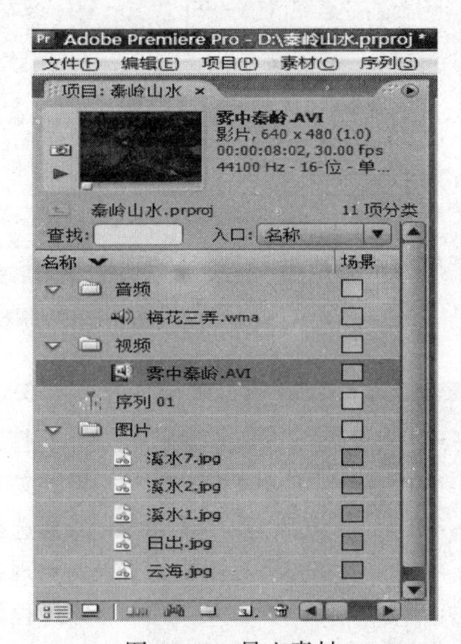

图 10.18　导入素材

素材的基本内容如图 10.19 所示。

2. 将素材放到“时间线”窗口

将所有素材拖放到“时间线”窗口中，各素材的基本设置如下：

“日出”导入视频 1 轨道，持续时间 12 秒；“云海”导入视频 1 轨道，持续时间 9 秒；“雾中秦岭”导入视频 2 轨道，持续时间 8 秒；“溪水 1”导入视频 1 轨道，持续时间 8 秒；“溪水 2”导入视频 1 轨道，持续时间 8 秒；“溪水 7”导入视频 1 轨道，持续时间 8 秒。同时导入音乐素材。结果如图 10.20 所示。

图 10.19　基本素材内容

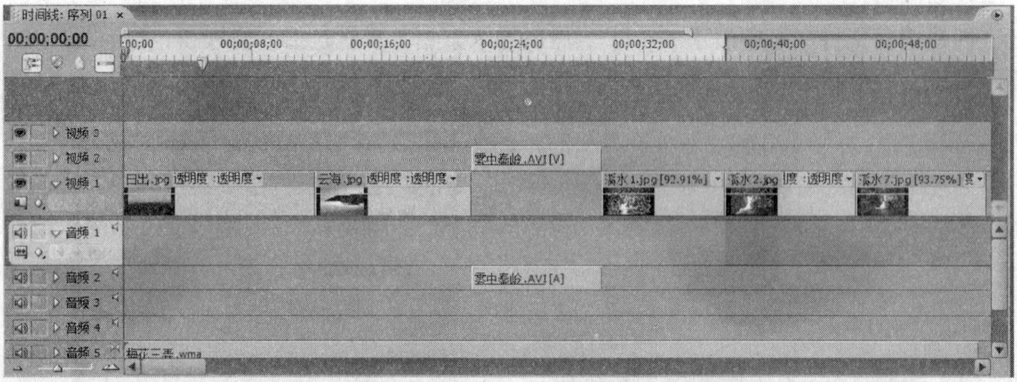

图 10.20　素材导入时间线窗口

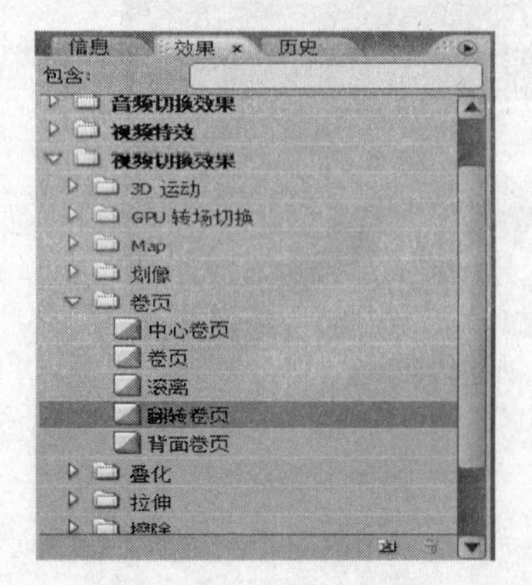

图 10.21　效果控制面板

3. 添加转场

打开效果控制面板，如图 10.21 所示。“视频切换效果”文件夹罗列了系统提供的转场设置，可以根据实际需要选择相应的转场效果。

现在给“日出”和“云海”之间添加转场效果，具体过程如下：

在效果控制面板下，选择“卷页”文件夹下的“中心卷页”转场特效，按住鼠标左键，将其拖动到时间线窗口中“日出”素材和“云海”素材的中间，如图 10.22 所示。松开左键，这时会在两个素材之间增加一个“中心卷页”的转场效果。

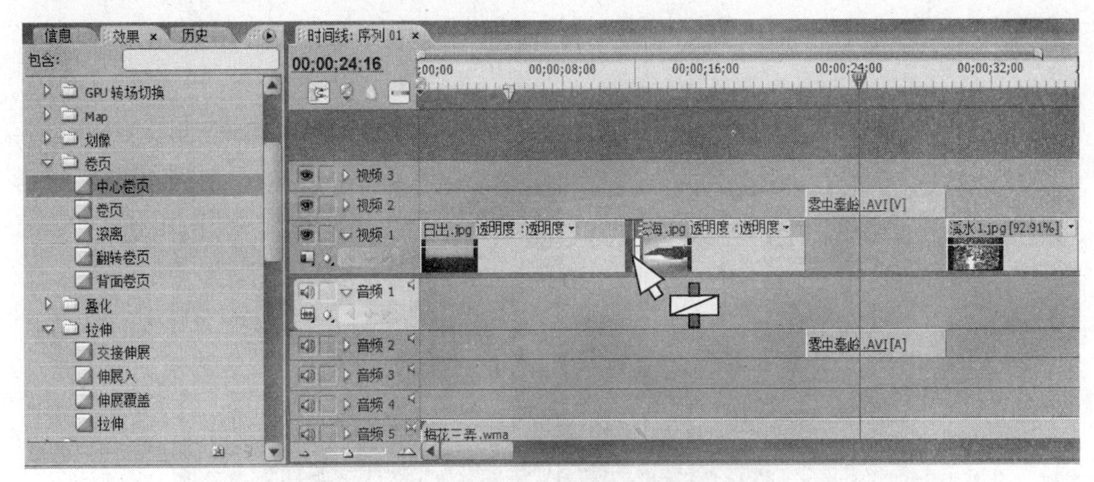

图 10.22　设置转场效果

在素材“云海”的末端添加“卷页”文件夹下的“翻转卷页”转场特效；在素材“雾中秦岭”的开始添加“卷页”文件夹下的“翻转卷页”转场特效；在素材“雾中秦岭”的末端添加“滑像”文件夹下的“十字滑像”转场特效；在素材“溪水 1”的开始添加“滑像”文件夹下的“十字滑像”转场特效；在素材“溪水 1”和“溪水 2”之间添加“滑动”文件夹下的“中心聚合”转场特效；在素材“溪水 2”和“溪水 7”之间添加“拉伸”文件夹下的“交接拉伸”转场特效。

设置结果如图 10.23 所示。

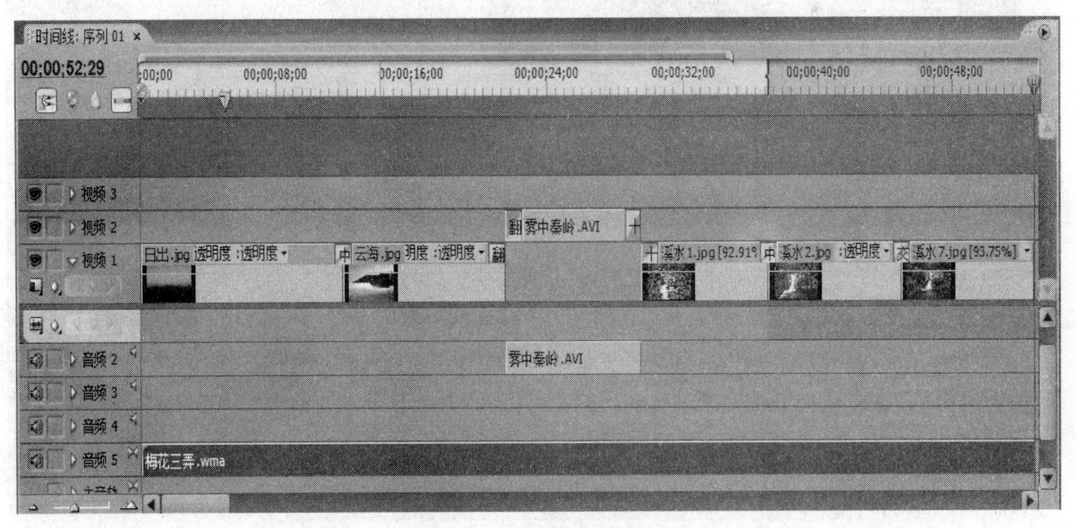

图 10.23　转场效果设置

4. 添加音乐、增加字幕

调整配音音乐的长度，使其和视频部分协调。

下面给视频添加字幕，过程如下：

鼠标指向项目窗口空白处，单击右键，在快捷菜单中选择“新建分类”下的“字幕”，给字幕取名“字幕 1”，系统弹出“新建字幕对话框”，创建字幕，如图 10.24 所示。

图 10.24　创建字幕

将创建好的字幕导入“时间线”窗口的视频 3 轨道，并调整字幕的长度，使其和视频长度相适应。结果如图 10.25 所示。

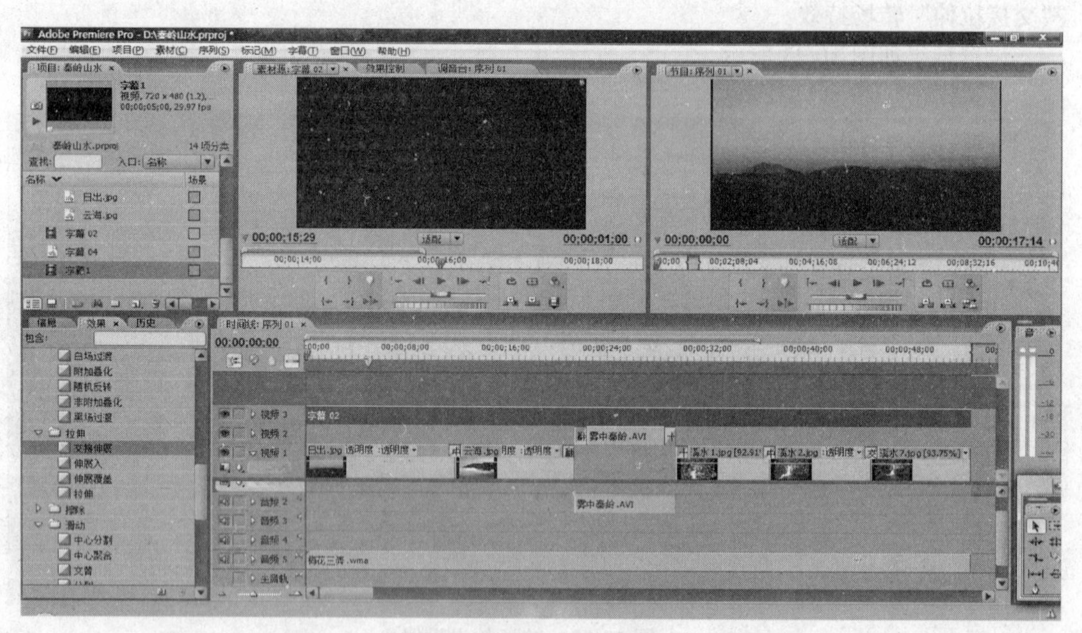

图 10.25　设置结果

5. 导出影片

完成所有素材的编辑工作并达到预期效果后，就可以输出节目了。下面以 AVI 格式为例来说明影片的导出过程。

①选择菜单命令“文件/导出/影片”，系统弹出“导出影片”对话框，如图 10.26 所示。

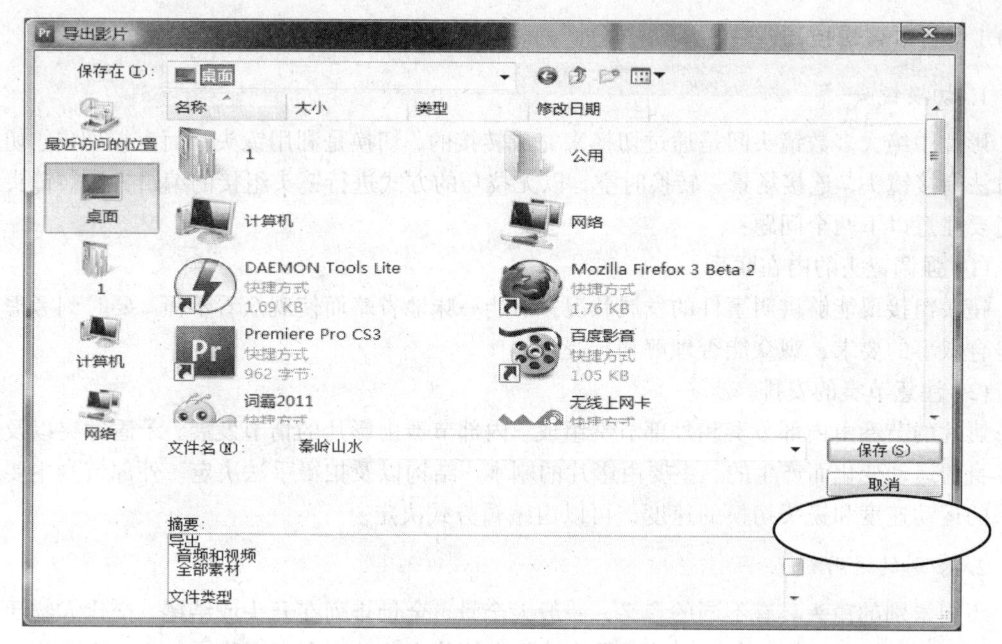

图 10.26　导出影片对话框

②输入文件名：秦岭山水，单击右下角的“设置”按钮可进行相关内容的设置。设置完成后，单击“保存”按钮，系统开始渲染媒体，如图 10.27 所示。

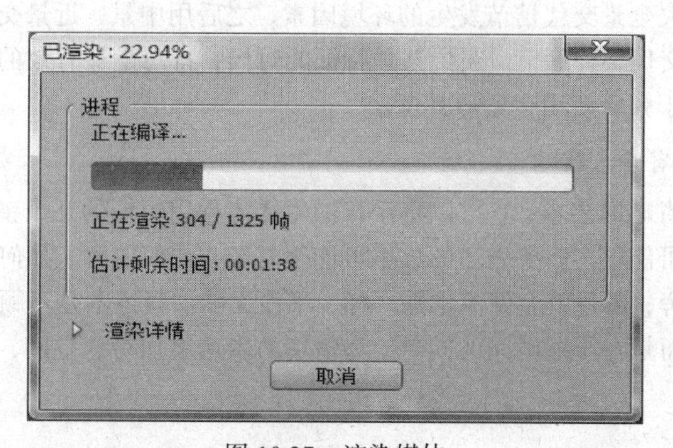

图 10.27　渲染媒体

③渲染成功后，就可以得到所需要的视频文件了。

10.3　Premiere 视频和图像处理

导入的视频素材有些可能不满足需求，这时就需要对视频进行编辑处理。另一方面，不同的视频素材之间的切换也需要通过转场来实现。在素材编辑中，转场与特效起着美化作用，它们使素材连接更加和谐，过渡更加自然，画面更加美观。如果说编辑是主体的话，那么转场与特效就是一个很好的装饰。我们看到的电视节目和电影，几乎都用了转场与特效。

10.3.1　基本编辑技巧

1. 切换镜头

影片中绝大多数镜头间是通过切换来完成转接的，切换是利用镜头画面直接切出、切入的方法衔接镜头、连接场景、转换时空，以无技巧的方式进行镜头组接的编辑方法。镜头组接时要注意以下两个问题：

(1) 强调镜头的内在联系。

镜头组接要能够讲明事件的发展状况，不能一味地省略而使观众看不懂。要时刻考虑是否符合叙事的要求，观众能否理解和接受。

(2) 注意节奏的安排。

影片的节奏由内部节奏和外部节奏组成。内部节奏由影片的情节发展、矛盾冲突以及主体本身的运动变化而产生的，主要由影片的剧本、结构以及拍摄手法决定。外部节奏主要指镜头的运动速度和镜头切换的速度，可以由编辑方式决定。

2. 景别的运用

不同景别的镜头具有不同的含义，一般大全景、全景排列在开头或结尾，交代人物活动的环境，展现气氛气势；中景更重视具体动作和情绪交流，有利于交代人与人、人与物之间的关系；近景画面更加突出主体，用来细致地表现人物的面部神态和情绪；特写可以起到放大形象、强化内容、突出细节等作用，并达到透视事物深层内涵、揭示事物本质的目的。

按照全景、中景、近景、特写的顺序组织镜头是一种比较顺畅的编辑方式。一个场景的开始可以用全景或大全景交代情节发生的环境因素，之后用中景、近景交代主体的活动，推动剧情的发展，在交代某种细节、突出某种特征的时候，特写是最有效的方式，但是特写不同于普通镜头，过于频繁使用会适得其反。

3. 镜头语言的省略与凝练

蒙太奇是一种省略的艺术，它可以将漫长的生活流程用短短的几个镜头表达出来。一部影片所包含的内容可能很多，要表达的故事可能很复杂，如何取舍、如何抓住讲述的重点十分关键。不加以取舍，影片就会像流水账一样，平淡无味。凝练不是不顾观众是否理解将所有的东西都省略，而是在压缩时间的同时，为情绪的表达增加写意空间，有紧有松，形成节奏的变化。

10.3.2　视频及图像编辑

视频和图像的编辑一般包括：选择、剪切、复制、移动、删除等操作。

1. “时间线”窗口

“时间线”窗口是非线性编辑的核心面板。视频、音频剪辑的大部分编辑合成工作和特效制作都要在该窗口中完成。在“时间线”窗口中，从左到右按顺序排列的视频、音频剪辑最终将渲染成为影片。“时间线”窗口的基本组成如图 10.28 所示。

在操作“时间线”窗口中的素材时，经常会用到工具栏，工具栏集中了用于编辑剪辑的所有工具。要使用其中的某个工具时，先在工具栏中单击将其选中；然后移动鼠标指针到“时间线”窗口所要操作对象的上方，鼠标指针会变为该工具的形状，并在工作区下方的提示栏显示相应的编辑功能；接下来就可以进行相应的操作了。

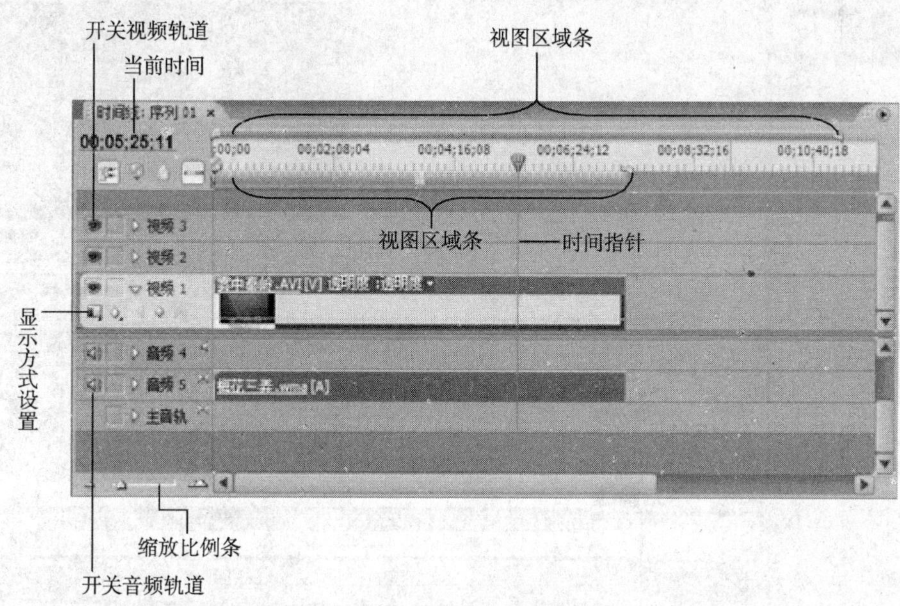

图 10.28　时间线窗口基本组成

2. 素材的选择

在“时间线”窗口中可选取单个或多个剪辑，选择方法有多种，主要包括以下几种。

(1) 单个素材的选取。

单击工具栏中的“选择”工具，然后单击所要选取的剪辑即可，被选中的剪辑周围出现虚线框。

(2) 多个素材的选取。

选取工具栏中的“选择”工具，然后在“时间线”窗口中单击并拖动鼠标，鼠标经过的剪辑都被选中。

提示：也可以按住 Shift 键不放，然后用鼠标逐个单击所要选择的素材。

(3) 选择某个轨道上的素材。

单击工具栏中“轨道选择”工具，然后单击该轨道上对应的素材。

3. 素材的分离和关联

在素材的编辑过程中，有时需要把导入素材的视频和音频分开，或者把独立的视频素材和音频素材关联起来。这些要求可以通过素材的分离和关联来实现。

素材的分离过程如下：

①将素材“雾中秦岭.AVI”拖动到“时间线”窗口。

②选中该素材，可以发现素材的视频部分和音频部分是作为一个整体移动，这表明它们之间是相关的，如图 10.29 所示。

③选择菜单命令“素材 / 解除音视频链接”，可以发现，视频部分和音频部分已经分离。

素材的除了需要分离外，另外一些素材还需要进行关联。

图 10.29　分离前移动效果

素材的关联过程如下：

①首先删除“雾中秦岭.AVI”的音频部分，然后将导入的素材“梅花三弄.wma”拖入“时间线”窗口。

②选择所要关联的素材，然后选择菜单命令“素材 / 链接音视频”，可以发现，视频部分和音频部分已经关联，结果如图 10.30 所示。

4. 素材的剪辑

素材的剪辑可以在素材源窗口、预览窗口和“时间线”窗口中进行。下面以在“时间线”窗口为例来说明如何实现素材的剪辑。

在“时间线”窗口中剪辑素材有多种方法。

①使用出点、入点工具进行剪辑。

②通过在素材两端直接拉动进行剪辑。

③使用剃刀工具或滚动工具进行剪辑。

使用出点、入点工具进行剪辑在 10.2.3 节已经说明，下面简单介绍另外几种素材剪辑的方法。

方法一：通过素材菜单进行剪辑，过程如下：

①新建一个项目，导入视频素材“雾中秦岭.AVI”，并将素材拖动到“时间线”窗口的视频轨道上，单击选定要分隔的剪辑，并把编辑线移动到要分隔的位置。

②选择菜单命令“序列 / 应用剃刀于当前时间标示点”，这时查看时间线窗口中的“雾中秦岭.AVI”，可以发现已从编辑线处分割成了两个相邻的剪辑片段，如图 10.31 所示。

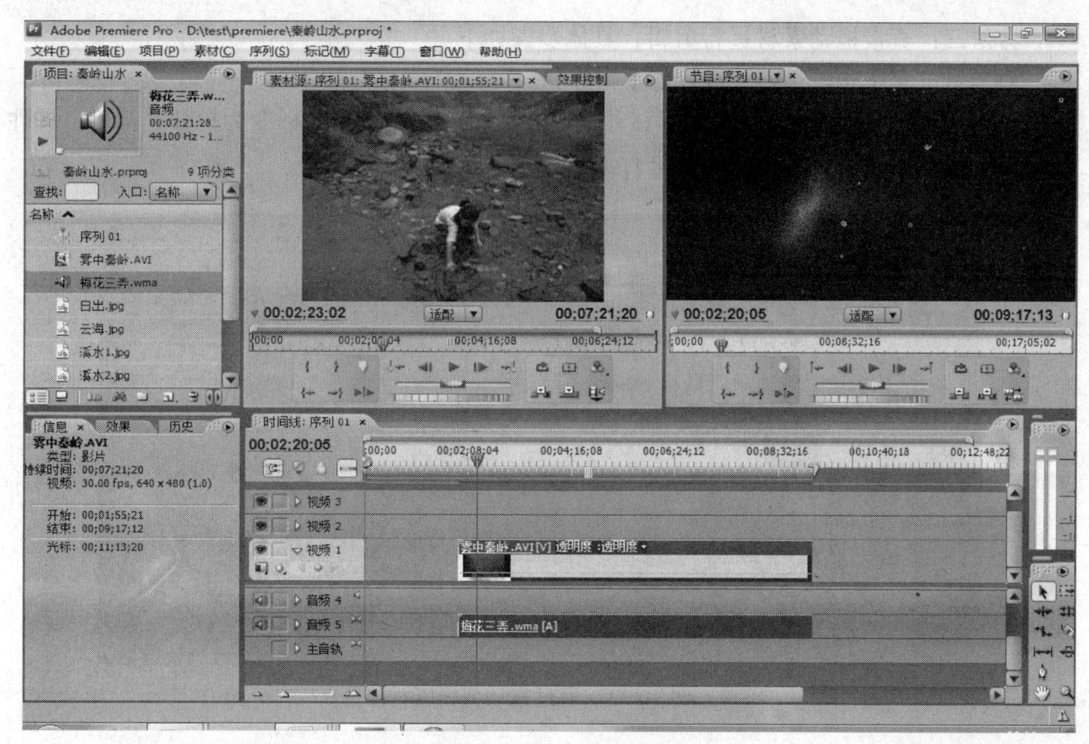

图 10.30　关联后移动效果

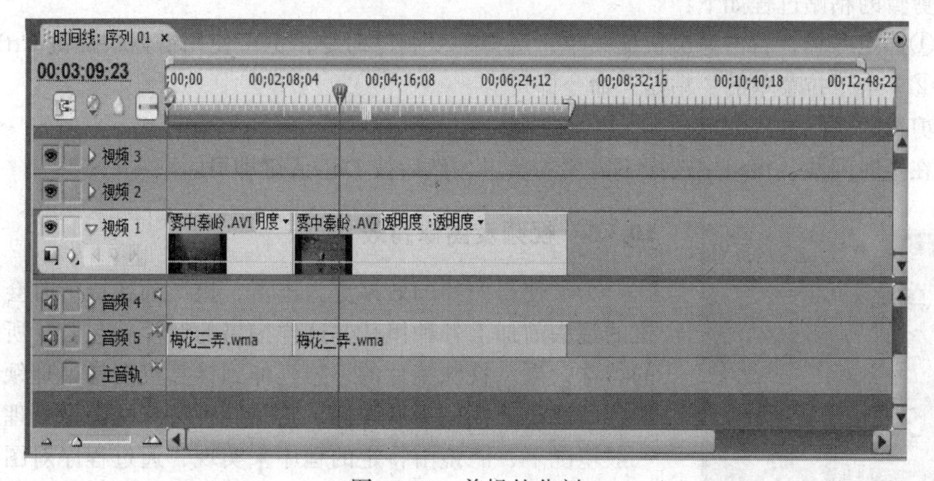

图 10.31　剪辑的分割

方法二：使用剃刀工具，具体过程如下：

选择“时间线”窗口工具箱中的剃刀工具，然后在要分割的时间点处单击鼠标，剪辑就在单击处被分割开。

对于已经分隔的素材，选择不需要的部分，然后单击右键，在快捷菜单中选择“清除”或“波纹删除”就可删除所选素材。

注意：选择“清除”命令删除素材后，不影响其他的素材；而选择“删除波纹”命令删除素材后，被删素材后面的素材会自动前移。

方法三：直接拖动素材进行剪辑，具体步骤如下。

对素材“雾中秦岭.AVI”进行如下操作：

单击选择工具，然后将鼠标移动到需要剪辑的一端，当鼠标变为拉伸光标后，按住左键进行拖动，这时就可以对素材进行剪辑，如图 10.32 所示。

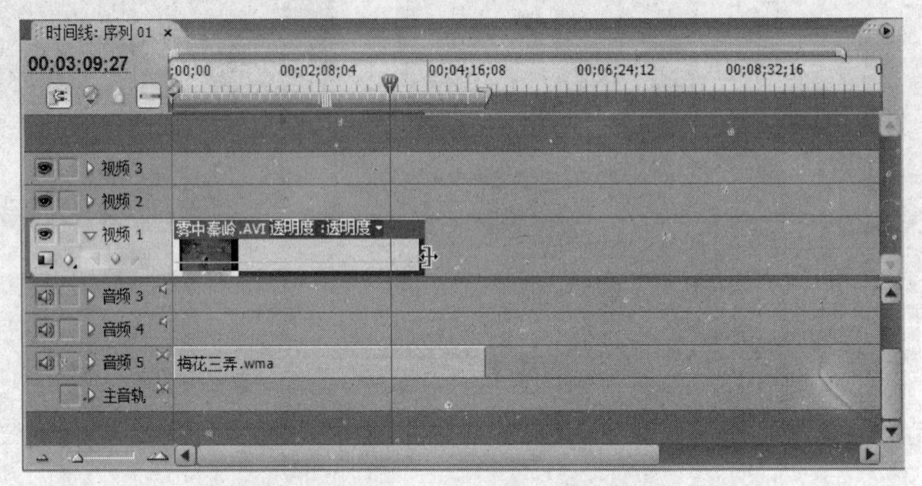

图 10.32　通过拖动剪辑素材

5. 剪辑的粘贴与删除

剪辑的粘贴过程如下：

①选定剪辑，右击弹出快捷菜单，选择“复制”命令，也可使用键盘快捷键 Crtl + C。

②单击下拉菜单的“粘贴”命令即可。

剪辑的删除过程如下：

在“时间线”窗口中选择不需要的剪辑，然后按 Delete 键即可。

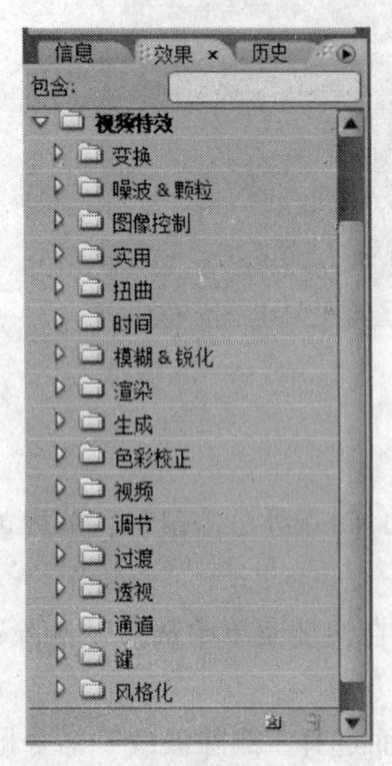

图 10.33　视频特效选项卡

10.3.3　视频及图像特效

为了使得照片的效果更为丰富，摄影师在摄影时会在照相机的镜头前加上各种镜片，这样拍摄的照片就包含了所加镜片的特殊效果。特殊镜片的思想延伸到计算机图像处理领域，便产生了滤镜，也称为滤波器，它是一种特殊的图像处理技术。一般境况下，滤镜由特定的程序来实现，通过程序对图像中相应像素的颜色、亮度、饱和度、对比度、色调、分布、排列等属性进行处理，从而使图像产生特殊的效果。

在 Premiere 中，滤镜是通过“视频特效”来实现的。使用视频特效能够根据需要为影视作品添加神奇多变的视觉艺术效果。Premiere 提供了 140 多种视频特效，必要时可为一段剪辑添加多个视频特效。

1. 添加视频特效

现在给“时间线”窗口中“雾中秦岭.AVI”剪辑添加视频

特效。

过程如下：

①在效果调板窗口中点击“效果”选项卡，系统弹出“效果”设置窗口，单击“视频特效”选项卡，结果如图 10.33 所示。

②选择相应的视频特效，将其拖动到“雾中秦岭.AVI”剪辑上，即可添加视频特效。例中，给剪辑添加“弯曲”特效、“扭曲”特效和“放大”特效，结果如图 10.34 所示。

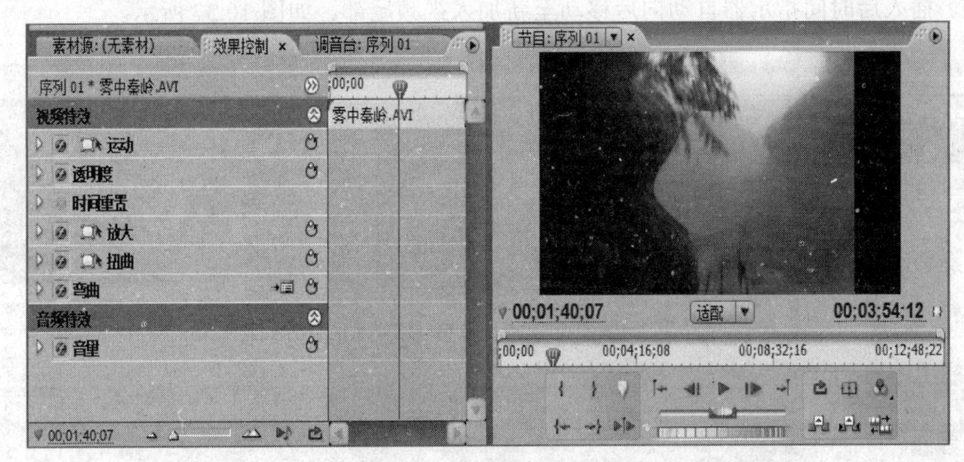

图 10.34　特效设置结果

注意：图像也可以设置特效，其设置过程和方法同视频剪辑。

2. 修改视频特效

特效添加之后还可以修改特效的参数，使其满足实际的需求，设置特效参数的过程如下：

①在“时间线”窗口中选择设置了特效的剪辑。

②在素材源窗口中单击“效果控制”标签，结果如图 10.35 所示。

③调整参数，达到所需要的效果。

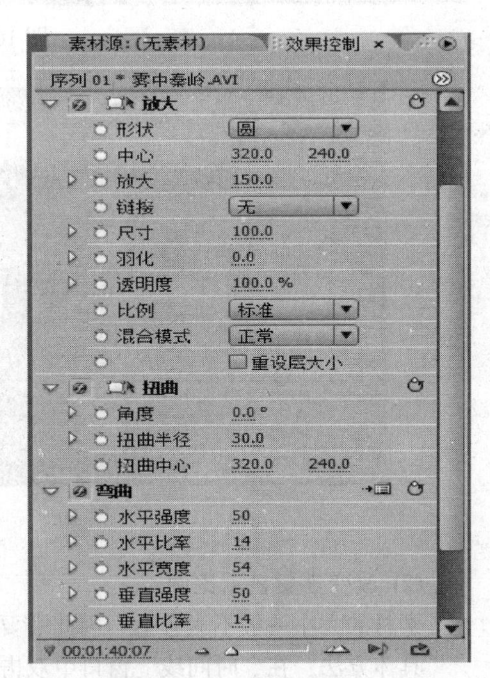

图 10.35　效果参数设置

3. 关键帧的处理

关键帧是一类特殊的帧，通过设置关键帧，在不同的时间设置不同的视频特效参数值以改变视频特效，从而达到改变视频播放效果的目的。简单地说，通过关键帧的设置可以将静态图像素材生成精彩的动态视频效果。

在创建过程中，有 3 个要点：显示比例的设定；关键帧的设定；运动轨迹的设定。

下面通过创建关键帧实现镜头平移和拉近效果。

具体步骤如下：

(1) 导入素材。

①启动 Premiere，新建一个项目文件：流动的山水.prproj，然后导入图片“溪水 7.JPG”。

②双击项目窗口中的“溪水 7.JPG”图片文件名，在素材源窗口内显示图片内容。

③选择“素材”菜单下的“插入”命令，素材源窗口内的素材被加入到“时间线”窗口中视频 1 轨道上。插入前，其起始时间为时间轴中红色时间指示器原始位置处，如图 10.36 所示。插入后时间指示器自动向后移动至新加入视频尾部，如图 10.37 所示。

图 10.36　导入素材

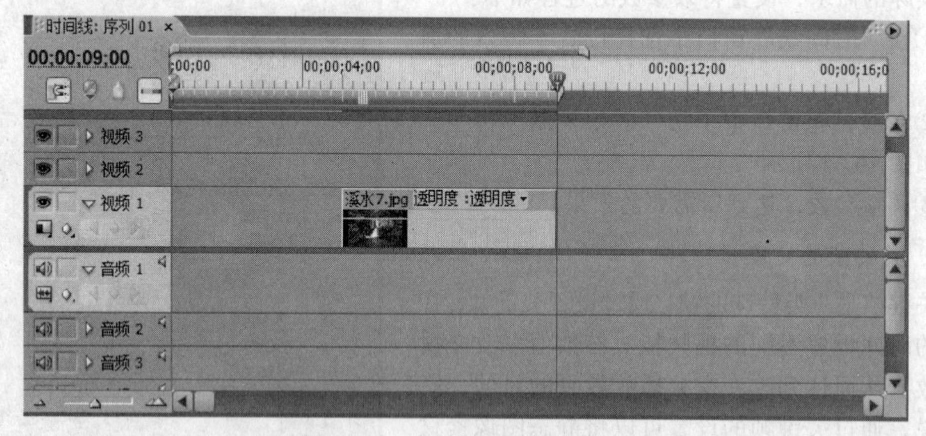

图 10.37　素材导入时间线窗口

(2) 改变素材显示比例。

素材的大小一般不太合适，因此需要对其尺寸进行修改。

具体方法：在“时间线”窗口中双击“溪水 7.JPG”素材，使之在两个监视器窗口中都有显示。然后在素材源窗口单击“效果控制”标签，切换到“视频特效”选项卡。单击“运动”选项左侧的展开按钮，可以看到其中有“位置”、“比例”、“旋转”、“定位点”、“防闪烁过滤”等选项。将“缩放”设置为 140，设置前后显示效果如图 10.38 所示。

设置前

设置后

图 10.38　设置素材显示比例

(3) 使用关键帧设置运动轨迹生成镜头平移效果。

在视频中创建关键帧的主要目的是生成动画，要生成随时间变化的动画至少要设置 2 个关键帧。

设置关键帧的步骤可概括如下：

指定需要设置关键帧的素材；然后固定设置关键帧的时间点；接着改变参数在该时间点上的数值；最后打开关键帧开关。

①在“时间线”窗口上单击需要添加关键帧的图片“溪水 7.JPG”，然后在素材源窗口中单击“效果控制”标签，找到“视频特效”选项。

②单击“运动”选项左侧的展开按钮，窗口的右上角标记处有一个箭头符号，单击该箭头，“效果控制”窗口右侧出现关于素材的时间标尺，如图 10.39 所示。

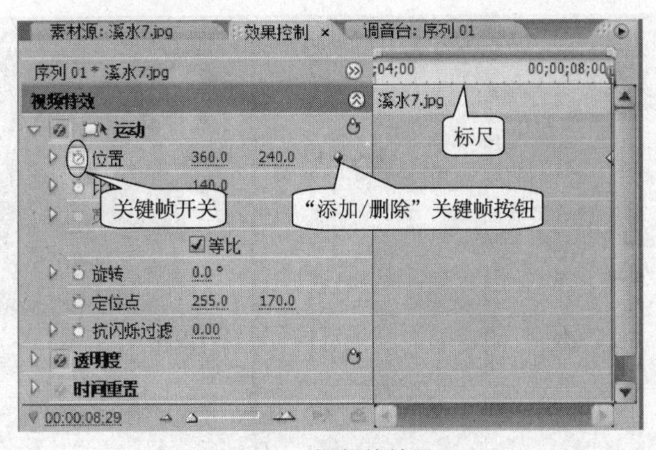

图 10.39　视频特效界面

③设置第一个关键帧。将上图中时间轴上红线状的时间指示器移动到时间标尺的

00：00：04：00 处，确定加入第一个关键帧的具体时间。将“位置”的坐标参数输入为(800，240)，再单击“位置”左边的关键帧开关，发现时间指示器的红线上多了一个菱形符号，这就是关键帧的符号。

④设置第二个关键帧。将时间指示器移动到时间标尺的最右侧，将“位置”的坐标参数输入为(50，240)，发现时间指示器处又多了一个菱形关键帧符号，如图 10.40 所示。

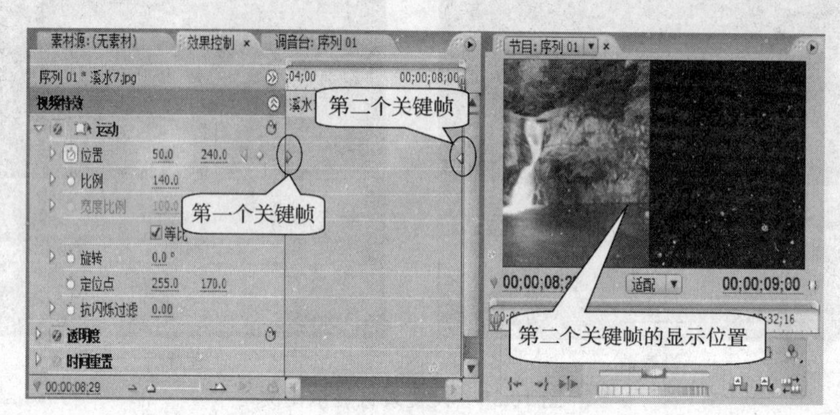

图 10.40　创建关键帧实现镜头平移效果

第①、②、③、④这 4 个步骤起到的作用是：在两个关键帧执行的时间范围内，图片“溪水 7.JPG”中心坐标由(800，240)改变为(50，240)，图片位置在水平方向上从右向左移动。在监视器中呈现的结果为镜头正在由左向右的移动，类似摄像机水平拉动镜头的操作。从而实现了静态图像的运动。

(4) 制作镜头拉近的动态效果。

①将时间指示器移动到素材“溪水 7.JPG”上 00：00：04：00 处，把“运动”下“缩放”参数设置为 100，打开关键帧开关。

②将时间指示器移动到时间标尺的最右侧，把“缩放”参数调整为 300，系统自动添加第二个关键帧符号，如图 10.41 所示。

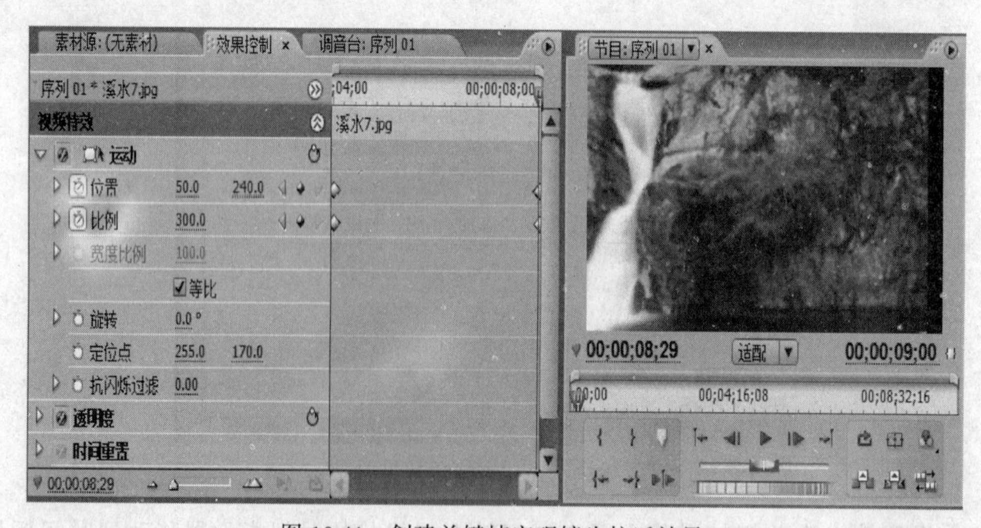

图 10.41　创建关键帧实现镜头拉近效果

播放素材，可以发现，在 00：00：04：00 到 00：00：08：00 的这段时间里，“溪水 7.JPG”图片从右向左移动，同时按比例放大，形成镜头拉近的动态效果。

10.3.4　叠加效果的制作

叠加效果是将两个或多个素材重叠在同一个屏幕上播放，下面介绍常见的叠加方法。

1. 使用透明度叠加视频

改变视频的透明度可以使两个或多个视频同时或部分播放。透明度数值高，视频内容轻薄透明；透明度低，视频内容坚实不透明。可以在时间轴窗口中使用钢笔工具调整素材的透明度，也可以在“效果控制”标签中调整。可以通过对透明度进行关键帧的设置完成素材淡入淡出的效果。

2. 使用键控设置叠加的效果

在电视制作中键控也被称作抠像。抠像是将背景进行特殊透明叠加的一种技术，它通过将指定区域的颜色除去，使其透明来完成和其他素材的合成效果。一般常用的抠像特效有蓝屏抠像、绿屏抠像、非红色抠像、亮度抠像和跟踪抠像。

在“视频特效”中的“键”文件夹中，共有 14 种不同的键控效果，如图 10.42 所示。它可以实现在素材叠加时，指定上层的素材哪些部分是透明的，哪些部分是不透明的。它与“透明度”设置叠加的区别在于“透明度”是将素材的所有部分共同变得透明。

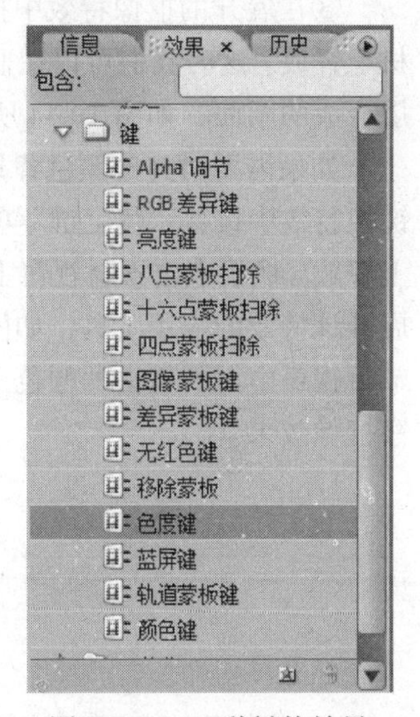

图 10.42　14 种键控效果

下面以色键抠像为例来说明抠像的使用，色键抠像是通过比较目标的颜色差别来完成透明，其中蓝屏抠像是常用的抠像方式。

要进行抠像合成，一般情况下，至少需要在抠像层和背景层上下两个轨道上放置素材。抠像层是指人物在蓝色或绿色背景前拍摄的素材(画面)，背景层是指要在人物背后添加的新的背景素材(画面)，并且抠像层在背景层之上，这样，可以保证为对象设置抠像效果后，可以透出底下的背景层。

有两个素材，如图 10.43 所示，要求以溪水为背景显示小鸟。

溪水 2.JPG

小鸟.JPG

图 10.43　素材

具体过程如下：

①将“溪水 2.JPG”拖放到时间线窗口视频 1 轨，将“小鸟.JPG”素材拖放到视频 2 轨，并与背景素材上下重叠。

②选择抠像素材“小鸟.JPG”，打开“视频特效”文件夹，单击“键”子文件夹，展开其所有的抠像特效。

③在展开的抠像特效中按住“蓝屏键”项，将其拖到“时间线”窗口视频 2 轨的抠像素材上释放。这时我们可以在监视器窗口中看到蓝色的背景被已经被抠除，只留下了小鸟与底层合成的画面，如图 10.44 所示。

如果需要对其他颜色背景的素材进行抠像，可以按照上述①、②步骤完成后，在展开的键控特效中按住“色度键”项目，并将其拖到“时间线”窗口视频 2 轨需要进行抠像的素材上释放。然后点击素材视窗上方的“特效控制台”选项卡，点击“色度键”前的小三角按钮，展开该特效的应用工具，如图 10.45 所示。在“颜色”选项中选择滴管工具，并将其拖放到节目视窗中需要抠去的颜色上释放，吸取颜色。吸取颜色后，可以调节下列各项参数，并观察抠像效果。

图 10.44　处理结果

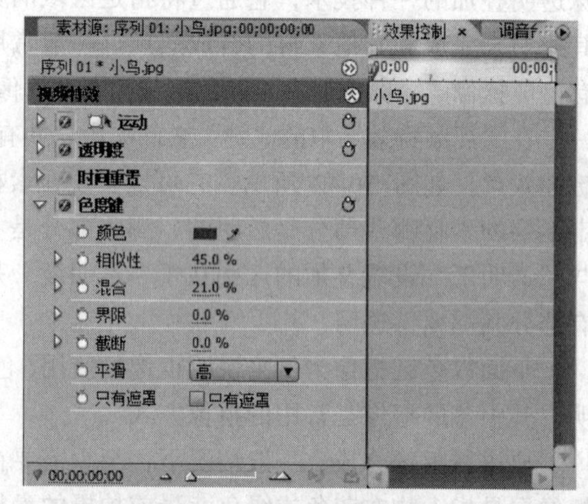

图 10.45　设置色度键参数

“相似性”参数控制与键出颜色的容差度，容差度越高，与指定颜色相近的颜色被透明得越多，容差度越低，则被透明的颜色越少；“混合”调节透明与非透明边界色彩混合度；“界线”调节图像阴暗部分的量；“截断”使用纯度键调节暗部细节；“平滑”选项可以为素材变换的部分建立柔和的边缘。

10.3.5　视频及图像转场

为了使视频内容的条理性更强、层次的发展更清晰，在场面与场面之间的转换中，需要一定的手法。

1. 转场的基本形式

转场的方法多种多样，但通常可以分为两类：一种是用特技的手段做转场，另一种是用镜头的自然过渡做转场。前者也叫技巧转场，后者又叫无技巧转场。

(1) 技巧转场。

技巧转场一般用于情节段落之间的转换，它强调的是心理的隔断性，目的是使观众有较明确的段落感觉。归纳起来主要有以下几种形式：

①淡出与淡入。淡出是指上一段落最后一个镜头的画面逐渐隐去直至黑场，淡入是指下一段落第一个镜头的画面逐渐显现直至正常的亮度。淡出与淡入画面的长度，一般各为 2 秒，但实际编辑时，应根据电视片的情节、情绪、节奏的要求来决定。有些影片中淡出与淡入之间还有一段黑场，给人一种间歇感。

②划像。划像一般用于两个内容意义差别较大的段落转换。可分为划出与划入。前一画面从某一方向退出荧屏称为划出，下一个画面从某一方向进入荧屏称为划入。划出与划入的形式多种多样，根据画面进、出荧屏的方向不同，可分为横划、竖划、对角线划等。

③叠化。叠化指前一个镜头的画面与后一个镜头的画面相叠加，前一个镜头的画面逐渐隐去，后一个镜头的画面逐渐显现的过程。叠化主要有以下几种功能：一是用于时间的转换，表示时间的消逝；二是用于空间的转换，表示空间已发生变化；三是用叠化表现梦境、想象、回忆等插叙、回叙场合；四是表现景物变幻莫测、琳琅满目、目不暇接。

④翻页。翻页是指第一个画面像翻书一样翻过去，第二个画面随之显露出来。现在由于三维特技效果的发展，翻页已不再是某一单纯的模式。

除以上常见的转场方法，技巧转场还有 3D 运动、滑动等其他一些方式。

(2) 无技巧转场。

无技巧转场是用镜头的自然过渡来连接上下两段内容，主要适用于蒙太奇镜头段落之间的转换和镜头之间的转换。与情节段落转换时强调的心理的隔断性不同，无技巧转换强调的是视觉的连续性。并不是任何两个镜头之间都可应用无技巧转场方法，运用无技巧转场方法需要注意寻找合理的转换因素和适当的造型因素。无技巧转场的方法主要有以下几种：

①相同主体转换。相同主体的转换包含几个层面的意思：一是上下两个相接镜头中的主体相同，通过主体的运动、主体的出画入画，或者是摄像机跟随主体移动，从一个场合进入另一个场合，以完成空间的转换；二是上下两个镜头之间的主体是同一类物体，但并不是同一个，假如上一个镜头主体是一只书包，下一个镜头的主体是一只公文包，这两个镜头相接，可以实现时间或者是空间的转换，也可以同时实现时空的转换；三是利用上下镜头中主体在外形上的相似完成转场的任务。

②遮挡镜头转场。遮挡镜头转场是指在上一个镜头接近结束时，被摄主体挪近以挡黑摄像机的镜头，下一个画面主体又从摄像机镜头前走开，以实现场合的转换。上下两个相接镜头的主体可以相同，也可以不同。用这种方法转场，能给观众视觉上较强的冲击，还可以造成视觉上的悬念，同时也使画面的节奏紧凑。如果上下两个画面的主体是同一个，还能使主体本身得到强调和突出。

③主观镜头转场。上一个镜头拍摄主体正在观看的画面，下一个镜头接转主体观看的对象，这就是主观镜头转场。主观镜头转场是按照前、后两镜头之间的逻辑关系来处理转场的手法，主观镜头转场既显得自然，同时也可引起观众的探究心理。

④特写转场。特写转场指不论上一个镜头拍摄的是什么，下一个镜头都由特写开始。由于特写能集中人的注意力，因此即使上下两个镜头的内容不相称，场面突然转换，观众也不至于感觉到太大的视觉跳动。

⑤承接式转场。承接式转场也是按逻辑关系进行的转场，它是利用影视节目两段之间在情节上的承接关系，甚至利用悬念、两镜头在内容上的某些一致性来达到顺利转场的目的。

⑥动势转场。动势转场是指利用人物、交通工具等的动势的可衔接性及动作的相似性完成时空转换的一种方法。

2. 使用转场应遵守的原则

利用转场将前后两个画面连接起来，使观众明确意识到前后画面间、前后段落间的隔离转换，可以避免镜头变化带来的跳动感，并且能够产生一些直接切换不能产生的视觉及心理效果。但使用转场应遵守以下原则。

(1) 有连接性。

利用特效进行转场应具有较好的连接性，技巧形式应该与上下画面内容相互融合，形成一个有机的整体，得到自然平滑的视觉心理效果。

(2) 有节制。

使用转场特效要有节制。过多地使用技巧进行转场，容易造成作品结构的松散，使人感觉作品过于零碎，并且由于人为痕迹过于明显，会影响作品的真实性。

3. 转场与特效窗口

在效果调板窗口中，单击“效果”选项卡。系统弹出“效果设置”窗口，包含“预置”、“音频特效”、“音频切换效果”、“视频特效”、“视频切换效果”5部分，如图10.46所示。

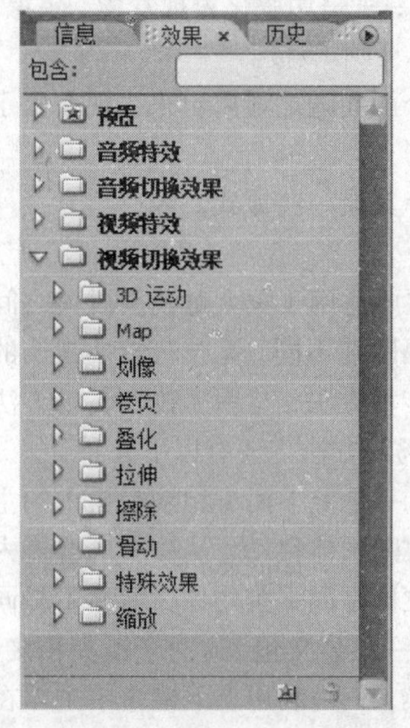

图 10.46　效果设置窗口

4. 添加转场

视频转场使镜头衔接、过渡更加自然、美观，音频转场使音频转场更加自然和谐。视频转场共有10类，根据实际需要，选择合适的转场特技。

转场的添加过程如下：

拖动转场，直接放置到两个素材中间。此时，两个素材中间会出现转场标志。

如果对已经加入的视频转场不满意，选中已经加入的视频转场，按Delete键即可删除，也可以通过右键单击，在弹出的菜单中选择“清除”操作。

创建项目文件“小女孩.prproj”，然后导入素材。素材包括3张图片，3张图片的大小为：2560×1920，其内容如图10.47所示。

将所有素材拖放到“时间线”窗口中。“女孩1.JPG”导入视频1轨道，持续时间8秒；“女孩2.JPG”导入视频1轨道，持续时间8秒；“女孩3.JPG”导入视频1轨道，持续时间8秒。

由于素材尺寸较大，需要调整素材显示比例，在“素材”窗口中单击“效果控制”面板，调整显示比例参数为24，达到所需要的效果。首先对素材“女孩3.JPG”创建关键帧使静态图像产生拉进效果，然后添加转场。

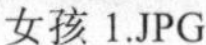

女孩 1.JPG

女孩 2.JPG

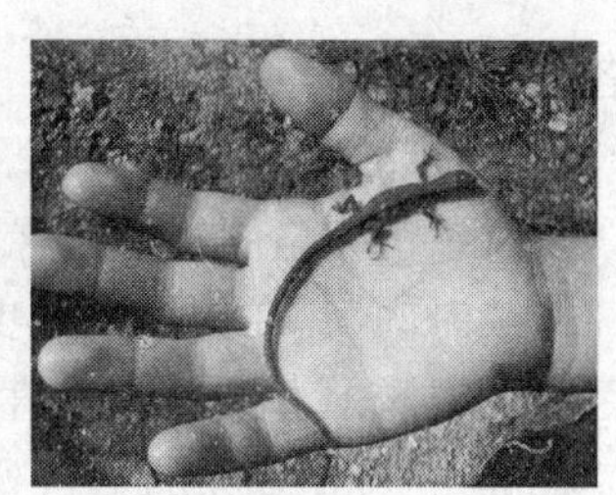

女孩 3.JPG

图 10.47　素材内容

添加转场具体过程如下：

打开项目窗口中的效果控制面板，在视频切换效果文件夹下罗列了系统提供的各种转场特效，可以根据实际需要选择相应的转场效果，在素材“女孩 1.JPG”和“女孩 2.JPG”之间添加“中心分割”转场效果，在素材“女孩 2.JPG”和“女孩 3.JPG”之间添加“缩放”转场效果。添加转场结果如图 10.48 所示。

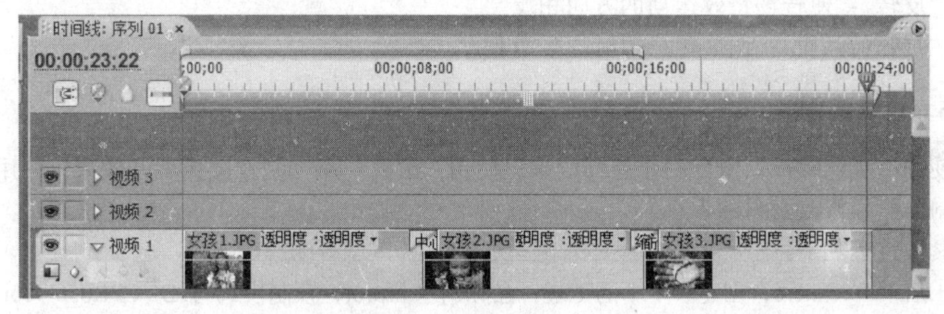

图 10.48　添加转场结果

5. 设置转场参数

设置转场参数的数值可以调节转场起始的效果、转场的长度和起始方式。

对剪辑应用视频转场特效后，特效的属性及参数都将显示在“效果控制”面板中。双击视频轨道上的转场特效矩形框，调出“效果控制”面板，如图 10.49 所示。单击面板右上角的按钮，打开时间线区域。

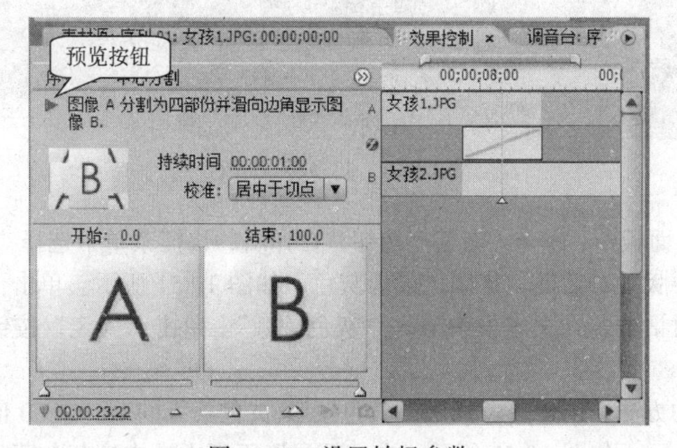

图 10.49　设置转场参数

各选项的具体意义如下：

“预览按钮”：单击此按钮，可以在缩略图视窗中预览切换效果。对于某些有方向性的切换，可以单击缩略图视窗边缘的箭头改变切换方向。

“持续时间”：在该栏中拖曳鼠标，可以延长或缩短转场的持续时间，也可以双击鼠标左键，在文本框中直接输入数值，做精细的调节。

“校准”：可在该项的下拉列表中选择对齐方式，包括“居中于切点”、“开始于切点”、“结束于切点”、“自定义开始”4 项。

“开始”和“结束”：设置转场特效始末位置的进程百分比，可以单独移动特效的开始和结束状态。按住 Shift 键拖动滑块，可以使开始、结束位置以相同数值变化。

另外，在一些转场中还有以下参数：

“边宽”：调节转场边缘的宽度，默认值为 0。

“边色”：设定转场边缘的颜色。单击颜色框可以调出拾色器，在其中选择所需要的颜色，也可以使用吸管在屏幕上选择颜色。

“反转”：使转场特效运动的方向相反。

“抗锯齿品质”：调节转场边缘的平滑程度。

10.3.6　设计实例

使用“彩色蒙板”命令制作卷轴效果；使用“滚离”命令制作图像展开效果；使用“效果控制”面板修改素材的大小。

具体过程如下：

①启动 Premiere，创建一个新的工程：品味山水.prproj，预制模式为 DVCPR050\480i 中的“DVCPR050 NTSC 标准宽银幕”模式。导入素材“归隐叠翠.JPG”，素材内容如图 10.50 所示。

图 10.50　归隐叠翠.JPG

②在“项目”面板中，单击“新建”按钮，在弹出的快捷菜单中选择“彩色蒙版”命令，系统弹出“彩色蒙版”对话框，将颜色设为灰色，如图 10.51 所示。单击“确定”按钮，弹出“选择名称”对话框，在文本框中输入“灰色蒙版”。单击“确定”按钮，“项目”面板中生成灰色蒙版。

③使用相同的方法，创建黑色蒙版、黄色蒙版(黄色蒙版的 R、G、B 值都为 255)。创建完成后，“项目”面板如图 10.52 所示。在“项目”面板中选中“灰色蒙板”文件，并将其

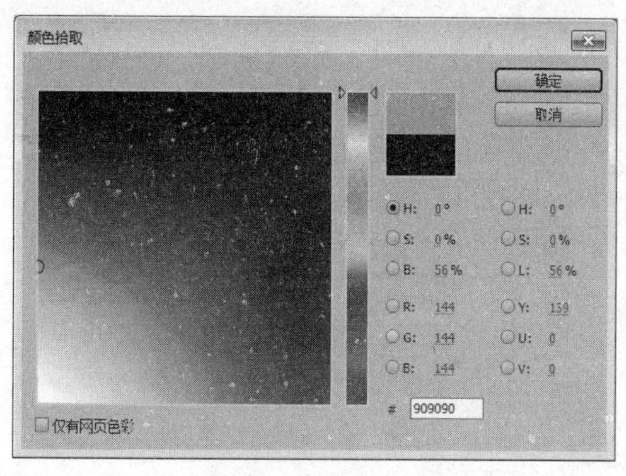

图 10.51　彩色蒙版对话框

拖曳到“时间线窗口”中的“视频 1”轨道中。再将素材“归隐叠翠.JPG”拖曳到“时间线”窗口中的“视频 2”轨道中。选择“效果控制”面板，展开“运动”选项，将“比例”选项设置为 18。预览窗口内容如图 10.53 所示。

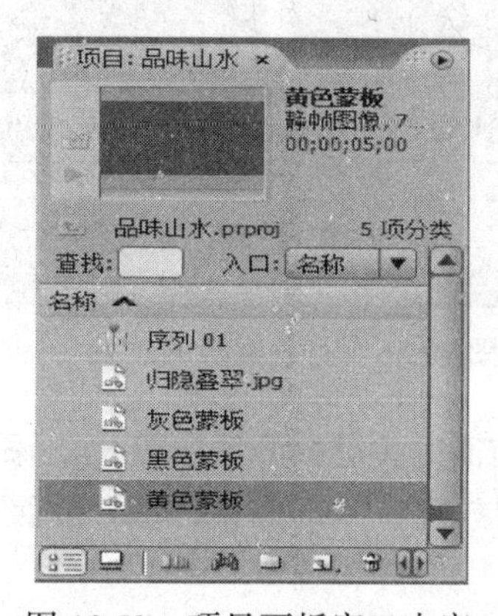

图 10.52　项目面板窗口内容

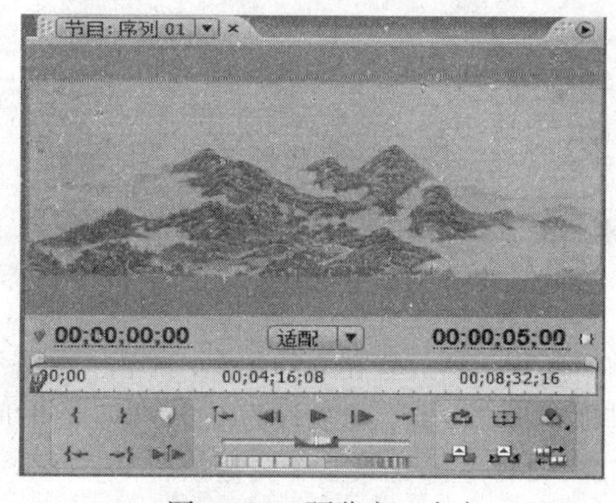

图 10.53　预览窗口内容

④在“时间线”窗口中“归隐叠翠.JPG”文件的开始位置添加“卷页”文件夹中的“滚离”特效。在“效果控制”面板中，展开“滚离”特效，将“持续时间”设为 4。

⑤在“项目”面板中，选中“黑色蒙版”文件，并将其拖曳到“时间线”窗口中的“视频 3”轨道中，选择“效果控制”面板，展开“运动”选项，取消勾选“等比”复选框，将“高度比例”选项设为 75，“宽度比例”选项设为 2，设置效果如图 10.54 所示。

将时间指示器放置在 0 的位置，单击“位置”选项前面的关键帧开关按钮 ，添加第 1 个关键帧，将“位置”选项设为(0，240)。将时间指示器放置在 4 的位置，将“位置”选项设为(725，240)，添加第 2 个关键帧，如图 10.55 所示。

⑥在“视频 3”轨道上方添加“视频 4”轨道，在“项目”面板中选中“黄色蒙版”文件，并将其拖曳到“时间线”窗口中的“视频 4”轨道中。选择“效果控制”面板，取消勾选“等比”复选框，将“高度比例”选项设为 72，“宽度比例”选项设为 4，效果如图 10.56 所示。

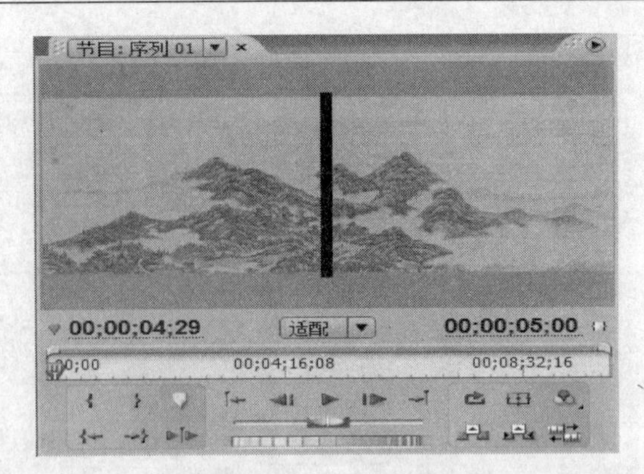

图 10.54　设置效果

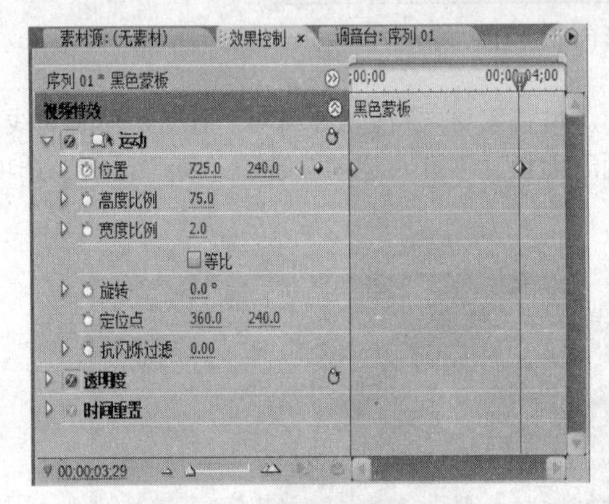

图 10.55　创建关键帧

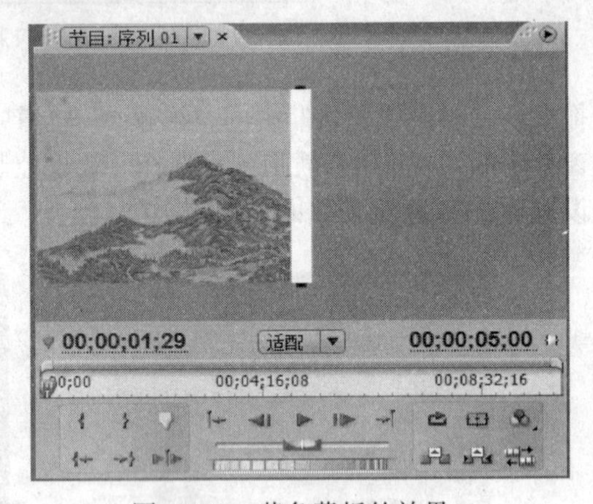

图 10.56　黄色蒙板的效果

将时间指示器放置在 0 的位置，单击“位置”选项前面的关键帧开关按钮 ，添加第 1 个关键帧，将“位置”选项设为(0，240)。将时间指示器放置在 4 的位置，将“位置”选项设为(725，240)，添加第 2 个关键帧。

⑦“时间线”窗口的设置结果和预览效果如图 10.57 所示，卷轴画效果制作完成。

时间线窗口内容

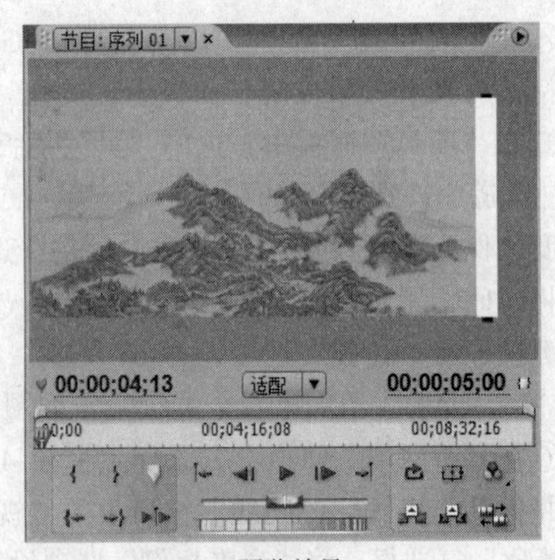

预览效果

图 10.57　设置结果和运行效果

10.4　Premiere 音频处理

一部好的影视作品，通常是声画艺术的完美结合。对于视频和图像，通过转场和特效的设置，就可以得到自己所需要的效果。接下来，还需要对音频进行转场和特效设置，以满足实际的需求。

10.4.1　简单的音频处理

对于音频文件，可以在混音器中进行加工，使之产生不同的效果。

新建一个项目文件名为：音频的编辑.prproj，导入素材“梅花三弄.wma”，将音频文件从“项目”窗口里拖拽到“时间线”窗口中音频 1 轨道上。

使用剃刀工具在素材 00：02：08：04 处和 00：04：16：08 处单击，将文件分割为 3 部分待用，如图 10.58 所示。

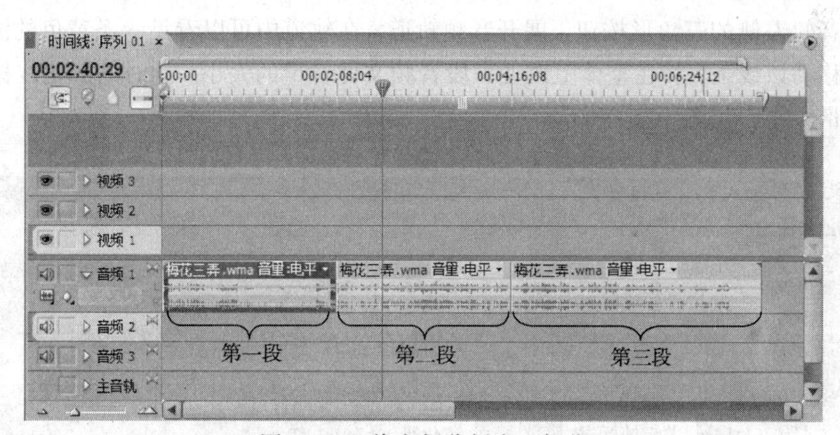

图 10.58　将音频分割为 3 部分

1. 使用关键帧调节音量

在 Premiere 中，可以在 3 个地方调节音频的音量：

- 在“时间线”窗口中使用关键帧控制线调节。
- 利用“效果控制”标签中“音频特效”来调节。
- 在混音器中调节。

在这里，介绍第二种方法：即利用“效果控制”标签中“音频特效”来调节音量。在“效果控制”中编辑音频和编辑视频的方法基本相似，具体过程如下：

①在“效果控制”标签下，出现“音频特效”选项。其中包含“旁路”和“电平”两个参数，如图 10.59 所示。

②为音频 1 轨道中的第一段素材设置 3 个音频关键帧：

将时间指示器移动到 00：00：00：00 处，建立第一个音频关键帧；将“电平”的数值改为–12db。将时间指示器移动到 00：01：04：02 处；将“电平”的数值改为 6db。将时间指示器移动到 00：02：08：04 处，将“电平”的数值改为 0db。

③鼠标单击“电平”参数左侧的展开按钮，在“效果控制”标签的右侧出现“电平”参

数变化的折线图，如图 10.60 所示。这一段音乐的音量实现了由低到高再变低的变化。

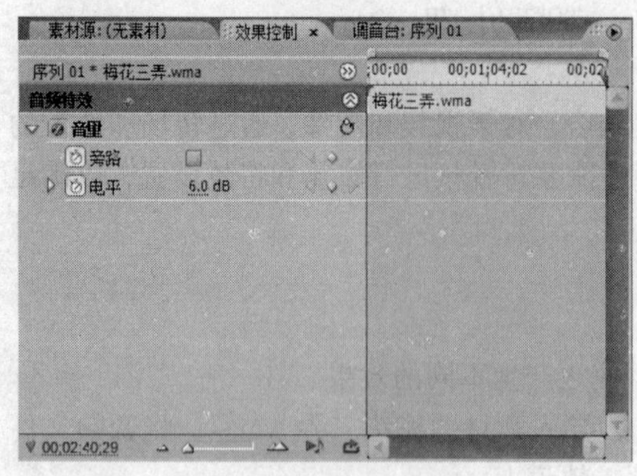

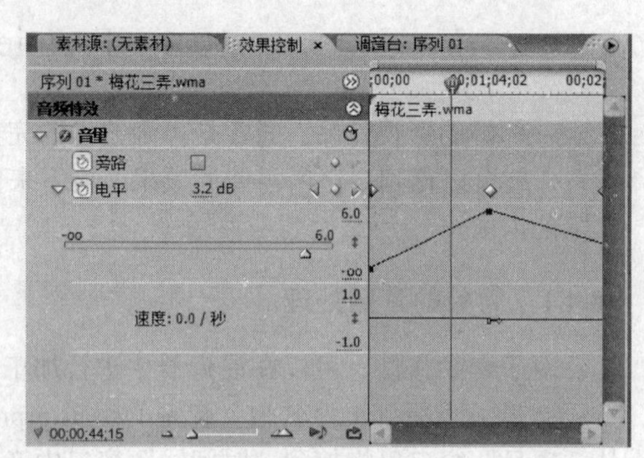

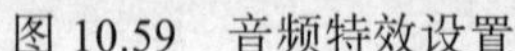

图 10.59　音频特效设置　　　　　　　　　　　　图 10.60　音频特效结果

2. 使用淡化线调节音量

单击音轨左侧的三角形按钮，展开音频轨道。在轨道中可以看见一条黄色的淡化线，用鼠标上下移动该线条，将在整体上改变一段音频文件音量的大小。此时的淡化线标志着整个轨道的音量大小，如图 10.61 所示。

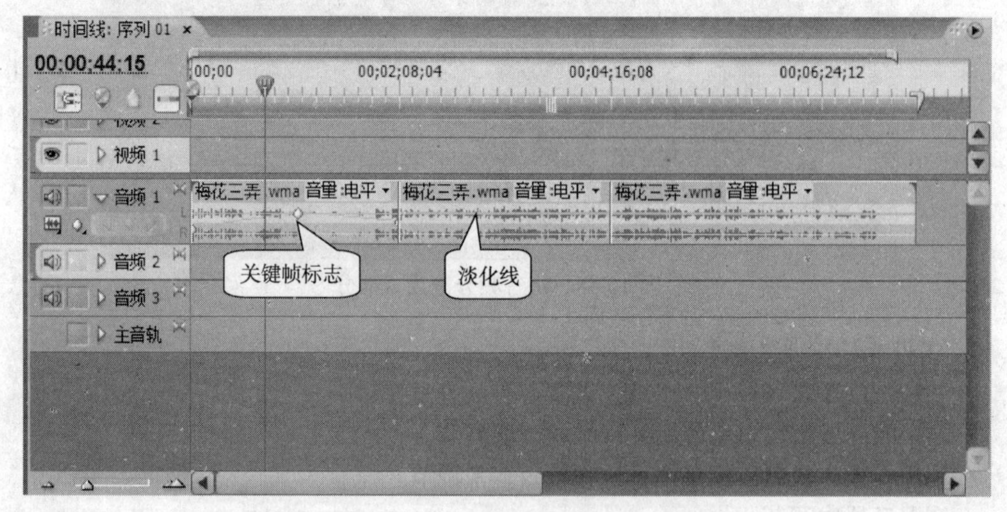

图 10.61　通过淡化线调节音频文件的音量

当音频文件上已经设置音量关键帧以后，也可以通过单击“显示关键帧”按钮，在下拉菜单下选择“显示素材关键帧”，将音频轨道上的关键帧显示出来。音频轨道上会出现对应的菱形关键帧标志。上升的线表示音量变高，下降的线表示音量变低。用鼠标上下左右移动音频 1 中的关键帧标志，可以更改关键帧出现的时间和参数的大小，改变关键帧上的音量参数。

3. 调节音频的持续时间和速度

鼠标右击时间轴音频 1 轨道中的第二段音频，在快捷菜单中选择“速度/持续时间”，在弹出的对话框中输入修改后要达到的速度 200，如图 10.62 所示。

单击链接标记，锁形的标记会变成断开的形状，这时速度与持续时间不再互相影响。否则，会导致随着播放速度的提高，持续时间选项自动将时间变短。

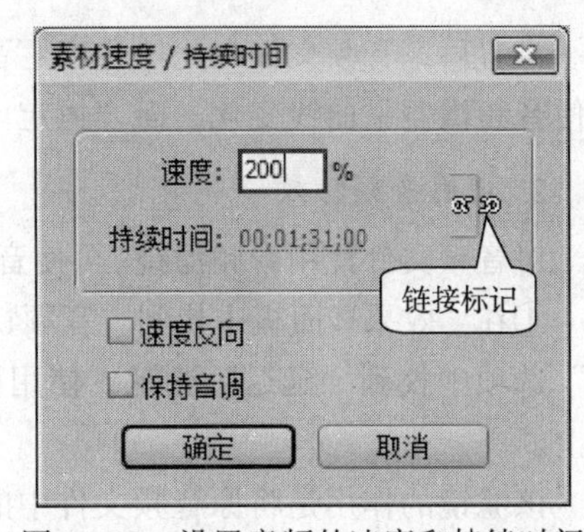

图 10.62　设置音频的速度和持续时间

4. 调节音频增益

音频素材的增益指的是音频信号的声调高低。当同一个视频同时出现几个音频素材的时候，就要平衡几个素材的增益，否则一个素材的音频信号或低或高，会影响效果。

鼠标单击刚才改变了播放速度的第 2 段音频素材，在菜单栏“素材”中选择“音频选项”下“音频增益”，弹出“素材增益”对话框，根据需要进行设置。

5. 使用混音器调节音频文件

在素材源窗口上有一个“调音台”标签，又叫调音台窗口。它就像音频合成控制台，为每一条音轨都提供了一套控制。可根据实际需求进行调整。

10.4.2　优化音频

在音频编辑中，同样可以使用“音频切换效果”和“音频特效”。它们的使用方法和“视频切换效果”、“视频特效”使用方法基本相同。

1. 添加音频切换效果

音频文件和视频文件一样可以使用切换效果。最常用的效果是“恒定放大”效果，可以实现音频文件的音量的淡入淡出控制。添加“音频切换效果”的过程如下：

①在“效果”面板中找到“音频切换效果”文件夹，将“交叉淡化”中的“恒定放大”效果拖动到时间轴音频轨道上第二段和第三段音频素材之间。

②单击刚加入的音频切换效果图标，在打开的“效果控制”标签中可以看见音频切换效果的属性，如图 10.63 所示。

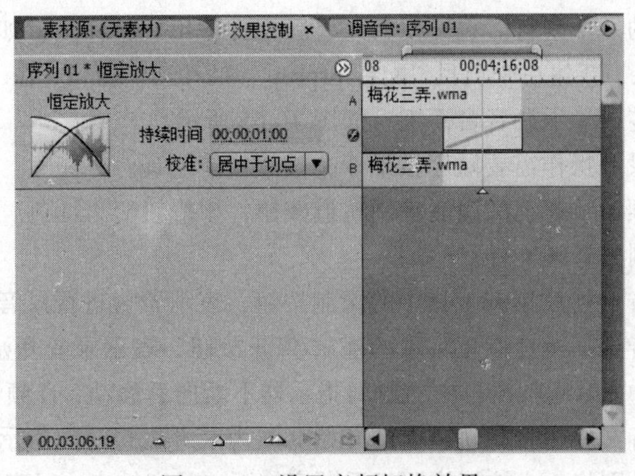

图 10.63　设置音频切换效果

设置后，音频文件在此处会产生音量由低到高或由高到低的变化。“恒定放大”切换效果使音频增益呈曲线变化，而“恒定增益”切换效果使音频文件音频增益呈直线变化。

2. 使用音频特效

对音频文件使用音频滤镜。可使音频产生特殊的效果。下面给第三段音频添加回音效果：

①在“效果”面板中找到“音频特效”文件夹，该文件夹只有 3 类音频特效。在“立体声”选项中找到“延迟”滤镜，使用鼠标拖动的方法加入到时间轴音频 1 轨道中第三段音频上。

该滤镜的作用是将原音频文件中的内容以规定的间隔时间、强度进行重复播放。

②在“效果控制”标签之中，找到“延迟”滤镜，其中包括 4 个参数，如图 10.64 所示。更改其中参数，仔细听音频文件在此段播放的效果，发现出现回音现象。

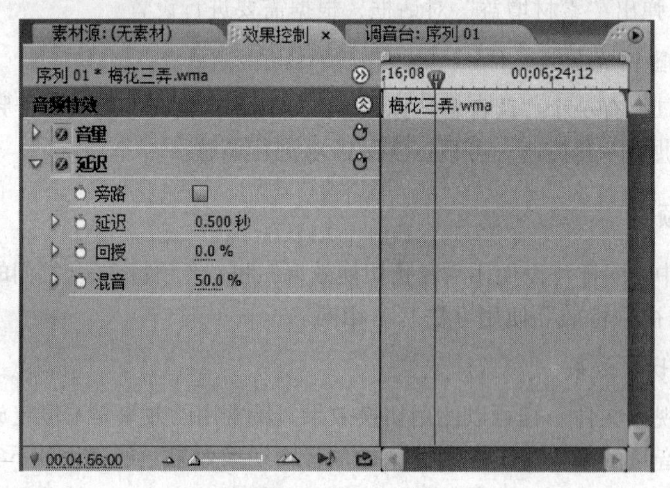

图 10.64　设置音频特效

3. 配音处理

Premiere 中的混音台可以直接在计算机上完成解说或者配乐的工作。要使用配音功能，需要保证计算机的音频输入装置被正确连接。我们可以使用耳麦进行录音。录制的声音文件会成为音频轨道上的一个素材。也可以将该音频文件输出。具体步骤如下：

①启动 Premiere，新建一个项目“配音.prproj”。打开工作窗口，在“效果控制”窗口中，选择“调音台”标签，显示调音台面板，如图 10.65 所示。

②开始录音。录音操作需要顺序按下 3 个按钮才能实现：

首先，选择音频 1 轨道上的激活录制轨道按钮，该按钮变为红色。这表示希望在音频 1 轨道上存放将要录制的音频文件。

然后，按下调音台播放控制工具中的录制按钮，表示希望进行录音操作。

最后，按下调音台播放控制工具中的播放/停止按钮，表示录音开始/停止。

在录音的过程中，时间轴窗口中的时间指示器不断向后移动，音频 1 轨道上出现音频的波形。新录制的声音文件在音频轨道上的开始时间为录音之初时间指示器所在位置。

③要结束录音。则将 3 个按钮按照相反顺序按下，录音结束。录音后，在“时间线”窗

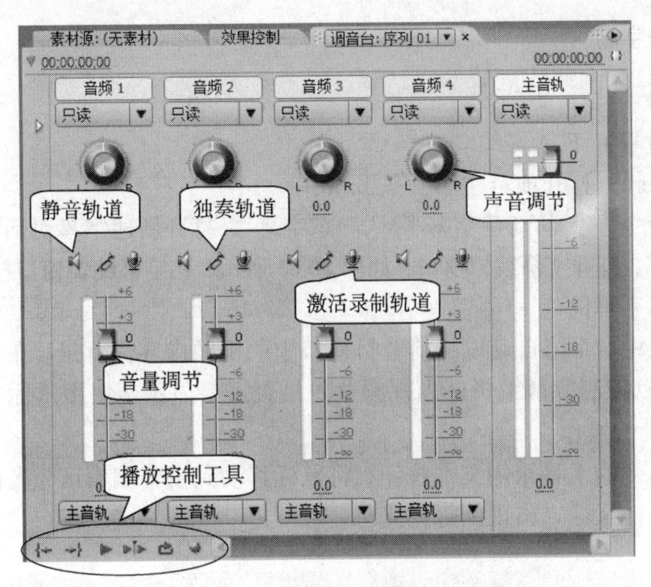

图 10.65　调音台的基本组成

口和“项目”窗口中都会出现新录制的音频文件。

④输出声音文件。选择“文件/导出/音频”，弹出“输出音频”对话框。在对话框中输入文件名和保存位置。

⑤选择“输出音频”对话框中“设置”选项，打开“导出音频设置”对话框，在其中选择输出文件类型和范围。通常我们选择它的默认参数。

⑥文件开始渲染。

10.5　Premiere 字幕处理

在视频编辑的时候，往往会需要添加字幕，字幕分为静态字幕和动态字幕，它们的制作过程大同小异。静态字幕和静态视频图片一样，可以通过添加滤镜效果，或场景切换效果，将静态字幕转化成精彩的动态效果。优秀的字幕效果能够为整个作品添加艺术性，使视频内容更加连贯、生动。

制作字幕的基本流程可总结如下：

①选择菜单命令“字幕/新建字幕/默认静态字幕”，打开“新建字幕”对话框。如果需要制作的是动态字幕的话，可以直接选择“新建字幕”中的“默认滚动字幕”和“默认游动做字幕”。为新建立的字幕命名，打开字幕编辑窗口。

②设置输入字幕的字体。

③单击文本按钮，将鼠标移动到字幕编辑区，光标变为 T 状。在编辑区适当的位置单击鼠标，出现闪烁的光标。输入字幕的文字。

④根据喜好，在字幕属性中调整字体大小、字距、行距、倾斜等相关选项。

⑤单击选择工具，移动字幕到合适的位置上，完成字幕的创建。

10.5.1　制作静态字幕

1. 制作静态字幕

创建字幕的过程如下：

①启动 Premiere，打开项目“小女孩.prproj”。

②选择菜单命令“字幕/新建字幕/默认静态字幕”，打开新建字幕对话框。为新建立的字幕起名“淘气宝贝”，打开字幕编辑窗口，如图 10.66 所示。在字幕编辑窗口控制按钮区的按钮是用来设置动态字幕的。

在字幕编辑区中，系统自动以当前节目窗口中的视频内容为背景。在编辑区右上方有一个按钮，它可以控制字幕编辑区内视频背景是否需要显示。使用鼠标单击该按钮，可以完成加入/去除背景的操作。

③单击窗口左侧的工具箱内文本按钮，将鼠标移动到字幕编辑区，光标变为 T 状。在编辑区适当的位置单击鼠标，出现闪烁的光标。

图 10.66　字幕编辑窗口

④如果此时不对字体进行设置而直接输入中文，会出现各种奇怪的错误符号。窗口中有 3 个位置可以选择字体。在图 10.66 中“1”和“2”所示的区域内，鼠标单击其右侧的下拉按钮，都可以打开一个下拉菜单，在下拉菜单中选择一种字体来输入字幕。图 10.66 中“3”所示的区域内，有一些自带的字幕样式。只要用鼠标单击任意一种样式，就可以在编辑区内编辑出所需效果的字幕。

鼠标单击选择字幕样式中的“方正隶书”样式。

⑤将鼠标移动到字幕编辑区，输入“好大一根草”，可以看见有着高亮、阴影并且发光的文字出现在窗口中。

⑥在右边字幕属性中调整字体大小、字距、行距、倾斜等相关选项，直到满足要求为止。单击工具栏内选择工具，移动字幕到与背景相匹配的位置上，完成字幕的创建，结果如图 10.67 所示。

图 10.67　字幕效果

⑦关闭字幕编辑窗口。在项目窗口中，我们看见“好大一根草”字幕已经存在。

⑧保存字幕。

保存字幕有两种方法：

- “文件”菜单下“保存”命令，或按组合键 CTRL + S。这种方法保存出来的字幕是同源文件保存在一起的，字幕只能在该源文件中使用。
- 在“项目”窗口中单击需要保存的字幕，选择“文件/输出/字幕”命令。这种保存方法可以将字幕以.title 格式文件独立保存下来，并且支持其他.prproj 文件的调用。

⑨将“好大一根草”字幕拖到时间轴窗口视频 2 轨道最前，预览时，可以发现，在播放素材“女孩 1.JPG”的同时，出现了字幕。

2. 制作特殊效果的字幕

有时，可能还需要创建一些具有特殊效果的字幕，下面以创建金色字幕和弯曲路径字幕为例来说明特殊字幕的创建。

(1) 金色字幕的创建。

①选择“字幕/新建字幕/默认静态字幕”命令，新建字幕“秋色满目”。

②单击字幕工具栏中文字工具，在编辑区内合适位置单击鼠标，在字幕属性中选字体 Simhei 后输入“秋色满目”，并调整文字的位置和文字大小。

③在字幕属性中，勾选“填充”。单击其左侧展开按钮展开其选项，在“色彩”中选择亮丽的紫色，“填充类型”选“实色”。勾选“填充”下的“光泽”选项。展开“光泽”选项，将“色彩”项设置为黄色，字体“大小”改为 30，“旋转”项设置为 32。关闭字幕编辑窗口。

④保存字幕，然后将该字幕加入到视频 3 轨道中。

⑤为增强辉光的效果，将“辉光”滤镜加入到字幕中。

方法是：单击“效果”面板中“视频特效”文件夹，找到“风格化”滤镜下属的“Alpha 辉光”滤镜，将其拖动到时间轴“秋色满目”字幕上。查看“效果控制”标签，改变“Alpha 辉光”滤镜下 4 个参数，参数设置如图 10.68 所示。字幕结果如图 10.69 所示。

(2) 路径弯曲字幕的创建。

①选择“字幕/新建字幕/默认静态字幕”，新建字幕“快乐的童年！”。

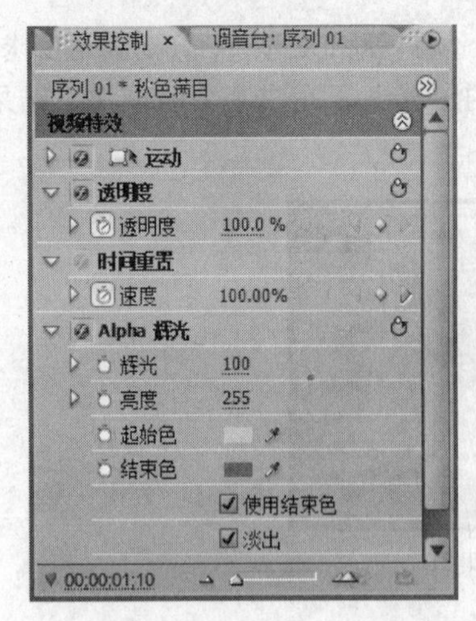

图 10.68　设置字幕的特效参数

图 10.69　字幕结果

②在字幕工具栏中，鼠标单击选择“路径输入工具”。将鼠标移动到字幕编辑区，光标变为钢笔状，然后在编辑区的适当位置单击并拖动鼠标，窗口内出现一条带手柄的直线，这是我们设置的第一个锚点，如图 10.70(a)所示。

③释放鼠标，将光标移动到下一位置，单击鼠标的同时拖动鼠标，设置好第二个锚点，如图 10.70(b)所示。

(a)

(b)

图 10.70　设置锚点

④以同样的方法，设置好 3 个锚点，效果如图 10.71 所示。

注意：带手柄直线的长度将会影响曲线的曲率。

如果对刚设置的路径不满意，可以使用工具栏中的钢笔工具对其进行修改：

鼠标单击 ，再将鼠标移动到编辑区的路径上，在需要修改的位置单击鼠标并拖动，可以改变曲线的曲率。

另外还有两个常用的工具按钮。

删除定位点工具 ：用来删除设置路径过程中多余的锚点。

添加定位点工具 ：用来添加设置路径过程中新的锚点，使路径曲线变化更加流畅。

⑤鼠标单击工具栏内“路径输入工具”按钮，再将其移动到路径所在的方框内，单击鼠标，路径的开头出现光标，表示可以输入字符。

⑥输入文字“快乐的童年！”。

⑦关闭字幕创建窗口，保存字幕，将该字幕加入到视频 4 轨道中，结果如图 10.72 所示。

图 10.71　锚点设置结果

图 10.72　设置结果

10.5.2　制作动态字幕

1. 制作垂直滚动字幕

具体步骤如下：

①新建字幕，起名为“一条小蜥蜴”。

②在编辑区内输入“一条小蜥蜴”，调整文字的位置和大小。

③在字幕属性中，选定“填充”，在“色彩”中选择黄色。

④选择字幕编辑区上方“滚动/游动选项”按钮，弹出动态字幕设置窗口，如图 10.73 所示。字幕类型选“滚动”，勾选“开始于屏幕外”复选框，“缓入”设置为 0，“缓出”设置为 10，单击“确定”按钮。字幕效果如图 10.74 所示。

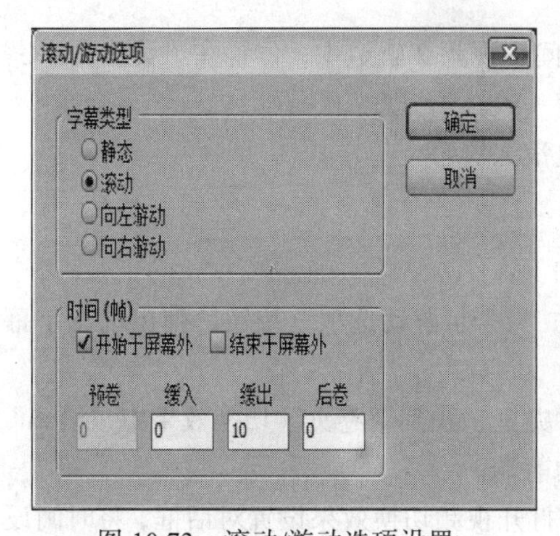

图 10.73　滚动/游动选项设置

图 10.74　字幕效果

⑤将“项目”窗口中字幕“一条小蜥蜴”拖放在时间轴视频 2 轨道中，位置在“女孩 2.JPG”图片的上方。调整字幕长度，使二者显示时间长度一致。

可以发现，新生成的字幕由屏幕上方滚入屏幕，最终停留在字幕编辑区内我们调整后的位置上不再移动。

2. 制作水平滚动的字幕

具体步骤如下：

①新建字幕起名为“小尾巴”。

②在编辑区内输入文字“好好看一看小尾巴”，调整文字位置和大小。

③在字幕属性中，选定“填充”，在“色彩”中选择粉红色。

④选择字幕编辑区上方的“滚动/游动选项”按钮，弹出动态字幕设置窗口，如图 10.75 所示。

字幕类型选“向左游动”，勾选“开始于屏幕外”复选框，“缓入”设置为 0，“缓出”设置为 0，单击“确定”按钮。字幕效果如图 10.76 所示。

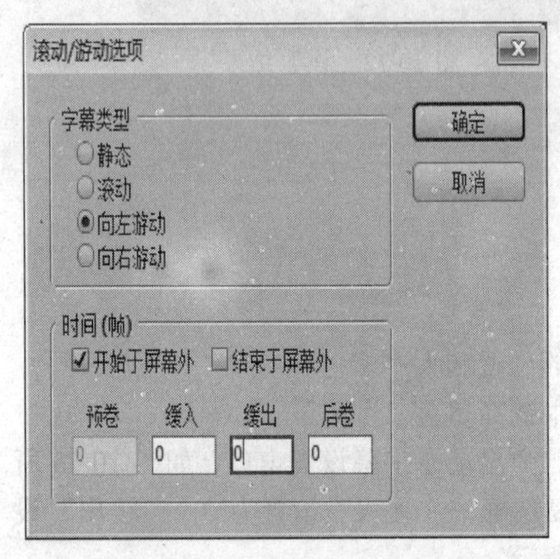

图 10.75　滚动/游动选项设置

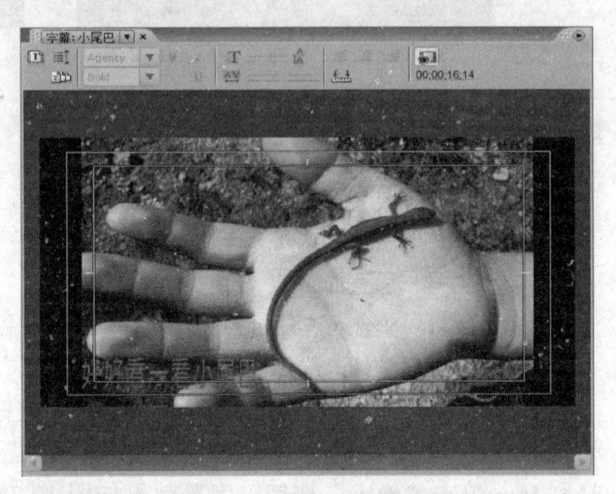

图 10.76　字幕设置效果

⑤将“项目”窗口中字幕“小尾巴”拖放在时间轴视频 2 轨道中，位置在“女孩 3.JPG”图片的上方。调整字幕长度，使二者显示时间长度一致。

可以发现，新生成的字幕由屏幕右侧水平向左滚入屏幕。

3. 制作带卷展效果的字幕

为字幕“小尾巴”设置卷展效果，具体步骤如下：

①打开字幕“小尾巴”，选择字幕编辑区上方“滚动/游动选项”按钮，弹出动态字幕设置窗口，将字幕类型设置为“静态”。

②在“效果”面板中的“视频切换效果”文件夹里，找到“卷页”切换效果中“滚离”选项，将该选项拖动到时间轴上“小尾巴”字幕的前端。

③在视频轨道中双击新加入的切换效果图示，打开视频切换效果设置对话框，将时间设置为 00 : 00 : 07 : 00。

可以发现，字幕带有卷展效果。

4. 制作循环滚动效果的字幕

为字幕“小尾巴”设置循环滚动效果，具体步骤如下：

①清除字幕“小尾巴”的视频切换。

②在“效果”面板中的“视频特效”文件夹里，找到“变换”滤镜中“滚动”滤镜选项，将该选项拖动到时间轴上“小尾巴”字幕上。在“效果控制”标签之中，单击滤镜设置图标，

打开滚动设置对话框，设置滚动方向为“右”。

可以发现，字幕带有滚动效果。

注意：“滚动”滤镜效果可以实现向上下左右 4 个方向中的任一方向移动。

10.6　视频的渲染和导出

10.6.1　视频的渲染

视频编辑完成之后，可以直接通过右侧监视器上的播放键进行整体视频的预览。但是由于计算机性能所限，往往预览的时候非常卡，所以，要进行视频的渲染。选择“序列/渲染工作区”，系统自动开始渲染，如图 10.77 所示。

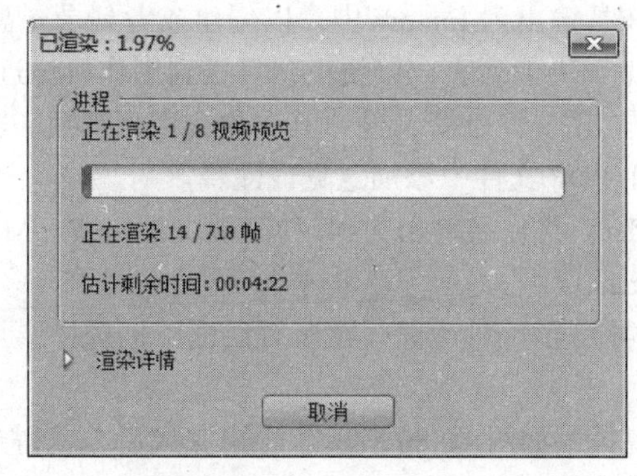

图 10.77　渲染进程

当文件渲染完成之后，我们发现，在时间线上出现了一条绿线，如图 10.78 所示，现在就可以顺畅地预览视频了。

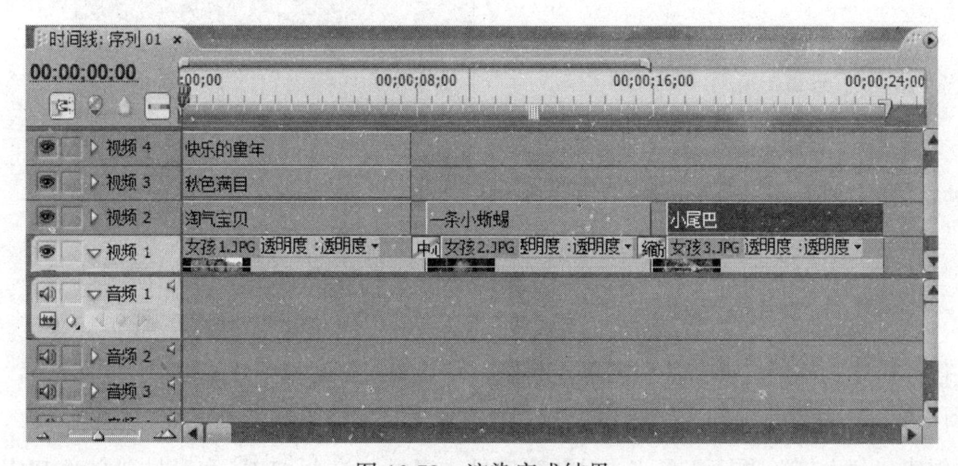

图 10.78　渲染完成结果

10.6.2　视频的导出

视频预览完成之后，如果没有什么问题就可以开始导出了。

Premiere 可以把作品录制到磁带上，以备在电视上播放；也可以输出为可在计算机上播放的视频文件、动画文件或者静态图片序列；还可以刻录到 DVD 光盘上。Premiere 为各种输出途径提供了多种文件格式和视频编码方式，不同的输出方式之间也有相互交叉。

选择菜单栏中的"文件/导出"命令，在子菜单中有各种输出选项，如图 10.79 所示。

各选项的基本功能如下：

影片：创建 Windows AVI 文件、Apple QuickTime 桌面视频文件或者静态图像序列。

单帧：将选中的帧输出为 4 种格式的静态图像，BMP、GIF、Targa、TIFF。

音频：输出 3 种音频文件，WAV、AVI 或者 QuickTime。

字幕：将选中的字幕文件导出为独立的文件，供其他项目使用。使用该项，首先要在"项目"面板中选择字幕。

输出到磁带：将作品输出到磁带中。

输出到 Encore：把作品输出到 Encore 中，以创建或者刻录光盘。

输出到 EDL：创建编辑决策列表，以便把项目送到制作机房进一步编辑。

Adobe Clip Notes：输出一个 PDF 文件，其中包含序列视频。客户收到这个文件后可以打开，播放视频，直接在 PDF 文件中添加意见或注释。

Adobe Media Encoder：将作品输出为 4 种高端文件格式，MPEG、Windows Media、RealMedia 或者 QuickTime。

单击"影片"，弹出导出影片对话框，在该对话框中，选择影片的保存位置，输入名称后，单击"保存"按钮。

系统开始自动导出视频，如图 10.80 所示。导出完成后，就得到了一个 AVI 视频文件。

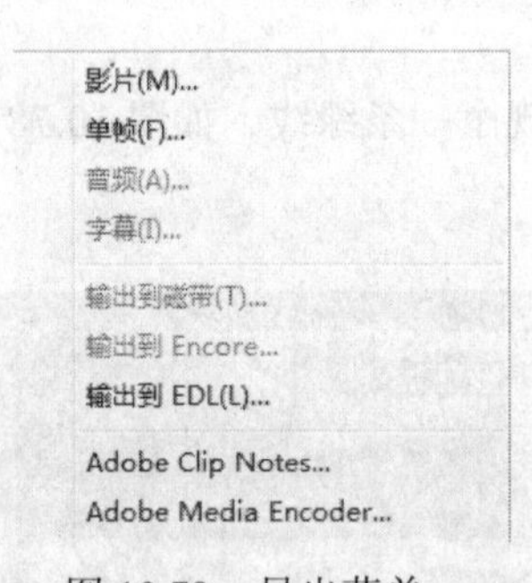

图 10.79　导出菜单

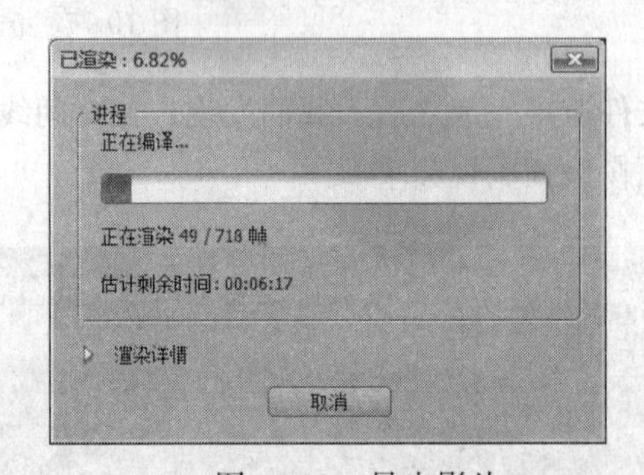

图 10.80　导出影片

10.7　综合实例

任务描述：使用焰火和动态字幕，制作一段恭贺新年的视频片头。

1. 导入素材

创建"拜大年"项目，在"项目"窗口导入素材"焰火.AVI"和素材"金童.JPG"。将素材"焰火.AVI"拖动到时间轴视频 1 轨道上。

2. 制作对联

①新建字幕"迎新春对联背景"。在字幕工具栏中，选择矩形工具，在编辑窗口中画出

对联中需要的 3 个矩形。注意两个竖向长矩形的大小要完全一致。可以使用“复制”、“粘贴”的方式制作。

②将两个竖向长矩形同时选中，利用字幕编辑窗口中的“字幕动作”标签下“排列”工具中“字幕底对齐”按钮，将对联的左右条幅位置对齐排列好。再利用字幕编辑窗口中的“字幕动作”标签下“居中”工具中“水平居中”按钮，将左右对联条幅居中置放于屏幕上。同样的方法，将对联的横幅部分置放于竖向条幅的上部，水平方向居中。

③选择字幕属性下的“填充”，将矩形内部填充为红色，透明度为 50，结果如图 10.81 所示。

④将“迎新春对联背景”字幕拖动到时间轴视频 2 轨道上，调整其长度为 00 : 00 : 08 : 00。

⑤新建字幕起名为“对联”。在字幕编辑窗口中，选择“显示视频”选项。窗口中刚刚制作的对联红底出现在窗口之中。

⑥在编辑区内输入“柳探天暖增色”、“梅开春早生香”，横批为“春色宜人”。字体为 STLiti，调整文字所在的位置、大小以及字间距，使对联工整地出现在红底之上，结果如图 10.82 所示。

图 10.81　设置字幕背景

图 10.82　字幕设置结果

⑦将“对联”字幕拖动到时间轴视频 3 轨道上，调整其长度为 00 : 00 : 08 : 00。

3. 将对联做出展开效果

打开“效果”面板，在“视频切换效果”文件夹中“3D 运动”效果下找到“卷帘”效果。使用鼠标拖动的方法，将其拖放到时间轴字幕“对联”和字幕“迎新春对联背景”的前端。将“持续时间”修改为 00 : 00 : 00 : 00。

在节目窗口中观察效果，对联缓缓拉开，如图 10.83 所示。

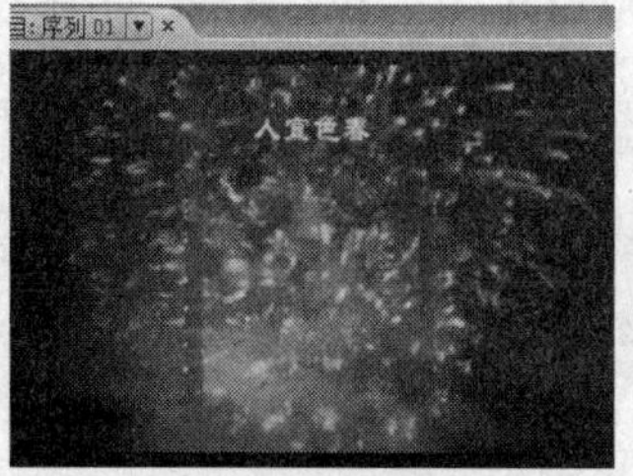

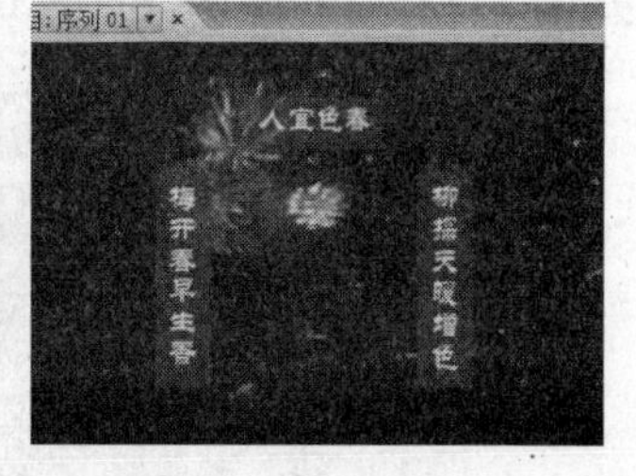

图 10.83　字幕展开效果

4. 添加人物图片

①将“项目”窗口中的“金童.JPG”图片素材拖动到时间轴视频 2 轨道中，位置紧挨在

字幕“迎新春对联背景”之后，修改图片的显示比例，使其大小合适，并设置其透明度为 30%，移动位置到最左边，结果如图 10.84 所示。

图 10.84　图片素材设置效果

②为“金童.JPG”图片设置不断放大的动态效果：鼠标单击“金童.JPG”图片，在“效果控制”窗口中，使用“比例”参数设置两个关键帧，第一个关键帧的比例参数为 37，第二个关键帧的比例参数为 70。当视频播放时，照片呈放大拉近的效果。

5. 加入“新春快乐”字幕

①新建字幕起名为“新”。输入文字“新”。字幕样式默认的颜色修改为金黄色，字体大小设置为 60。

②继续制作出“春”、“快”、“乐”3 个字幕，每个字幕中只包含一个文字，文字的样式相同、位置不重复，字幕样式默认的颜色修改为金黄色，字体大小分别设置为 70、80、90。

③将“项目”窗口中的“新”、“春”、“快”3 个字幕顺次拖拽到时间轴视频 3 轨道中，将“乐”字幕拖拽到时间轴视频 4 轨道中，显示位置与视频 3 轨道中的“快”字幕搭界，结果如图 10.85 所示。

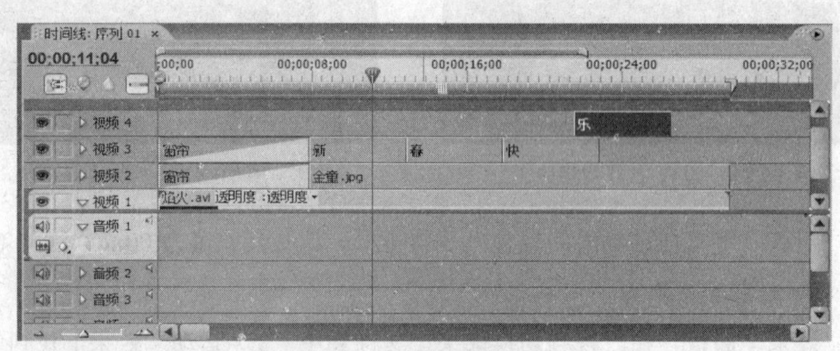

图 10.85　添加字幕效果

④在“效果”面板中“视频切换效果”文件夹“叠化”切换效果里，将“叠化”效果拖拽到时间轴视频 3 轨道和视频 4 轨道中“新”、“春”、“快”、“乐”字幕的开始和交界位置处。“叠化”持续时间全部设置为 00：00：03：00，结果如图 10.86 所示。

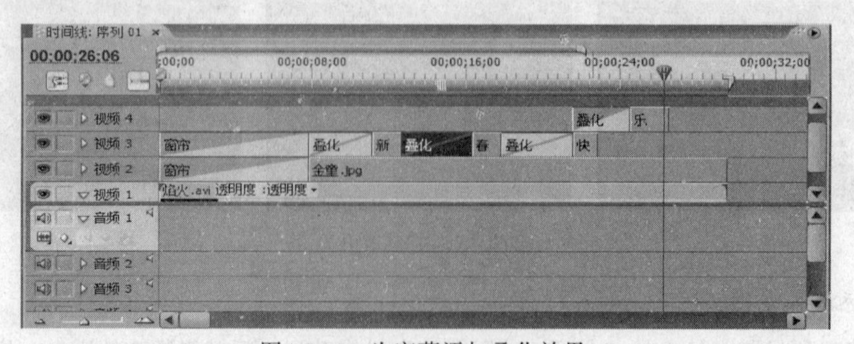

图 10.86　为字幕添加叠化效果

⑤为字幕“乐”设置拉近效果：鼠标单击视频 3 轨道中“乐”字幕，创建两个关键帧，更改“效果控制”标签中“运动”选项下的“比例”参数。

⑥新建字幕起名“万事如意”，输入文字“万事如意”，调整文字的位置。在字幕属性中，选定“填充/纹理”，用特定纹理填充，如图 10.87 所示。

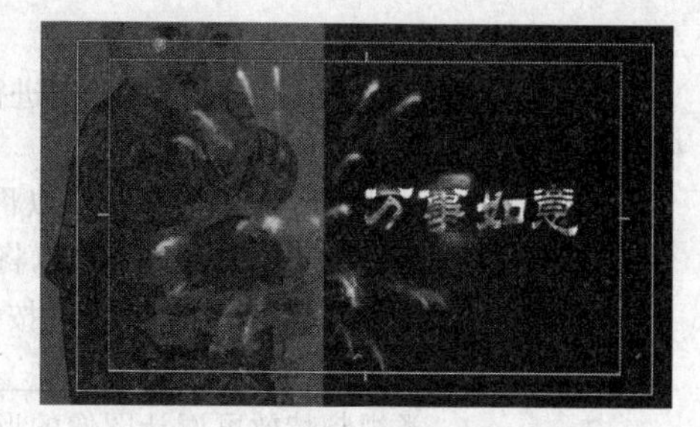

图 10.87　“万事如意”字幕效果

⑦将“万事如意”字幕拖拽到时间轴视频 4 轨道中“乐”字幕的后面。在“效果”面板中“视频切换效果”文件夹“拉伸”切换效果里找到“拉伸覆盖”，将该切换效果拖拽到时间轴视频 4 轨道中“万事如意”字幕开始处，持续时间为 00：00：03：00。

预览效果示意图如图 10.88 所示。

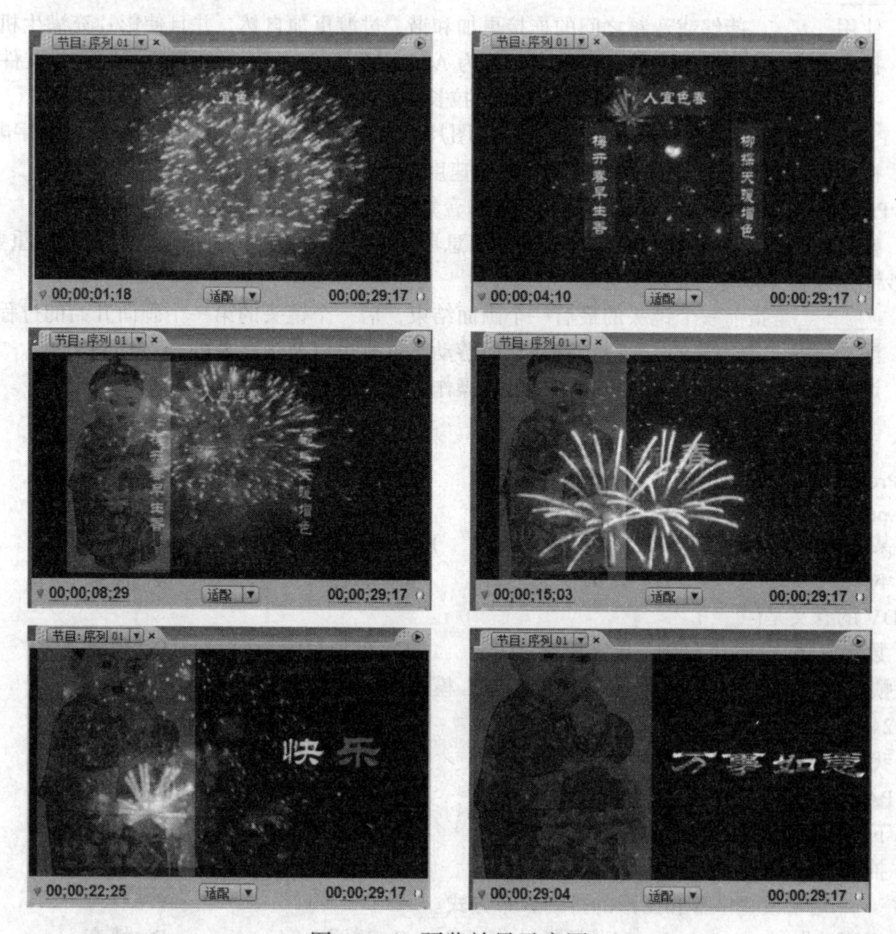

图 10.88　预览效果示意图

习　题　10

一、填空题

1. Adobe Premiere 是 Adobe 公司最新推出的产品，它是该公司基于 QuickTime 系统推出的一个

______软件。

2. 导入素材可以通过“导入”对话框进行导入，也可以通过对“项目”面板的空白处进行______操作导入素材。

3. 在 Premiere 中，使用______可以将素材分门别类地进行管理。

4. 右击单击执行______命令，可以将素材的视频和音频分离。

5. 在“工具”面板中，单击______按钮，将鼠标移到时间线的指针位置单击，可以剪切该素材。

6. 选择已经添加的转场，按下______键或______键，可以将转场删除。

7. ______类视频特效可以让图像的形状产生二维或三维变化，也可以使图像进行翻转，还可以将素材不需要的部分进行剪裁操作。

8. ______类视频特效可以为素材添加透视效果，如三维、阴影、倾斜等效果。

9. ______是指通过编辑视频时，若需要使两个或多个画面同时出现时使用的一种方式。

10. 为了在整个剪辑的持续时间内创建多个方向的移动、尺寸大小的变化或者旋转运动效果，需要添加______。

11. 使用______能够使音频之间的连接更加和谐，过渡更加自然，并且使影片充满生机与活力。

12. 扩展名为______的文件，其英文全称为 Audio Video Internet，即音频视频交错文件。

13. 一个动画素材的长度可以被裁剪后，再拉长，但不能超过素材的______长度。

14. Premiere CS3 能将______、______和图片等融合在一起，从而制作出精彩的数字电影。

15. 视频的快放或慢放镜头是通过调整播放速度或______实现的。

16. Premiere CS3 的效果分为______特效和音频特效。

17. 帧是电视、影像和数字电影中的基本信息单元。______是一个描述视频信号的重要概念，即对每秒钟扫描多少帧有一定的要求。

18. ______是指前一个镜头的最后一个画面结束，后一个镜头的第一个画面开始的过程。

19. 滚动字幕实现字幕的______移动，而游动字幕则可以实现字幕的______移动。

20. 调整特效的参数值是通过______窗口操作。

二、选择题

1. Premiere Pro CS3 的项目文件的扩展名是(　　)。

A. .prproj　　B. .premiere　　C. .pro　　D. .proj

2. 某图像的尺寸为 720 × 576，其单位是(　　)。

A. 位　　B. 字节　　C. 颜色　　D. 像素

3. DV 的含义是(　　)。

A. 数字媒体　　B. 数字视频　　C. 模拟视频　　D. 预演视频

4. 帧是构成影像的最小单位元，所以，PAL 模式下，帧速率为(　　)。

A. 24 帧/秒　　B. 25 帧/秒　　C. 29.97 帧/秒　　D. 30 帧/秒

5. 我国普遍采用的视频制式为(　　)。

A. PAL　　B. NTSC　　C. SECAM　　D. 其他制式

6. 下面不属于时间类视频特效的是(　　)。

A. 抽帧　　B. 拖尾　　C. 色渐变　　D. 时间扭曲

7. (　　)用于设置字幕和图形的排列分布方式。

A. 字幕动作　　B. 字幕属性　　C. 透明　　D. 填充

8. Premiere 中存放素材的窗口是(　　)。

A. Project 窗口　　B. Moitor 窗口　　C. Timeline 窗口　　D. AudioMixer 窗口

9. 在两个素材衔接处加入转场效果，两个素材应(　　)排列。

A. 分别放在上下相邻的两个 Video 轨道上　　B. 两段素材在同一轨道上

C. 可以放在任何视频轨道上　　D. 可以放在任何音频轨道上

10. Premiere 用什么来表示音量(　　)。

A. 分贝　　B. 赫兹　　D. 毫伏　　D. 安培

11. 当一个视频轨道被锁定的时候，(　　)。

A. 还可以对它进行选择参数　　B. 还可以调整它的特效参数

C. 还可以调整它的轨道显示方式　　D. 不能进行任何操作

12. 项目窗口主要用于管理当前编辑中需要用到的(　　)。

A. 素材　　B. 工具　　C. 效果　　D. 视频文件

13. 效果控制窗口不用于控制素材的(　　)。

A. 运动　　B. 透明　　C. 切换　　D. 剪辑

14. 下面哪个选项不是导入素材的方法(　　)。

A. 执行"文件 → 导入"或直接使用该菜单的快捷键(Ctrl + I)组合键。

B. 在项目窗口中的任意空白位置单击鼠标右键，在弹出的快捷菜单中选择"导入"菜单项。

C. 直接在项目窗口中的空白处双击即可 。

D. 在浏览器中拖入素材。

15. 在 Premiere 中，可以为素材设置关键帧。以下关于在 Premiere 中设置关键帧的方式描述正确的是(　　)。

A. 仅可以在"时间线"窗口和效果控制窗口为素材设置关键帧。

B. 仅可以在"时间线"窗口为素材设置关键帧。

C. 仅可以在效果控制窗口为素材设置关键帧。

D. 不但可以在"时间线"窗口或效果控制窗口为素材设置关键帧，还可以在监视器窗口设置。

16. 可以选择单个轨道上在某个特定时间之后的所有素材或部分素材的工具是(　　)。

A. 选择工具　　B. 滑行工具　　C. 轨道选择工具　　D. 旋转编辑工具

17. Premiere 中不能完成(　　)。

A. 滚动字幕　　B. 文字字幕　　C. 三维字幕　　D. 图像字幕

18. 透明度的参数越高，透明度(　　)。

A. 越透明　　B. 越不透明　　C. 与参数无关　　D. 低

19. 为音频轨道中的音频素材添加效果后，素材上会出现一条线，其颜色是(　　)。

A. 黄色的　　B. 白色的　　C. 绿色的　　D. 蓝色的

三、简答题

1. 简述线性编辑与非线性编辑。
2. 在 Premiere 中编辑素材，经常要使用关键帧，关键帧的作用是什么？如何为素材添加关键帧？
3. 简述管理素材的基本内容，如何分离关联素材？
4. 如何将转场应用到"时间线"窗口的素材上？
5. 简述字幕的制作方法。
6. 调整音频的持续时间会使音频产生何种变化？

四、操作题

1. Premiere 基本操作练习

(1) 练习内容。

①练习创建一个新的项目；

②练习在项目窗口中选择素材，在"时间线"窗口中装配(组接)素材；

③练习应用视频转场；

④练习给影片添加字幕；

⑤练习简单的音频编辑。

(2) 实验要求。

①熟悉创建项目、影片的组接、视频转场、添加字幕、声音合成等基本的操作方法。

②掌握有关的常用工具按钮功能和使用方法。

③特别提醒：不要在项目窗口中随意删除素材文件。

2. 制作一个电子相册

制作一个关于自己的电子相册，前期准备的过程是寻找或拍摄照片。将制作相册需要的图片归类输入计算机中，选择其中质量良好的图片标号、归类，设计图片出现的先后顺序。

制作要点：设计故事板→新建文件→导入素材→编辑素材→应用转场效果→加入音频文件。

3. 制作一部小电影，影片内容自己确定。

制作一部影片主要分为：计划准备阶段(包括文字稿本和分镜头稿本的编写)、拍摄阶段(摄像器材的准备和素材的拍摄)和后期制作阶段(包括素材整理、素材采集、素材编辑、添加转场、添加字幕、配音配乐、影片合成、输出影片)。

(1) 素材整理。根据分镜头稿本，将拍摄的素材进行浏览，并做好记载。哪些镜头是影片需要的，哪些是废镜头，还有哪些镜头需要补拍，有用的镜头的位置，这些都要一一记录好。

(2) 素材采集。将有用的镜头根据记载的起止时间上载到计算机非线性编辑系统指定的硬盘里，并对每个镜头取名，完成对素材的采集工作。

(3) 素材编辑。根据分镜头稿本，将采集的素材按照影片播放的顺序，导入相应的视频轨道上。注意每个镜头的长度，即每个镜头的编辑点的选择。

(4) 添加转场。根据影片内容的需要，对某些镜头做转场特效。

(5) 添加字幕。对于片名和演职员表，或者影片内容的需要，制作必要的字幕，并添加到影片中。

(6) 配音配乐。影片里的解说应该事先录好音，并处理好噪声。再将录音文件导入音频轨道上，做到声画对位。同时寻找适合影片风格的背景音乐，将其导入另一条音频轨道上，并做适当的剪裁。

(7) 影片合成。影片合成之前，应该仔细观看，特别是对编辑点(组接点)应反复推敲，做适当的修改。修改完成后，再一次从前至后仔细观看一次，确认无误后，再合成影片。

合成影片就是将其制作的节目生成一个可供播放器播放的文件，并对文件取名，指定保存路径。

(8) 输出影片。利用刻录光驱，将生成的文件刻录成 DVD(或 VCD)光盘。

参考文献

董卫军. 2011. 计算机导论. 北京：电子工业出版社
耿国华. 2006. 大学文科计算机基础. 北京：高等教育出版社
耿国华. 2010. 大学计算机应用基础. 2版. 北京：清华大学出版社
教育部高等学校文科计算机基础教学指导委员会. 2010. 高等学校文科类专业大学计算机教学基本要求(2010年版). 北京：高等教育出版社
教育部高等学校计算机基础课程教学指导委员会. 2009. 高等学校计算机基础教学发展战略研究报告暨计算机基础课程教学基本要求. 北京：高等教育出版社
杨殿生. 2008. 计算机文化基础教程. 北京：电子工业出版社

附录　计算机基本维护技术

一、计算机操作的事项

1. 日常操作注意事项

在使用计算机时，应养成良好的使用习惯，这样不仅可以延长计算机的使用寿命，也可以提高计算机的使用效率。在平时使用计算机时，应注意以下几点：

①不要频繁地开关机，每次关、开机之间的时间间隔应不小于30s。

②每隔一定时间(如半年)应对计算机进行清洁处理，清理的内容主要是机箱内及电路板上的尘土、光驱中的光头。

③最好不要在计算机附近吸烟或吃东西。因为，不洁空气会污染计算机的键盘、鼠标及硬盘，吃的东西或喝的水溅到计算机设备(如键盘)上，会造成短路。

④在增、删计算机的硬件设备时，必须断电，并确认身体不带静电。

⑤在接触电路板时，不应用手直接触摸电路板上的铜线及集成电路的引脚，以免人体所带的静电击坏这些器件。

⑥计算机在加电之后，不应随意地移动和振动计算机，以免造成硬盘表面的划伤以及意外情况的发生。

2. 计算机的清洁

在计算机的日常使用过程中，计算机的各种配件上都会沾上灰尘和其他污垢。计算机内部灰尘过多，会造成种种故障。因此，保持计算机内部配件和外部设备的清洁是非常重要的。

(1) 外部清洁。

对主机和外围设备的外壳用干净的毛巾擦去灰尘即可。如果主机和外围设备的外壳上有污垢，可以使用市场上出售的计算机清洁膏或计算机去污上光剂擦除。

(2) 内部清洁。

对主机内部板卡的清洁，一般半年多进行一次。清洁的部位主要是板卡表面、散热风扇和各种接口、连线。具体清洁的方法是：先用干布(一定要用质地比较柔软的布)或软毛刷(或者软毛笔)除去灰尘，灰尘较厚的地方可以用棉球蘸无水酒精擦拭(不能用医用酒精，也不能往无水酒精中兑水)。对于机箱内元件引脚或焊点较多的地方，在清洁时应该小心谨慎。清洁完毕后应该检查是否有棉花丝挂在板卡表面，如果有这种情况，开机时可能会造成板卡短路，严重时会烧毁板卡。如果使用无水酒精擦拭板卡，擦完后应该用电吹风的低温档把机箱内部吹干。

二、内存的使用与维护

1. 常见内存异常故障排除

当启动计算机、运行操作系统或应用软件的时候，常常会因为内存出现异常而导致操作失败。下面是一些经常出现的内存异常。

(1) 故障一。

症状：打开主机电源后屏幕显示“Error：Unable to ControlA20 Line”出错信息后死机。

原因：内存条与主板插槽接触不良。

解决方法：仔细检查内存条是否与插槽保持良好接触或更换内存条。

(2) 故障二。

症状：屏幕出现许多有关内存出错的信息。

原因：Windows 系统中运行的应用程序非法访问内存，内存中驻留了太多应用程序，活动窗口打开太多，应用程序相关配置文件不合理等。

解决方法：此类故障必须采用清除内存驻留程序，减少活动窗口，调整配置文件(INI)，或者重装系统和应用程序等办法来处理。

(3) 故障三。

症状：内存值与实际内存大小不符，内存工作异常。

原因：程序有病毒，病毒程序驻留内存，CMOS 参数中内存值的大小被病毒修改。

解决办法：采用杀毒软件消除病毒；CMOS 中参数被病毒修改，先将 CMOS 短接放电，重新启动机器，进入 CMOS 后仔细检查各项硬件参数，正确设置有关内存的参数值。

2. 杂牌内存相关故障

对于一台稳定的 PC 而言，内存的兼容性和稳定性非常重要，一些杂牌内存条，经常会出现一些异常。下面，罗列一些杂牌内存常见异常现象。对其的解决方法就是更换内存条。

(1) 开机黑屏。

这是最严重的内存故障，有些时候还可以听到 PC 喇叭的连续长声报警。

(2) 内存容量检测错误。

明明是 2G 的内存，自检却只有 1G。造成这种情况的原因，很多是由于内存和主板的兼容性问题，更有甚者，就是安装了假冒内存条。

(3) 安装操作系统时复制文件出错。

安装操作系统时复制文件出错，点击“取消”后不久又出现同样问题。这是由于在安装操作系统时，内存子系统是满负荷运行的，因此，有稍微的不兼容现象，这时候就会溢出。

三、光驱的使用与维护

1. 光驱的维护

(1) 光盘的选择。

在选用光盘时，应尽量挑光盘面光洁度好、无划痕的盘，并且对盘的厚度也须注意，质量好的盘通常会稍厚一些。同时，为了延长光驱的使用寿命，不要经常用光驱来长时间播放

VCD 影碟。

(2) 光盘的入盒和出盒。

尽量将光盘放在光驱托架中，有一些光驱托盘很浅，若光盘未放好就进盒，易造成光驱门机械错齿卡死。进盘时不要用手强推光驱，应使用面板上的进出盒键，以免入盘机构齿轮错位。

在不使用光驱时，应取出光盘。不要在光驱读盘时强行退盘，这样一方面会划伤光盘；另一方面还会打花激光头聚焦透镜及造成透镜移位。

(3) 保证光驱的通风良好。

高倍速光驱的转速快，发热量大。因此要把光驱放在一个通风良好的地方，以保证光驱稳定运行。

当然，日常维护还有其他很多方面，一定要养成正确的使用和保养方法，才能让光驱的寿命最大化。对于一些经常使用的光盘，如果硬盘比较空闲，最好把它制作成虚拟光驱文件。

2. 光驱的常见故障

光驱的平均无故障时间为 2500h 左右，正常使用寿命一般为两年。时间久了光驱常会出现不读盘的故障，光驱的故障按故障源分：接口故障、系统配置故障、光学故障、机械故障、电子故障等。

(1) 接口故障。

症状："不认"光驱、"读写"错误、主机死机等。

原因：光驱的接口与主板接口不匹配(出现 CDR-103 错误提示)，在增加或减少新硬件时，造成光驱的信号线(包括与其他多媒体部件的连接线)、电源线、跳线等之间的松动、错误连接或断线等。

(2) 系统配置故障。

症状：光驱不工作、光驱灯亮一段时间后死机、"读写"错误、不出现盘符或误报多个盘符等。

原因：系统增加了新硬件后 I/O、DMA 和 IRQ 有冲突；CMOS 中有关 CDROM 的设置不当；与硬盘的主从关系设置有误等。

(3) 光学部件故障。

症状：放入光盘后无反应、读取光盘上数据困难、读取时间变长、"读写"错误、"不认"光盘、"挑盘"、"死机"、提示"CDR-101"或"CDR-103"错误信息等。

原因：激光二极管和光电接收二极管老化、失效；光头聚焦性能变差，激光不能正常聚焦到光盘上；信号接收单元不能正常接收信号；激光头表面和聚焦镜表面积尘太多，激光强度减弱等。

CDROM 激光头使用寿命一般在 2000~3000h。随着使用时间的增长，光头功率逐渐下降，通过调整激光头调节器以增大光头功率，可改善其读盘能力，但这会加速光头的老化，减少激光头的使用寿命。

(4) 机械部件故障。

症状：托盘不能弹出、"挑盘"、"不认盘"、"读写"错误等。

原因：机械部件磨损、损坏产生位移等现象导致激光头定位不准；压盘机械部分有纰漏，不能夹紧光盘，导致盘片转动失常。

对于这类故障，可采取将CDROM机械部分重新进行装配，适当补偿部件磨损，调整机构运动精度，在压盘轴孔处加装垫片等维修方法。

(5) 电子部件故障。

症状：光驱不工作、不能出现盘符、“读写”错误等。

原因：光驱电子线路板损坏，电子元件老化、损坏等。

出现此类故障一般要送回厂家维修点或专业维修店维修。要更换相应的电路板或元器件。

(6) 其他故障。

除上述常见故障外，还有一些其他故障，如环境因素、设备驱动程序问题(出现CDR-101: Bead Fail提示信息)、CDROM盘有划痕、不正确的操作、固定螺丝太长、维修不当或上述诸故障的综合等。

四、摄像头的使用与维护

1. 数字摄像头的使用

(1) 已连接视频输入设备，正确使用摄像头。

当系统有多种视频输入设备时，系统将使用默认装置。这可能会对计算机摄像头有影响。最好的方法是使其他视频输入设备的驱动程序暂时不能使用。

方法是：打开“控制面板/多媒体/设备/视频捕捉”，双击现有捕捉设备的名称，打开设置对话框，将具体视频设备的驱动程序设置为有效或无效。

(2) 清洁PC摄像头的镜头。

计算机摄像头的镜头一般很少需要清洁。如果需要，最好使用干燥、不含麻质的布或者专业镜头纸进行擦拭。擦拭时不可在镜头上施压，避免损伤镜头。

(3) 不要在户外使用摄像头。

计算机摄像头不是为户外使用而设计。在没有适当保护的情况下，最好不要暴露在户外条件下。因为户外的温度、湿度都会对摄像头产生损害。

2. 摄像头故障的诊断

(1) 检测不到摄像头。

症状：检测不到新安装的USB接口的PC摄像头。

解决方法：首先检查操作系统，再检查BIOS、USB接口和安装有无错误。当然，也可能安装了错误的驱动程序或选择了错误的设备，可以查看系统设备，并再次安装正确的驱动程序。

(2) 摄像速度慢。

症状：摄像头安装后上网，感觉到速度很慢。

解决方法：如果不是网络原因，就是由于计算机性能太低引起，可更换图形加速卡，如果还不行，就要升级CPU和主板，甚至更换一台新计算机。

(3) 摄像头不能与数码相机共用。

症状：摄像头不能与数码相机一起作为输入设备。

解决方法：有的摄像头带有驱动软件 VideoforWindows(Windows 视频)和 DirectShow Device Driver(直接显示设置驱动程序)，它供数码相机使用，能和 Windows 的其他设备(包括摄像头)一起作为通用的视频输入设备。所以只需安装摄像头应用软件即可。

(4) 唤醒计算机，摄像头无法工作。

可以试着把摄像头从 USB 接口上拔下来，再重新插入。

五、显卡常见故障维护

在使用计算机时，经常会遇到有关显示方面的问题，这些问题大部分和显卡有关。

1. 开机无显示

造成此类故障一般是显卡与主板接触不良或主板插槽有问题造成的。对于一些集成显卡的主板，如果显存共用主内存，则需注意内存条的位置，一般在第一个内存条插槽上应插有内存条。由于显卡原因造成的开机无显示故障，开机后一般会发出一长两短的蜂鸣声(对于 AWARD BIOS 显卡而言)。

2. 颜色显示不正常

造成此类故障一般有以下原因：显示卡与显示器信号线接触不良；显示器自身故障；显卡损坏。

3. 屏幕出现异常杂点或图案

此类故障一般是由于显卡的显存出现问题或显卡与主板接触不良造成。需清洁显卡金手指部位或更换显卡。

4. 显卡驱动程序丢失

运行一段时间后显卡驱动程序自动丢失，此类故障一般是显卡质量不佳或显卡与主板不兼容，使得显卡温度太高，从而导致系统运行不稳定或出现死机，此时只有更换显卡。此外，还有一类特殊情况，以前能载入显卡驱动程序，但在显卡驱动程序载入后，进入 Windows 时出现死机。可更换其他型号的显卡在载入其驱动程序后，插入旧显卡予以解决。如若还不能解决此类故障，则说明注册表故障，对注册表进行恢复或重新安装操作系统即可。

六、主板常见故障与维护

主板是整个计算机的关键部件，在计算机中起着至关重要的作用。如果主板产生故障将会影响整个 PC 机系统的工作。下面，列举主板在使用过程中最常见的故障。

1. 开机无显示

计算机开机无显示，首先要检查的就是 BIOS。主板的 BIOS 中储存着重要的硬件数据，同时 BIOS 也是主板中比较脆弱的部分，极易受到破坏，一旦受损就会导致系统无法运行。出现此类故障一般是因为主板 BIOS 被 CIH 病毒破坏造成的(当然也不排除主板本身故障导致系统无法运行)。一般 BIOS 被病毒破坏后，硬盘里的数据将全部丢失，可以通过检测硬盘数据是否完好来判断 BIOS 是否被破坏。如果硬盘数据完好无损，那么还有 3 种原因会造成开机无显示的现象。

①主板扩展槽或扩展卡有问题，导致插上诸如声卡等扩展卡后主板没有响应而无显示。

②免跳线主板在 CMOS 里设置的 CPU 频率不对，也可能会引发不显示故障。对此，只要清除 CMOS 即可予以解决。清除 CMOS 的跳线一般在主板的锂电池附近，其默认位置一般为 1、2 短路，只要将其改跳为 2、3 短路，几秒种即可解决问题。对于以前的老主板如若用户找不到该跳线，只要将电池取下，待开机显示进入 CMOS 设置后再关机，将电池安上去也能达到 CMOS 放电的目的。

③ 主板无法识别内存、内存损坏或者内存不匹配也会导致开机无显示的故障。

对于主板 BIOS 被破坏的故障，可靠的方法是用写码器将 BIOS 更新文件写入 BIOS(可找有此服务的供应商解决比较安全)。

2. CMOS 设置不能保存

导致此类故障一般是由于主板电池电压不足，予以更换即可，但有的主板电池更换后同样不能解决问题，此时有以下两种可能：

①主板电路问题，对此要找专业人员维修。

②主板 CMOS 跳线问题，有时候因为错误地将主板上的 CMOS 跳线设为清除选项，或者设置成外接电池，使得 CMOS 数据无法保存。

3. 鼠标不可用

出现此类故障的原因一般是 CMOS 设置错误。在 CMOS 设置的电源管理栏有一项 modem use IRQ 项目，它的选项分别为 3、4、5、…、NA，一般默认的选项为 3，将其设置为 3 以外的中断项即可。

4. 主板 COM 口或并行口、IDE 口失灵

此类故障一般是用户带电插拔相关硬件造成的，此时用户可以用多功能卡代替，但在代替之前必须先禁止主板上自带的 COM 口与并行口(有的主板连 IDE 口都要禁止才能正常使用)。

七、死机故障处理

死机是一种十分常见的故障现象，导致死机的原因很多，而要准确地找到其原因又比较难。解决死机问题一般都是先从软件入手，再检查硬件。在正常环境下硬件是不容易出问题的，很多情况都是软件引起的。

1. 死机的主要原因

引起死机的原因包含软件和硬件两个方面。

(1) 软件方面。

软件方面，导致死机的原因主要有以下几个方面：

①病毒干扰，病毒可以使计算机工作效率急剧下降，造成频繁死机。

②软件兼容不良或无法兼容，应用软件版本和操作系统不匹配，是软件兼容不良最常见

的事例。

③磁盘空间太满，任何时候，硬盘的使用空间都不宜超过或达到总容量的80%。碎块太多会影响运行。

④系统System等子目录中动态链接库文件.DLL丢失，造成Windows系统瘫痪。错误地修改了系统注册表信息，造成Windows系统不能启动。

(2) 硬件方面。

硬件方面，导致死机的原因主要有以下几个方面：

①设备不匹配，如主板主频和CPU外频不匹配，主板主频太高或太低都可能导致频繁死机。

②软硬件兼容性差或无法兼容，如，运行Photoshop、AutoCAD等软件时，AMD K6的CPU就要比老赛扬CPU效果好。

③板、卡接触不良、松动，或插槽、显示卡、内存、CPU等配件损坏。

④电压太低或太高，这可能是由于电源故障，也可能是由于外部电源不稳所致。

⑤磁盘存在坏道、坏扇区或坏簇，磁盘老化，内存条故障或容量不够，CPU散热不良或超频太高，磁头或光头读取能力不足等。

2. 死机故障处理方法

对于死机故障，可以根据不同的情况做不同的处理。

(1) 开机时死机。

开机启动时出现死机，无报警声。检查主板是否短路或主板与机箱之间是否短路；检查CPU是否插好；检查硬盘和光驱上的数据线是否插反；复位按钮是否复位。

(2) 启动时死机。

所谓启动时出现死机，是指计算机自检通过，但在装入操作系统时计算机出现死机的情况。在这个时间出错，一般是硬盘的BIOS设置的问题，如果不是BIOS设置的问题，有可能是下面的问题导致的死机。

①CD-ROM和硬盘是不是挂接在同一条硬盘线上。

②操作系统文件损坏。

③计算机被引导型病毒感染。

④硬盘的引导文件丢失。

⑤硬盘的引导分区损坏。

(3) 运行时死机。

计算机在运行过程中死机，主要是由以下原因造成的：

①运行某一应用程序时死机，操作系统稳定性不好；安装了太多的程序；删除文件不当所造成的死机。

②病毒导致死机，如果频繁死机，应考虑是否被病毒感染。

③硬盘的剩余空间不足，内存较小或两条内存速度不匹配。

④软硬件不匹配。

3. 死机的预防

在日常的计算机使用过程中，可以采用如下措施预防死机：

①在插拔硬件设备时，一定要小心、轻巧，防止部件接触不良。

②CPU 超频最好不要过高，否则，会在启动时死机或者运行时莫名其妙地死机。BIOS 设置要恰当。

③最好配备稳压电源，以免电压不稳而造成运行死机。

④要注意防范病毒。

⑤要正确开关机，否则会造成系统文件的损坏，使下次运行时死机或者启动时死机。

⑥在安装应用软件出现是否覆盖文件的提示时，最好不要覆盖。在卸载文件时，不要删除共享文件。

⑦在设置设备时，最好检查有无保留中断号(IRQ)，不要让其他设备也使用该中断号。

⑧在加载某些软件时，要注意先后次序。有些软件由于编程的不规范，不能先运行，而应放在最后运行，这样才不会引起系统管理的混乱。

⑨对于系统文件，最好设置为隐含属性，这样才不至于因误操作而被删除或者覆盖。

八、常见操作问题的处理

1. 硬件相关

(1) U 盘提示未插入。

症状：U 盘插入后提示未格式化，可执行格式化却提示失败，重新插入后 能显示右下角图标，但打开时提示“请插入”。

解决方法：重新格式化 U 盘。

(2) U 盘和移动硬盘无法正常安全删除。

在 Windows XP 下使用 USB 设备(U 盘或移动硬盘)在停用时有时会提示：“现在无法停用通用卷设备，请稍候再停止该设备”。

出现这种故障的原因是：U 盘、移动硬盘和计算机之间仍有数据在传输，因此停止它们之间的数据传输即可安全删除 U 盘。

①确认 USB 设备与主机之间的数据拷贝已停止，如果还在传输数据的话就等待数据传输完毕或关掉数据传输窗口。

②有时 explorer.exe 进程会造成 USB 设备无法删除、某个文件和文件夹删不掉的情况，解决方法是打开任务管理器里的进程列表，关掉 explorer.exe(这时系统界面会什么也没有了)，然后再添加新任务 explorer.exe(界面恢复了)，最后再试着删除 USB 设备。

③有的时候，有些程序正访问 U 盘或移动硬盘上的文件，比如一个视频/音频播放器正在播放移动硬盘里的电影，播放器还没关，此时也是删除不了移动硬盘的。虽然把播放器关了，但任务管理器里还残留着播放器的进程，停止该进程就可以了。不仅播放器如此，其他程序也是这样的。

(3) 机器反复重启。

症状：启动到桌面了以后，马上就重启。

解决方法：先杀毒，如不能解决，再检查电源，如不能解决，可能是系统文件丢失了，只好重新安装。

(4) 开机显示：DISK BOOT FAILURE INSERT SYSTEM DISK AND PRESS ENTER。

故障诊断：进入 CMOS 设置后，选择 IDE HDD Auto Detection 项目，看是否可以检测到硬盘的存在。若没有检测到硬盘。首先要考虑的就是硬盘了，可以通过听硬盘的运转声音或者把硬盘接到其他的计算机上来判断硬盘是否有问题。如果硬盘有问题，硬盘上有价值的数据可以找专门的数据恢复公司来恢复；如果可以正确地检测到硬盘的话，确认检测到的硬盘容量和其他参数是否和实际的硬盘参数相同。若相同，说明系统是正常的，可能只是 CMOS 中的硬盘参数的设置信息丢失了而已；若不同，说明系统一定出现故障了，有可能是主板的故障，也有可能是硬盘数据线故障。

下面列举常见的 3 种原因：

①硬盘，光驱连在同一条数据线上，且跳线都设成主盘(或都设成从盘)。

②CMOS 硬盘参数设成 NONE。

③主引导扇区结束标志 55AAH 错误。

对应的解决方法如下：

①将光驱跳线设成从盘(或硬盘跳线设成主盘)。

②重设 CMOS。

③用 NDD 的“诊断磁盘”修复。

(5) Windows XP 在关机的时候总是停在保存系统……没有关闭电源。

解决方法：打开注册表编辑器，找到 HKEY_CURRENT_USERControl PanelDesktop，里面有个名为 HungAppTimeout 的键，它的默认值是 5000(如果不是，把它改为 5000)。接下来，还有个 WaitToKillAppTimeout 键，把它的值改为 4000(默认值是 2000)。最后，找到注册表如下位置：HKEY_ LOCAL_MACHINESystemCurrentControlSetControl。把其中的 WaitToKill-ServiceTimeout 键值改为 4000。

(6) 开机时必须按 F1 键。

主要有两个原因。

①CMOS 电池接触不良或电量耗尽所造成，更换 CMOS 电池即可。

②BIOS 中的参数与实际的硬件不符，进入 BIOS 中看看有哪些选项设置不当，例如计算机中没有安装软驱却在 BIOS 中设置为 Enabled，这样就会造成开机需按 F1 的现象。

(7) 计算机用一段时间就会很慢。

计算机使用一段时间变慢的原因有多方面，主要包括以下几个方面：

①安装的软件太多，占用了太多的系统资源。

解决方法：卸载一些不必要的软件。

②部分软件没有卸载干净，占用 CPU 和内存资源。

解决方法：关闭掉一些不必要的进程，并通过 Msconfig 命令去掉计算机中多余的启动程序。

③桌面图标太多。

解决方法：桌面上有太多图标也会降低系统启动速度。Windows 每次启动并显示桌面时，都需要逐个查找桌面快捷方式的图标并加载它们，图标越多，所花费的时间当然就越多。可将不常用的桌面图标放到一个专门的文件夹中或者干脆删除。

④虚拟内存分配太少。

解决方法：将虚拟内存加大到物理内存的 1.5 倍。要设定虚拟内存，在“我的电脑”上按右键选择“属性”，在“高级”选项里的“效能”的对话框中，对“虚拟内存”进行设置。

⑤系统盘垃圾文件占有太多的资源。

解决方法：删除系统的垃圾文件及临时文件。

(8) 计算机不出声音、任务栏中不见音量图标。

分析原则：按照先软后硬的检测原则。

①检查声卡驱动有没有正确安装，并且安装最新的声卡驱动。

②检查是否把音量关掉了。

③检查耳机、音箱是否插好，电源是否接上。

④在控制面板中打开“声音和音频设备”中的“声音”，选中“将声音图标放入任务栏”选项即可。

2. 软件使用方面

(1) 不能在线观看 FLASH。

解决方法：首先安装 FLASH 插件，其次要浏览器设置允许下载视频、播放动画才行。

(2) 在 Windows XP 中双击文件夹变成搜索窗口。

解决方法有以下 3 种。

①如果各分区下带 autorun.inf 一类的隐藏文件，删除，重新启动计算机。然后，选择“文件夹选项/文件类型”，找到打不开的“文件夹”，点下方的“高级”，在“编辑文件类型”里的“新建”操作里填写 open。

②运行 regedit，找到

HKEY_LOCAL_MACHINE\SOFTWARE\Classes\Directory\Shell，看看它的默认值是不是none，如果是 find 的话双击一下改成 none。

③找到 HKEY_CLASSES_ROOT\Drive\shell 把右边默认的值改成 None。

(3) 任务管理器被停用。

解决方法：用 gpedit.msc 命令打开组策略。依次打开“本地计算机策略/用户配置/管理模板/系统/Ctrl+Alt+Del 选项”，双击右边的删除任务管理器看看它是不是被启用。

(4) 删除 ASP 和 SQL 这两个账户。

发现计算机里除了 admini 和 guest 外，还有 ASP 和 SQL 开头的两个账户，且显示的是有密码的，这两个账户一个是安装了.NET 后生成的，一个是安装 SQL 的调试账号，可以直接删除。

(5) 管理 IE 右键。

右键项数太多，如何去掉一些不用的？

解决方法：在注册表中找到 HKEY_CURRENT_USER\Softwar[illegible]crosoft\Internet Explorer\Menuext，删掉那些不想要子值。

(6) 双击盘符打开变成了自动播放。

解决方法：在盘符上点右键，选“打开”，然后删除根目录下的 autorun.inf 文件。

(7) Shift 键的妙用。

①按 Shift 键，点击超级连接，可以打开新窗口。

②放光盘时，连按数下 Shift 键，可以跳过自动播放。

③按 Shift + F10 可以代替鼠标右键。

④打开文件时，如果不想用默认方式打开，按 Shift，再单击右键，在右边的菜单上就多出了打开方式。

⑤如果打开的 Word 文档太多了，而想一下子关闭所有的文档，则按住 Shift 键点击文件全部关闭即可。

3. Word 使用技巧

①经常会在网上下载一些资料，然后通过 Word 进行编辑，但下载的资料常常有一些不必要的空行，很多地方杂乱无章，如何快速处理。

解决方法有以下两种。

方法一：将网上下载下来的文档直接粘贴到记事本，再从记事本“复制/粘贴”到 Word 文档即可。如果还有很多带回车符的空白行，一个一个修改很慢，可执行“编辑/查找”命令，在“查找”栏输入^p^p，在“替换”栏中输入^p，最后单击“全部替换”按钮，删除多余的空白行。如果还有很多软回车(竖线型的)，则通过上述方法将^l(小写字母 l)替换成^p 即可。

方法二：可以直接在 Word 中进行，(菜单)编辑 → 选择性粘贴……→ 无格式文本 → 确定。

②Word 文档打不开，总是提示错误。

解决方法：先用排除法检测是软件的故障还是文档故障。

将文档复制到其他正常的计算机中看是否能打开，如果能打开说明是软件故障，那么卸载并重新安装 Office 软件即可。如果在其他计算机中也无法正常打开，那么就是该文档遭到破坏，可以试着用写字板去打开并恢复部分文档。